普通高等教育“十一五”国家级规划教材

材料成形设备

第2版

主　编　王卫卫

副主编　朱传祥　彭庚新

参　编　刘淑梅　陈　璞　范有发　文全兴　查光成

主　审　孙友松　毕大森

机械工业出版社

本书为普通高等教育“十一五”国家级规划教材。全书共分七章，着重讲述成形生产中常用的设备如曲柄压力机、液压机、塑料挤出机、塑料注射成型机和压铸机的工作原理、典型结构、控制系统、性能特点、主要技术参数与适用工艺及其使用要求，并对螺旋压力机、锻锤、多点成形压力机、板料折弯机、高速压力机及冲模回转头压力机进行了介绍。

本书可作为高等工科院校材料成形及控制工程专业的教材，也可作为高职高专相关专业教材，还可供有关工程技术人员参考。

图书在版编目（CIP）数据

材料成形设备/王卫卫主编．—2版．—北京：机械工业出版社，2011.6（2026.1重印）

普通高等教育“十一五”国家级规划教材

ISBN 978-7-111-34402-5

Ⅰ.①材… Ⅱ.①王… Ⅲ.①工程材料-成形-设备-高等学校-教材 Ⅳ.①TB3

中国版本图书馆CIP数据核字（2011）第103807号

机械工业出版社（北京市百万庄大街22号 邮政编码100037）
策划编辑：冯春生 责任编辑：冯春生 丁昕祯 版式设计：霍永明
责任校对：李秋荣 封面设计：张 静 责任印制：单爱军
北京盛通数码印刷有限公司印刷
2026年1月第2版第19次印刷
184mm×260mm · 19印张 · 470千字
标准书号：ISBN 978-7-111-34402-5
定价：49.00元

电话服务	网络服务
客服电话：010-88361066	机 工 官 网：www.cmpbook.com
010-88379833	机 工 官 博：weibo.com/cmp1952
010-68326294	金 书 网：www.golden-book.com
封底无防伪标均为盗版	机工教育服务网：www.cmpedu.com

第 2 版前言

本书是普通高等教育“十一五”国家级规划教材，是高等院校材料成形及控制工程专业本科的成形设备课程通用教材，也可供与本专业有关的生产和技术人员参考。

从20世纪末全国高校专业改革至今已有十多年，材料成形及控制工程作为专业改革新成立的专业，在这十多年中取得了快速发展。由于各院校原有的专业基础不同、发展状态不一，专业的定位及发展目标也不尽相同，因此在培养模式及培养计划等方面均存在较大差异。目前，该专业大体上有三种主要的培养模式：一类是以原锻压、铸造等热加工类专业为基础，在拓宽基础的前提下，为适应国内人才需求的行业特色，采用有专业方向的培养模式；第二类是以原热加工类专业为基础，但取消专业方向，加强基础知识，扩展适应领域，进行宽口径的通才式培养模式；第三类是以原机械类专业为基础，涵盖热加工领域，形成机械工程及自动化类型的专业人才培养模式。不同的培养模式和培养目标对教学内容、教材需求也有较大差异。本书的定位是满足第一类培养模式对设备课程内容的要求，兼顾第二类培养模式的教学需求，因此，没有过多地拓宽内容范围，而是注重介绍生产常见的相关成形设备，更多地从满足工艺需求的角度来讲述设备的工作原理、典型结构与控制系统、性能特点与应用等内容，同时力争能反映近年来成形技术与设备领域的最新进展。

由于全国各兄弟院校的专业方向、教学计划和教学重点等不尽相同，对成形设备课程的内容、重点、学时数等方面的要求也有较大的差别，所以本书编写时只能根据一般的要求，对成形设备课程的内容作了必要的保证，各兄弟院校在使用过程中完全可以根据本校教学上的要求，在内容上作必要的取舍与补充，讲授顺序也可适当调整。鉴于多数院校的学生在学习本课程之前已学习了液压传动课程，故在本书中对液压传动的基本内容不再重复。

本书是在机械工业出版社出版的普通高等教育材料类系列教材《材料成形设备》的基础上充实、调整、修正而成。重点修正了原书的错误和陈旧之处，新增了近年来快速发展起来的一些新型设备和装置。本书由哈尔滨工业大学（威海）王卫卫任主编，南京工程学院朱传祥、湖南工程学院彭庚新任副主编，广东工业大学孙友松和天津理工大学毕大森任主审。编写分工为：第一章、第二章第五节、第三章第三节四、第五章第三节一、第七章第一节三、第七章第三节由王卫卫编写，第二章其余部分由南京工程学院朱传祥编写，第三章其余部分由上海工程技术大学刘淑梅编写，第四章由广东工业大学陈璞编写，第五章其余部分由湖南工程学院彭庚新编写，第六章由福建工程学院范有发编写，第七章

第一节其余部分、第二节由北华航天工业学院文全兴编写，第七章第四、五、六节由南京工程学院查光成编写。

本书在编写过程中得到了有关工厂、学校和科研单位的大力协助及有关人员的大力支持，主审孙友松对书稿进行了全面、认真的审查，并提出了许多宝贵的意见，在此一并表示衷心感谢。

由于时间仓促，水平有限，对书中存在的错误和欠妥之处，恳请读者批评指正。

编　者

第1版前言

本书是根据由机械工业出版社在上海组织召开的普通高等教育应用型本科材料成形及控制工程专业系列教材建设会议的决定和会议所制订的教材编写大纲编写的。

本书可作为高等工科院校材料成形及控制工程专业的“材料成形设备”课程教材，也可作为高职高专相关专业教材，还可供与本专业有关的生产和技术人员参考。

由于全国各兄弟院校的专业方向、教学计划和教学重点等不尽相同，对“材料成形设备”课程的内容、重点、学时数等方面的要求也有较大的差别，所以本书编写时只能根据一般的要求，对“材料成形设备”课程的内容作了必要的保证，各兄弟院校在使用过程中完全可以根据本校教学上的要求，在内容上作必要的取舍与补充，讲授顺序也可作适当的调整，书中带“*”的内容供选学。鉴于多数院校的学生在学习本课程之前已学习了液压传动课程，故在本书中对液压传动的基本内容不再重复。

全书共分七章，介绍了曲柄压力机、液压机、塑料挤出机、塑料注射成型机、压铸机、螺旋压力机、锻锤、剪板机、板料折弯机、高速压力机及冲模回转头压力机等设备的工作原理、典型结构、控制系统、性能特点、主要技术参数与使用等。

本书由哈尔滨工业大学（威海）王卫卫任主编，南京工程学院朱传祥、湖南工程学院彭庚新任副主编，广东工业大学孙友松和天津理工大学毕大森任主审。全书编写分工如下：前言、第一章、第三章第三节四、第七章第一节三由王卫卫编写，第二章由朱传祥编写，第三章由刘淑梅编写，第四章由陈璞编写，第五章由彭庚新编写，第六章由范有发编写，第七章第一、二、三节由文全兴编写，第七章第四、五、六节由查光成编写。

本书在编写过程中得到了有关工厂、学校和科研单位的大力协助及有关人员的大力支持，主审孙友松对书稿进行了全面、认真的审查，并提出了许多宝贵的意见，在此一并表示衷心感谢。

由于时间仓促,水平有限,对书中存在的错误和欠妥之处,恳请读者批评指正。

编　者

目　录

第一章 绪 论

一、成形生产在现代工业生产中的地位和作用

在工业生产中，成形生产（以模具为基本工具使制件获得所需的尺寸和形状）已成为工业生产的重要基础和关键环节，在电子、汽车、电器、仪器、仪表、家电和通信产品中，有60%~70%的零部件都要依靠模具成形。这是因为，用模具生产的各种制件具有很多独特的优点：塑性成形时，移动材料单位体积的速度比切削加工快，生产效率高，而且可大量节约原材料；塑性成形不仅能改善材料内部的结构和缺陷，还能充分利用成形过程中形成的纤维组织的方向性，从而大大提高制件的力学性能；一般的冲压件、塑料件或压铸件一经成形即为成品，无需再进行切削加工或只需很少量的切削加工，因此制件重量轻、材料利用率高；一个设计好的塑料件，往往可以代替数个传统的结构件，并可利用其弹性和韧性设计为卡装结构，使产品装配所需的各种紧固件成倍减少，大大降低了金属的消耗量和加工、装配工时；成形生产制件的精度稳定，特别适合于大批量生产，用模具生产的最终产品的价值，往往是模具自身价值的几十倍、上百倍。用模具生产的制件所表现出来的高精度、高复杂程度、高一致性、高生产率和低消耗，是其他加工制造方法所无法比拟的。成形生产在国民经济中占有重要的地位：一方面，在国民经济的五大支柱产业——机械、电子、汽车、石化、建筑中，有相当比例的产品要依靠成形生产来进行制造，都要求成形生产的发展与之对应；另一方面，在高新技术产业中，成形生产既是高新技术产业的一个组成部分，又是高新技术产业化的一个重要领域。同时，成形生产两大主体——模具工业和成形设备工业也是装备工业的一个重要组成部分。因此，成形生产技术水平的高低已成为衡量一个国家产品制造水平的重要标志，直接影响着产品生产的质量、效益和新产品的开发能力，在很大程度上决定了一个企业在市场竞争中的反应速度和能力。

所谓成形，实际上有两种含义：一是成形（Forming），即毛坯（一般指固态金属或非金属）在外界压力的作用下，借助于模具通过材料的塑性变形来获得模具所给予的形状、尺寸和性能的制品；二是成型（Moulding），它是指液态或半固态的原材料（金属或非金属）在外界压力（或自身重力）作用下，通过流动填充模型（或模具）的型腔来获得与型腔的形状和尺寸相一致的制品。由于二者都是借助于外界压力的作用，通过模具来实现生产的，故在本书的一般性叙述中对二者未加严格的区分，而统一使用成形。

由于成形生产所具有的独特优点，使得成形技术在生产中的应用范围在逐步扩大，成形技术的发展也越来越引起世界各国的重视。目前，精密成形技术（Net Shape Forming）和准精密成形技术（Near Net Shape Forming）是成形技术领域研究的重点，包括我国在内的很多国家都投入了大量的人力和物力进行研究，其研究范围和深度正在不断扩大和深入。20世纪70年代提出的自由成形（Free Form Fabrication）的概念，改变了传统的先在

型腔内成形毛坯，再经机械加工获得零件的传统工艺路线，而是通过激光束等高能束逐点扫描产生材料堆积或固化而获得所需要的零件。由于该方法能直接利用 CAD 系统所产生的数据模型快速成形所需的零件，尤其适用于形状复杂、批量不大、交货时间短的产品生产或成形样件的制造，因此，该技术一经问世便取得了飞速的发展。目前，基于自由成形原理的多种技术和方法已进入了实用阶段，如激光液相烧结技术（Stereolithography）、激光粉末冶金技术（Selective Laser Sintering）、层压制模技术（Laminated Object Modeling）、熔化沉积制模技术（Fused Deposition Modeling）、三维印刷制模技术（3-D Plotting and Printing Processes）等。这些技术的发展和应用已引起成形技术的一场变革，并正在改变着传统的机械制造业。

20 世纪 90 年代末提出了成形生产“控形控性”的思想，将成形生产的内容和要求在精密成形技术和准精密成形技术的基础上进一步深化和提高——成形生产不仅要获得所需制件的形状与尺寸，更要求通过成形过程改变材料内部组织结构和应力状态，从而大幅度改善和提高材料性能，使成形生产从单纯的成形制造提升为高性能制造，这已成为国内外成形生产领域研究的重点，其研究范围和深度正在不断深入和扩大。

二、成形设备与成形工艺的关系

作为成形生产的两大主体之一，成形设备是为各类成形工艺服务的，通过它为模具和被加工材料提供运动、能量、外力、控制等来完成成形生产。随着成形生产和成形技术的发展，各类成形设备也得以取得相应的发展。同时，成形设备的发展又为成形生产的发展和进步提供了有力的支持和保障。在各种成形生产中，成形设备都是保证生产正常进行和技术不断进步的重要手段和主要组成部分，更是工业和国民经济发展所必需的基础装备之一。成形设备的装备水平、工作能力、完善程度及其使用潜力的发挥对于提高产品质量、降低生产成本、改善劳动条件、实现新工艺等都具有重要的作用。随着生产的发展和各种新材料的不断涌现，新的成形工艺和成形技术也层出不穷，这就对成形设备提出了更高的要求，促使成形设备不断发展和完善，各种新型成形设备也不断出现，以更好地满足生产和工艺的要求。如在化工、石油、造船、机械等行业中需求量很大的无缝三通、四通管接头，过去一直采用模锻后机加工内孔的工艺进行生产，材料利用率低、工时消耗大、产品成本居高不下，自从液压胀形工艺开发成功以后，很快出现了专用的液压胀形压力机和胀形自动生产线，不仅使材料利用率、生产效率和制件的质量有了大幅度的提高，还使其生产成本大幅度降低，为上述产品在生产中的广泛应用奠定了技术和经济基础。另一方面，一种新设备的出现，往往会带来一系列的工艺变革，甚至产生一种全新的工艺。例如从 20 世纪 50 年代以来，随着高速锤的诞生和发展，在原来锻造工艺的基础上又产生了一种全新的工艺——高速成形。由于高速锤的打击速度快（可达 12 ~ 30m/s），金属在模腔中的流动速度很快，大大提高了材料的填充性能，对形状复杂、薄壁、高肋的零件和许多高熔点、难变形的金属都能锻造，且锻件精度高（可达 0.02mm）、表面粗糙度值低（Ra12.5μm 以下），同时提高了锻件的力学性能和使用性能，这就使许多过去不能或难于进行锻造的零件（如蜗轮、壳体、叶片等）或材料（如高强度钢、耐热钢、钛合金、高温合金以及钼、钨、钽、锆等）均可进行锻造，大大促进了生产的进步和发展，高速成形至今仍是航空工业中的重要生产手段之一。而随着高性能制造理念的不断深入，不仅要求对制件材料、成形工艺、所用模具等方面进行严格的选择与确定，更要求成形生产所用设备在性能、参数、主辅机匹配等方面适应“控形控性”的生产要求，从而使成形工艺与成形设备融合成为一个有机的整体。例如，20 世纪 80 年代提出的板料热冲压技术，将冲压件的快速成形与淬火强化整合到一个工步内进行，既利用了高温冲压时板材塑性好、基本无回弹的优势，又通过板材在模内的保压淬火使制件的精度和性能得到同步提升，已在汽车制造领域中广泛应用。而实现这一技术，除采用含硼高强度钢板、水冷冲压模具外，还要求成形设备必须满足热冲压所要求的钢板无氧化加热和快速转移、压机的快速成形和保压能力等，材料、工艺、模具、设备的有机组合已成为构成热冲压技术不可分割的整体。

从系统工程的角度来看，任何一种成形生产都可以看做是一个集成系统，系统内包括被加工原材料、生产模具、所使用的设备、工艺技术条件、车间操作环境等，在此系统中，材料、模具、工艺、设备等因素相互作用、相互影响，最终完成成形过程。具体来说，任何一种成形工艺，都至少需要一种成形设备与之对应，在成形过程中，被加工材料必须具备所要求的加工性能或条件（如粘流性或塑性），模具提供成形零件应有的形状和尺寸，而设备则必须为模具提供安装和操作空间，保证模具运动的精度，提供成形所需的力与能量，成形过程中的工艺参数也主要由设备来提供和保证。因此，成形设备在很大程度上直接影响甚至决定了成形生产的规模和效率、成形工艺的稳定性、成形件的质量和经济性等。作为一名从事成形生产的技术或管理人员，必须对成形设备有足够的了解和掌握，才能在生产中正确、合理、有效地选购、使用成形设备，精确掌握设备的生产能力，充分发挥设备的运行潜力，保证成形生产能够经济、合理地进行。

由于成形生产所涉及的领域很宽，成形设备的种类也名目繁多，受篇幅所限，在本书中仅就成形生产中最常见到的部分设备，如金属成形设备、塑料成型设备等进行介绍，详细的分类情况请参阅有关国家标准。

三、我国成形设备的发展概况和现状

成形设备作为生产成形制件的传统装备，从其问世到现在已有 100 多年的历程，已形成类别齐全、结构完整的技术装备体系。相比而言，金属成形设备的问世要早于非金属成形设备，到目前已发展得较为成熟，而非金属成形设备目前仍处于高速发展时期。

在我国，由于历史的原因，与其他工业相类似，成形设备的发展是在新中国成立以后才开始的。1949 年以前，我国没有自己独立的工业体系，也根本没有成形设备制造业，甚至连很多门类的成形生产工业都没有，只能进行一些进口小型设备的修配工作，到解放时也只有上海、沈阳等地的几家铁工厂能生产少量的开式压力机和剪板机等小型简易锻压机械产品，其他类成形设备则根本不能生产。1949 年以后，我国迅速建立了较为完整的工业体系，经过半个多世纪的发展和努力，我国的成形设备行业从无到有，从小到大，逐步发展成为国民经济建设的重要装备来源。概括地说，我国成形设备行业的发展大体可以分为如下几个阶段：

（1）从解放初期到 20 世纪 60 年代末　由测绘仿制逐步过渡到自行设计制造。首先从测绘和引进技术入手，仿制国外二十世纪三四十年代的成形设备，如蒸汽—空气自由锻锤和模锻锤、小型摩擦压力机和曲柄压力机、小型四柱式液压机、塑料制品液压机等，到

1957~1962年间，我国已开始自行设计和制造各种成形设备，成形设备产品已逐步由测绘仿制发展到改进设计阶段，产品的产量和品种都有了很大的增长，同时也初步建立起了一支从事成形设备设计和制造的技术队伍。从20世纪60年代起，我国就开始对成形设备的一些关键零部件及所用材料进行研究，为20世纪60年代后期成形设备的迅速发展奠定了基础。20世纪60年代末期，我国开始大力发展成形设备的新品种，到20世纪70年代末，我国成形设备产品在数量、品种、质量和技术水平等方面都有了长足的发展，这主要表现在以下几个方面：成形设备的拥有量迅速增长，占到全国机床总量的20%以上，产量达到了1949年的150多倍；我国能够自行设计和制造的品种大幅度增加，其中不少填补了我国的空白，部分产品开始向国外出口，如60000kN锻造液压机、8000kN闭式双点压力机、数控冲模回转头压力机、塑料挤出成型机等；制定了各类设备的系列参数标准和重要产品的技术条件与精度标准，使成形设备的设计和制造工作初步走上了规范化、专业化的道路；对有关的基础理论、设计方法开始进行较为深入、系统的研究，各种新技术开始在生产和制造中获得应用，并取得了一定的成就。

（2）20世纪70年代末到20世纪90年代初　改革开放使我国由过去的闭关锁国逐步到打开国门面向世界，在这一期间，由于广泛引进和吸收国外先进技术和新技术新成果的不断出现与应用，使我国成形设备的发展速度大大加快。主要表现为：

1）广泛引进消化吸收国外的先进技术，并将其移植推广到原有产品的设计和制造中，促进了产品的更新换代，提高了产品的技术水平，并发展了一批高性能、高水平的产品，加快了产品结构调整的步伐。如塑料注射成型机，通过引进国外设计与制造技术、与国外合作生产、委托国外设计油路和控制部分、采用国外部分机电配套件等措施，使我国的塑料注射成型机产品形成了注射容量为15~8000cm^3的系列，有些产品的设计和制造水平已达到国外发达国家20世纪80年代的技术水平，典型产品如上海第一塑料厂从意大利特里乌奇公司引进的热固性塑料、橡胶注射机设计技术，除生产了SZG—500/1500、XZ—500/1500热固性塑料橡胶注射机外，还在消化引进技术的基础上，发展了注射量为200g的热固性塑料橡胶注射机新产品。

2）广泛开展科研工作并将其成果大量应用于成形设备的设计制造中，提高了产品的设计、制造水平，并取得了显著的技术经济效益。如由济南铸造锻压机械研究所承担完成的“压力机CAD系统开发应用”课题成果可用于J21系列及其派生系列开式压力机的设计，不仅提高了产品设计水平，还使设计速度提高5倍以上。应用该系统为扬州锻压机床厂生产的压力机进行有限元分析及优选，在比原结构质量降低11%~12%的情况下，使应力降低13.5%~23%，角刚度提高5.8%~8.6%，工厂每年可节约资金30万~40万元。

3）微电子技术、数控和计算机数控技术开始获得较为广泛的应用，研制、生产出了一批技术水平高、产品质量好，可满足我国重点行业、重点项目的适用产品。如济南第二机床厂自行研制的机电一体化的J47—1250/2000闭式四点双动拉深压力机，该机采用了多连杆传动系统，使四组杆的运行同步性达到了最佳状态；其电气控制采用了自行开发的带远程系统的全功能PC控制技术，具有吨位、轴温、计数、故障诊断等功能。该机的研制成功为我国轿车工业提供了急需的关键设备，标志着我国机械压力机的设计、制造达到了国际20世纪80年代末同类产品的技术水平，填补了国内的空白。

4）为满足各行各业的特殊要求，研制、生产了近百种专用、专门化成形设备，专用设备的品种、数量大大增加。

（3）20世纪90年代中期以后 随着市场需求的加大、国家经济结构的调整和与国际接轨步伐的加快，成形设备行业步入了新一轮的高速增长阶段，自主开发能力进一步增强，专业化生产发展迅速，并取得了快速的发展。主要表现在：

1）大型关键成套设备的设计制造能力有了明显提高，开发、生产了一批国内急需、替代进口的重点设备。如由济南第二机床厂为通用五菱青岛汽车分公司生产的单臂送料全自动快速冲压生产线，在关键核心技术上实现了众多突破，集成了国际先进的快速送料、大吨位长行程八连杆驱动、压力机多点卸荷、全自动换模等新技术，每分钟可生产12个轿车大型覆盖件，全线全自动换模时间不到5min。随后为上海通用烟台东岳汽车开发研制的42000kN全自动双臂快速送料冲压线，其技术水平再次攀升，冲压次数由12件/min提高到15件/min，快速送料系统实现了由单臂到双臂，运行模式由断续运行到连续运行，同时采用了打破国外垄断的数控液压拉伸垫技术，是目前国内汽车行业应用功能最全、性能和标准最高的冲压生产线。这一项目的研制成功，打破了国外企业在国内高端汽车市场的垄断地位，对国内汽车工业发展产生了重要影响。

2）产品的结构构成更为合理，品种规格有所增加，产品的可靠性和制造水平得到进一步提高。例如，在塑料机械中，参照发达国家生产装备的实际，注射机和挤出机比较合理的数量比例应为（4～6）:1，而我国1985年接近于1:1，1990年不及2:1，2000年已近4:1。又如在金属锻造行业中，传统的蒸汽—空气锻锤因能量利用率低、工作环境差等缺陷，近年来已基本趋于淘汰，取而代之的是对原有的蒸汽—空气锻锤进行电液驱动改造和新型电液驱动锻锤，且新建锻造生产线时，热模锻压力机、螺旋压力机等各类锻造设备数量增加迅速，更好地适应了不同产品的锻造生产技术要求。

3）产品的数控化、柔性化程度和比例得到显著提高。在塑料注射机中，计算机控制的自动注射机已占全部注射机产量的50%以上，不仅要对设备的动作进行控制，而且整个注射过程中的熔体温度、注射压力、注射速度、保压时间、冷却过程及液压回路的各种参数均已在计算机的控制之下。在锻压机械中，CNC回转头压力机、板材加工FMS、板材折弯柔性单元、数控四边折边机、伺服压力机等数控加工设备发展迅速。

总之，经过半个多世纪的发展，我国的成形设备制造业已成为类别较为齐全完整的工业装备体系，持续稳定地发展成为国民经济的重要组成部分。在数十年的发展过程中，涌现出了一批具有相当实力的生产制造企业和科研院所，已具备较强的科研、开发、生产和销售能力，形成了品种规格系列化、门类相对齐全的产品线，所生产的产品不仅能满足国内各行业的大部分需求，许多产品已出口到世界各国。以汽车覆盖件冲压设备为例，在产品门类上，实现了从单台主机到冲压线、多工位、级进模、落料线等整线设备的延伸；在技术发展上，实现了从消化吸收引进到完全自主创新、与国际最新技术发展保持同步的跨越；在产品研制上，实现了从人工上下料、机械手上下料、机器人送料冲压线，到全自动单臂、双臂快速线等成套集成制造的突破；在服务水平上，实现了从单台主机"量体裁衣"到成线"交钥匙"服务，再到项目"总承包"的提升；在市场拓展上，实现了从装备自主品牌汽车企业，服务日、美、德系合资汽车公司，到装备世界冲压配套商、国际汽车巨头整车工厂的飞跃。

但总体来看，我国的成形设备行业仍然是工业体系中的薄弱环节，与世界上工业发达国家相比还存在明显的差距，尚不能完全满足国民经济和工业发展的需要，主要表现为：生产技术和工艺落后，造成设备的性能和可靠性不高；产品品种（尤其是专用性强、技术含量高的产品）不能满足国内迅速发展的成形生产的需要；成套连线技术装置进展缓慢；数控系统品种少、产量低、性能不稳定；具有国际竞争力的品牌少；缺少具有自主知识产权的高档产品。因此，目前除应当充分发挥现有各种成形设备的生产能力、提高设备利用率、搞好辅助设备的配套工作、加强设备的维护和技术改造外，更应当大力加强自主开发的能力，在核心竞争力上下工夫，上档次，上水平，提高可靠性和成套性，逐步形成传统技术、新兴技术、高新技术并存的多层次技术结构和普通型、精密型、高精高效型多档次并存的产品结构，逐步发展成为先进、合理的行业和产业体系，更好地适应国民经济发展的需要。

四、成形设备的发展趋势概述

经过百余年的发展，常规成形设备的品种已基本发展成为规格齐全、结构成熟、辅机完整的系列产品。近年来，为满足汽车、国防工业、电子电信、电器等行业的需求，成形设备又取得了惊人的发展，其面貌正在发生根本的变化，总的来说，正朝着精密、高质、高效、节能、低噪声及可持续发展的方向迈进。具体来说，大体有以下几点：

1）高自动化、成套成线化。这是现代化生产的必然要求，也是控制技术、物流技术、计算机技术等各个方面综合水平提高的体现。以汽车覆盖件冲压设备为例，有两大发展趋势：一是侧重于柔性生产的高性能压力机生产线配以自动化上下料机械手；二是采用大型多工位压力机。两种工艺类型均体现了锻压机床向高自动化、成套成线化发展的趋势。例如，大型多工位压力机一般由拆垛机、大型压力机、三坐标工件传送系统和码垛工位等组成，其主要特点是生产效率高，制件质量高，满足了汽车工业大批量生产对冲压设备的需求。其生产速度可达16～25件/min，是手工送料流水线的4～5倍，是单机连线自动化生产线的2～3倍。多工位压力机为全自动化、智能化，整个系统只需2～3人监控，全自动化换模，整个换模时间小于5min。

2）节能、精密、高效。这不仅是设备用户的要求，同时也是设备制造商不变的追求，只不过在机床技术日新月异的今天，节能、精密、高效被赋予了更加丰富的内涵。以海天伺服电动机驱动液压系统注射机为例，这种机型利用同步伺服电动机的高反应性能、高重复精度及节省能耗的优点，结合精密高效的齿轮泵，加上具有反馈的闭环控制系统，使整机的注射重复精度可达0.3%，从0到99%的压力及流量爬升速度最快可达50m/s，节能效果与一般定量泵相比，最高可达80%，当环境温度为40℃以下时，可以不用冷却水。又例如，上海冲剪机床厂生产的ME50/2550型机械电子伺服数控板料折弯机，其折弯滑块由2台伺服电动机同步驱动，使滑块平衡快速运行的同时，滑块挠度得到有效补偿。该机公称压力为500kN，工作台长度为2550mm，滑块行程为115mm，空程速度为70mm/s，折弯速度为10～20mm/s，滑块定位精度和重复定位精度分别为0.035mm和0.01mm，后挡料定位精度和重复定位精度分别为0.07mm和0.01mm。

3）高速度、多功能也是成形设备追求的目标之一。在高速度方面，高速压力机可谓高速度的典型代表。目前，已经开发出速度为4000次/min且具有实用性质的超高速压力机，如日本电产京利的MACH-100型超高速精密压力机，在100kN、8mm冲程条件下，速度即可以达到4000次/min。高速压力机的行程次数基本都提高到1000次/min以上，为了满足高速压力机对速度和精密性的要求，高速精密压力机都在加大转矩、降低噪声、提高刚性、减少发热、保持滑块运行平稳等方面采取措施，以保证压力机在生产线上高速运行，确保制件合格；注射机的启闭模速度，已由过去的20～30m/min提高到40～50m/min，最高达到70m/min，注射速度从过去的100mm/s提高到现在的300m/s，有的达到750m/s；但更多的注意力还是放在通过提高设备效率、增加功能来提高生产速度，由于数控技术的广泛应用，使产品向高效率的方向发展，如在回转头压力机上配备激光切割系统、自动上下料装置、成品分选装置等设施，并由计算机集中控制，从而大大提高了生产效率和机动时间，并能实现夜班无人看管。对塑料注射机而言，高效率主要体现在工作节拍快、制品周期短，普遍比过去提高24%以上，高效注射机的开模和预塑一般都能同步完成，开模中同时完成抽芯和顶出过程。

4）在设备规格上，微型与大型并重。为了满足汽车、电子、信息、生物等领域的需求，成形设备的规格正在向两极扩展。如目前虽然已有质量为10^{-4}g的注射制品成形加工技术装备，但日本已提出开发质量为10^{-5}g的注射制品成形加工技术装备。用于成形替代人体血管的直径小于0.5mm的塑料管生产设备，已在一些国家的研发当中。在金属成形中，微冲压、微锻造、微挤压等方面的研究发展迅速，也对相关的微成形设备提出了迫切需求。同时，工业上对各种大型成形制品的需求也很明显，如在飞机、舰船、电站设备制造中，为了整体、精密、优质锻件的生产，就需要发展吨位在80000～100000kN的锻造压力机；小型快艇、运动艇、洲际长途输液输气的超大直径塑料管以及10000L甚至更大容积的塑料储装容器的生产需求已经产生。

随着可持续发展、绿色生产的呼声越来越高，在成形设备中注重安全生产与环境保护、强调可持续发展的倾向也表现得更加明显。节能、降噪、减少振动、提高安全性等，都在设备的设计中有所体现，如日本AIDA公司号称第三代压力机的NS1-1500D伺服压力机，该机使用了独自开发制造的伺服电动机，其主要参数为：公称压力为1500kN，能力发生位置6.0mm，行程长度200mm，无负荷连续行程次数60次/min，闭模高度400mm，滑块调节量100mm，该压力机的最大特点之一是可以在无声模式下运转，既不降低生产率，又实现了低噪声、低振动。这种无声或低噪声模式与通用机械压力机相比，可大幅减少噪声。同时，由于模具振动大大减小，大幅度地提高了模具的使用寿命。

五、学习本课程的目的与要求

本课程是在学完机械原理、机械零件、液压传动、金属学与热处理、高分子材料学、材料成形原理等技术基础课程的基础上，与塑性加工工艺学、塑料成型工艺学、压铸工艺学等工艺与模具设计课程相互配合、衔接而进行教学的一门专业课程，是本专业的主要必修课之一。

本课程的任务是讲授成形生产中常用的各种成形设备的工作原理与特点、典型结构、设备性能、主要技术参数及其选用原则。此外对生产中常用的一些非主流设备也进行了介绍。通过本课程的学习，要求学生能熟悉常用成形设备的工作原理与特点、设备结构与使用性能，熟练掌握各种设备的适用工艺与范围，并能够根据不同的工艺要求正确选择设备的种类与参数，正确、合理、有效地使用与维护设备，正确处理好工艺、模具与设备之间的协调关系，并对其他一些专用成形设备也能有所了解。

成形设备是完成各种成形生产的必要硬件条件，鉴于本教材的使用对象和教学目的，在教材中没有把重点放在设备的结构设计和理论计算上，而是着眼于通过让学生学习设备的工作原理和过程来掌握设备的主要结构与性能、工艺适应性与技术参数，从而能根据成形生产的要求、模具结构等因素，经济、有效地使用设备，合理地选择工艺，正确地设计模具，保证成形生产能够经济、合理地进行，提高学生在成形工艺和模具方面的综合设计水平，提高学生解决实际问题的能力。因此，在本书的编写中，是以设备的应用为主线，强调理解设备的功能与实现方法，强调设备与工艺和模具的结合。

受篇幅所限，本书只对金属成形和塑料成型设备中的部分设备进行了介绍，对其他成形设备有兴趣的读者可参阅有关著作和参考文献。

第二章 曲柄压力机

曲柄压力机是材料成形（塑性成形）中广泛应用的设备，通过曲柄连杆机构获得材料成形时所需的力和直线位移，可进行冲压、挤压、锻造等工艺，广泛应用于汽车工业、航空工业、电子仪表工业、五金轻工等领域。

第一节 曲柄压力机的工作原理与型号分类

一、曲柄压力机的工作原理

曲柄压力机通过曲柄连杆机构将电动机的旋转运动转换为滑块的往复直线运动。图2-1为其工作原理图，工作原理如下：电动机1通过V带把运动传给大带轮3，再经过小

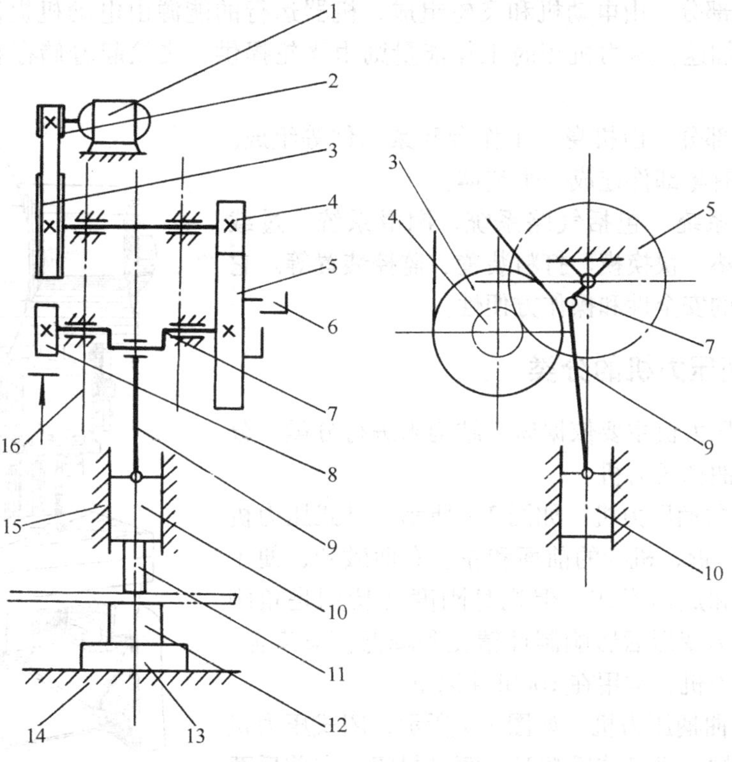

图2-1 JB23—63开式曲柄压力机工作原理图

1—电动机 2—小带轮 3—大带轮 4—小齿轮 5—大齿轮 6—离合器 7—曲柄 8—制动器 9—连杆 10—滑块 11—上模 12—下模 13—垫板 14—工作台 15—导轨 16—机身

齿轮 4、大齿轮 5 传给曲柄 7，通过连杆 9 转换为滑块 10 的往复直线运动，若在滑块 10 和工作台 14 上分别安装上、下模，可完成相应的材料成形工艺。

多级的减速一方面可降低滑块的运行频率（滑块行程次数），另一方面亦增加了滑块工作力。离合器 6 可使机器在开动后间歇性工作，制动器 8 可在离合器分开后对从动部分进行制动以及对滑块进行制动。此外，由于曲柄压力机的负荷特性是在一个工作周期中短时负荷，故常动部分（主要是大齿轮 5）又起飞轮的作用，以达到有效利用能量的目的。

二、曲柄压力机的组成

根据压力机各部分零件的功能，可分为如下几个组成部分：

（1）工作机构　设备的工作执行机构由曲柄、连杆、滑块组成，其作用是将传动机构的旋转运动转换成滑块的往复直线运动。

由于工作机构是一刚性曲柄连杆机构，故压力机工作时有固定的上下极限位置（上、下死点），可以精确控制成形件的尺寸。

（2）传动系统　由带传动和齿轮传动组成，将电动机能量传输至工作机构，在传输过程中，转速逐渐降低，转矩逐渐增加。

（3）操作机构　主要由离合器、制动器以及相应的电气系统组成，在电动机起动后，控制工作机构的运行状态，使其能间歇或连续工作。

（4）能源部分　由电动机和飞轮组成，机器运行的能源由电动机提供，开机后电动机对飞轮进行加速，压力机短时工作能量则由飞轮提供，飞轮起着储存和释放能量的作用。

（5）支承部分　由机身、工作台和紧固件等组成。它把压力机所有零部件连成一个整体。

（6）辅助系统　包括气路系统、润滑系统、过载保护装置、气垫、快换模、打料装置、监控装置等。它可提高压力机的安全性和操作方便性。

三、曲柄压力机的分类

目前曲柄压力机主要依据床身结构来进行分类，分为开式和闭式曲柄压力机。

（1）开式曲柄压力机　如图 2-2 所示，开式压力机的床身呈“C”形，机身的前面和左、右面敞开，便于模具安装调整和成形操作，但机身刚度（特别是角刚度）较差，受力变形后影响制件精度和降低模具寿命，适用于小型压力机，常用在 1000kN 以下。

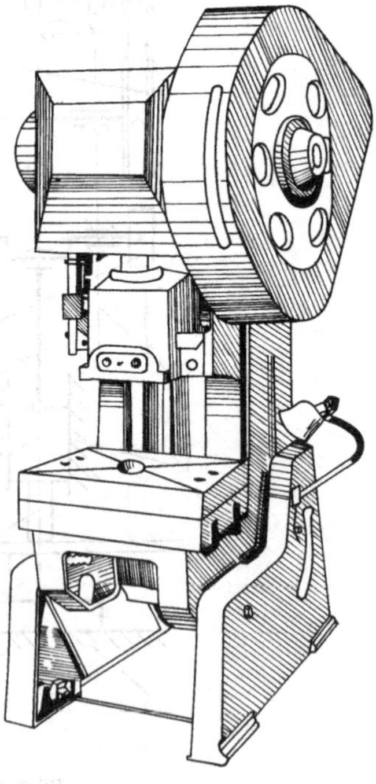

图 2-2　JB23—63 开式曲柄压力机外形图

（2）闭式曲柄压力机　如图 2-3 所示，闭式压力机机身为框架结构，机身前后敞开，两侧封闭，在前后两面进行模具安装和成形操作，机身受力变形后产生的垂直变形可以用装模高度调节量消除。对制件精度和模具运行精度影响小，适用于中大型曲柄压力机。

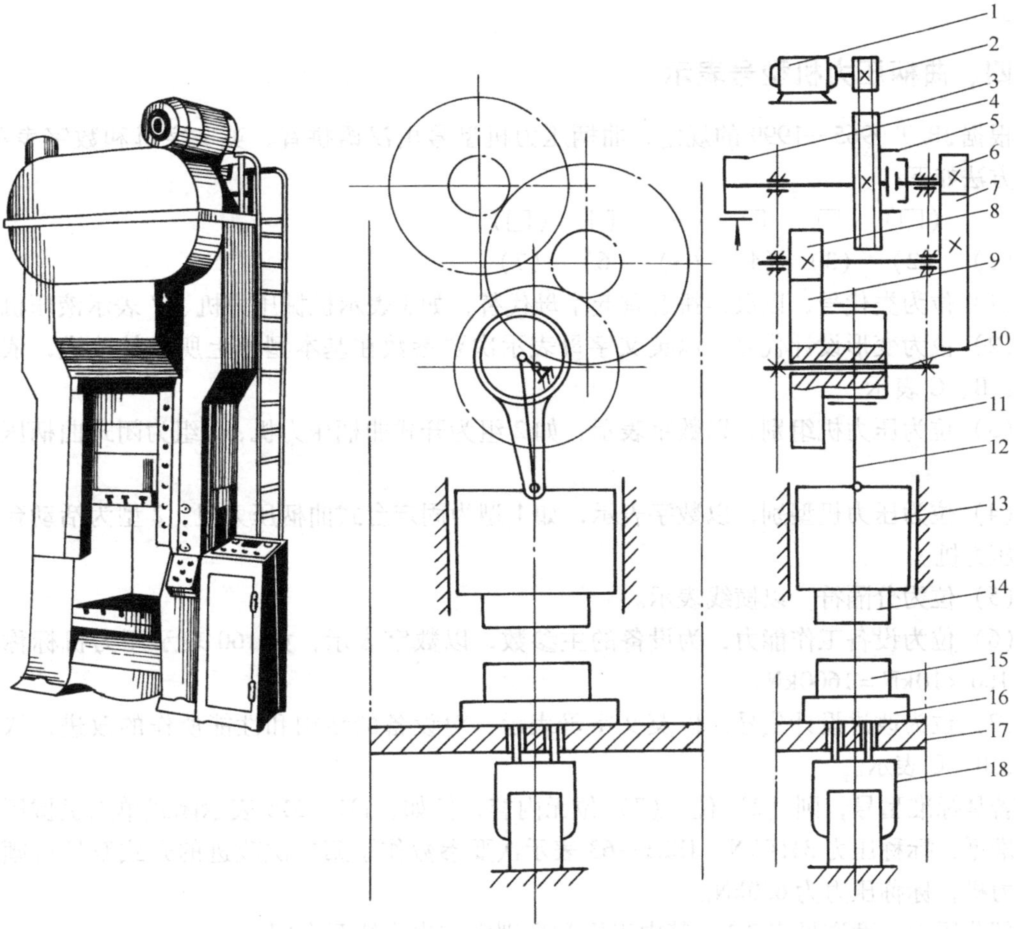

图 2-3　J31—315 闭式压力机外形和工作示意图

1—电动机　2—小带轮　3—大带轮　4—制动器　5—离合器　6、8—小齿轮
7—大齿轮　9—偏心齿轮　10—心轴　11—机身　12—连杆　13—滑块
14—上模　15—下模　16—垫板　17—工作台　18—液压气垫

此外还有一些辅助分类方式：

（1）按工艺用途分类　除通用曲柄压力机外，还有拉深压力机、板冲高速压力机、热模锻压力机、冷挤压机等，这些压力机对曲柄滑块机构作了改进，使其力能和运动曲线更符合相应的成形工艺要求。

（2）按滑块数量分类　有单动压力机、双动压力机。单动是指在工作机构中有一个滑块，双动是指在工作机构中有两个滑块，分内、外滑块，内滑块安装在外滑块内，各种机构分别驱动。双动压力机适合于大型制件的拉深，多用于汽车车身制造。

（3）按压力机连杆数量分类　有单点压力机、双点压力机和四点压力机。“点”数是指压力机工作机构中连杆的数目，对较大台面的压力机，为了提高滑块运动平稳性和抗偏载能力而设置了多个连杆。

（4）按传动系统所在位置分类　有上传动压力机、下传动压力机。下传动压力机可使设备重心降低，提高设备运行平稳性，如高速压力机、长行程拉深压力机均采用下传动方式。

四、曲柄压力机型号表示

根据 JB/T 9965—1999 的规定，曲柄压力机型号由汉语拼音、英文字母和数字表示，表示方法如下：

J （□） □ □ — □ （□）

（1） （2） （3） （4） （5） （6） （7）

（1）位为类代号，以汉语拼音首起字母代替，如 J 表示机械压力机、Y 表示液压机。

（2）位为变形设计代号，以英文字母表示次要参数在基本型号上所作的改进，依次以 A、B、C 表示。

（3）位为压力机组别，以数字表示，如 2 组为开式曲柄压力机，3 组为闭式曲柄压力机。

（4）位为压力机型别，以数字表示，如 1 型为固定台式曲柄压力机，2 型为活动台式曲柄压力机。

（5）位为分隔符，以横线表示。

（6）位为设备工作能力，为设备的主参数，以数字表示，如 160 表示压力机标称压力为 $160 \times 10\text{kN} = 1600\text{kN}$。

（7）位为改进设计代号，以英文字母表示，对设备的结构和性能所作的改进，依次以 A、B、C 表示。

若是标准型号，则（2）位、（7）位无内容，例如，J31—315 表示闭式单点机械压力机标准型，标称压力 3150kN；JB23—63 表示次要参数作了第二次改进的开式双柱可倾曲柄压力机，标称压力为 630kN。

部分压力机型谱见表 2-1，其中组别和型别中空出为待开发用。

表 2-1 部分压力机型谱表（JB/T 9965—1999）

组	型	名称	组	型	名称	组	型	名称	组	型	名称
单柱压力机	11	单柱固定台压力机	开式压力机	21	开式固定台压力机	闭式压力机	31	闭式单点压力机	拉深压力机	41	闭式单点单动拉深压力机
	12	单柱活动台压力机		22	开式活动台压力机		32	闭式单点切边压力机		42	闭式双点单动拉深压力机
	13	单柱柱形台压力机		23	开式可倾压力机		33	闭式侧滑块压力机		43	开式双动拉深压力机
										44	底传动双动拉深压力机
				25	开式双点压力机					45	闭式单点双动拉深压力机
							36	闭式双点压力机		46	闭式双点双动拉深压力机
							37	闭式双点切边压力机		47	闭式四点双动拉深压力机
										48	闭式三动拉深压力机

第二节　曲柄滑块机构的运动与受力特点

曲柄滑块机构是曲柄压力机的工作机构，亦是压力机的核心部分，分析它的运动与受力特点是学习曲柄压力机的关键。

一、曲柄滑块机构的运动分析

图 2-4 为一通用压力机曲柄滑块机构简图，O 点为曲柄回转中心，A 点为连杆与曲柄的连接点，B 点为连杆与滑块的连接点，曲柄半径为 R，连杆长度为 L，OA 以角速度 ω 旋转，逆时针为正向，B 点以速度 v 作往复直线运动，向下为正，s 为 B 点距下死点的距离，α 为曲柄与铅垂线的夹角。

1. 滑块位移与曲柄转角的关系

根据图 2-4 所示的机构简图及符号表示，可列出如下的关系式

$$s=(R+L)-(R\cos\alpha+L\cos\beta) \tag{2-1}$$

若令

$$\lambda=\frac{R}{L}$$

则根据图 2-4 的几何关系可将式（2-1）整理为

$$s=R\left[(1-\cos\alpha)+\frac{1}{\lambda}\left(1-\sqrt{1-\lambda^2\sin^2\alpha}\right)\right] \tag{2-2}$$

为简化工程计算，可将上式中根号内的部分采用幂级数展开后取前两项近似值，从而有

$$s=R\left[(1-\cos\alpha)+\frac{\lambda}{4}(1-\cos2\alpha)\right] \tag{2-3}$$

式中，s 为滑块行程；α 为曲柄转角；R 为曲柄半径；L 为连杆长度。

2. 滑块速度与曲柄转角的关系

在利用微分方程 $v=\frac{ds}{dt}$ 求速度时，s 应为质点所走过的路程，故对于图 2-4 的机构，有

$$v=\frac{d(2R-s)}{dt}=-\frac{ds}{dt}=-\frac{ds}{d\alpha}\frac{d\alpha}{dt}$$

将式（2-3）代入上式，又由于同上述相同原理，有 $\frac{d\alpha}{dt}=-\omega$，将上式整理后得

$$v=\omega R\left(\sin\alpha+\frac{\lambda}{2}\sin2\alpha\right) \tag{2-4}$$

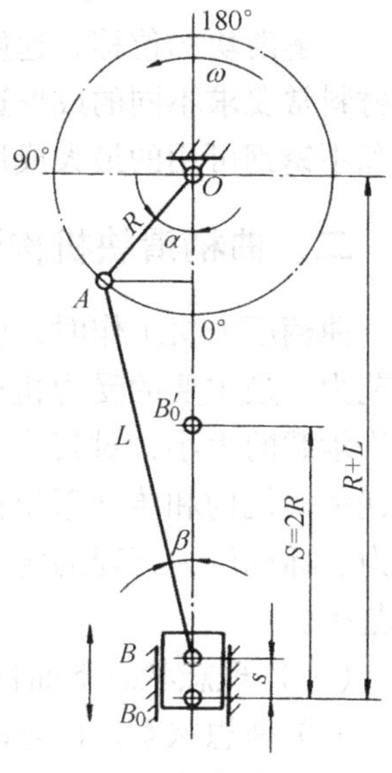

图 2-4　曲柄滑块机构简图

式中，v 为滑块速度，向下为正；ω 为曲柄角速度，逆时针方向为正。

3. 滑块加速度与转角的关系

将式（2-4）对时间求导得滑块加速度

$$a=\frac{dv}{dt}=\frac{dv}{d\alpha}\frac{d\alpha}{dt}=\frac{d}{d\alpha}\left[\omega R\left(\sin\alpha+\frac{\lambda}{2}\sin2\alpha\right)\right](-\omega)$$

$$= -\omega^2 R(\cos\alpha + \lambda\cos2\alpha) \tag{2-5}$$

式中，a 为滑块加速度，向下为正。

利用式（2-3）、式（2-4）、式（2-5）可以很方便地求出滑块的位移、速度、加速度，图 2-5 为 J31—160 型压力机的滑块位移、速度和加速度曲线。

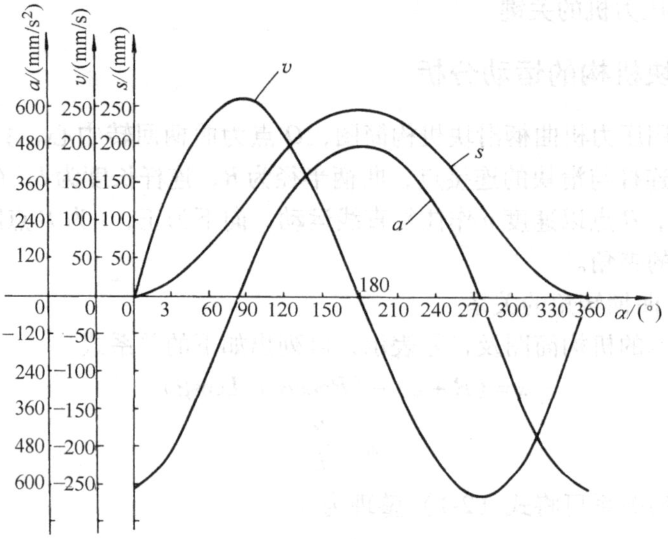

图 2-5　J31—160 型压力机滑块位移、速度和加速度曲线

了解滑块的位移、速度、加速度，有利于设备的正确选用，因为不同的成形工艺和成形材料常要求不同的成形速度和加速度。例如：在拉深时需要较慢的变形速度，且普通碳钢和不锈钢可用的最大成形速度会相差一倍多，分别为 400mm/s 和 180mm/s。

二、曲柄滑块机构受力分析

曲柄压力机工作时，曲柄滑块机构要承受全部的工艺力，是主要的受力机构之一，其强度决定了滑块允许承载的大小，对其受力和曲柄转矩的计算是设计曲柄滑块机构和传动系统的基础，也是正确理解标称压力、标称压力行程的定义以及滑块许用负荷图意义的基础。

（一）理想状态下曲柄滑块受力

所谓理想状态，即忽略机器在运行时各节点及滑动部分的摩擦力。

（1）连杆与导轨受力分析　图 2-6 为通用曲柄滑块机构的受力简图，以节点 B 为考虑对象，有

$$F_{AB} = F/\cos\beta$$

$$Q = F\tan\beta$$

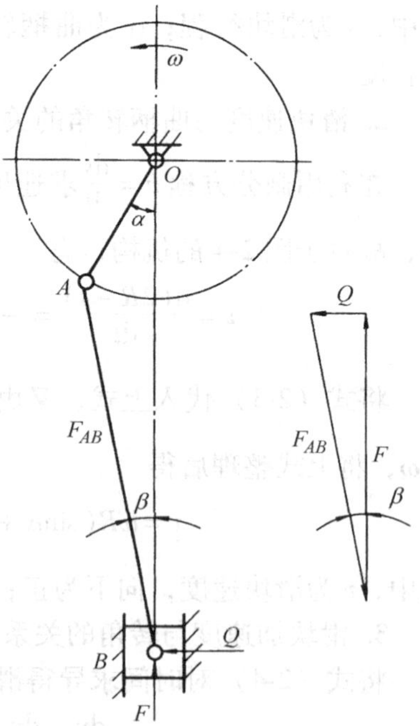

图 2-6　通用曲柄滑块机构受力简图

一般情况下，$\lambda < 0.3$，且通用压力机的 α 一般小于 30°，对应有 $\cos\beta > 0.95$，故上式可简化为

$$F_{AB} \approx F \tag{2-6}$$

$$Q \approx F\lambda \sin\alpha \tag{2-7}$$

式中，F_{AB}为连杆作用力；Q 为导轨作用力；F 为工件变形力；λ 为连杆长度系数；α 为曲柄转角。

（2）曲轴受转矩　图 2-7 为曲轴受力分析图，曲轴受连杆作用力 F_{AB}，齿轮驱动力 F_n 和机床支承力 R_1、R_2 作用，其所受转矩 M_L 为

$$M_L = F_{AB} \cdot OD$$

又

$$OD = R\sin(\alpha+\beta) = R(\sin\alpha\cos\beta + \cos\alpha\sin\beta)$$

因为

$$\cos\beta \approx 1 \quad F_{AB} \approx F$$

$$\sin\beta = \lambda\sin\alpha$$

故

$$OD = R(\sin\alpha + \lambda\sin\alpha\cos\alpha) = R\left(\sin\alpha + \frac{\lambda}{2}\sin 2\alpha\right)$$

所以

$$M_L = FR\left(\sin\alpha + \frac{\lambda}{2}\sin 2\alpha\right) \tag{2-8}$$

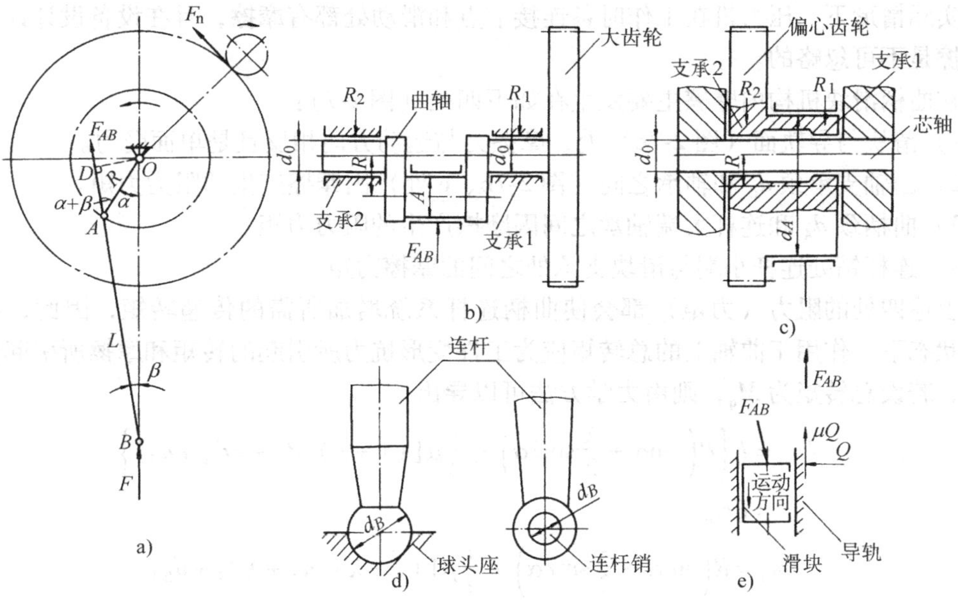

图 2-7　曲轴（或偏心齿轮）受力分析图

式中，R 为曲柄半径；M_L 为曲轴所受转矩。

式（2-8）描述了曲轴受转矩 M_L、工件变形抗力 F 和曲轴转角 α 之间的关系，当 F 值一定时，曲轴所受转矩随 α 值变化，α 越大，M_L 越大；当 M_L 一定时，机构能承受的工件变形抗力则随 α 值的减少而增加，即在较小的 α 值下，能承受的工件变形抗力较大。在满足一定工作行程的情况下，我们定义一临界角（标称压力角）α_g，在此点能承受的工件变形抗力称标称压力 F_g，压力机工作时压力全部小于 F_g，此点作为机构设计的计算基础。在临界角点，式（2-8）可写为

$$M_{gL}=F_gR\left(\sin\alpha_g+\frac{\lambda}{2}\sin2\alpha_g\right) \tag{2-9}$$

为便于计算，简洁公式，令 $m_L=R\left(\sin\alpha+\frac{\lambda}{2}\sin2\alpha\right)$

则式（2-8）可写为 $M_L=Fm_L$

（3）压力机许用负荷图　通常情形下可以认为 M_L 是恒定的，以标称压力点 M_{gL} 作为计算依据，则有

$$F=\frac{M_{gL}}{R}\left(\sin\alpha+\frac{\lambda}{2}\sin2\alpha\right)^{-1} \tag{2-10}$$

式（2-10）即为理想状态下滑块的许用负荷图，考虑到机器的强度和刚度，对 $\alpha<\alpha_g$ 时，限定 $F=F_g$，如图 2-8 所示，F_g 和 $F—\alpha$ 曲线以下的为安全使用区。

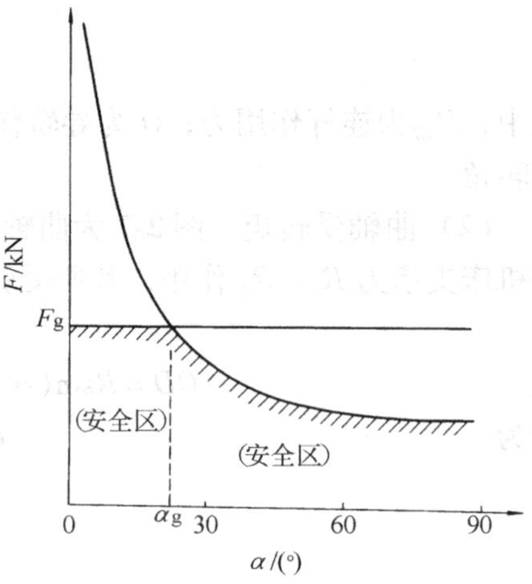

图 2-8　滑块许用负荷曲线

（二）实际情形下曲柄滑块机构受力与许用负荷图

实际情形下，压力机在工作时各连接节点和滑动处都有摩擦，且在设备设计计算时这些摩擦是不可忽略的。

在曲柄滑块机构内摩擦主要发生在如下四处（图 2-7）：

1）滑块与导轨面（图 2-7e）处，摩擦力与运动方向相反且是单面受力。

2）曲轴支承颈 d_0 和轴承之间（图 2-7b、c 处）因摩擦产生的阻力力矩。

3）曲柄颈 d_A 和连杆大端轴承之间因摩擦产生的阻力力矩。

4）连杆销处连杆小端与滑块支承处之间的摩擦力矩。

上述四处的阻力（力矩）都会使曲柄连杆系统增加所需的传递转矩，因此，在实际工作状态下，作用于曲轴上的总转矩应为工件变形抗力所引起的转矩和摩擦所引起的转矩之和，若设总转矩为 M_q，则由力学方法可以导出

$$M_q=F\left\{R\left(\sin\alpha+\frac{\lambda}{2}\sin2\alpha\right)+\frac{1}{2}\mu[(1+\lambda)\ d_A+\lambda d_B+d_0]\right\}=Fm_q \tag{2-11}$$

其中　$$m_q=R\left(\sin\alpha+\frac{\lambda}{2}\sin2\alpha\right)+\frac{1}{2}\mu[(1+\lambda)\ d_A+\lambda d_B+d_0]$$

设压力机驱动转矩恒定，取值为标称压力点之 M_{gq} 值，将式（2-11）进行变换

$$F=M_{gq}/m_q$$

从而获得实际情形下曲柄滑块受力与许用负荷图。从许用负荷图上我们可以得出如下信息：

1）在标称压力行程外（α 大于标称压力角）压力机能承受的力达不到标称压力数值。

2）在标称压力行程内，模具工艺力也不能大于设备标称压力。

3）为了使用户方便正确地选用设备，生产厂家在设备的操作说明书上都附有该设备的许用负荷图。图 2-9 即为 J23—16C 型压力机的许用负荷图，故在选用该设备时以此图

作为设备选择依据。

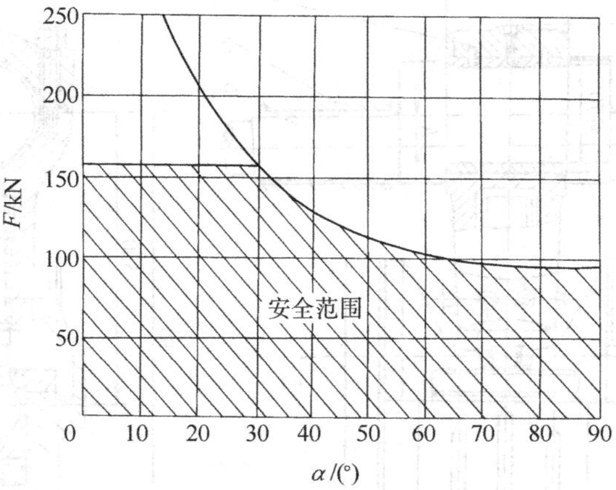

图 2-9　J23—16C 型压力机许用负荷图

第三节　通用曲柄压力机主要零部件结构

一、曲柄滑块机构

曲柄滑块机构是曲柄压力机的一个重要组成部件，它将电动机的旋转运动转变为滑块的直线往复运动，提供给模具工作所需要的成形力和位移，同时提供一些辅助功能，如装模高度调节、过载保护等。

1. 几种典型曲柄滑块机构

按曲柄形式，曲柄滑块机构主要有如下几种：

（1）曲轴式　曲轴式曲柄滑块机构结构如图 2-10 所示，曲轴两端由设备床身支撑，当曲轴绕支撑轴转动时，滑块在导轨的约束下上下运动，上下位置的差值为 $2R$，此结构应用于较大行程的中小压力机上。

（2）偏心齿轮式　偏心齿轮式曲柄滑块机构结构如图 2-11 所示，偏心齿轮安装在芯轴上并绕芯轴转动，与芯轴的偏心距为 R，实现曲柄机构动作，应用于中大型压力机，芯轴仅受弯矩，偏心齿轮受转矩作用，负荷分配合理，加工制造也方便，但偏心轴直径较大，有一定摩擦损耗。

2. 装模高度调节方式

为了适应不同闭合高度的模具，压力机的装模高度必须是可调的，调节方法如下：

（1）调节连杆长度　通过调节连杆长度达到调节滑块下平面与工作台上表面之间的距离，图 2-10 和图 2-11 均采用此结构，将连杆一分为二，其一为连杆本体，其二为调节螺杆，为了使其螺纹副的受力状况合理，螺纹一般为锯齿形或 T 形螺纹。当需调节装模高度时，转动调节螺杆，连杆的长度将发生改变，进而达到调整装模高度的目的。该方法结构紧凑，可降低压力机高度。由于调节螺杆调节时需旋转运动，加上工作时连杆的摆动，故此类连杆与滑块的铰接处为球头。球头和支承座的加工比较困难，需专用设备。同时螺杆的抗弯性能亦不强。

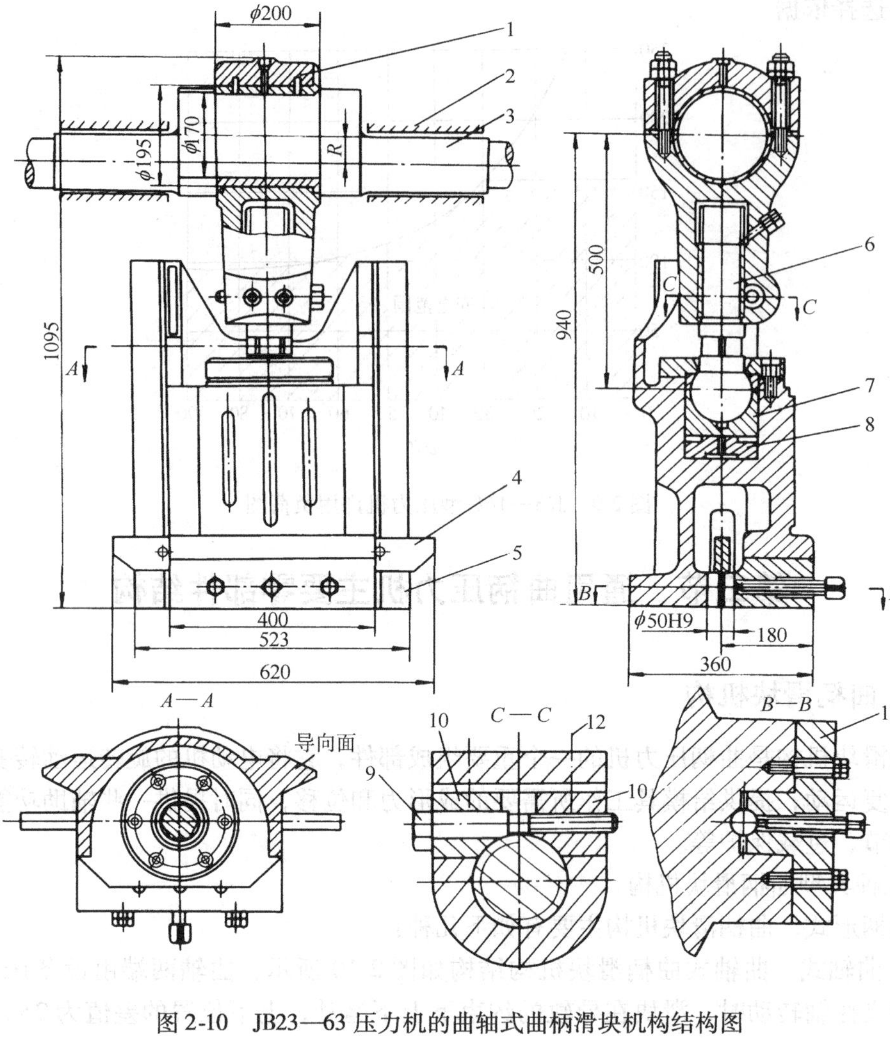

图 2-10　JB23—63 压力机的曲轴式曲柄滑块机构结构图

1—连杆　2—轴瓦　3—曲轴　4—打料横杆　5—滑块　6—调节螺杆　7—下支承座

8—保护装置　9—锁紧螺钉　10—锁紧块　11—模具夹持块　12—锁紧块导向销

（2）调节滑块高度　柱销式连杆采用此种结构，如图 2-12 所示，连杆不直接与滑块体相连，而是装配在调节螺杆上，调节螺杆通过蜗轮（调节螺母）与滑块本体相连接，其调节方法是转动蜗杆 5 使蜗轮 4 转动，蜗轮又兼作调节螺母，相对转动的结果使滑块本体上下移动，连杆与滑块的铰接点距滑块下平面的距离发生了变化，从而达到调节装模高度的目的。与球头式连杆相比，柱销式连杆的抗弯强度提高了，铰接柱销的加工也更为方便，为了改善圆柱销的受力，较大型压力机采用了柱面连接结构。

在某些压力机中，采用柱塞导向的连杆，如图 2-13 所示，连杆不直接与滑块连接，而是通过一个导向柱塞 5 与滑块连接。这样，偏心齿轮和连杆就可以密封在机身的上横梁中，变为浸油的润滑，减小了齿轮磨损，降低了传动噪声。此外，导向柱塞在导向导套 4 内滑动，相当于加长了滑块的导向长度，提高了压力机的运动精度。因此，这种结构在大中型压力机中得到了广泛应用。其主要缺点是加工、安装比较复杂，压力机高度有所增加。

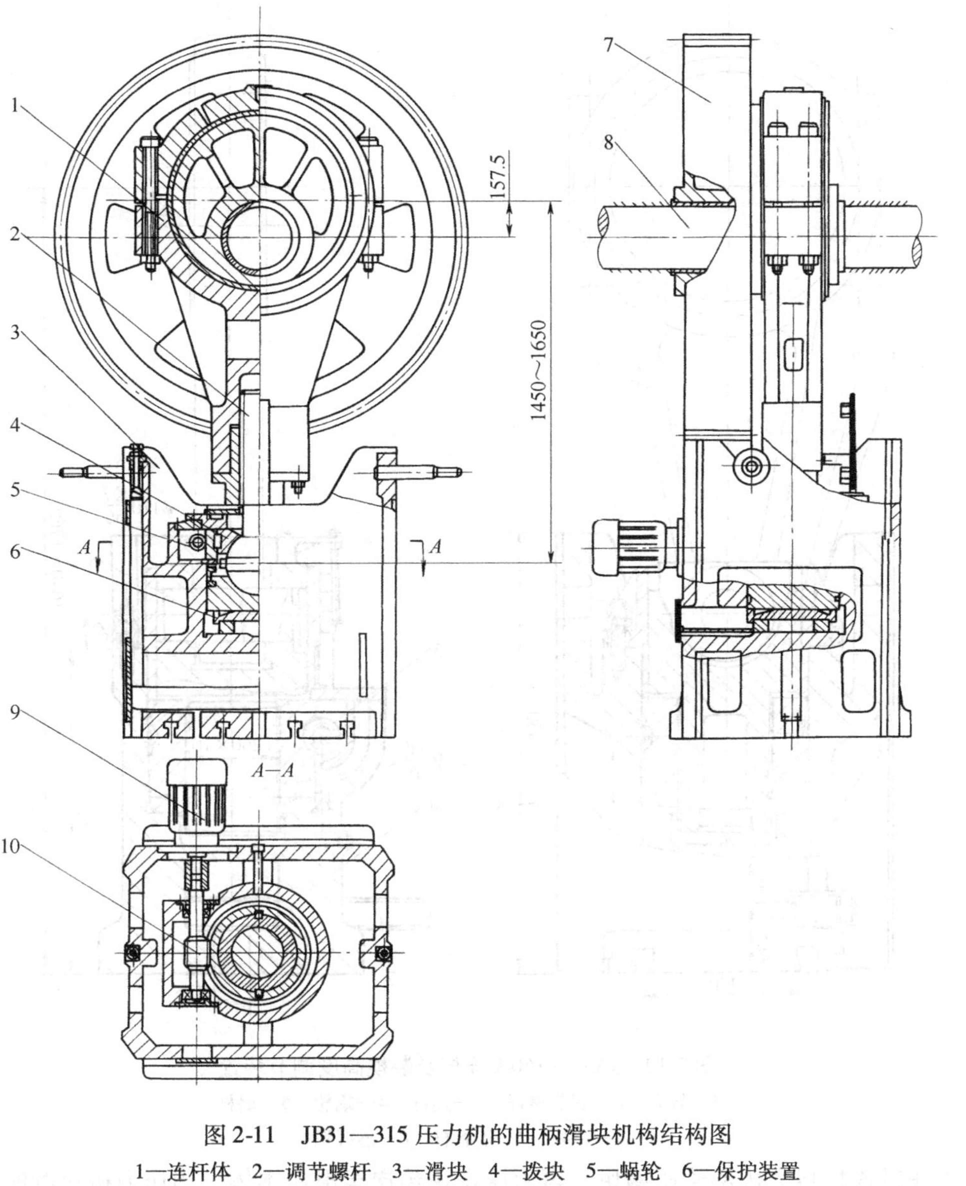

图 2-11 JB31—315 压力机的曲柄滑块机构结构图

1—连杆体 2—调节螺杆 3—滑块 4—拨块 5—蜗轮 6—保护装置

7—偏心齿轮 8—芯轴 9—电动机 10—蜗杆

（3）调节工作台高度 如图 2-17c 所示，多用于小型压力机。

3. 过载保护装置

曲柄压力机工作机构为刚性连接方式，滑块在工作时的上下死点是固定的，若工作中由于操作不当使滑块下行受阻，由于曲柄滑块机构的增力特性，会造成连杆受力 F_{AB} 上升至超过标称压力 F_g。造成过载的原因很多，如工艺设计时设备选用不当；模具调试时设备装模高度小于模具高度；冲压时毛坯放置位置不当；异物夹在模具内等。过载会引起设备或模具损坏，为了防范过载引发的事故，设备上相应设计了过载保护装置，常用的过载保护装置有压塌块式和液压式两类。

（1）压塌块式过载保护装置 如图 2-10 和图 2-11 所示，在连杆球头座下设置一压塌

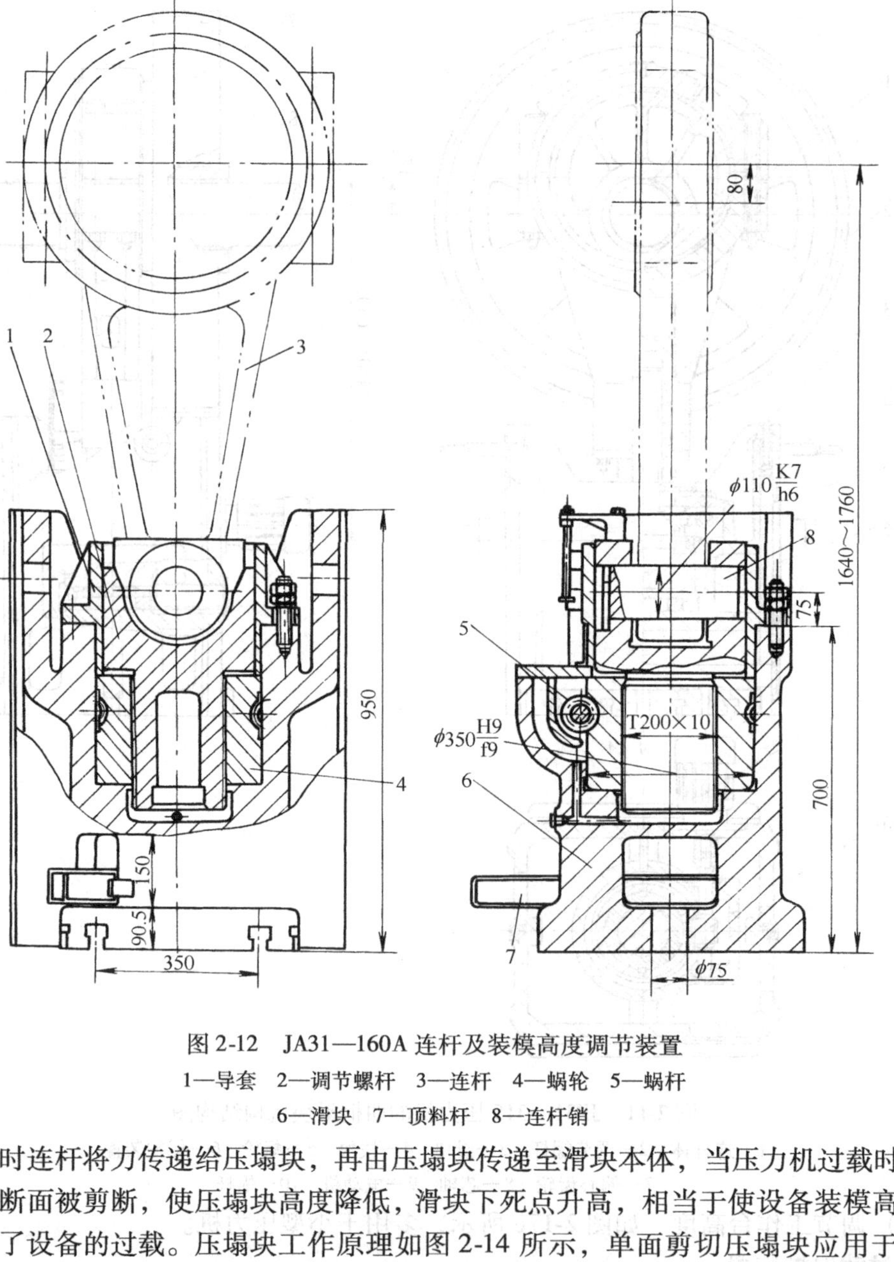

图 2-12　JA31—160A 连杆及装模高度调节装置

1—导套　2—调节螺杆　3—连杆　4—蜗轮　5—蜗杆

6—滑块　7—顶料杆　8—连杆销

块，工作时连杆将力传递给压塌块，再由压塌块传递至滑块本体，当压力机过载时，压塌块的相应断面被剪断，使压塌块高度降低，滑块下死点升高，相当于使设备装模高度值增加，消除了设备的过载。压塌块工作原理如图 2-14 所示，单面剪切压塌块应用于小型压力机。

由于压力机过载一般在标称压力行程内产生，故压塌块剪切后产生的高度差与标称压力行程对应即可。对双面剪切的压塌块应保持内外处的剪切面积相等。

为了保证过载保护装置保险、准确、可行，制作压塌块的每批材料的抗剪强度值 τ 均应以试验数据为准，以此推算出相应的剪切面积。

压塌块式过载保护装置结构简单，制造方便，但在实际上，压塌块的破坏不仅与滑块上作用力的大小有关，还与材料的疲劳强度有关，因此这种装置不可能准确地限制过载力，也不宜用于多点压力机上，这是因为超载时无法保证两个或四个连杆下面的压塌块同时断裂。压塌块式保护装置属于破坏式保护，一旦压塌无法再恢复，压力机再工作前，必须更换新的压塌块。

（2）液压式过载保护装置 多点和大型压力机多采用液压式过载保护装置，其工作原理如图2-15所示。在原来安装压塌块的位置安装一液压缸，称作液压垫，每个液压垫都设有卸荷阀，其中一个还设有限位开关，工作开始时通过液压泵将油打入每个液压垫，活塞抬起，液压垫内有一定的预压力，不会使滑块上下运行时因油液的压力差而产生微小的行程滞后或超前。正常工作时连杆作用力通过液压垫内的液压油传递至滑块本体，多次工作后如系统内油液有泄漏，油压会降低，通过压力继电器9控制液压泵的再次起动和停止，对系统油液进行补充并保持一定的初始油压力值，保证压力机正常工作。

当出现过载时，液压垫内油压急剧升高而引起卸荷阀卸荷，液压垫内的油液经卸荷阀流回油箱，使滑块下平面相对抬高，装模高度增大，起到保护模具和设备的目的，卸荷的同时限位开关4发出信号，压力机紧急停机。故障清除后，再次开机时，液压泵起动，液压垫中活塞重新抬起，压力机恢复正常。

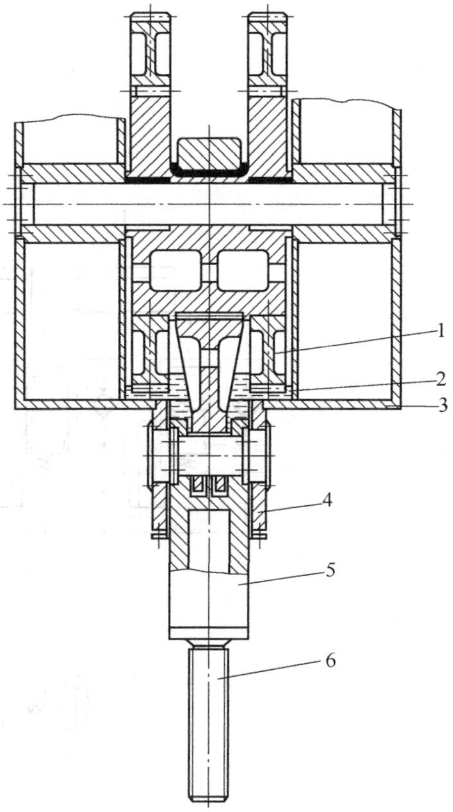

图2-13 柱塞导向连杆

1—偏心齿轮 2—油槽 3—上横梁 4—导向导套 5—导向柱塞 6—调节螺杆

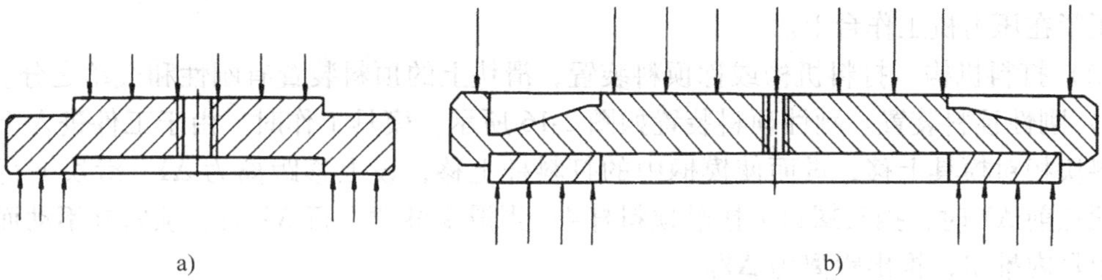

图2-14 压力机压塌块结构

a）单面剪切压塌块 b）双面剪切压塌块

液压式过载保护的过载临界点可以准确地设定，且过载后设备恢复容易，广泛应用于中大型压力机。

4. 模具的装夹和上打料机构

（1）模具的装夹 对小型模具上模的装夹是利用滑块上的模具夹持块夹紧模具的模柄来实现的，如图2-10中的剖视图 *B*—*B*。若模具工作时的回程力较大，除了用模柄夹持外，还应用压板将上模压紧在滑块上。中大型模具的上模多用压板方式。对快速上下模的设备（如配有移动工作台的压力机）常采用气动快速夹持器固定上模。下模则采用压板

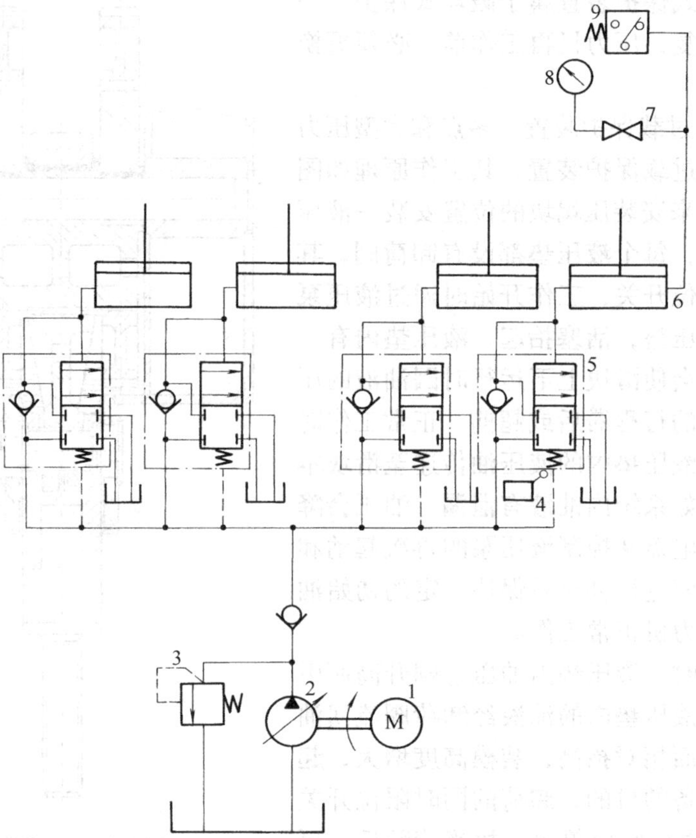

图 2-15　J39—800 闭式四点压力机液压保护装置原理图

1—电动机　2—高压液压泵　3—溢流阀　4—限位开关　5—卸荷阀

6—液压垫　7—压力表开关　8—压力表　9—压力继电器

将其压紧在压力机工作台上。

（2）打料机构　打料机构或称顶料装置，滑块上的顶料装置有刚性和气动之分。

1）刚性顶料装置。刚性顶料装置如图 2-16 所示。模具工作时，由于工件进入上模而使顶料块相对模具上移，进而使模柄中的打料杆上移，设上移距离为 ΔY，滑块上行至接近上死点前 ΔY 时，挡头螺钉 1 接触顶料杆 4；当滑块继续上行 ΔY 时，顶料杆不动而将工件从模具内推出，推出距离为 ΔY。

必须注意的是，由于是刚性打料，在模具安装时，应先调好挡头螺钉 1 的位置，以免发生设备事故。方法是先将挡头螺钉退后，再使滑块上行至上死点停下，向下调节挡头螺钉使其与打料杆接触，并将挡头螺钉锁死。刚性打料结构简单，动作可靠，其打料动作发生在滑块接近上死点位置处。

2）气动顶料。与刚性顶料不同，气动顶料是由一对气缸替代挡头螺钉，即顶料杆的两头分别铰接在气缸的活塞杆上，气缸则安装在滑块上，需要顶料时气缸进气使顶料杆产生一相对位移，从而将工件从模具内顶出，气动顶料对工件的冲击力较小，且可以在滑块上行的任意时刻顶出，便于实现自动化操作，但可靠性没有刚性顶料装置高，需增加控制系统使在顶出失效时停机。

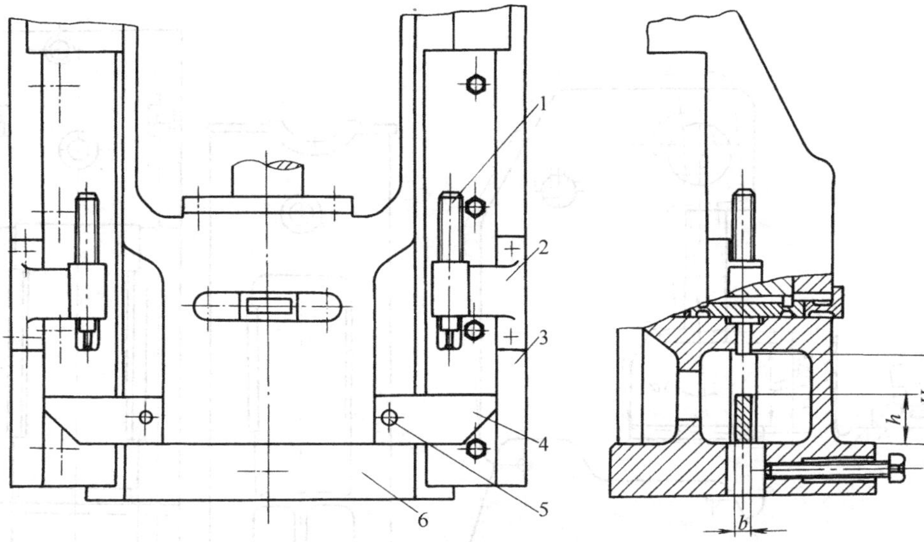

图 2-16 JB23—63 压力机刚性顶料装置

1—挡头螺钉 2—挡头座 3—机身 4—顶料杆 5—挡销 6—滑块

二、机身

机身是设备的六个基本组件之一，作为载体连接固定所有零部件，保障它们的相对位置和运动关系，工作时承受全部变形力，与其他机构形成一封闭力系。强度和刚度是机身设计的重要指标。按结构形式，机身可分为开式和闭式。

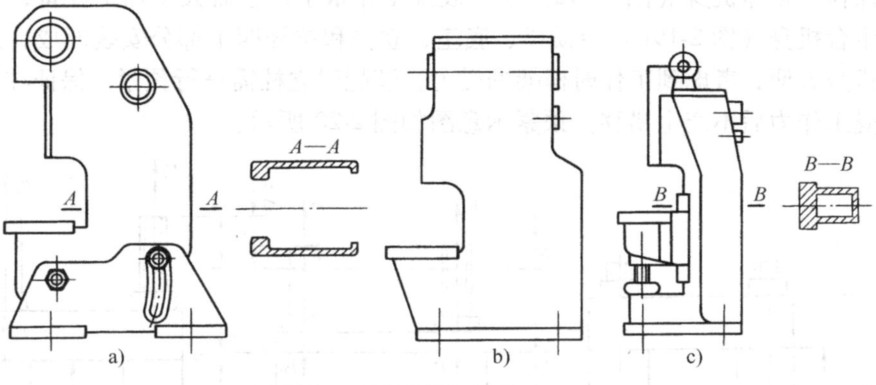

图 2-17 曲柄压力机开式机身

a）开式可倾式 b）开式固定台式 c）开式活动台式

（1）开式机身 常见开式机身的形式如图 2-17 所示，操作空间三面敞开，工作台面不受导轨间距的限制，安装、调整模具有较大的操作空间，与自动送料机构的连接也很方便。由于床身近似“C”形，在受力变形时产生垂直位移和角位移（图 2-18 中的 Δh 和 $\Delta\alpha$），尤其是角位移 $\Delta\alpha$ 会加剧模具磨损和影响冲压件质量，严重时会折断冲头，故在开式压力机机身结构设计时尤其应控制角位移 $\Delta\alpha$。设计时引入角刚度参数 C_α，$C_\alpha = F/\Delta\alpha$，通过优化床身横截面可提高 C_α 值，由于 $\Delta\alpha$ 的存在，开式机身多应用于小型压力机。

（2）闭式机身 常见闭式机身如图 2-19 所示。

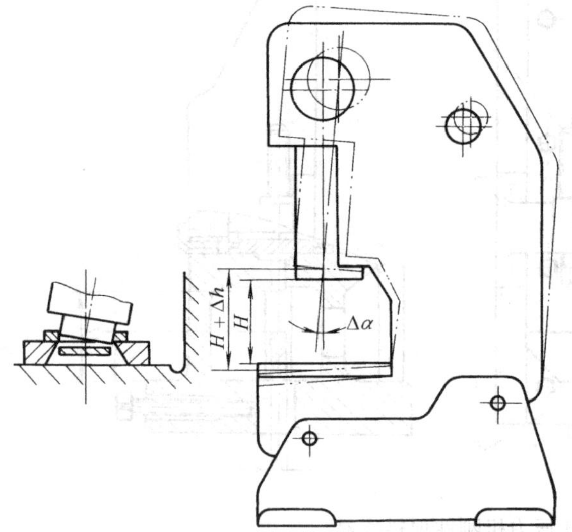

图 2-18　开式压力机的弹性变形及对冲模的影响

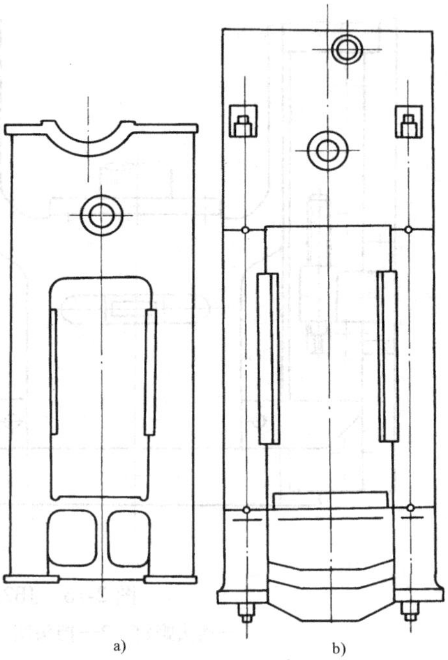

图 2-19　曲柄压力机闭式机身
a）闭式整体式　b）闭式组合式

闭式机身形成一个对称的封闭框形结构，在压力机工作受力后仅产生垂直变形，刚度比开式机身好，广泛应用于中大型压力机。由于框形结构以及其他附件的安装，它只能在前后两面操作。整体机身（图 2-19a）加工装配工作量小，但需大型加工设备，运输和安装困难。组合机身（图 2-19b）由横梁、底座、立柱和拉杆四个部分安装而成，加工运输都较整体机身方便，考虑到工作时框架的受力，装配时立柱需进行预紧，保证在工作时设备框架在受工作力后不产生错移。预紧示意图如图 2-20 所示。

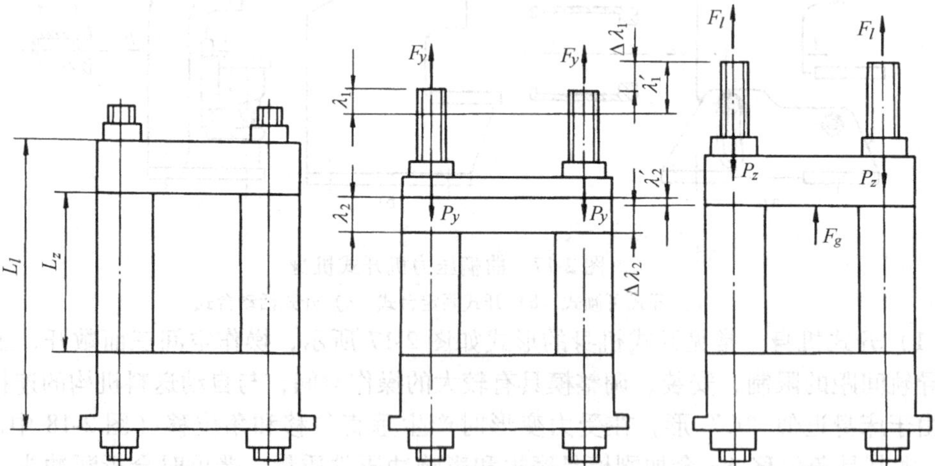

图 2-20　螺栓和立柱变形示意图
a）预紧前　b）预紧后　c）工作时

三、离合器与制动器

由于压力机工作的间歇性和从动零部件的较大质量，曲柄压力机设有离合器与制动器。离合器可分为刚性离合器和摩擦式离合器两大类。制动器多为摩擦式，有盘式和带式之分。

（一）刚性离合器

刚性离合器是依靠刚性结合零件使主动部件和从动部件产生连接和分离两种状态，实现曲柄机构的工作或停止。刚性离合器按结合零件的结构，可分为转键式、滑销式、滚柱式和牙嵌式等几种，常见的是转键式，因此以下主要介绍转键式离合器。

1. 转键式离合器结构和工作原理

图 2-21 为半圆形双转键离合器，主动部分的大齿轮 8 并未直接安装在曲轴 3 上，它靠两个滑动轴承 1、5 支承在与曲轴键联接的内套 2 和外套 6 上，因此，大齿轮可以自由转动而不带动曲轴。在曲轴上加工出两个半圆形槽，转键 15、工作键 16 安装在内、外套上，可在内、外套上自由转动，由尾板 10 控制（见 *C—C* 剖视图），中套 4 利用键联接在大齿轮内孔中，在其上开了四个半圆形槽。当关闭器 9 将转键尾板挡住处于 *C—C* 断面实线位置时，转键的半圆形截面正好隐藏于曲轴 3 的半圆形槽内，见左侧 *D—D* 剖视图，此时离合器处于分离状态，中套和大齿轮可以在曲轴上转动而曲轴不动；当关闭器 9 让开，尾板在弹簧 12 的作用下旋转至 *C—C* 剖视图中虚线位置，此时转键的半圆形截面凸出曲轴凹槽，见右侧 *D—D* 剖视图，此时由于转键将中套和曲轴连成了一体，离合器处于闭合状态，曲轴在大齿轮的驱动下一起产生旋转动作，压力机可进行冲压工作。

在设定为单次行程工作时，关闭器让开尾板后又恢复至原位，当压力机工作接近一个冲压行程，曲柄转动接近一圈时，尾板头部先接触到关闭器，停止转动，而此时离合器仍然处于闭合状态，尾板的另一端由转键带动继续绕曲柄中心旋转，因而尾板相对内套产生一个旋转运动，此旋转与前述离合器闭合时弹簧拉动尾板的转动正好相反，至曲轴旋转一整圈时，转键中半圆形截面与曲轴的相对关系又回复至左侧 *D—D* 剖视图状态，离合器分离，同时，曲轴另一端的制动器将曲轴制动住，等待接受下一次工作指令。

离合器设有两个转键，一个称工作键（主键），另一个为副键，副键的转动通过拉板 17 由主键驱动，其旋转方向与主键相反。副键一方面可以防止滑块的“超前”运动，另一方面在需要曲轴反向运动时起主键作用。“超前”是指在下行时由于滑块自重使曲轴转速大于驱动齿轮转速，或在拉深时若采用弹性压边圈或拉深垫压边时，压力机滑块上行时曲轴转速会大于驱动齿轮转速。

值得注意的是，图 2-21*D—D* 剖视图中零件的相对关系为特殊情形，一般情形下中套 4 的凹槽不是正对转键的，中套上凹槽加工成 4 个是为了提高设备操作的反应灵敏度，因为当发出离合器结合的指令后，如果开 2 个槽，结合的最长等待时间是曲轴转动接近一圈，如果加工成 4 个凹槽后，最长等待时间则降为原先的 1/4。

2. 转键式离合器的操作机构

图 2-22 是一电磁控制的操作系统，可以完成单次和连续行程的操作。

单次行程操作方式指操作人员发出冲压指令后，仅作一次冲压后即停止的操作方式。先用销子 11 将拉杆 5 连接在打棒 3 上（图示状态），踩下脚踏板起动操作指令，电磁铁 6

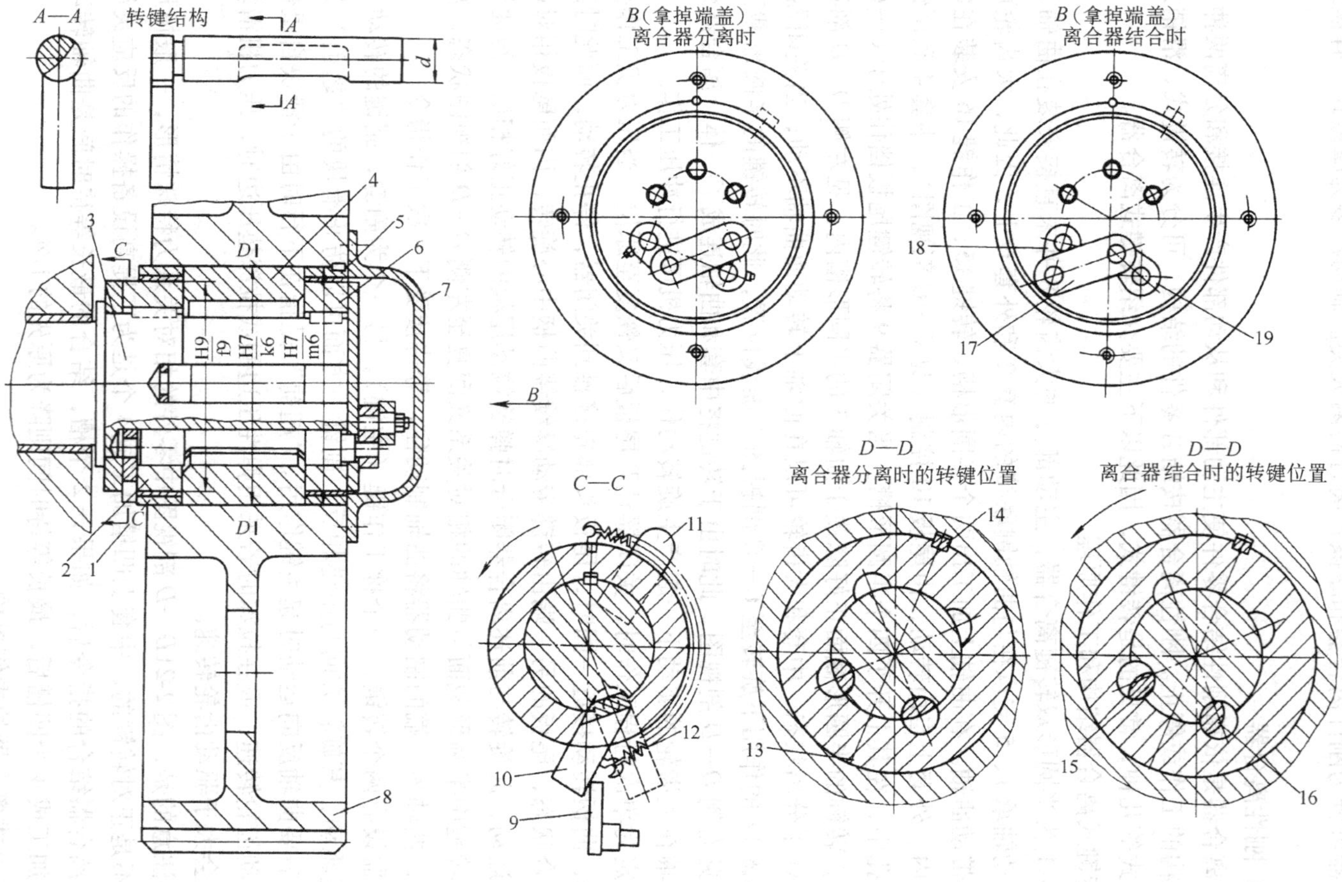

图 2-21　半圆形双转键离合器

1、5—滑动轴承　2—内套　3—曲轴（右端）　4—中套　6—外套　7—端盖　8—大齿轮　9—关闭器　10—尾板　11—凸块　12—弹簧　13—润滑棉芯　14—平键　15—转键　16—工作键　17—拉板　18—副键柄　19—工作键柄

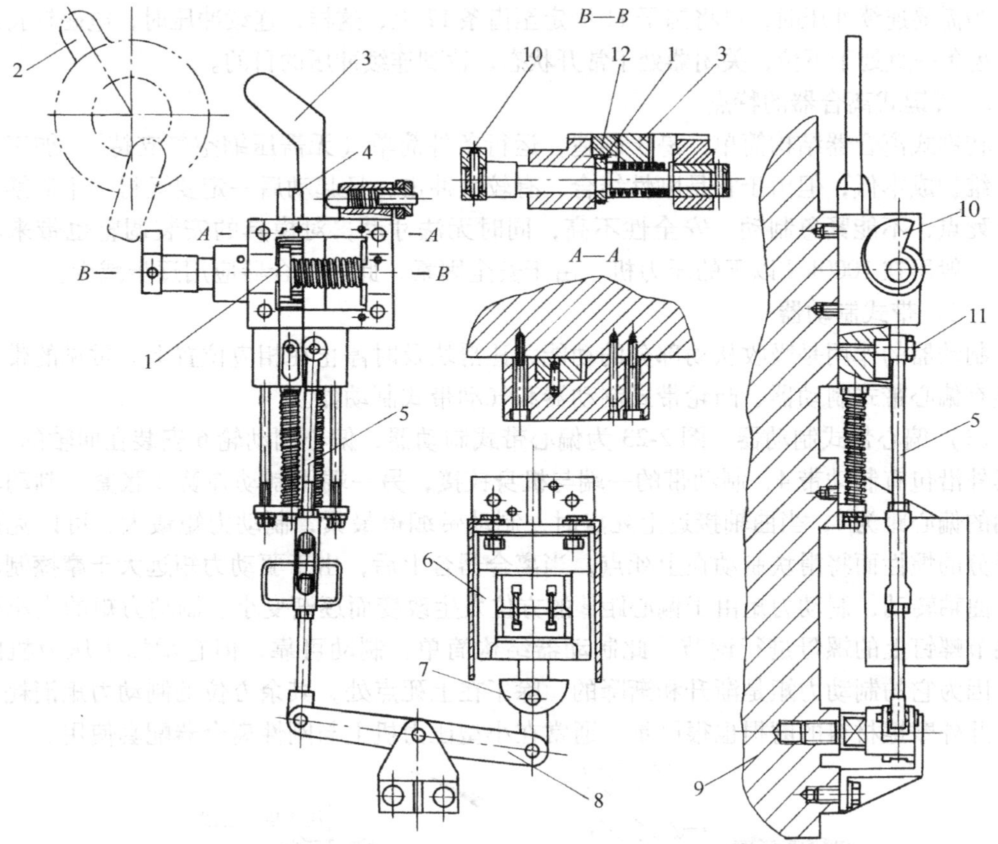

图 2-22　电磁铁控制的操纵机构示意图

1—齿轮　2—凸块　3—打棒　4—台阶　5—拉杆　6—电磁铁　7—衔铁
8—摆杆　9—机身　10—关闭器　11—销子　12—齿条

通电，衔铁 7 上吸，摆杆 8 逆时针转动，拉杆 5 拉打棒 3 下行，通过台阶 4 使齿条 12 与打棒一起下行，齿条 12 带动齿轮 1 转动，关闭器 10 随齿轮 1 一起旋转，让开尾板，发出离合器结合信号（见前述刚性离合器工作原理）。

一般情形下，脚踏开关在起动后又断开，电磁铁断电，电磁吸力消失，打棒在下部弹簧的作用下回复至上位，关闭器又处于关闭状态，曲轴转一圈后由于关闭器挡住尾板，离合器又自动分离，至此完成一个冲压行程操作。

若由于操作者失误，脚踏开关未能断开，或电器故障使电磁铁一直通电而使关闭器始终处在开的状态，此时由于打棒 3 一直处于下位，当安装在曲轴上的凸块 2 转至打棒位置时与之产生干涉（当打棒处于上位时干涉现象则不出现），其结果是使打棒 3 产生一个顺时针方向的摆动，此摆动角恰好使压住齿条的台阶 4 离开齿条，齿条在下部弹簧的作用下自动恢复至上位，关闭器 10 则回复至处于关闭状态的位置（即图示状态），曲轴转一圈后自动停止，达到单次行程操作的目的。综上所述，此种机构能防止由于操作失误或机器故障所引起的连冲现象。

脚踏松开或故障清除后，电磁铁断电，打棒在弹簧的作用下回复至上位，同时打棒在后侧弹顶柱的作用下台阶 4 又将齿条压合配上，恢复至初始状态。

当需要连续冲压时，可将销子11固定至齿条12上，这样，连续冲压时，电磁铁持续通电，齿条一直处于下位，关闭器处于常开状态，达到连续冲压的目的。

3. 转键式离合器的特点

转键式离合器结构简单，易于制造，运行条件简单（无需压缩空气支持），加工、运行、维护成本低，但由于它是刚性结合，有较大冲击，且起动后一定要运行一个周期而停在上死点，不能紧急制动，安全性不高，同时无法寸动，对模具的安装调整也带来不方便，一般用在1000kN以下的压力机。由于安全因素，此类离合器应用逐步减少。

（二）带式制动器

制动器的作用是吸收从动部分的动能，让滑块及时停止在相应位置上。常见的带式制动器有偏心带式制动器、凸轮带式制动器和气动带式制动器。

（1）偏心带式制动器　图2-23为偏心带式制动器，偏心制动轮6安装在曲轴的一端，在其外沿包有制动带4，制动带的一端与机身铰接，另一端用制动弹簧2张紧。制动轮与曲轴的偏心距为e，当曲轴接近上死点时，制动带绷得最紧，制动力矩最大，可以克服从动部分的惯性而将滑块制动在上死点，当离合器合上后，由于驱动力矩远大于摩擦制动力矩，曲轴转动，制动力矩由于偏心距e的方位发生改变而逐渐变小。制动力矩的大小可通过调节螺钉上的螺母进行调节，此制动器结构简单，制动可靠，但它增加了压力机的能耗，因为它的制动力矩是渐升和渐降的，除了在上死点处，其余方位的制动力矩消耗了能量。此外摩擦材料的磨损也很严重。通常在小型压力机上与刚性离合器配套使用。

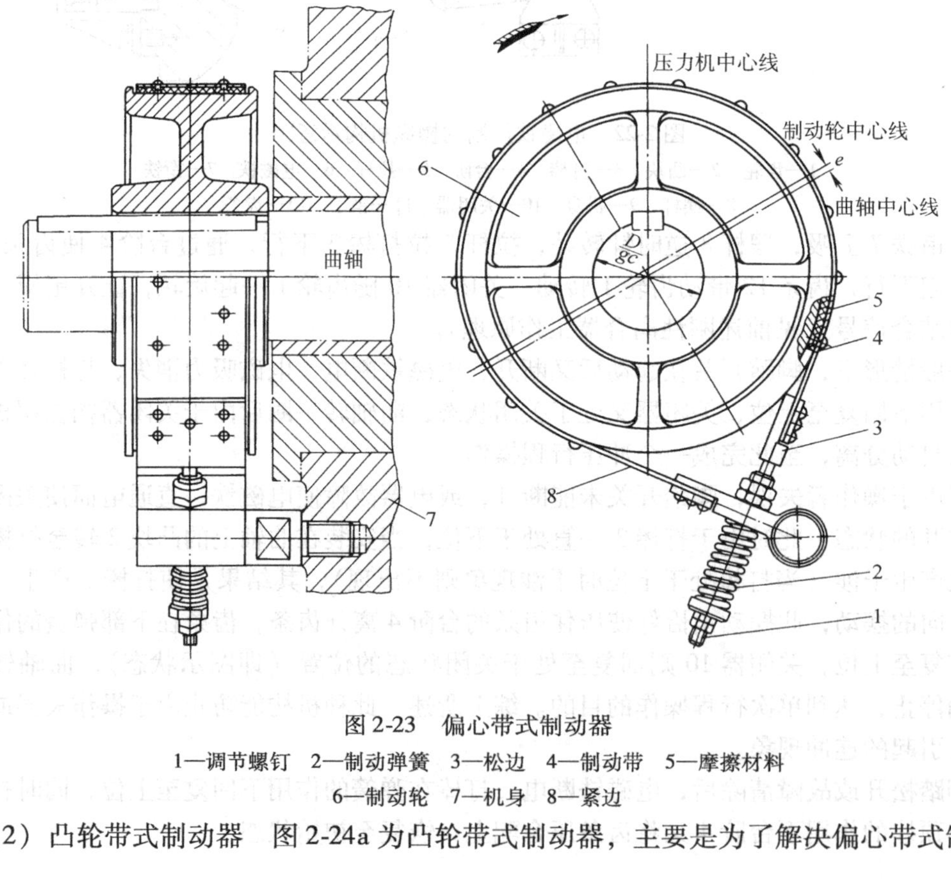

图2-23　偏心带式制动器

1—调节螺钉　2—制动弹簧　3—松边　4—制动带　5—摩擦材料

6—制动轮　7—机身　8—紧边

（2）凸轮带式制动器　图2-24a为凸轮带式制动器，主要是为了解决偏心带式制动器能耗高而作的改进，此结构在工作时，制动带的张紧程度是利用凸轮的突变，使驱动力矩消耗在摩擦制动上的能耗减少。

（3）气动带式制动器 图2-24b为气动带式制动器。它使设备工作时在制动器上所消耗的能量进一步减少，通过气缸7的排放气使在离合器结合时制动器松开；离合器分离时制动器工作，产生制动力矩，且制动位置可以在任意点。它常与摩擦离合器配套用于平锻机和热模锻压力机上。

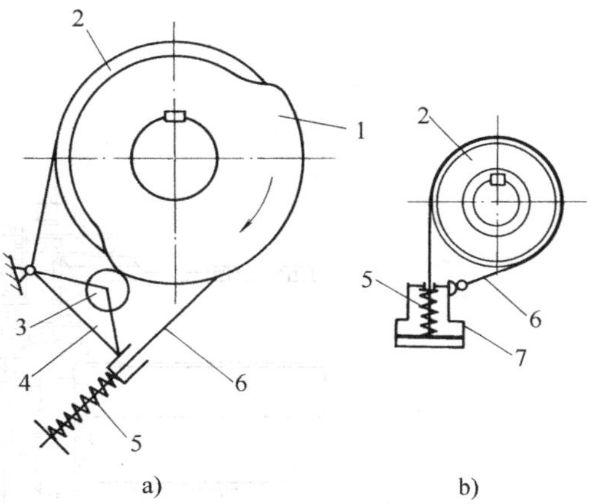

图2-24 凸轮带式和气动带式制动器

a）凸轮带式 b）气动带式

1—凸轮 2—制动轮 3—滚轮 4—杠杆 5—制动弹簧 6—制动带 7—气缸

（三）摩擦离合器—制动器

摩擦离合器是依靠摩擦力矩来传递转矩，按其工作情况可分为干式和湿式两种。干式离合器的摩擦单元暴露在空气中，湿式则浸在油里。按摩擦面的形状，摩擦离合器可分为圆盘式和浮动镶块式。

图2-25所示为摩擦离合器—制动器的工作原理。图2-25a为离合器，图2-25b为制动器，从运动状态上可分为主动、从动和静止三部分，通过摩擦盘使主动和从动、从动和静止部分产生结合和分离状态，常态下弹簧力使离合器中摩擦盘分开、制动器中摩擦盘压紧，工作时气压力使离合器中摩擦盘压紧、制动器中摩擦盘分开。

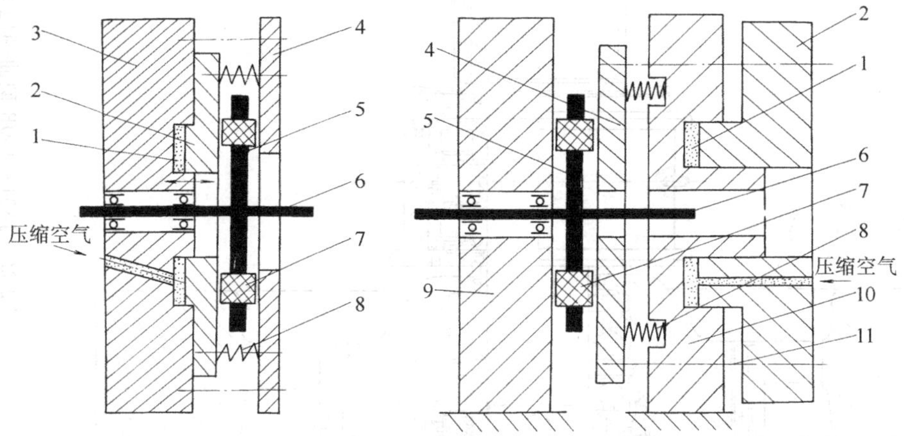

图2-25 摩擦离合器—制动器的工作原理

a）离合器 b）制动器

1—气室 2—活塞 3—飞轮 4—主动摩擦片 5—从动摩擦片 6—主轴 7—摩擦镶块

8—弹簧 9—固定摩擦盘 10—气缸 11—螺栓

图2-26是JA31—160B型曲柄压力机的盘式摩擦离合器—制动器结构图。左端为离合器，右端为制动器，它们之间用推杆5作刚性联动。下面介绍这种离合器—制动器的结构和工作原理等。

（1）结构

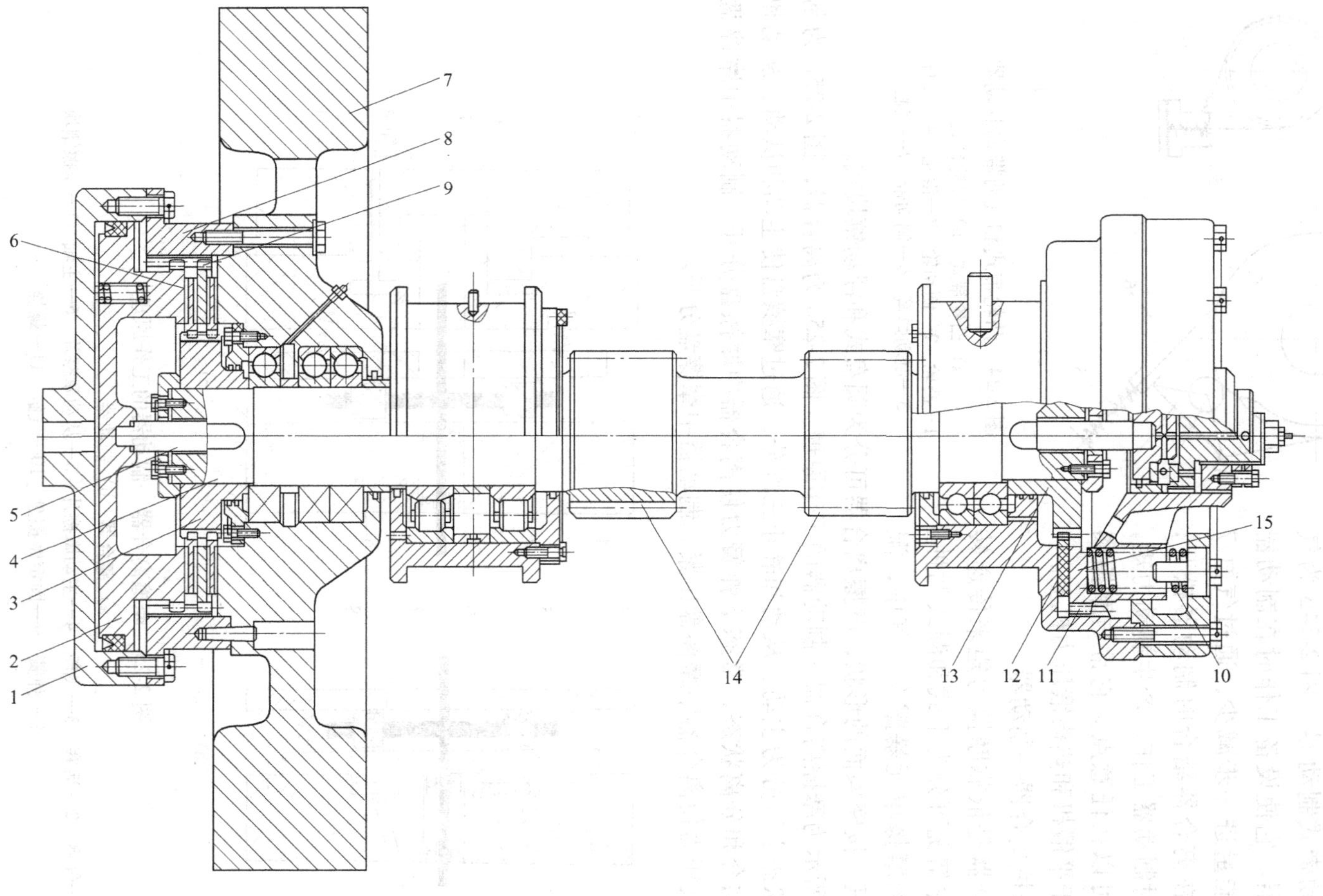

图 2-26　JA31—160B 型曲柄压力机的盘式摩擦离合器—制动器

1—气缸　2—活塞　3—离合器外齿圈　4—空心传动轴　5—推杆　6—从动摩擦片　7—大带轮　8—离合器内齿圈　9—主动摩擦片　10—制动弹簧　11—制动器内齿圈　12—制动摩擦片　13—制动器外齿圈　14—小齿轮　15—制动压紧块

1）主动零部件，包括大带轮 7、离合器内齿圈 8、主动摩擦片 9、气缸 1、活塞 2、推杆 5。

2）从动零部件，包括空心传动轴 4、小齿轮 14、从动摩擦片 6、离合器外齿圈 3、制动器外齿圈 13、制动摩擦片 12。

3）静止（无转动）零部件，包括制动器内齿圈 11、制动压紧块 15、制动弹簧 10。

（2）工作原理

1）制动。一般情形下，制动弹簧 10 通过制动压紧块 15 压紧制动摩擦片 12，使制动器外齿圈 13 不能转动，从而使整个从动系统不能转动。同时制动弹簧 10 还将推杆 5 推向左位置，与推杆 5 联动的活塞 2 也处于左位，使离合器主、从摩擦片分开，飞轮等主动部件转动。

2）结合。当需要压力机工作时，发出指令使气缸 1 内进压缩空气，由于气压力大于制动弹簧10 的力，活塞2 和推杆5 右移，将从动摩擦片 6、主动摩擦片 9 一起压紧在飞轮右侧，飞轮的转动即通过主动摩擦片 9 传递给外齿圈 3，整个从动部分即与主动部分一起旋转，达到结合的目的。同时由于推杆 5 的右移，通过制动压紧块将弹簧 10 压缩，制动摩擦片 12 松开，从动部分与静止部分分离。

（3）摩擦片间隙调整　摩擦片使用铜基粉末冶金材料，在工作时摩擦面之间的间隙为 0.5mm。当工作一段时间后由于摩擦面磨损而使间隙扩大，以及调换新摩擦片后使间隙减小，需要调整时，通过扳动压紧块右部的调节螺母即可实现。

与刚性离合器相比，摩擦离合器具有以下的特点：动作协调，能耗降低，能在任意时刻进行离合操作，实现制动，加大了操作的安全性；与保护装置配套，可随时进行紧急刹车，不同于刚性离合器起动后，主轴一定要转一圈才能停止；可以实现寸动，模具的安装调整也很方便；结合平稳无冲击，工作噪声亦比刚性离合器小。但结构复杂，加工和运行维护成本相应提高，需要压缩空气做动力源。

出于对安全和环境的考虑，越来越多的小型压力机也用上了摩擦离合器—制动器，图 2-27 即为 J23—16C 的摩擦离合器—制动器结构图。离合器与制动器分别设有气缸，由电气联动，采用了盘式摩擦片。

四、动力与传动系统

1. 曲柄压力机电力拖动特性

曲柄压力机的负荷属于短期高峰负荷，即在一个工作周期内只在较短时间内承受工作负荷，而较长的时间是空程运转，因此在选择电动机功率时若按短时工作负荷来选择，将会使电动机功率过大。如 J31—315 压力机，若按冲压直径 100mm，厚度 23mm 的 Q235 钢板，工件变形力为 3150kN，工件变形功为 22800J，冲裁时间为 0.2s，按冲压时机械效率为 0.25，则所需功率为

$$N=\frac{A}{t\eta}=\frac{22800\mathrm{J}}{0.2\mathrm{s}\times0.25}=456\mathrm{kW}$$

此电动机功率将相当大，若根据压力机负荷特性加装一飞轮后可以大大降低电动机功率，即在非工作的空转时期电动机对飞轮储能，在冲压工作时能量由飞轮提供。飞轮的储存和释放能量的方式是转速的加快和减缓，即在非冲压时期（包括滑块的上下行及停止

时刻)，电动机驱动飞轮使飞轮的转速加快，冲压工作时飞轮释放能量而转速降低，如此循环。按照加设飞轮的设计后，前述 J31—315 压力机的电动机功率降为 30kW 即可，仅为不用飞轮的 7% 左右，效果相当显著。

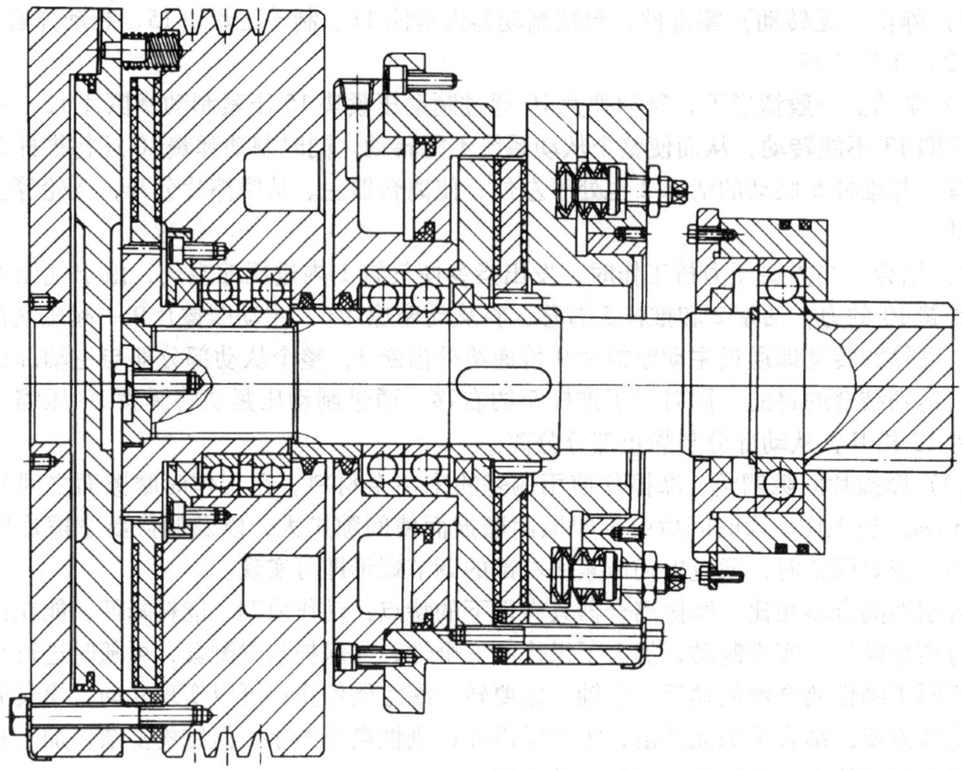

图 2-27　J23—16C 摩擦离合器—制动器结构图

图 2-28 为 J23—10 压力机在冲裁工件时功能变化曲线图。从图中可看出，冲裁时飞轮转速降低（见曲线 1，波峰间距变大），释放能量，冲裁后飞轮速度升高（波峰间距减小），储存能量。电动机的输出功率并不是均匀的，而是呈曲线变化（曲线 3），变化的平缓陡直程度取决于飞轮的能量大小。

值得注意的是，设备中的飞轮并不是指物理概念上的飞轮，而是传动原理中的飞轮，它包括将所有转动零部件的转动惯量的值等效至离合器安装轴上，主要组成是最后一级的大齿轮或大带轮。

2. 曲柄压力机工作周期内的能量消耗

了解压力机在一个工作周期内的能量消耗是我们正确选用压力机的前提，由于前述的电力拖动特性，在压力机工作时也可能出现冲压力不过载而做功过载。压力机在一个工作周期内其能量消耗 A 为

$$A = A_1 + A_2 + A_3 + A_4 + A_5 + A_6 + A_7 \qquad (2\text{-}12)$$

式中，A_1 为工件变形功；A_2 为拉深垫工作功；A_3 为工作行程时曲柄滑块机构产生的摩擦消耗功；A_4 为工作行程时压力机受力消耗产生的弹性变形功；A_5 为压力机空程向下和空

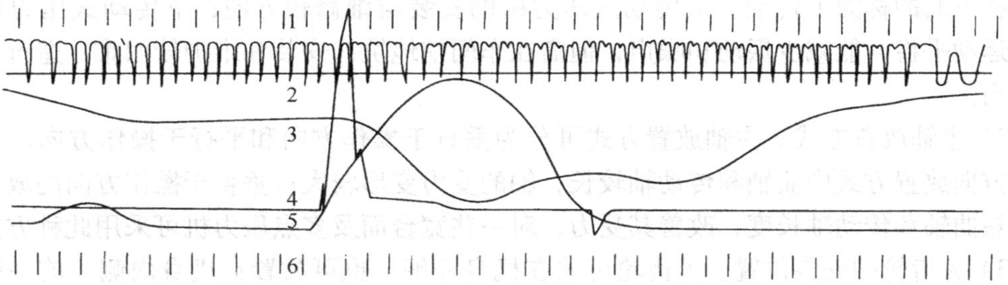

图 2-28 J23—10 压力机工作时功能变化曲线图

1—飞轮转速变化波形 2—电动机功率零线 3—电动机功率变化曲线

4—冲裁力变化曲线 5—滑块位移曲线 6—时间信号

程向上需要的能量；A_6 为单次行程时滑块停顿，带动系统空转消耗的能量；A_7 为单次行程时离合器—制动器所消耗的能量。

$A_1 \sim A_7$ 考虑了所有的情形，是为设备设计时考虑使用。实际操作时，有些做功可能不会出现，如连续行程时的 A_6、A_7。

对工件变形功 A_1，通用曲柄压力机在设计时考虑到压力机主要是用于冲裁，故 A_1 的计算依据是一厚板冲裁的工作负荷图。图 2-29 为板料冲裁工作负荷图。

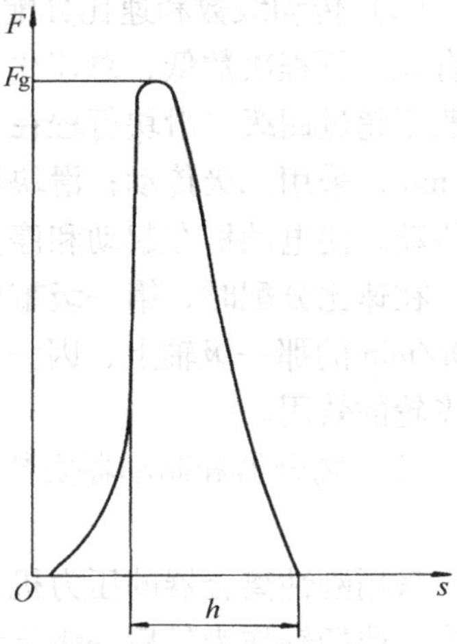

图 2-29 板料冲裁工作负荷图

根据相关资料，可以认为冲头进入板厚 $0.45h_0$ 时，板料分离断裂。即

$$h = 0.45h_0$$

式中，h_0 为板料厚度；h 为切断厚度。

将图 2-29 看做是一近似三角形，考虑曲线的形状取

$$A_1 = 0.7F_g h = 0.315F_g h_0 \tag{2-13}$$

式中，F_g 为标称压力；h_0 为板料厚度。

关于不同的压力机以多大的板厚为计算依据，可采用如下的经验公式：

对于快速压力机（如一级传动压力机）

$$h_0 = 0.2\sqrt{F_g}$$

对于慢速压力机（如两级及两级以上传动压力机）

$$h_0 = 0.4\sqrt{F_g}$$

式中，F_g 为压力机标称压力（kN）；h_0 为板料厚度（mm）。

压力机工作周期中的能耗 A_2、A_3、A_4 等的计算可参见相关资料。

3. 压力机传动系统

传动系统的作用是将电动机的运动和能量按一定的要求传给曲柄滑块机构，它涉及传动布置、传动级数、速比分配等问题。在传动系统中转速逐步降低而转矩不断加大。

（1）传动系统布置方式

1）上传动与下传动。以压力机工作台面为界，传动系统在上面的称为上传动；传动

系统在下面的称为下传动。上传动式压力机的安装与维修较方便；下传动式压力机重心低，运动平稳，能减少振动和噪声，但需在车间挖地坑，安装和维护较困难，造价也比上传动高。

2）主轴放置方式。主轴放置方式可分为垂直于操作方向和平行于操作方向。平行于操作方向放置方式中曲轴和传动轴较长，轴的受力变形较大；垂直于操作方向的放置方式可缩短曲轴和传动轴长度，改善其受力，对一些宽台面及多点压力机可采用此种方式。

3）大齿轮的安装位置。大齿轮可放在机身外侧，也可放置在机身内侧，前一种方式由于安装轴的变形使齿轮工作条件较差，机器外形不美观，但安装和维修方便；后一种形式齿轮工作条件较好，若需要也可将大齿轮浸油工作，降低传动噪声，提高齿轮寿命，但安装和维修较困难。

（2）传动级数和速比分配　压力机的传动级数与电动机转速和滑块每分钟的行程次数有关。行程次数低，总速比大，传动级数就多，反之传动级数少。现有压力机传动级数一般不超过四级，滑块行程在70次/min以上，多采用一级传动；滑块行程次数为30～70次/min，采用二级传动；滑块行程次数在10～30次/min，采用三级传动。第一级多采用带传动，使电动机在起动和停止时有一定的缓冲作用。

在速比分配时，第一级带传动通常为6～8，齿轮传动一般为7～9。飞轮设在300～400r/min的那一级轴上，因为转速太快，使离合器制动器发热严重，但转速太慢又削弱了飞轮的效用。

（3）离合器和制动器安装位置　单级传动压力机离合器和制动器只能放置于曲柄轴上。

采用刚性离合器的压力机，离合器应置于曲柄轴上，因为刚性离合器不适于在高速下工作，曲柄轴作为最后一级传动轴速度较低，制动器也相应置于此轴上。

采用摩擦离合器时，对于两级和两级以上传动，离合器可置于转速较低的曲柄轴上，也可置于中间轴上。当离合器安装在低速轴上时，加速和制动从动部分所需功率都较小，能量耗损较小，同时低速会使摩擦单元的工作情况好转，但低速需要较大的工作转矩，使离合器制动器结构尺寸较大。此外从传动系统布置来看，闭式通用压力机的传动系统多封闭在压力机机身内，并采用偏心齿轮结构，使离合器不便安装在曲柄轴（偏心齿轮轴）上，只好将其置于上一级传动轴上。

一般情形下，行程次数较高的压力机（如热模锻压力机）离合器多安装在曲柄轴上，这样可以利用大齿轮作为飞轮，能量损失较小，离合器工作条件好；行程次数较低的压力机（如中、大型通用压力机），由于曲柄轴转速低，最后一级大齿轮的飞轮作用不显著。为了缩小离合器尺寸，降低其制造成本，考虑到结构的布置，离合器多与飞轮安装在同一轴上。制动器的安装位置随离合器变化，一般在同一轴上。

五、辅助装置

（一）气动系统与润滑

1. 压力机气动系统　由于气动控制具有动作迅速，反应灵敏，使用安全和易于集中或远距离控制等优点，越来越多的压力机改用气动控制。

（1）JA31—160B气动系统图　图2-30为JA31—160B的气动系统，从气源1来的压缩空气经阀门 2 进入压力机气动系统，由分水滤气器 4 将压缩空气净化、干燥后，经减压阀 5 减压，分两路输出：一路经单向阀 12、平衡缸储气罐 14，进入平衡缸 15；另一路经过离合器储气罐 8、油雾器 9、空气分配阀 10，进入离合器气缸 11。由于离合器与制动器采用机械系统联锁，所需气体流量不大，采用了一只滑阀式电磁空气分配阀控制对离合器气缸的供气，压力继电器 6 的作用是保证系统运行的最低气压值，即当气压值低于设定正常工作值时，将使系统的控制部分断电，从而不能进行冲压工作，否则活塞压力不够会使离合器打滑，或平衡缸的平衡力太小而造成事故。溢流阀 7、13 的作用是当系统压力过大时进行减压排气。

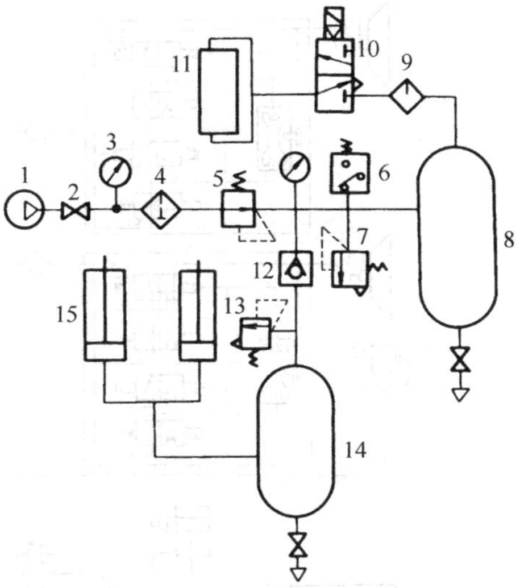

图 2-30　JA31—160B 气动系统图

1—气源　2—阀门　3—压力表
4—分水滤气器　5—减压阀
6—压力继电器　7、13—溢流阀
8—离合器储气罐　9—油雾器
10—空气分配阀　11—离合器气缸
12—单向阀　14—平衡缸储气罐
15—平衡缸

（2）E4S—800 压力机气动系统图　图 2-31 为日本小松 E4S—800 压力机部分气动系统图。这是一个比较全面的气动应用系统，与上述 JA31—160B 气动系统相比有如下的不同点：

1）增加了多处气缸。除了离合器、滑块平衡气缸外，E4S—800 压力机增加的气缸有气动控制拉深垫 24、滑块上气动顶料气缸 20、滑块上快速夹紧上模气缸 22、紧急制动用飞轮制动器 15、制动器 13 的独立工作气缸。

2）采用了双联电磁空气分配阀。由于离合器、制动器气缸所需气体流量较大，采用了双联电磁空气分配阀，它采用两级阀芯，先导阀芯由电磁控制，工作阀芯由气压推动。采用双联方式是为了使系统更安全，当其中某一单元出现故障后，由于内部的不平衡触发一平衡安全检测器发出报警信号。

不同用途气缸单独调压：由空气控制阀 5 完成对不同气路气压值的独立调压。

2. 压力机润滑

为了减少机器的磨损，提高机器的使用寿命，保持正常的工作精度，降低能量消耗，对压力机所有滑动运动副均需进行润滑。按润滑油种类可分为稀油润滑和稠油润滑两种；若按润滑方式又可分为分散润滑和集中润滑；若按操作方式则可分为手动和自动。

（1）稀油润滑　稀油润滑的优点是：内摩擦较小，因而耗损于克服摩擦力的能量较小；流动性好，易于进入摩擦表面的各个润滑点，采用循环润滑系统时还有冷却作用，同时可清理摩擦表面的灰尘和由于磨损而产生的微粒。

（2）稠油润滑　稠油润滑有分散式和集中式两种。分散的稠油润滑常采用旋盖式油杯、油枪和压注油杯，将稠油注入各分散润滑点。集中润滑则采用液压泵供油方式，液压泵有手动液压泵和机动液压泵之分，当采用手动液压泵时一般是每个班次加油一次。

（二）移动工作台

为了缩短停机和拆装模具的时间，提高劳动生产率，在中大型压力机，特别是拉深压

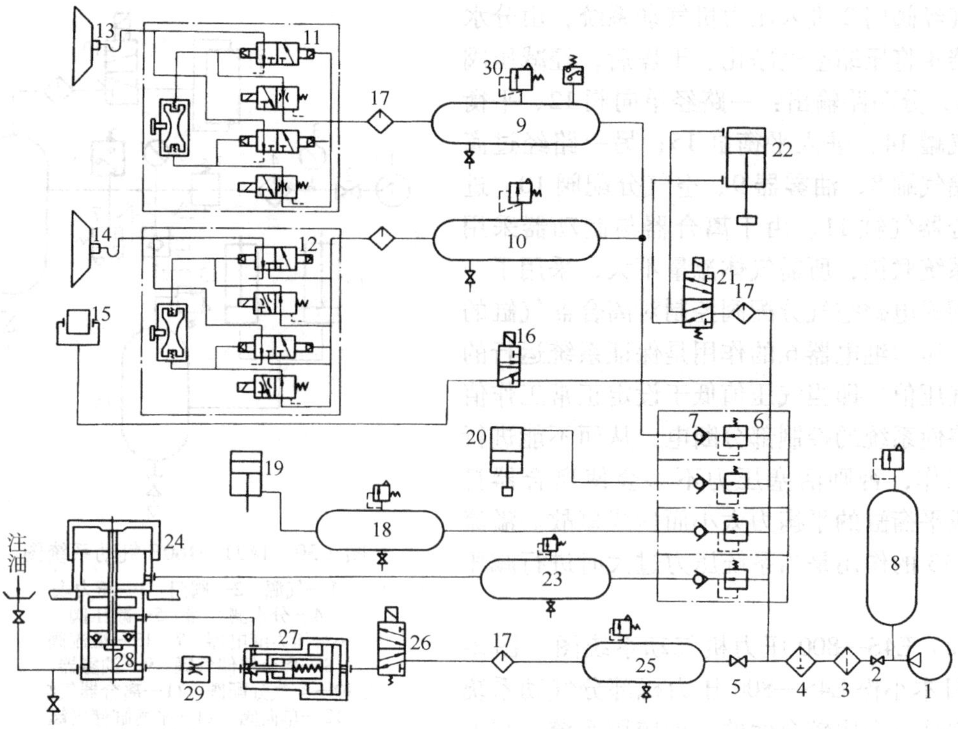

图 2-31　日本小松 E4S—800 压力机部分气动系统图

1—气源　2—阀门　3—过滤器　4—自动放水分水滤气器　5—空气控制阀
6—减压阀　7—单向阀　8—储气罐　9—制动器储气罐　10—离合器储气罐
11、12—双联电磁空气分配阀　13—制动器　14—离合器　15—飞轮制动器
16—电磁分配阀　17—油雾器　18—平衡缸储气罐　19—平衡缸
20—顶料气缸　21、26—电磁分配阀　22—快速夹紧上模气缸　23—拉深垫储气罐
24—气动控制拉深垫　25—拉深垫闭锁缸储气罐　27—拉深垫闭锁阀　28—闭锁液压缸
29—节流阀　30—溢流阀

力机上，大多备有移动工作台，即地平面以上至工作台面的部分可以从设备内移出进行模具的快速装卸，这样模具的安装将非常方便、迅速，因为此时工作台上方无障碍，可用行车直接将模具吊装至工作台上，换模时间可缩短至无移动工作台的 1/10，同时也提高了压力机的利用效率。但是采用移动工作台，设备造价会提高约 20% ~25%，对厂房场地的要求也有所提高。

移动工作台有三种运动方式，如图 2-32 所示。

图 2-32a 为侧移式，又分单侧和双侧，单侧仅配一个工作台；双侧式则可配两个工作台，一个工作台在设备内工作，另一个工作台可在设备外将模具安装好。图 2-32b 为前移式。图 2-32c 为侧移加分道式，单侧移出且可配双工作台。

在曲柄压力机工作时，工作台由机架底座支撑，锁紧机构将移动工作台锁紧在底座上，工作压力通过工作台传递给底座。当换模需要工作台移出时，松开锁紧机构，导轨将移动工作台抬起。

驱动移动工作台有内驱动和外牵引两种方式。内驱动是将电动机和传动系统放置在移

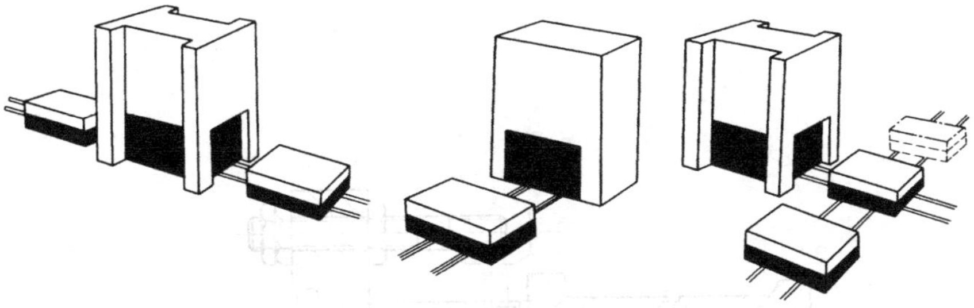

图 2-32　移动工作台

a）侧移式　b）前移式　c）侧移加分道式

动滑块内，外牵引则是利用绞盘钢丝的方式由电动机或吊车进行牵引。

（三）拉深垫

对中大型设备，在工作台下可选配拉深垫。有了拉深垫，可以在模具内增加一个相对动作，完成如冲裁压边、顶料、拉深压边等功能，扩大了压力机的使用范围，简化了模具结构，图 2-33a 为在单动压力机上利用拉深垫进行压边，此时模具倒装；图 2-33b 为在双动拉深压力机上，拉深垫作底部成形和顶出用。

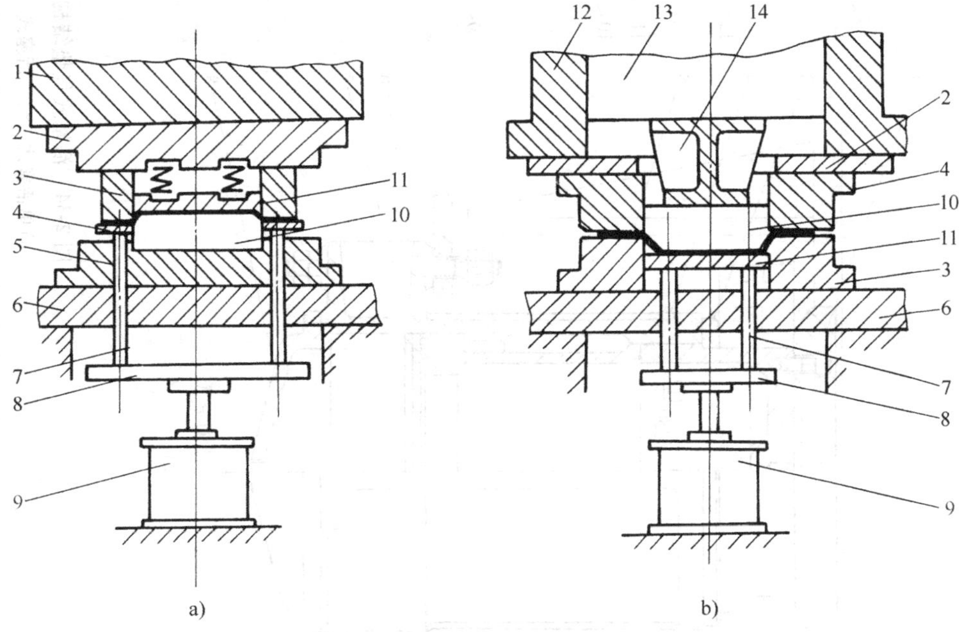

图 2-33　拉深垫的应用简图

a）在单动压力机上利用拉深垫进行压边　b）在双动压力机上使用拉深垫工作情况

1—滑块　2—上模板　3—凹模　4—压边圈　5—下模板　6—垫板

7—顶杆　8—托板　9—拉深垫　10—凸模　11—卸料板

12—外滑块　13—内滑块　14—凸模接头

拉深垫按其工作介质不同分为气垫和液压气垫。

（1）气垫　图 2-34 为活塞式气垫结构图，图 2-34a 为单活塞式气垫，气缸 5 固定在机身工作台上的底面上，当气缸下腔进入压缩空气时，活塞 4 和托板 1 向上移动到上限

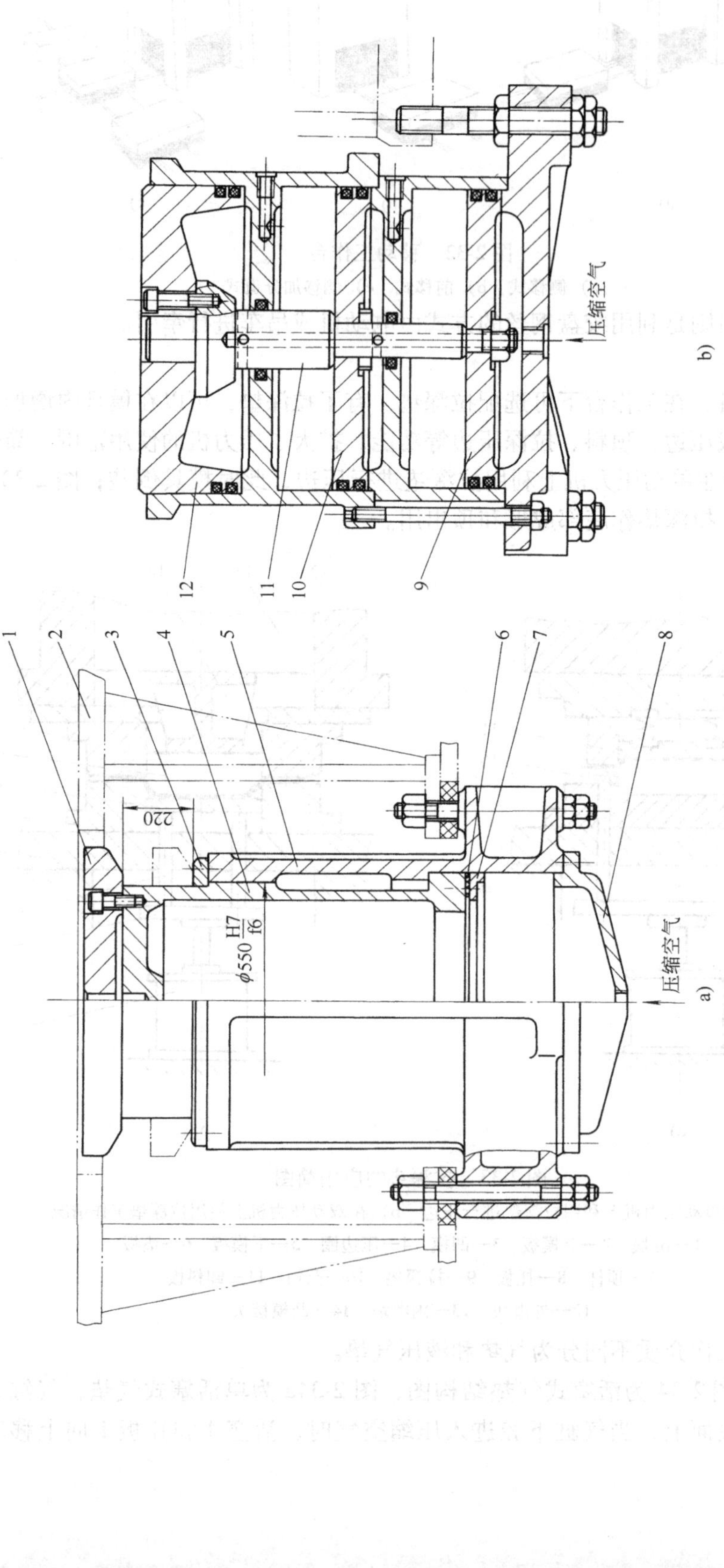

图 2-34 活塞式气垫结构

a) 单活塞式 b) 三活塞式

1—托板 2—工作台 3—定位块 4,9,10,12—活塞 5—气缸

6—密封 7—压环 8—气缸盖 11—活塞杆

位置（如图实线），气垫处于工作状态。当压力机滑块下行，上模接触到毛坯时，气垫的活塞在顶杆的作用下与滑块同步下移，并以一定的压紧力压紧毛坯的周边，起拉深压边作用，至滑块到达下死点，完成冲压工作为止。

从拉深垫的工作方式看，它可以分为下行工作和上行工作。下行工作多是压边，包括冲裁压边和拉深压边；上行工作，则为顶件或推料。由冲压工艺知识知道，压边力是远远大于顶件力的。而气垫为单活塞结构，它所产生的压紧力和顶出力相等，其大小等于空气气压与气缸面积的乘积。

调节系统的气压值，可以得到合适的压边力。为了达到一定的压边力，气缸直径要做得较大。直径大的气缸工作时气体流量也大，为了减少对气路系统产生的影响，同时为了平衡工作压力，需将气缸内气室的容积做大。

如果受结构限制，气缸直径不能增大而压边力不够，则可考虑用多层气缸，图 2-34b 为三活塞式气垫结构图，形成三层气缸，三个活塞由一个活塞杆串联，故三层气缸的推力是相加的。

（2）液压气垫　对于大型压力机，受工作台面限制，即使做到多层气垫，压边力也达不到要求，因为气压值仅能为 0.5 ~ 0.7MPa，此时可以采用液压气垫，图 2-35 为 J31—315 压力机液压气垫的结构图。

由于采用了工作阀杆，使液压气垫下行和上行的工作压力不一样，且下行压力远大于上行压力，与冲压工艺要求相吻合。其结构和工作原理如下：

1）结构分析。工作缸 2 内的工作介质为油，工作缸下端的油路进、出口由控制缸 6 控制工作阀杆 5 完成开启和关闭，工作缸内油液来自液气罐 9。

2）顶出动作。开始时工作缸处于下位，通过空气分配阀 10 使控制缸下端气室与大气相通，控制活塞 7 和工作阀杆 5 处于下位，液气罐内的油液直通工作缸 2，由于液气罐内压缩空气压力的传递，使油液也有了与气体相同的压力值，顶起工作缸 2 上升，完成顶出动作，此顶出力不大，因为油压值与气压值相同。

3）压边动作。开始时工作缸处于上位，通过空气分配阀 10 使控制缸 6 下端进压缩空气，控制活塞 7 和工作阀杆 5 将处于上位，阀杆将工作缸下端的油路口堵住，当模具进行拉深工作时，凹模将压边圈压住下行，通过压杆使托板 1 也随之下行，工作缸内的油压升高，当升至对阀杆 5 的推力大于控制活塞的向上推力时，工作阀杆 5 下移，打开工作缸 2 下端油路口，缸内油液沿原路返回至液气罐 9。托板 1 在保持一定向上推力的同时，随滑块下行，进行压边工作。

压边工作时，压边力的大小取决于工作缸内的油液压力，而油液压力又取决于工作阀杆直径 d_0 与控制活塞直径 d_1 的比值，通常将 d_1^2/d_0^2 称为增压比，比值为 5 ~ 10，即压边工作时油压是气压的 5 ~ 10 倍，压边力亦是顶出力的 5 ~ 10 倍。

在压边工作时，工作阀门由于向下的油压推力大于向上的气压推力而下行被打开，由于液压油的流出，工作缸内油压降低，工作阀门又在气压推力的作用下关闭，当滑块继续往下行时，油压又升高，如此往复，工作阀门将交替出现开、闭状态，工作缸内油液的压力产生波动变化，压边力也不稳定，为解决这一问题，系统加设一缓冲器 8，其内部有一缝隙节流阀 12 和单向阀 11。由控制缸 6、控制活塞 7 和工作阀杆 5 组成了一缓冲液压缸（控制活塞的上端面处），油液通过缓冲器 8 进入缓冲液压缸，其缓冲原理如下：当工作

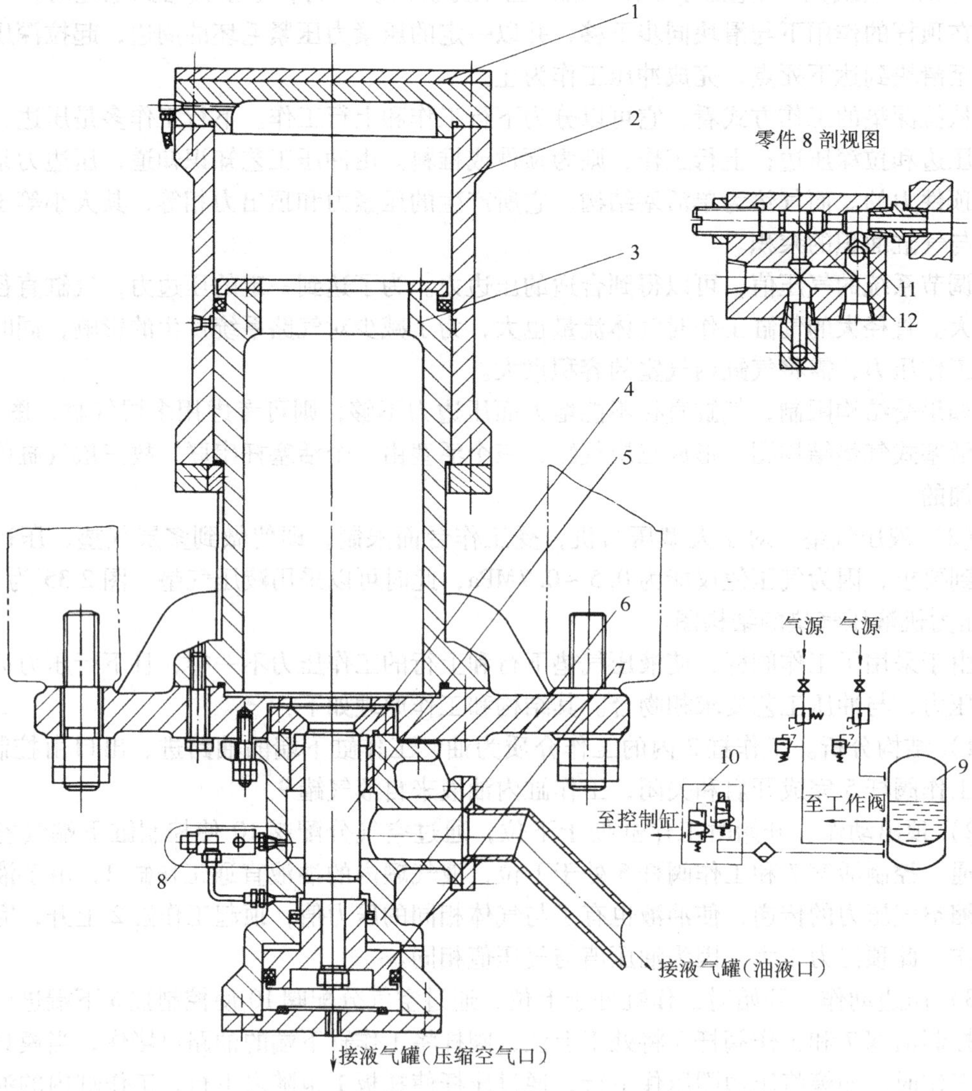

图2-35 J31—315压力机液压气垫

1—托板 2—工作缸 3—工作活塞 4—工作阀座 5—工作阀杆 6—控制缸 7—控制活塞 8—缓冲器 9—液气罐 10—空气分配阀 11—单向阀 12—缝隙节流阀

阀杆下行时，油液经单向阀直接流入缓冲液压缸；当工作阀杆上行时，缓冲液压缸内的油液需经过缝隙节流阀12才能流出，因此工作阀杆不能快速上行，起到了缓冲作用，压边力也不会产生较大波动。

这种结构的液压气垫，以较小尺寸获得较大压边力，无液压泵系统而获得较大油压，其压边力和顶出力的大小符合冲压工艺要求。

下面介绍拉深垫的其他调节功能：

（1）拉深垫行程调节　由于每副模具的高度不同，以及模具修模后的高度变化，要使压边圈（顶出板）保持在一合适的位置，拉深垫的托板高度位置应是可调的，一般通过一蜗轮蜗杆机构带动一螺纹连接副实现。

(2) 拉深垫回程滞后 对气垫方式的拉深垫，当滑块上行时托板也随之上行，这在一般的成形工序上是可行的（如冲裁压边），但在某些特殊情况下，（如在带弹性顶件的倒装式拉深模上作压边或双动拉深压力机上做顶出，如图2-33所示），此时若在滑块上行时气垫与滑块同步上行将损坏已成形的工件。而协调的动作方式应是在滑块上行至一定高度后，拉深垫再顶起，即拉深垫回程滞后。解决办法是另加一锁紧液压缸。

（四）滑块平衡装置

由于滑块在工作时运动方向交替变化，以及运动速度的不均匀性，大中型曲柄压力机一般都装有滑块平衡装置，以改善曲柄滑块机构的运动特性。图2-36为滑块平衡装置的工作原理，将气缸固定在床身上，活塞杆与滑块相连，开机后气缸下腔进气，活塞杆对滑块形成始终向上的拉力。

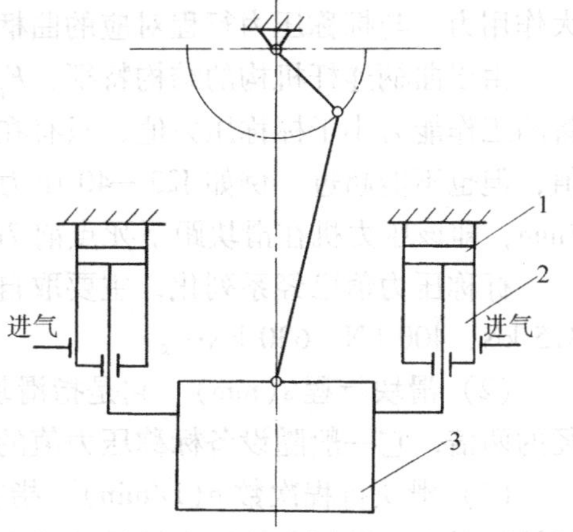

图2-36 气动式滑块平衡装置工作原理图

1—活塞 2—平衡缸 3—滑块

1. 滑块平衡装置的作用

滑块平衡装置有以下作用：

1）消隐滑块质量，改善曲柄滑块机构的运动特性。

2）将曲柄滑块机构内所有连接节点的间隙设为单边，尽管在工作中运动方向发生交替变换，由于平衡气缸的力使各连接节点单边接触，避免了换向带来的冲击并减少了噪声，提高了机构的运行精度和平衡性。

3）防止滑块自由坠落，在工作中，避免由于制动器失灵或连杆断裂而产生的滑块自由下落。

2. 平衡缸相关参数

1）平衡缸直径 d。平衡缸产生的力应大于滑块加模具的重力之和，d 由下式计算

$$d=\sqrt{\frac{4k(m_1+m_2)g}{pn\pi}}$$

式中，m_1 为滑块部件质量；m_2 为设备允许安装的最大模具质量；g 为重力加速度；p 为压缩空气气压值，一般减压后为0.35MPa；n 为平衡缸数量；k 为调节系数，一般取值1.2。

2）平衡缸内腔有效长度 L 为

$$L=1.15s+\Delta H$$

式中，s 为滑块行程；ΔH 为装模高度调节量。

第四节 曲柄压力机主要技术参数与选用

一、主要技术参数

曲柄压力机主要技术参数反映了一台压力机的工作能力、所能加工零件的尺寸范围，

以及有关生产率等指标。掌握曲柄压力机主要参数的定义及数值，是正确选用压力机的基础。正确选用压力机关系到设备与模具的安全、产品质量、模具寿命、生产效率和成本等。

(1) 标称压力 F_g(kN)及标称压力行程 s_g(mm)　曲柄压力机标称压力(或称额定压力)是指滑块距下死点某一特定距离(此距离称标称压力行程 s_g)时滑块上所容许承受的最大作用力。与标称压力行程对应的曲柄转角 α_g 定义为标称压力角。

由于曲柄连杆机构的结构特征，F_g 与 s_g 是同时出现的，即在标称压力行程 s_g 外，设备的工作能力小于标称压力值，只有在标称压力行程 s_g 内，设备的工作能力才能达到 F_g 值，但也不能超过。例如 J23—40 压力机，其标称压力 F_g 为 400kN，标称压力行程 s_g 为 7mm，即该压力机在滑块距下死点前 7mm 范围内，滑块上可容许的最大作用力为 400kN。

标称压力值已经系列化，主要取自优先数系列，如 63 kN、100 kN、160 kN、250 kN、315 kN、400 kN、630 kN…。

(2) 滑块行程 s(mm)　它是指滑块从上死点至下死点所经过的距离，其值是曲柄半径的两倍，它一般随设备标称压力值的增加而增加。有些压力机的滑块行程是可调的。

(3) 滑块行程次数 n(1/min)　指在连续工作方式下滑块每分钟能往返的次数，与曲柄转速对应。通用曲柄压力机设备越小，滑块行程次数越大。对高速压力机，为实现大批量生产和模具调试，可以实现在试模及模具初始运行阶段以低速运行，一切正常后切换至高速运行。

(4) 最大装模高度 H(mm)及装模高度调节量 ΔH(mm)　装模高度是指滑块在下死点时滑块下表面到工作台垫板上表面的距离。为了提高设备的适应性，装模高度应是可调节的。最大装模高度是指当装模高度调节装置将滑块调节至最上位置时的装模高度值。

与装模高度并行的标准还有封闭高度。封闭高度是指滑块处于下死点时，滑块下表面与压力机工作台上表面的距离，它与装模高度不同的是少一块工作台垫板厚度，如图 2-37

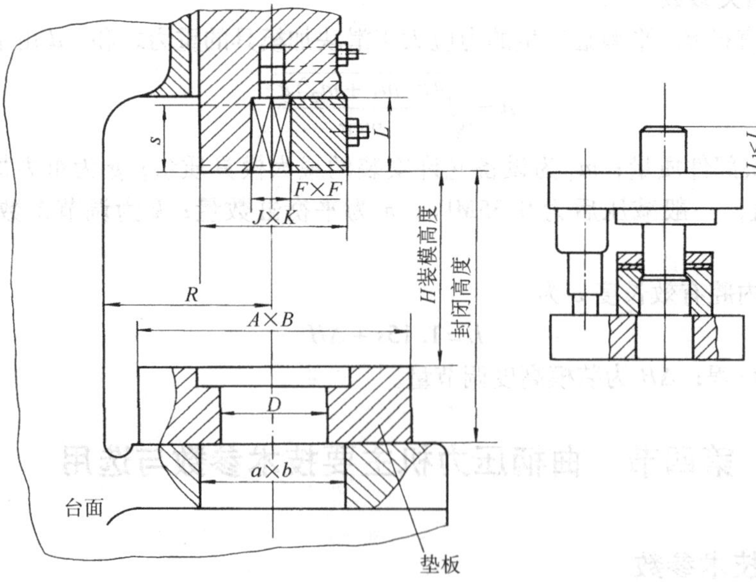

图 2-37　压力机结构参数图

所示。例如J31—315压力机的最大装模高度为500mm，装模高度调节量为250mm，因此在此设备上，除去极限位置的5mm，高度在495～255mm范围内的模具，都可以正常安装及工作。

（5）工作台尺寸　工作台尺寸包括工作台平面尺寸和工作台上漏孔尺寸。

（6）模柄孔尺寸　主要针对开式压力机，作模具上模装夹之用。

我国已制订出了通用曲柄压力机的技术参数标准，见表2-2～表2-4，此三表是一个推荐标准，在实际设备选择时应以设备说明书上的相关参数为准。

表2-2　开式压力机技术参数

名称			符号	量值														
标称压力			F_g/10kN	4	6.3	10	16	25	40	63	80	100	125	160	200	250	315	400
标称压力行程			s_g/mm	3	3.5	4	5	6	7	8	9	10	10	12	12	13	13	15
滑块行程	固定行程		s/mm	40	50	60	70	80	100	120	130	140	140	160	160	200	200	250
	调节行程		s/mm	40	50	60	70	80	100	120	130	140	140	160	—	—	—	—
			s/mm	6	6	8	8	10	10	12	12	16	16	20	—	—	—	—
标称行程次数（不小于）			n/（次·min^{-1}）	200	160	135	115	100	80	70	60	60	50	40	40	30	30	25
快速型	标称压力行程		s_g/mm	1	1	1.5	1.5	2	2	2.5	2.5	3	—	—	—	—	—	—
	滑块行程		s/mm	20	20	30	30	40	40	50	50	60	—	—	—	—	—	—
	标称行程次数（不小于）		n/（次·min^{-1}）	400	350	300	250	200	200	150	150	120	—	—	—	—	—	—
最大封闭高度	固定和可倾式		H/mm	160	170	180	220	250	300	360	380	400	430	450	450	500	500	550
	活动台	最低	H_2/mm	—	—	—	300	360	400	460	480	500	—	—	—	—	—	—
		最高	H_1/mm	—	—	—	160	180	200	220	240	260	—	—	—	—	—	—
封闭高度调节量			ΔH/mm	34	40	50	60	70	80	90	100	110	120	130	130	150	150	170
标准型	滑块中心到机身距离（喉深）		C/mm	100	110	130	160	190	220	260	290	320	350	380	380	425	425	480
	工作台尺寸	左右	L/mm	280	315	360	450	560	630	710	800	900	970	1120	1120	1250	1250	1400
		前后	B/mm	180	200	240	300	360	420	480	540	600	650	710	710	800	800	900
	工作台孔尺寸	左右	L_1/mm	130	150	180	220	260	300	340	380	420	460	530	530	650	650	700
		前后	B_1/mm	60	70	90	110	130	150	180	210	230	250	300	300	350	350	400
		直径	D_1/mm	100	110	130	160	180	200	230	260	300	340	400	400	460	460	530

表2-3　闭式单点压力机技术参数

名称		符号	量值											
标称压力		F_g/10kN	160	200	250	315	400	500	630	800	1000	1250	1600	2000
标称压力行程		s_g/mm	13	13	13	13	13	13	13	13	13	13	13	13
滑块行程	Ⅰ型	s/mm	250	250	315	400	400	400	500	500	500	500	500	500
	Ⅱ型	s/mm	200	200	250	250	315	—	—	—	—	—	—	—
滑块行程次数	Ⅰ型	n/（次·min^{-1}）	20	20	20	16	16	12	12	10	10	8	8	8
	Ⅱ型	n/（次·min^{-1}）	32	32	28	28	25	—	—	—	—	—	—	—

（续）

名称		符号	量值											
最大装模高度		H_1/mm	450	450	500	500	550	550	700	700	850	850	950	950
装模高度调节量		ΔH_1/mm	200	200	250	250	250	250	315	315	400	400	400	400
导轨间距离		A/mm	880	980	1080	1200	1330	1480	1580	1680	1680	1880	1880	1880
滑块底面前后尺寸		B_1/mm	700	800	900	1020	1150	1300	1400	1500	1500	1700	1700	1700
工作台板尺寸	左右	L/mm	800	900	1000	1120	1250	1400	1500	1600	1600	1800	1800	1800
	前后	B/mm	800	900	1000	1120	1250	1400	1500	1600	1600	1800	1800	1800

表 2-4　闭式双点压力机技术参数

名称			符号	量值														
标称压力			F_g/10kN	160	200	250	315	400	500	630	800	1000	1250	1600	2000	2500	3150	4000
标称压力行程			s_g/mm	13	13	13	13	13	13	13	13	13	13	13	13	13	13	13
滑块行程			s/mm	400	400	400	500	500	500	500	630	630	500	500	500	500	500	500
滑块行程次数			n/（次·min^{-1}）	18	18	18	14	14	12	12	10	10	10	10	8	8	8	8
最大装模高度			H_1/mm	600	600	700	700	800	800	950	1250	1250	950	950	950	950	950	950
装模高度调节量			ΔH_1/mm	250	250	315	315	400	400	500	600	600	400	400	400	400	400	400
导轨间距离	普通型		A/mm	1980	2430	2430	2880	2880	3230	3230	3230	3230	3230	5080	5080	7580	7580	10080
	大规格型		A/mm	—	—	—	—	—	—	—	4080	4080	4080	6080	7580	—	10080	—
滑块底面前后尺寸			B_1/mm	1020	1150	1150	1400	1400	1500	1500	1700	1700	1700	1700	1700	1700	1900	1900
工作台板尺寸	左右	普通型	L/mm	1900	2350	2350	2800	2800	3150	3150	4000	4000	4000	6000	7500	7500	7500	10000
		大规格型	L/mm	—	—	—	—	—	—	—	4000	4000	4000	6000	7500	—	10000	—
	前后		B/mm	1120	1250	1250	1500	1500	1600	1600	1800	1800	1800	1800	1800	1800	2000	2000

二、曲柄压力机的选用

在冲压工艺设计中正确选择曲柄压力机，是一项十分重要的工作，是实现工艺目标的基本条件，直接关系到工艺能否顺利进行和模具寿命、产品质量、生产效率以及成本高低等问题。

选择设备，首先必须清楚被加工产品的特点，如冲压工艺性质（冲裁/拉深/弯曲等）、生产批量大小、制件形状与尺寸、精度要求、工序分配、取件方法、废料处理模式等，还需要了解各类设备的特点，如压力和功率大小、所具有的辅助装置与功能、行程与速度大小、精度如何、装模空间大小、操作空间要求等，然后，找到最适合两者的特点组合。换句话说，选择设备就是要使设备的性能、规格与产品加工的要求相适应，尽可能不造成欠缺或浪费。

曲柄压力机选择时应主要考虑如下几个问题：

（1）压力机的选型　根据冲压件的工艺性质、产量大小以及精度要求选择压力机类型，如大型复杂的拉深件多采用专用拉深压力机，批量的冷挤压件选用冷挤压机，对整形精度要求较高和工作力较大的选择精压机，一般中小批量零件选用通用曲柄压力机，在通用曲柄压力机上可以完成冲裁、弯曲、浅拉深等工艺。

在条件允许的情况下，选择相应的专用压力机，在条件不具备的情况下可选择通用压力机，如在压力机上进行冷挤压、拉深等。具体有以下几个基本原则：

1）中小型冲裁件、弯曲件或浅拉深件多采用具有“C”形机身的开式曲柄压力机，其操作空间三面敞开，易于安装机械化附属装置且成本低廉，是目前中小型冲压件生产的主要设备。

2）大中型或精度要求较高的冲压件生产多采用闭式机身的曲柄压力机，这类压力机机身两侧封闭，刚度好且精度较高，但操作不如开式压力机方便。

3）大型、较复杂拉深件多采用闭式双动拉深压力机，其中两个滑块分别进行拉深和压边，压边用的外滑块通常有四个加力点，可调整作用于坯料周边的压边力大小，模具结构简单，压边力可靠易调，特别适用于大批量生产。

4）形状复杂零件的大量生产应优先考虑选用多工位自动压力机，一台多工位自动压力机能够代替多台单工位压力机，并且可以消除工序间半成品的堆放和运输问题。

5）落料、冲孔件的大批量生产，可选用效率高、精度好的自动高速压力机。

6）小批量生产（尤其是大型厚板冲压件的生产）一般不选用曲柄压力机，多采用液压机。

7）冷挤压生产应尽量选择专用冷挤压机或液压机，如果在通用曲柄压力机上进行，则必须对挤压力和挤压功进行预测，以免设备过载。

（2）冲压力的计算　冲压力的计算包括两个内容，计算冲压力和确定冲压力发生时刻。单纯对冲裁而言，最大冲裁力发生在行程接近终了时，若是落料拉深复合冲压，则冲裁力发生在距下死点前较远处。除了考虑工艺力外还需考虑拉深垫、弹性元件等的受力，因为拉深垫或弹性元件的压边负荷均来源于滑块对其压缩做功，将工艺力与拉深垫（或弹性元件）受力相加后得到力与滑块位移的关系图，即完成了冲压力的计算。

（3）设备的许用负荷　压力机类型选定后，进一步需根据变形力的大小、冲压件的尺寸和模具尺寸来确定设备的规格。许用负荷是曲柄压力机选择所必须考虑的重要参数。

压力机的承载特性由于采用了曲柄连杆机构而变得复杂，因此在设备选择时不仅要考虑其力能特性，同时也要考虑其做功特性。

1）对许用负荷图的再认识。图 2-8 所示的许用负荷曲线表明的是滑块在不同位置时的承载能力。在标称压力点前的承载能力达不到标称压力数值，离标称压力点越远数值下降越多，准确的数值可根据设备许用负荷曲线查出，预选设备时可根据经验，最低不小于标称压力值的一半，即可以认为滑块在下行时的任意时刻，均可承受 $F_g/2$ 的工作力；过标称压力点后可承载 F_g 值；安全区的面积并非压力机工作时对工件的做功值。

2）曲柄压力机能耗分配。由于曲柄压力机在工作时实际能量取自飞轮，因此一次冲压工作的能量（对外做功）是有限的。这一点与其他设备（如液压机）有很大的不同。

对曲柄压力机有限能量的分配，见本章第三节，根据设备的配备情况其能量最多分为 7 个部分，如式（2-12）中的 A_1、A_2、…、A_7，对工件变形功 A_1 的分配，通用曲柄压力机是以一个典型冲裁为依据计算的，见式(2-13)。因此对曲柄压力机来讲，对工件施力和做功需分别考虑。

（4）初选设备　将冲压力的计算图与设备许用负荷图对比，当冲压力的计算图图形曲线全部落在压力机许用负荷图的安全区内时，即可初选该型号压力机。图2-38为压力机许用负荷图与冲压力计算图的比较，从图中可看出曲线1冲裁和曲线3校正弯曲可以初选此压力机，而落料与拉深曲线2则由于力曲线落在了安全区外需另选设备。

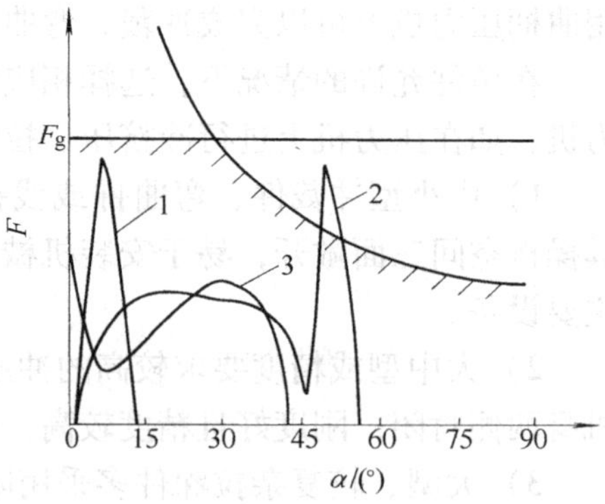

图2-38 压力机许用负荷图与冲压力计算图的比较
1—冲裁 2—落料与拉深 3—校正弯曲

(5) 设备做功校核 如前所述，设备在设计时所依据的工件变形功为 A_1，对 A_1 的计算，不同类型的压力机有不同的算法，如通用曲柄压力机是以一个典型冲裁为依据，而冷压机则是以一典型挤压为依据。如果我们选择的压力机类型是与所进行的冲压工艺相对应，则设备做功可不校核，如在通用曲柄压力机上进行冲裁，在拉深压力机上进行拉深等；若在通用曲柄压力机上进行拉深、挤压、复合工序等，则需进行设备做功校核。

做功校核分为两步，第一步计算出设备做功能力 A_1 和工件变形功 A'_1；第二步对 A_1 和 A'_1 进行比较，若 $A_1 > A'_1$ 则设备初选合适，否则需加大设备型号。

例 某一冷挤压工序，其工艺力和工艺行程分别为 $F = 160\text{kN}$ 和 $s = 5\text{mm}$，试选择设备（由于条件所限，只能在通用曲柄压力机J23—16、J23—40、J23—63中选择）。

解 1)根据工艺计算力图，可初选J23—16设备，因为此时工艺计算力图完全落在压力机许用负荷图安全区内。

2）做功校核。对J23—16压力机，$s_g = 5\text{mm}$，$F_g = 160\text{kN}$

$$h_0 = 0.4\sqrt{F_g} = 5.1\text{mm}$$

根据式（2-18)，压力机做功能力有

$$A_1 = 0.315F_g h_0 = 0.315 \times 160\text{kN} \times 5.1\text{mm} = 255\text{J}$$

而此时工件变形功 A'_1 为

$$A'_1 = Fs = 160\text{kN} \times 5\text{mm} = 800\text{J}$$

故选择J23—16压力机做功不够，设备过载。

若改选J23—40压力机则有

$$F_g = 400\text{kN} \quad h_0 = 8\text{mm}$$

$$A_1 = 0.315F_g h_0 = 1008\text{J}$$

故J23—40压力机为所选压力机。

(6) 装模高度校核 模具设计完毕后，对模具闭合高度进行计算，看是否落在设备装模高度的可调节范围内，注意在上下极限位置处留5mm余量。

(7) 滑块行程校核 拉深时尤应注意，对倒装拉深或正装拉深下顶件的模具，要求滑块行程大于两倍的拉深件高度。

(8) 模具安装空间尺寸 包括工作台面的大小和模柄孔尺寸，校核模具是否能在工作台上正确安装和定位。

在上述校核过程中，当某一项不合格时一般将设备型号增加一档后重新校核，直至所有校核均通过，则设备选择完成。

第五节 伺服压力机

由前面的内容可知，传统的曲柄压力机均以交流感应电动机为动力，靠飞轮储存和释放能量，离合器控制设备的运行和停止。其最大的缺点是滑块工作特性固定，无法调节，压力不易控制，工作适应性差，缺乏“柔性”，无法满足冲压生产日益提高的加工技术要求。

伺服压力机是在摒弃传统机械压力机的飞轮和离合器等耗能部件的基础上，采用计算机控制的交流伺服电动机直接作为压力机的动力源，通过螺旋、曲柄连杆、肘杆等执行机构将电动机的旋转运动转化为滑块的直线运动，在不改变机械结构的前提下，利用伺服控制技术任意更改滑块运动特性曲线，对滑块的位移和速度进行全闭环控制，实现滑块运动特性可控，工作性能和工艺适应性大大提高，更好地满足了冲压加工柔性化、智能化的需求。伺服压力机能够提高复杂形状冲压件、高强度钢板及铝合金板成形加工的技术水平，充分体现了锻压机床未来的发展趋势，被称为“第三代智能化压力机”。从 20 世纪 90 年代出现以来，获得了快速的发展，已经在生产中占据重要位置。

一、伺服压力机技术特点

由于伺服压力机采用计算机控制的交流伺服电动机直接驱动滑块的传动形式，可对压力机滑块的位置、速度、运行轨迹实现控制，使压力机获得了柔性化、智能化的特点，工作性能和工艺适应性大大提高。

与传统压力机相比，伺服压力机的特征如下：

（1）滑块运动可控　由于把原动机从不能调节和控制的普通感应电动机改为 CNC 控制、可任意调节的伺服电动机，自动化和智能化程度提高，设备使用者可根据工艺要求编制出适合于加工工艺的滑块运动方式，可以获得任意的滑块特性，设备的工艺适应性扩大；可以根据不同的工艺采用相应的优化曲线，提高工作性能，甚至可以扩大加工范围（如镁合金的冲压加工等）。

（2）制品精度高　通过闭环反馈控制，始终保证下死点的精度。一方面，伺服压力机的运动可以精确控制，一般均装有滑块位移检测装置和行程调节装置，滑块的任意位置（包括下死点）可以准确控制（伺服压力机滑块位置精度一般可以达 $\pm 0.01\text{mm}$）；另一方面，滑块运动特性可以优化，例如拉深、弯曲及压印时，适当的滑块曲线可减少回弹，提高制件精度。

（3）提高生产率　伺服压力机行程可以方便地调整，能根据成形工艺需要，使压力机在必要的最小行程工作，生产效率得以提高。其工作频率不但高于液压机，而且可以高于普通机械压力机。

（4）噪声低，模具寿命长　通过低噪声模式（即降低滑块与板料的接触速度），与通用机械压力机相比，可大幅减少噪声，而且模具的振动小，寿命长。伺服压力机的环保特性体现在它具有液压机的性能，但又没有液压系统，完全消除了油液污染；又由于传动系统简化，传动噪声大大减少；滑块运动特性优化，减少了工艺噪声，如静音冲裁，极大地改善了生产环境。

（5）简化传动环节，减少维修和节省能量　取消了传统机械压力机的飞轮、离合器等耗能元件，减少了驱动件，简化了机械传动结构，传动环节大大减少，维修工作量也相应减少；伺服电动机本身比普通感应电动机的效率高，且消除了飞轮空转耗能、摩擦离合器耗能、摩擦制动器耗能等耗能环节，大大降低了伺服压力机的能耗，运行成本也大幅降低。

二、伺服压力机工作原理

根据伺服电动机驱动方式，伺服压力机主传动系统可分为伺服电动机直接驱动执行机构和伺服电动机通过减速机驱动执行机构两种类型。

直接驱动形式的伺服压力机，采用低速大转矩伺服电动机与执行机构直接连接，无减速机构，传动链短，结构简单，传动效率高，噪声低。但受伺服电动机转矩的限制，该主传动系统仅适用于小吨位伺服压力机。目前商品化的伺服压力机广泛采用伺服电动机—减速—增力机构的主传动系统，可分为电动机—减速—曲柄连杆、电动机—减速—曲柄—肘杆、电动机—减速—螺旋—肘杆等三种传动结构。采用减速机构和增力机构作为伺服压力机主传动系统可实现高速、小转矩伺服电动机驱动大吨位压力机，已成为伺服压力机发展的主流趋势。

1. 电动机—减速—曲柄连杆驱动伺服压力机

我国徐州锻压机床厂集团有限公司开发的 DP31—80 伺服曲柄压力机属于此类型，其传动原理如图 2-39 所示。伺服电动机经一级齿轮传动驱动曲柄 - 连杆机构。与普通曲柄压力机不同的是，用交流伺服电动机取代了普通的感应电动机，取消了飞轮和离合器。这类伺服驱动曲柄压力机保留了曲柄压力机的原有优点。回程时电动机无需反向，滑块靠近下死点时速度自动降低，增力比较大。

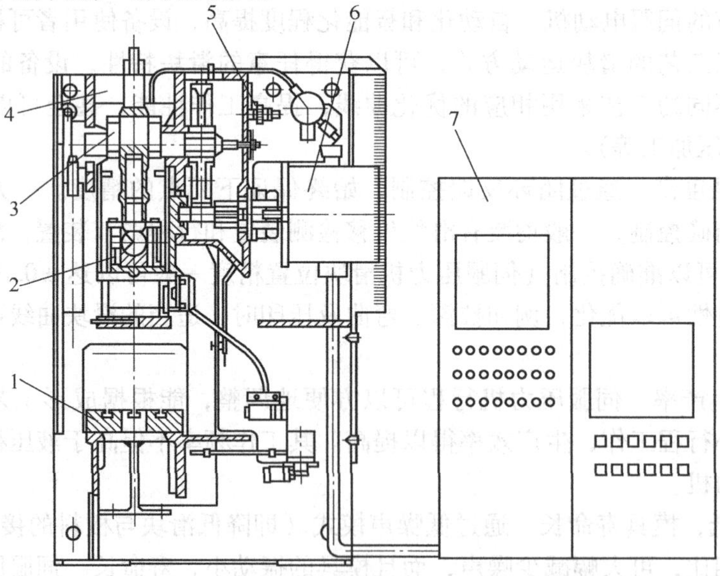

图 2-39　DP31—80 伺服压力机的传动原理

1—工作台　2—滑块部件　3—曲柄连杆机构　4—机身部件
5—反馈系统　6—伺服电动机驱动系统　7—计算机控制系统

2. 电动机—减速—曲柄—肘杆传动伺服压力机

采用肘杆机构可以提高增力比，减少电动机容量，提高压力机吨位。图2-40所示为KOMATSU公司H1F单点伺服压力机和AMINO公司双点伺服压力机的传动原理，AMINO公司此类压力机最大规格可达25000kN。

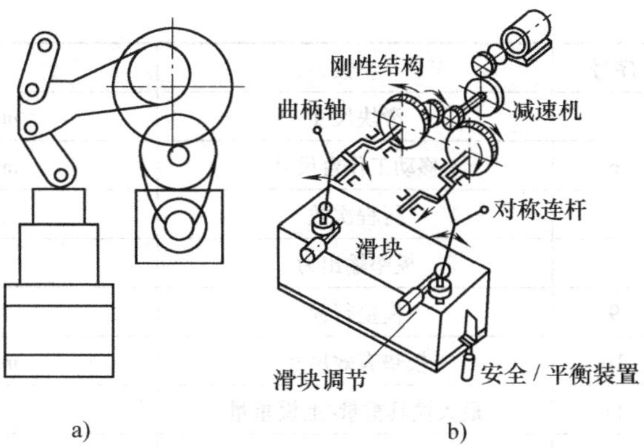

图2-40 两种伺服压力机的传动原理

a) KOMATSU单点 b) AMINO双点

3. 电动机—减速—螺旋—肘杆传动伺服压力机

采用这种传动方式，可以获得更大的增力比，制造更大规格的压力机。缺点是由于螺旋需要正反转，工作频率不能太高。

图2-41所示为日本KOMATSU公司H2F系列伺服压力机的传动原理。两台伺服电动机通过传动带减速，带动滚珠丝杠运动，再通过肘杆机构带动滑块上下运动，无飞轮和离合器。压力机不仅有位移传感器，而且有压力传感器，以反馈压力信号。

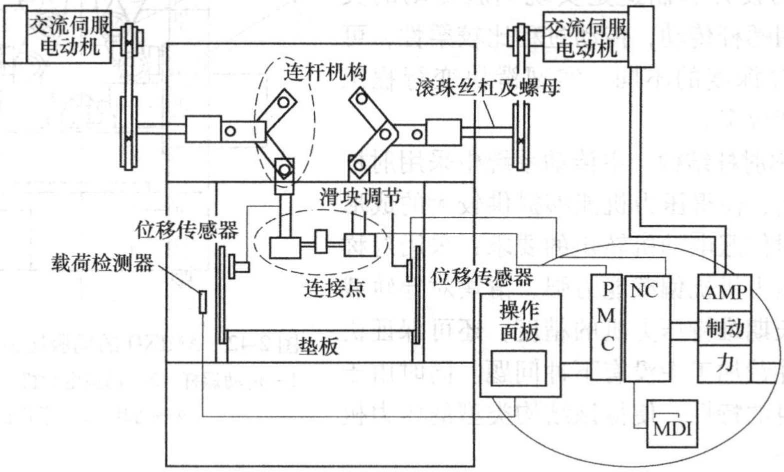

图2-41 H2F系列双点伺服压力机的传动原理

图2-42所示为日本AMINO公司的伺服压力机传动结构。它采用交流伺服电动机作为动力源，通过减速器驱动特殊螺杆，推动对称肘杆带动滑块运动，将伺服电动机的旋转运动通过螺杆机构转换为滑块的直线运动。表2-5所示为AMINO公司25000kN伺服压力机的主要技术参数。

表2-5 AMINO公司25000kN伺服压力机的主要技术参数

序号	参数	单位	量值
1	最大输出力	kN	25000
2	行程长度	mm	1100
3	闭模高度	mm	1600 ~ 700
4	滑块调节量	mm	900

（续）

序号	参数	单位	量值
5	滑块尺寸	mm × mm	5000 × 3000
6	移动工作台尺寸	mm × mm	5000 × 3000
7	行程次数	次/min	12 ~ 15
8	模垫输出力	kN	4000
9	模垫行程	mm	350
10	模垫有效尺寸	mm × mm	3950 × 2150
11	最大模具重量/上模重量	t	50/30
12	电动机功率	kW	2 × 200

其主要结构特点如下：

（1）特殊螺杆驱动轴　在伺服压力机运动传递过程中，首先需要将电动机的旋转运动转换为直线运动，因此对螺杆的承载能力、热变形和定位精度都要求较高，尤其在设计大吨位伺服压力机时，螺杆的设计和制造是实现伺服传动的关键。由于采用螺杆传动，传动过程比较柔性，可根据零件拉深深度的不同，实现滑块变行程工作，提高生产效率。

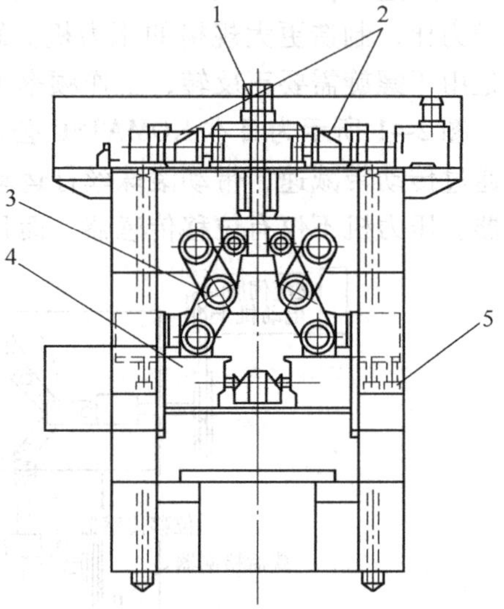

图 2-42　AMINO 的伺服压力机传动结构

1—传动螺杆　2—伺服电动机　3—连杆机构　4—滑块　5—平衡缸

（2）对称肘杆结构　主传动系统中采用肘杆作为增力机构，使得压力机能够提供较大的成形压力，降低对伺服电动机转矩的要求；采用对称连杆结构，压力机抗偏载能力强，滑块对导轨载荷小，可以长期维持压力机的精度，还可保证机械同步，在冲裁加工中没有下冲问题。同时由于肘杆机构自身的特性，使得该结构类型的压力机行程相对较小。

（3）油压式平衡装置　伺服压力机运动部分的重量以及上模重量的平衡采用油压式平衡装置来实现。该装置不但保证了压力机的平稳运行，还可以作为压力机的安全装置使用。油压安全装置采用了高度集成化构造，安全性高。压力机紧急停止时，停止时间更短（只需机械压力机一半的时间）；同时伺服电动机紧急制动和油压安全装置双重功能同时动作，设备运行更安全。

三、伺服压力机成形工艺举例

1. 冲裁加工

（1）静音冲裁　制造业中有 60% 以上的压力机是用于下料和冲孔等冲裁加工的。在塑性加工中，冲裁是唯一伴随有材料断裂的加工。在压力机上进行冲裁工作时，材料断裂的瞬间，工作负荷突然消失，积聚在机身和传动机构中的弹性变形能会在很短的时间内释放，因而产生剧烈的振动和巨大的噪声，不但损坏设备和模具，而且恶化生产环境、危害工人健康。在材料断裂的瞬间，通过降低压力机弹性能量释放的速度可以降低振动与噪声，即降低板料断裂瞬间的冲裁速度，是降噪最有效的方法。

传统机械压力机滑块运动规律固定，无法改变速度曲线。而对于伺服压力机，可控制滑块在材料被冲剪开始断裂的瞬间降低运动速度，既保证了生产率又能实现低噪声冲裁加工。这里，变速点的精确控制是关键，这恰好是伺服控制的优势。

如果使滑块一边产生振动一边进行冲裁，可使噪声降得更低。其原因还有待于研究。

图 2-43 为在不同运动模式下测得的冲裁噪声。

（2）精密冲裁　冲裁加工中，如何减少或消除冲裁工件断口处的毛刺对于保证冲裁质量和尺寸精度有重要意义。到目前为止，传统精冲中需要采用高成本的高精度模具或级进模具，使精密冲裁的应用范围受到限制。而在伺服压力机上，只要采用传统的设置有反压装置的单次冲裁模具和如图 2-44 所示的程序运动模式，则只用一道工序就能冲裁出无毛刺的工件。

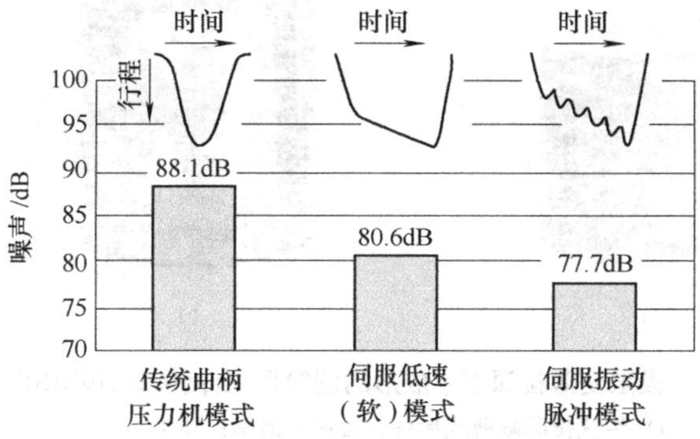

图 2-43　不同运动模式下测得的冲裁噪声

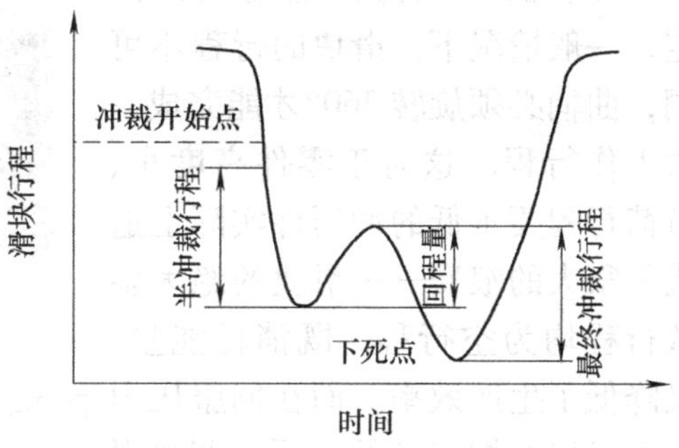

图 2-44　无毛刺冲裁滑块运动曲线

精密冲裁时，冲裁速度与工件质量和模具寿命有密切的关系。日本 KOMATSU 公司在普通机械压力机和伺服压力机上进行了精密冲裁的对比试验，工件为空调机凸轮，板厚为 13mm，冲裁力为 800kN，材料为 SPC。试验表明，冲裁速度越低，冲裁断面撕裂带厚度就越小，断面质量越好。使用普通压力机在冲裁 2000～3000 件后表面出现裂纹，而使用伺服压力机在冲裁 3000 件后断面仍保持完好。试验数据见表 2-6。

表 2-6　不同冲裁速度时的断面质量

模具速度/mm · min^{-1}	撕裂带高度 H/mm	撕裂面比例$(1-H/H_0)$(%)
30	4.0	31
20	3.0	23
10	2.2	17
5	1.5	12
2	0.5	4

2. 拉深

研究表明，采用机械振动或者在模具中加入超声波振动的方式能提高板材成形极限，但在传统压力机上必须附加特殊的振动发生装置，因此，很少看到在生产线上采用振动加工的实例。然而在伺服压力机上，只需选择使滑块一边作低频振动一边下降的振动模式，采用普通的模具即可很容易进行振动成形加工。

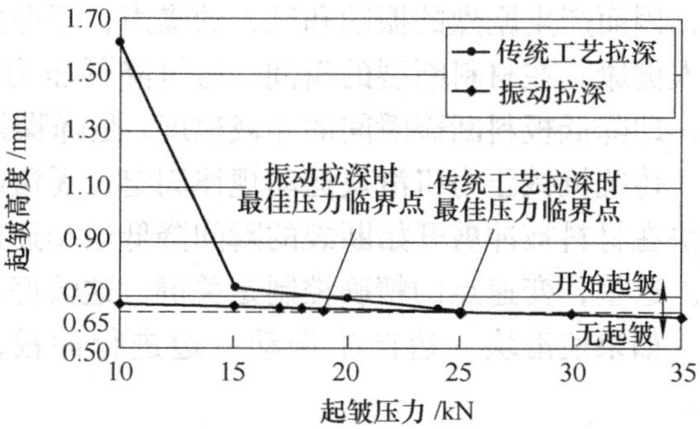

图 2-45　边沿起皱高度与压边力的关系

例如，对一板厚为 0.5mm 的不锈钢（022Cr19Ni10）进行拉深时，用传统方式拉深的拉深比为 1.9，而当应用适当的振动成形模式时，其极限拉深比可上升到 2.05，且所用压边力还小于传统拉深方式（图 2-45）。在对铝材和不锈钢的变薄拉深加工中，采用滑块振动模式也可大幅度提高拉深变薄率。其中，铝材可提高到 10%，不锈钢（022Cr19Ni10）可提高到 25%（图 2-46）。

3. 变行程冲压

传统曲柄压力机运动规律固定，一般情况下，滑块的行程不可调，曲柄必须旋转 360°才能完成一次工作行程。这对于零件高度小、负荷行程要求低的冲压件实际上造成了很大的浪费——滑块的绝大多数行程均为空行程，既消耗能量，又降低了生产效率。而在伺服压力机上可以根据工件的不同，调整滑块行程，在一个工作循环中无需完成 360°旋转，而只进行一定角度的摆动即可完成冲压动作（图 2-47），从而缩短了循环时间，最大限度地减少了无谓的行程，大大提高了生产率。

图 2-46　在极限变薄拉深率下成形的圆筒形工件（022Cr19Ni10）

a）传统拉深减薄成形件，拉深变薄率：45%

b）振动减薄拉深成形件，拉深变薄率：70%

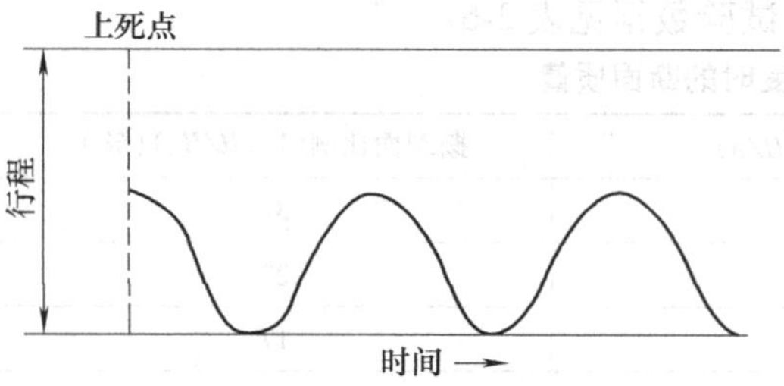

图 2-47　摆动循环行程时间曲线

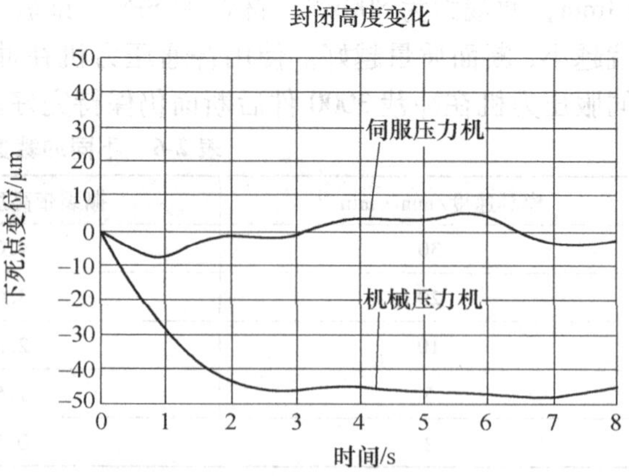

图 2-48　下死点变位补偿曲线

4. 下死点补偿

曲柄压力机在工作过程中，由于承受工作负荷，机身和主要受力零部件均会发生弹性变形，使滑块运行的下死点位置发生变化，从而影响工件的成形精度。

伺服压力机具有下死点自动补偿机能。通过高精度位移传感器，可始终保持下死点的高精度，下死点变位补偿曲线如图 2-48 所示。这对于薄板件的冲裁及精密成形加工等方面都具有重要的意义。

四、伺服压力机的不足

(1) 设备成本高　其主要原因在于大功率交流伺服电动机及其控制系统基本上为国外产品所垄断，价格昂贵。

(2) 对电网冲击严重　伺服曲柄压力机工作时会产生很大的短时冲击电流，尤其是大吨位压力机，这将对电网产生极大的危害，必须予以重视。目前多采取电容储能的方法，在伺服压力机制动时将多余能量回收。

第六节　专用曲柄压力机

一、拉深压力机

对复杂形状的大型薄板成形件，特别是汽车覆盖件，宜在专用的拉深压力机上进行。一般拉深压力机有两个滑块（称双动拉深压力机），外滑块用于压边，内滑块用于拉深成形。

(一) 双动拉深压力机的工艺特点

双动拉深压力机的拉深过程如图 2-33b 所示，压力机外滑块内套一内滑块，实现双动。

双动拉深压力机内滑块与外滑块的运动需保持一定的关系，以满足拉深工艺要求，内、外滑块的运动关系用工作循环图表示。

图 2-49 是 JB46—315 双动拉深压力机的滑块工作循环图。内滑块运动规律与通用曲柄压力机滑块的运动规律相似。外滑块为多连杆机构驱动，作近似的间歇运动。工作时外滑块比内滑块提前 10°～15°压住料坯，内滑块大约在 $\alpha\leqslant82°$时开始拉深，到 $\alpha=0°$时拉深结束。回程时外滑块比内滑块滞后 10°～15°，其目的是为了使工件不至卡在凸模上，这样外滑块的压紧角取 100°～110°，当

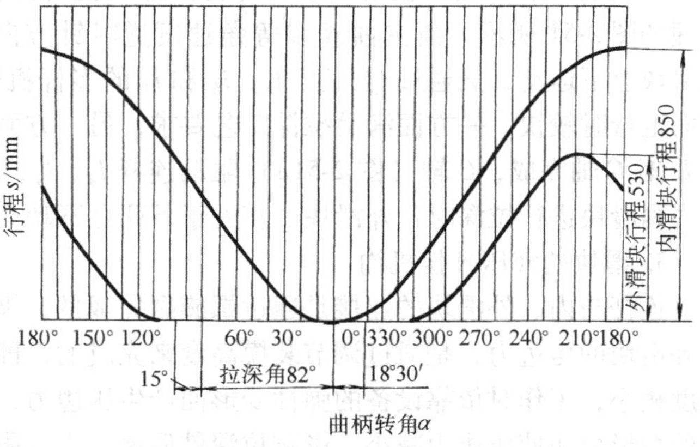

图 2-49　JB46—315 双动拉深压力机的滑块工作循环图

内滑块回到上死点时，外滑块已经超过上死点而向下走了一段距离，这段距离称为导前行程量，约等于滑块行程的10%～15%，“导前”能保证滑块在下次工作行程时提前压住毛坯，“导前”量也不能太大，要保证能从凹模中取出工件。双动拉深压力机也装有气垫，可在拉深结束后顶出工件，由于外滑块在回程时比内滑块滞后10°～15°，为了避免在这10°～15°范围内气垫将工件顶坏，气垫应安装有回程滞后装置，使它与外滑块同步上升。

双动拉深压力机具有如下工艺特点：

（1）稳定可靠的压边力　对复杂拉深件，通常在模具上设置不同的拉深筋来调整和控制金属流动阻力。双动拉深压力机由于其外滑块有足够的压力使拉深筋处的金属完全变形，从而充分发挥拉深筋的工艺作用。

（2）运行平稳无冲击　双动拉深压力机的外滑块在开始压边时已处于下死点位置，因此与工件接触时的冲击力很小。若用弹性元件或气垫，则在压边圈接触工件时，滑块有一定的速度，压边开始时冲击较大，引起压边圈的振动和压边力瞬时增大，使压边圈与坯料间的润滑剂被挤出，提高了拉深摩擦力，增加了拉深件破裂的可能性。

（3）易于机械化操作　采用双动拉深压力机时，拉深模是正装的，即拉深凹模在下，凸模在上，零件向下拉深，毛坯周边在高度上可保持不变，便于使用机械手实现自动化操作。

（4）合适的拉深速度　由于是专用压力机，其内滑块拉深的速度更符合拉深工艺要求。

（二）双动拉深压力机结构分析

1. 设备结构介绍

图2-50为JB46—315双点双动拉深压力机结构图，电动机通过带轮、离合器、齿轮减速装置、曲柄和多杆机构带动滑块运动，由于采用了多杆机构，内滑块在拉深行程时速度较低。外滑块用4个连杆与多杆机构相连，内滑块有两个连杆，内滑块安装在外滑块内，内外滑块均有平衡缸。该设备使用了快换模技术，采用两个工作台双侧移出，当一个工作台在机床下工作时，在另一个工作台上可进行模具安装，换模时推入机床后利用滑块上的快速夹紧气缸将上模夹持住，调好装模高度，即可快速投入生产。

2. 连杆机构　为了使滑块运动符合拉深工艺特点，连杆采用了多杆机构，多杆机构原理如图2-51所示，当主轴R以等角速度逆时针方向旋转时，通过l_1、l_2与滑块连接，使滑块上下运动，又通过l_3、l_4、l_5、l_6和l_7的多杆机构作用，使滑块下行时速度慢且稳定而上行时较快，一方面满足拉深工艺要求，另一方面又提高了生产效率。外滑块的驱动由l_4对G轴完成，G轴（图2-51a）驱动连杆l_8、l_9、l_{10}、l_{11}至外滑块，多杆机构的使用是当内滑块进行拉深时，外滑块一直处于下死点不动而压紧毛坯。

3. 滑块的液压补偿机构

连杆与内、外滑块的连接是通过螺旋副完成的，调节螺旋副可实现装模高度的调节。对外滑块的压边力，是通过调节装模高度来完成的，即将设备装模高度值调至比模具闭合高度稍小，工作时依靠设备的弹性变形而产生压边力，但拉深力同样会使设备产生高度方向的变形量而使压边力减小，影响拉深件质量。为克服上述缺点，在压力机外滑块内加装了液压补偿器。

液压补偿器工作原理如图2-52所示。压缩空气通入储气罐1和充液罐2，增压缸3的

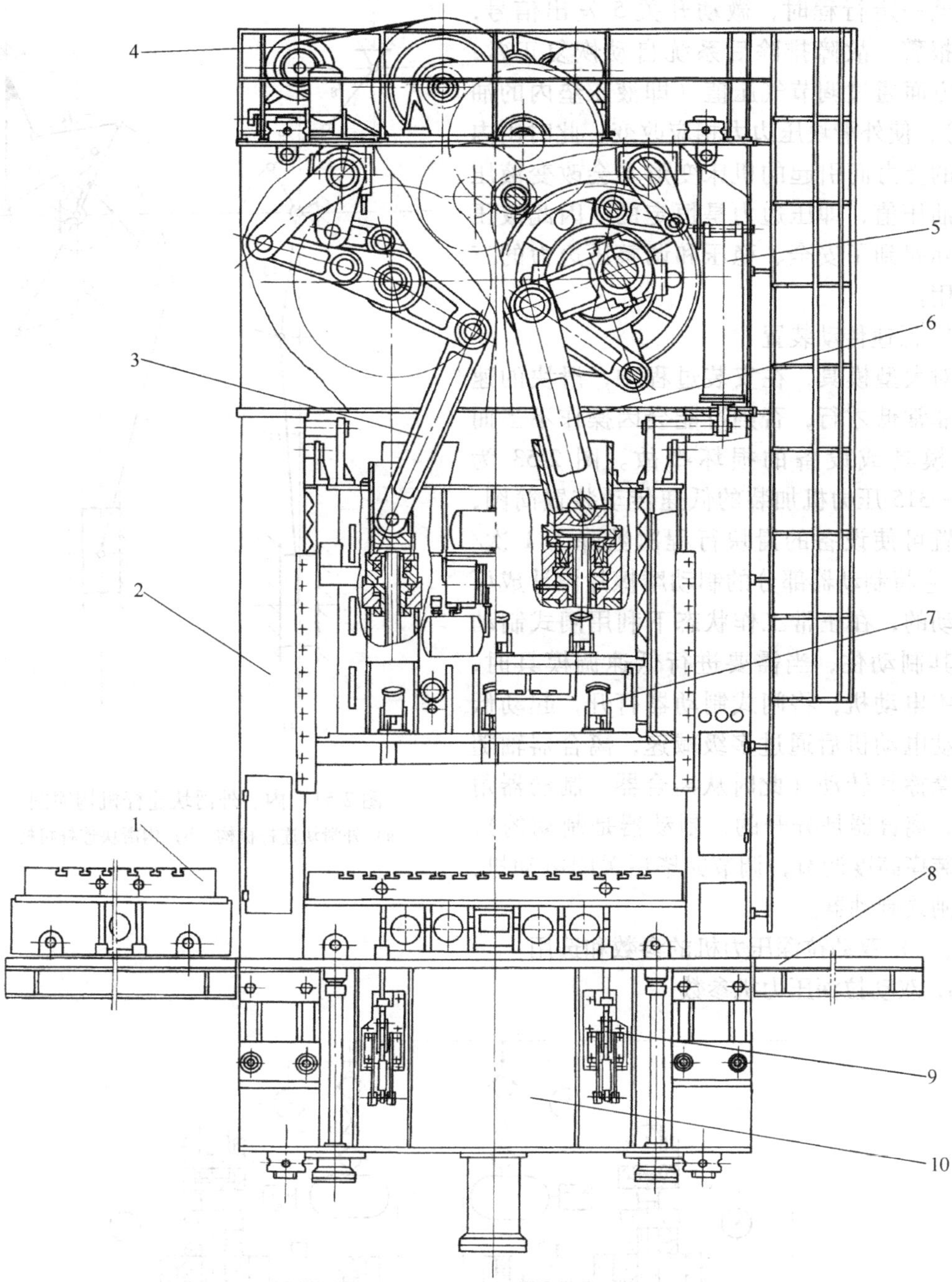

图 2-50 JB46—315 双点双动拉伸压力机结构图

1—移动工作台 2—床身 3—外滑块机构 4—传动系统 5—滑块平衡缸
6—内滑块机构 7—快速夹紧气缸 8—导轨 9—工作台锁紧机构 10—气垫

活塞两端有面积差，大面积端气压为 0.4 ~0.5MPa，小面积端的油压被大大提升，调整气压值即是调整油压值。

液压垫 4 由螺母与液压缸组成，一方面它起安全保护作用，当压力过载时，油压升高，推动增压缸活塞右移，液压垫高度降低，增加了设备装模高度，起到了安全作用，当过载至一定行程时，微动开关 5 发出信号，产生报警，故障排除后系统自动恢复正常；另一方面通过调节气压值（即液压垫内的油压值），使外滑块压边力相应改变，此时由内滑块的受力而引起的机床变形不会改变液压垫内油压值，即压边力是恒定的。因此液压垫实际起到了安全、稳压和调整压边力的三重作用。

4. 低速传动装置

对大型模具，在安装过程中，滑块的速度应非常低才行，否则可能会因操作不当而发生模具或设备的损坏事故。图 2-53 为 JB46—315 压力机加装的低速传动装置简图，该装置可使设备的滑块行程次数降为 1 次/min。它将制动器部分的制动摩擦片设计成可以转动的，在正常工作状态下利用闸式制动器将其制动住，当需要进行低速调模具时，不开主电动机，将闸式制动器打开，起动低速传动电动机后通过多级减速，离合器轴随制动摩擦片转动（此时从离合器、制动器角度看，离合器是分开的，制动器是制动的），进行装模高度调节，调节完毕后关闭电动机，起动闸式制动器。

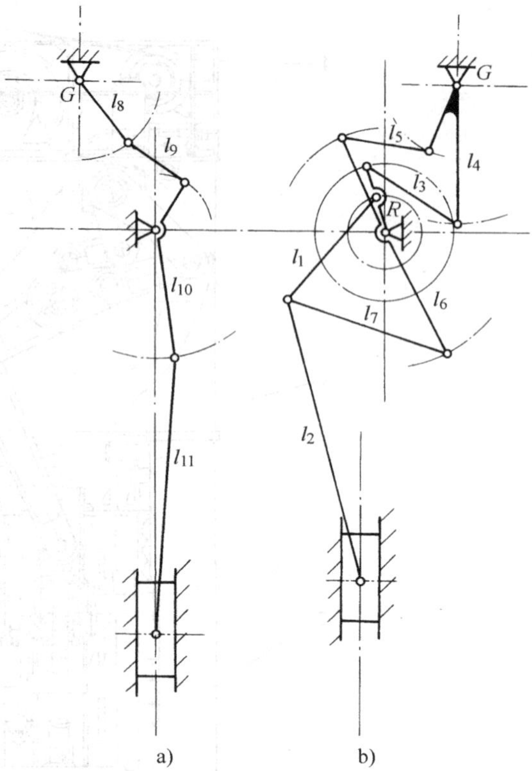

图 2-51　内、外滑块连杆机构简图

a）外滑块连杆机构　b）内滑块连杆机构

（三）双动拉深压力机的参数和选用

1. 双动拉深压力机参数

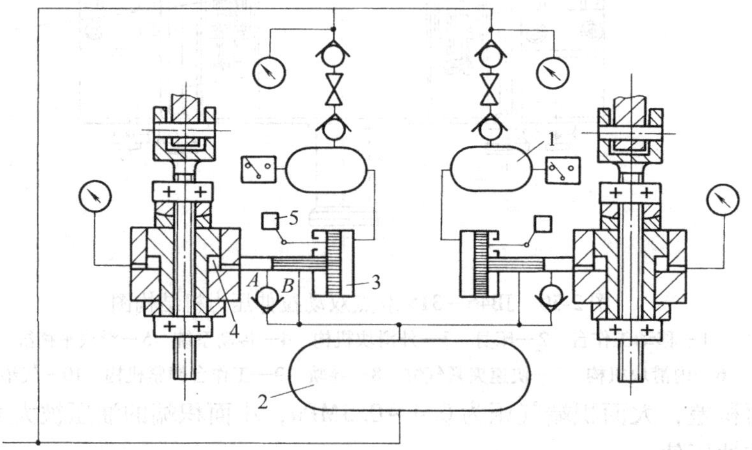

图 2-52　液压补偿器工作原理图

1—储气罐　2—充液罐　3—增压缸　4—液压垫　5—微动开关

由于双动拉深压力机属专用压力机，其压力机参数一般根据用户要求设定。通常情况下内滑块与外滑块的标称压力之比为1.4～1.7（单点）或1（双点及以上），外滑块与内滑块的行程比约为0.6～0.7。

同时应注意的是，双动拉深压力机名称上的关键词一般指内滑块，如JB46—315双点双动拉深压力机，标称压力3150kN指内滑块，双点亦指内滑块。表2-7为部分国内外双动拉深压力机技术参数表。

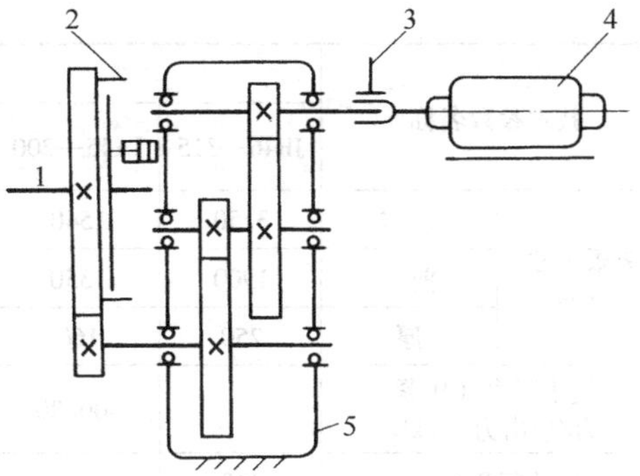

图2-53 JB46—315压力机加装的低速传动装置简图
1—离合器轴 2—主制动器
3—闸式制动器 4—电动机
5—减速器

2. 双动拉深压力机的选用

双动拉深压力机的选用与通用压力机类似，一般双动拉深压力机仅作拉深用，故可不进行做功校核，只要工艺力—位移曲线落在压力机的安全操作区内即可。此类拉深模具分凸模、凹模和压边圈三部分，模具设计时需注意模具与设备的安装。

表2-7 国内外双动拉深压力机技术参数

技术参数名称		压力机型号						
		JB46—315	JA45—200	JA45—375	J45—315	E2F600X400（日）	DE4—800—500	D4—600—400
总公称压力/kN		6300	3250	6300	6300	10000	13000	10000
内滑块公称压力/kN		3150	2000	3750	3150	6000	8000	6000
外滑块公称压力/kN		3150	1250	2550	3150	4000	5000	4000
内滑块公称压力行程/mm		40	25	41	30		12.7	12.7
内滑块行程/mm		850	670	850	850	940	1000	950
外滑块行程/mm		530	425	530	530	690	900	660
行程次数/（次·min^{-1}）		10	8	5.5	5.5～9	10～16	7～12	10
低速行程次数/（次·min^{-1}）		1						
内滑块最大装模高度/mm		1550	930	1240	1120	2030	1800	1425
外滑块最大装模高度/mm		1250	825	1160	1070	1930	1650	1225
内滑块装模高度调节量/mm		500	165	300	300	500	500	250
外滑块装模高度调节量/mm		500			300	500	500	250
最大拉深深度/mm		390	315	400	400		400	300
立柱间距/mm		3150	1620	1840	1930		3830	3830
内滑块尺寸/mm	左右	2500	960	1000	1000	2900	3150	3150
	前后	1300	900	1000	1000	1600	1700	1700
外滑块尺寸/mm	左右	3150	1420	1780	1550	3400	3750	3750
	前后	1900	1350	1800	1600	2000	2200	2200

（续）

技术参数名称		压力机型号						
		JB46—315	JA45—200	JA45—375	J45—315	E2F600X400（日）	DE4—800—500	D4—600—400
垫板尺寸/mm	左右	3150	1540	1820	1800	3400	3750	3750
	前后	1900	1350	1800	1600	2000	2200	2200
	厚	250	160	220	220			
气垫压力（压紧力/顶出力）/kN			500/80	1000/160	1000/120			
气垫行程/mm		440	315		400			
气垫行程调节量/mm		300						
主电动机功率/kW		100	40		75	95	115	

二、冷挤压机

冷挤压是一种先进的材料成形工艺，近年来发展非常迅速，特别是随着新的模具材料出现，使得用冷挤压成形加工更多的有色与黑色金属成为可能。随着冷温锻造技术的发展，冷挤压机的需求将不断增加。

（一）冷挤压工艺特点及对设备的要求

1. 冷挤压工艺特点

与热锻相比，冷挤压有着较高的尺寸精度和较低的表面粗糙度。与切削加工相比，有着较高的材料利用率和产品生产效率。由于冷挤压不切断金属纤维、通过挤压使材质组织更致密以及材料本身的加工硬化，冷挤压件的强度、硬度都比金属切削件有了较大提高。由于有色金属材料的塑性性能好，能挤出形状复杂的零件。

2. 冷挤压对设备的要求

（1）刚度要求高　挤压时工艺力大，载荷集中，为保证冷挤压质量、提高模具寿命，挤压机必须有较大的刚度。

挤压机的总刚度 C_h（单位 kN/mm）与标称压力 F_g（单位 kN）的平方根成正比，即

$$C_h = K\sqrt{F_g}$$

式中，K 为刚度系数，不同类型挤压机 K 的取值不同，对曲柄式挤压机 $K>28\sim35$，对肘杆式挤压机 $K>38$。

为了提高挤压机刚度，机身通常采用铸钢或钢板焊接而成，并优化机身相应处的断面形状；工作台孔尽量小，工作台垫板亦采用铸钢件等措施；对工作机构中的曲柄采用刚度大的偏心轴或偏心齿轮结构，同时增强连杆的刚度，一般不用调节连杆长度的方式进行装模高度的调节，因为圆形截面调节连杆的抗弯模量小；应保证设备在滑块运动方向的弹性变形量波动值低于挤压件的允许公差，同时还应注意模具的刚度。

（2）工件变形能量大　在第三节中我们分析了曲柄压力机的短时负荷特性，其工件变形能量是来自飞轮的，由于飞轮的能量是有限的，所以我们在选用设备时要注意对工件变形 A_1 的分配量值，其工件变形功为

$$A_1 = Fs$$

式中，A_1 为工件变形功；F 为工件变形力；s 为挤压行程，它比在通用曲柄压力机中的 A_1 值要大，因此，在冷挤压机的动力系统中，即使与通用曲柄压力机标称压力相同的设备，其所选的电动机和飞轮都要大得多。

（3）设备精度高　为了提高冷挤压件的质量和模具寿命，滑块的导向精度要高，因为挤压凸模的硬度很高，而韧性差，若滑块的导向精度不高或受偏载时会引起凸模弯曲折断，一般通过加大滑块导滑长度与宽度的比值来提高导向精度。

（4）合适的挤压速度　为了提高生产率，挤压机的空程向下和回程速度相应比较高，但上模接触金属坯料前应降低速度，使两者接触时的挤入速度降低，以减少冲击，而在挤压过程中应保持一致的速度，一般认为较好的挤压速度在 0.15～0.4m/s 范围内，为了减少因凸模速度较高，而在模具接触毛坯的瞬间产生的冲击，需要在滑块内设置液气缓冲装置，将接触时的动能吸收一部分，减少冲击，提高模具寿命。

（5）可靠的顶料装置　为了保证挤压件的精度，不希望有拔模斜度，而挤压时模具有弹性变形，因此挤压后模具与工件的接触更紧，要把挤压件从模具内取出需要较大的顶出力。一般挤压件多数留在下模中，下模顶出装置的顶出力设计得较大，达到了标称压力的10%～20%。顶料动作应与滑块的挤压动作协调，即上模回程至一定距离时顶料开始，至上死点时不仅顶料动作应完成，而且顶块应回至下位而便于操作者摆放下一个挤压件的毛坯。

（6）安全可靠的过载保护装置　在冷挤压过程中，往往由于毛坯下料时的尺寸超差，或材质不均匀及其他原因造成过载。为了保护模具和设备，必须具有可靠的过载保护装置，它应该满足以下要求：在标称压力以下的各压力值点，均可简单而又准确地调节；当超过所调压力时，保护与报警应及时起作用，同时可方便卸载和及时恢复。

（二）冷挤压机结构分析

1. 冷挤压机的分类

随着挤压技术的发展，挤压机的应用开发也越来越快，类型也越来越多，有以下几种分类方式。

1）按工作机构分，可分为曲柄式、肘杆式和拉力肘杆式，如图 2-54 所示。三种不同的机构使挤压机的运行和力能曲线各有不同。在挤压同样长度的坯料时拉力肘肝式的加压时间最长，肘杆式次之，曲柄式适用挤压较长的工件；工作力上升快的是拉力肘杆式，肘杆式次之，曲轴式较小。

2）按传动系统位置分，可分为上传动和下传动。下传动挤压机重心低、运动平衡，有利于减少振动和噪声，同时下传动为增加导轨长度提供了方便。但下传动设备造价比上传动要高，且由于传动系统在工作台面以下，大部分在地面以下，安装和维护不太方便。

3）按机身放置方向分，可分为立式和卧式。立式挤压机作为通用挤压设备，一般单工序使用；卧式挤压机可应用于多工位连续挤压，如火花塞体、连杆销等。在立式挤压机中，又可按床身外形分为开式和闭式挤压机。

2. J87—400 型冷挤压机

（1）结构特点与工作原理　图 2-55 所示为 J87—400 型偏心式下传动冷挤压机总图。该挤压机压力行程达 40mm，适用于黑色金属冷挤压，设有液气缓冲与超载保护装置，可以减小凸模与坯料接触时的撞击，避免压力机零件因过载而损坏；采用了结点偏置的曲柄

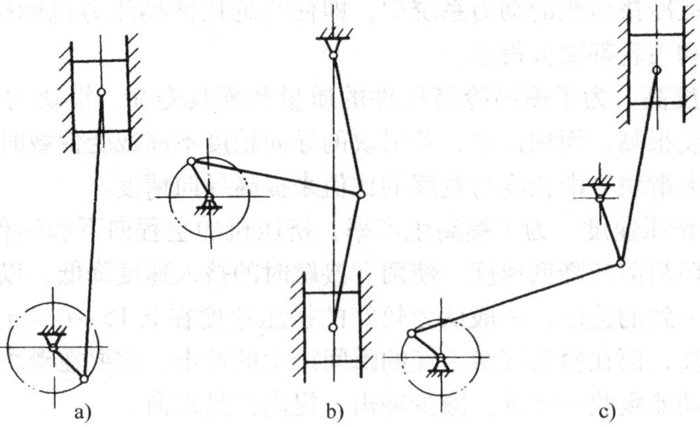

图 2-54　挤压机工作机构的原理图

a）曲柄式　b）肘杆式　c）拉力肘杆式

连杆机构，使挤压工作时连杆与滑块运动方向的夹角减小，降低了滑块对导轨的侧压力，提高了导向精度，减少了模具磨损；安装有挤压力及装模高度调节情况等的指示器，方便操作和调节。

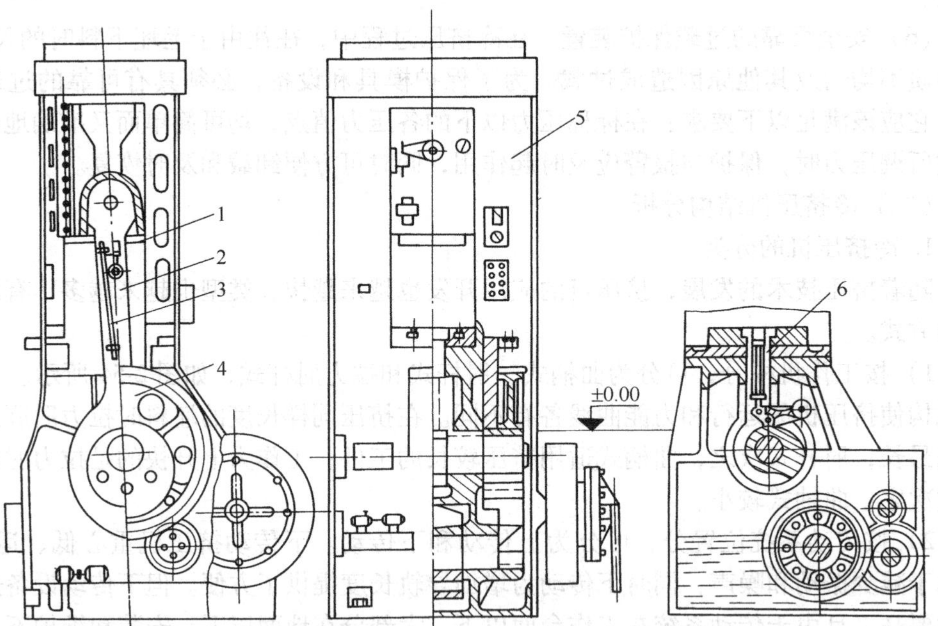

图 2-55　J87—400 型偏心式下传动冷挤压机总图

1—滑块　2—连杆　3—伸长仪　4—偏心齿轮

5—机身　6—下顶料装置

（2）缓冲与过载保护　J87—400 由于工作力较大，为了减小模具与金属毛坯的冲击，改善模具受力状态，延长模具使用寿命，在滑块内安装了液气缓冲与过载保护装置。

图 2-56 为 J87—400 型冷挤压机液气缓冲及过载保护装置工作原理图。滑块体 16 通过

装模高度调节机构与横轴连接，挤压模具安装在滑块 14 上，机器起动后液压泵将油送入过载保护液压缸 11 和缓冲液压缸 13 后，再将充液筒 5 充满至左微动开关发出信号，停止充液，在后续正常工作中油液的压力由充液筒左边的气压保持。工作时当因油液泄漏造成油液减少时，由充液筒进行补充，当充液筒内油液减少太多而使活塞右移至右微动开关时发出信号，液压泵 1 电动机起动再次进行充液至左微动开关发出信号为止。

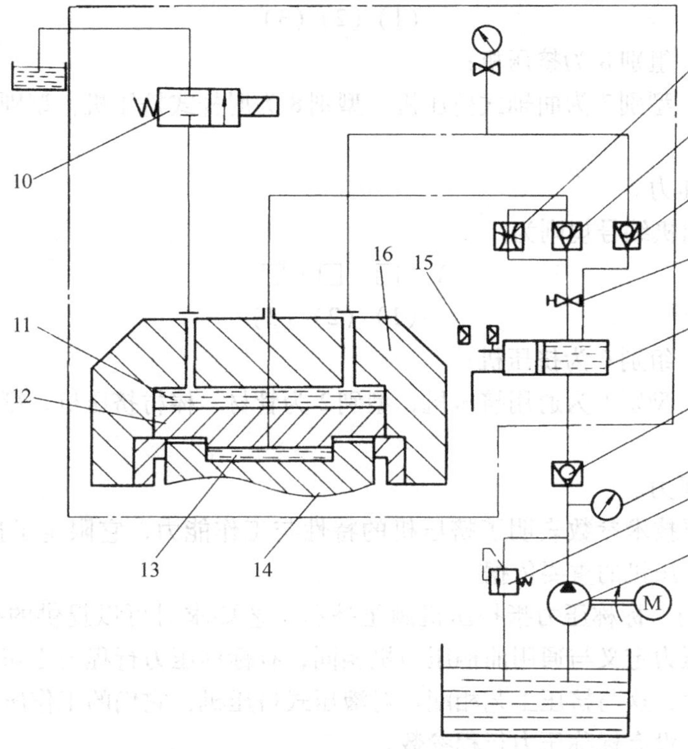

图 2-56 J87—400 型冷挤压机液气缓冲及过载保护装置工作原理图

1—液压泵 2—溢流阀 3—压力表 4、7、8—单向阀 5—充液筒 6—截止阀 9—节流阀 10—电磁换向阀 11—过载保护液压缸 12—过载保护活塞 13—缓冲液压缸 14—滑块 15—微动开关 16—滑块体

液气缓冲工作原理：液气缓冲主要由缓冲液压缸 13 完成，在凸模接触工件前液压缸处于图示状态。开始挤压时的工件变形力通过上模传递给滑块 14，再通过液压油传递给过载保护活塞 12，此时油压升高至大于气压值，造成液压油回流至充液筒 5，由于单向阀 8 的作用，使回流只能通过节流阀 9 完成，因此，油的回流缓慢，即此时起到了挤压缓冲作用。当缓冲 5mm 后，滑块 14 与过载保护活塞 12 刚性接触传递工作力，滑块继续下行至挤压工作完成，滑块回程时，充液筒内油液及时通过单向阀 8 补充进缓冲液压缸 13 内，滑块与过载保护活塞分离恢复到初始状态。

过载保护工作原理：过载保护由液压缸 11 完成，正常工作情况下由于单向阀 7 的作用，过载保护液压缸内的油一直处在液压缸内，多次工作后油液有泄漏时，充液筒及时向其补充；当挤压力过载时，机器上的力传感器发出电子信号，通过转换起动电磁换向阀 10 使液压缸内油液流至油箱，将装模高度值增加，起到了保护目的；故障排除后，再次起动机器时，液压泵将油液又送入过载保护液压缸内，恢复至正常工作状态。

（三）冷挤压机参数与选用

1. 冷挤压机型号与参数

在挤压机型谱中，挤压机有机械式挤压机和液压式挤压机两类，其编号规则见表2-1。对机械式压力机编号规则为

J 8 □—□

（1）（2）（3）

（1）为组别：组别8为挤压机；

（2）为型别：型别7为曲轴式挤压机，型别8为肘杆式挤压机，型别9为其余类型机械式挤压机；

（3）为标称压力。

对液压式挤出机编号规则为

Y □ □—□

（1）（2）（3）

（1）为组别：组别6为挤压机；

（2）为型别：型别1为通用挤压机，型别2为管材、棒材挤压机，型别3为型材挤压机；

（3）为标称压力。

挤压机的主要技术参数表明了挤压机的特性与工作能力，它限定了挤压机的应用范围，是正确选用挤压机的重要依据。

（1）标称压力　标称压力指挤压机满足挤压工艺要求时可以提供的挤压力。对机械式挤压机，标称压力定义与通用曲柄压力机相同，有标称压力行程与之随附，挤压机标称压力行程一般较大，这与挤压工艺相配。对液压式挤压机，它们的工作压力在滑块下行时任意时刻都具备，没有标称压力行程参数。

（2）滑块行程　滑块行程指在工作行程中滑块上死点至下死点的距离。

（3）最大装模高度与装模高度调节量　在机械式挤压机中的定义同通用曲柄压力机。

（4）顶出力　挤压机都具有强有力的顶出装置，下顶出力一般达到标称压力的15%左右，上顶出力略小。

（5）工作台尺寸　工作台尺寸指设备工作台的几何尺寸。

部分国内外机械式挤压机技术参数见表2-8、表2-9。

表2-8　部分国产挤压机技术参数

名称	压力机型号	标称压力/kN	滑块行程/mm	标称压力行程/mm	行程次数/(次·min^{-1})	最大装模高度/mm	主电动机功率/kW
偏心式下传动挤压机	J87—160	1600	230	25	34	385	30
	J87—300	3000	300	40	33	550	55
	J87—400	4000	250	40	25	670	100
	J87—630	6300	300	40	18	750	130
卧式曲轴挤压机	JA88—200	2000	273	5	65	480	13
	JA88—315	3150	400	55	16	715	75
	JA88—500	5000	420	60	16	835	115

（续）

名称	压力机型号	标称压力/kN	滑块行程/mm	标称压力行程/mm	行程次数/(次·min^{-1})	最大装模高度/mm	主电动机功率/kW
开式拉力肘杆挤压机	J88—100	1000	60	4	60	265	5.5
	J88—200	2000	160	4	30	420	22
闭式拉力肘杆挤压机	J88—160	1600	70	4	80	265	5.5
	J88—400	4000	160	10			40

表 2-9　国外部分挤压机技术参数

日本小松制作所制造							
名称	压力机型号	标称压力/kN	滑块行程/mm	标称压力行程/mm	行程次数/(次·min^{-1})	最大封闭高度/mm	主电动机功率/kW
偏心式下传动挤压机	MKR—100	1000	215	23	36	390	22
	MKR—160	1600	235	25	34	385	30
	MKR—300	3000	320	35	30	540	55
开式拉力肘杆挤压机	MKN—63	630	60	4	70	250	3.7
	MKN—100	1000	60	4	60	265	5.5
闭式拉力肘杆挤压机	MKN—160	1600	70	4	65	300	11
	MKN—300	3000	90	4	50	360	15
	MKN—600	6000	148	6	40	420	55
	MKN—1000	10000	180	8	35	800	95

德国舒勒公司制造						
名称	压力机型号	标称压力/kN	滑块行程/mm	标称压力行程/mm	行程次数/(次·min^{-1})	立柱间距/mm
单点偏心式挤压机	$F_1$400—0.80—400	4000	400	40	45	860
	$F_1$630—1.00—500	6300	500	40	40	1060
	$F_1$1000—1.25—560	10000	560	50	25	1310
双点偏心式挤压机	$F_2$400—1.25—400	4000	400	40	45	1310
	$F_2$630—1.60—500	6300	500	40	40	1660
	$F_2$1000—2.00—560	10000	560	50	25	2060
普通肘杆式挤压机	K250—0.45—200	2500	200	5	63	460
	K400—0.70—250	4000	250	6.5	50	710
	K630—0.80—320	6300	320	10	40	810
	K1000—0.90—350	10000	350	10	30	910

2. 冷挤压机的选用

冷挤压机的选用过程同通用曲柄压力机类似，仅有以下几点不同：

1）对机械式冷挤压机，要使挤压工作行程小于挤压机工作行程。

2）一般在冷挤压机上进行的是挤压工艺，故只要满足条件1），可不考虑做功校核。

3）考虑开模后工件的出模空间，挤压件一般从模具中间取出，应校核滑块行程，使模具开启后，凸凹模之间的距离大于一个工件长度。

三、热模锻压力机

（一）热模锻工艺特点及对设备的要求

热模锻压力机主要用于锻造。近年来热模锻压力机发展迅速，其标称压力已达到10万kN以上。

1. 热模锻工艺特点

压力机热模锻有着比锤上模锻精度高的优点，节约金属，减少加工量，可实现多模腔锻造，既有利操作，又便于进行锻造自动化；生产效率高。但设备投资成本大，且对毛坯下料精度要求严格。

2. 热模锻对设备的要求

1）压力机应具有足够的刚度。与通用曲柄压力机相比，热模锻压力机的主要特点之一是刚度高，高刚度一方面提高了锻件的精度，另一方面也减少了设备工作时能量转变成弹性变形能的大小。为了提高压力机的刚度，在结构上采用了短而粗的整体连杆、刚度大的偏心轴，以及较高刚度的装模高度调节方式和优化床身断面。

2）滑块抗倾斜能力强。在热模锻压力机上进行模锻时，偏载是不可避免的。若设备抗偏载能力不强，会使模锻件厚薄不均匀，影响锻件精度。机器的抗偏载能力取决于导轨间隙、导向长度及导轨刚度，故热模锻压力机的滑块多采用象鼻式及长滑块的结构，连杆与滑块的支撑则采用双支承或大面积的柱形传力方式，或采用楔块结构进行平面支撑。

3）滑块行程次数高。一般35～110次/min，比相同压力的通用曲柄压力机高6～8倍，这是由锻造工艺要求所决定的。锻造变形要求高的变形速率，以利于填充以及缩短工件与模具的接触时间，由于行程次数较高，总传动比小，一般采用两级传动即可（总传动比在10～20），小型压力机（标称压力小于16000kN）总传动比不超过7，只需一级传动即可。

4）上、下模顶件装置。为减少锻件的拔模斜度，快速出模以缩短锻件与模具的接触时间，同时使操作者易于操作，压力机都有上、下模顶件装置，在模锻工序结束后，滑块回程时及时将锻件从上（下）模内顶出，下顶出还应在顶出位置上保持一段时间，以便夹持操作。

5）应有脱出“闷车”的装置。“闷车”是指滑块下行锻造过程中，由于各种原因设备卡死，滑块不能继续下行。在发生“闷车”现象后，应及时使工作机构卸载。

常用脱离“闷车”的方法是“加大气压打反车”，即将电动机反转，使飞轮至额定转速后，关闭电动机。用一专用空压机向离合器供气，气压为1～1.2MPa，使离合器强力结合，利用飞轮的惯量将滑块退出。为了减少从动部分的转动惯量，方便滑块后退，一般压力机将离合器安装在曲轴上。此外，还有一些压力机通过调节装模高度的方式进行“闷车”卸载。

（二）热模锻压力机结构分析

目前国内外生产的热模锻压力机种类很多，各有特色。若按压力机工作机构的类型，可将其分为连杆式、双滑块式、楔式及双动式等几大类。

（1）连杆式热模锻压力机　连杆式热模锻压力机（又称Mp型压力机），采用了与通用曲柄压力机相似的曲柄滑块机构，在热模锻压力机中应用最广。

图2-57为连杆式热模锻压力机传动系统图，机器用一级带传动，一级齿轮传动的两

级传动方式，离合器制动器分别装在偏心轴左右两端，采用气动联锁，多用盘式摩擦片结构，滑块采用有附加导向的象鼻式结构，采用双楔式楔形工作台完成装模高度的调整。机身分为机架和底座两部分，用四根拉紧螺栓联接成整体。

（2）楔式热模锻压力机　楔式热模锻压力机（又称 Kp 型压力机），其传动方式是在连杆和滑块之间增加了一楔块，如图 2-58 所示，滑块 3 不是由连杆 4 直接驱动，而是由楔块驱动滑块完成。在连杆大头装有偏心蜗轮 5，用以调节连杆长度达到调节装模高度的目的。

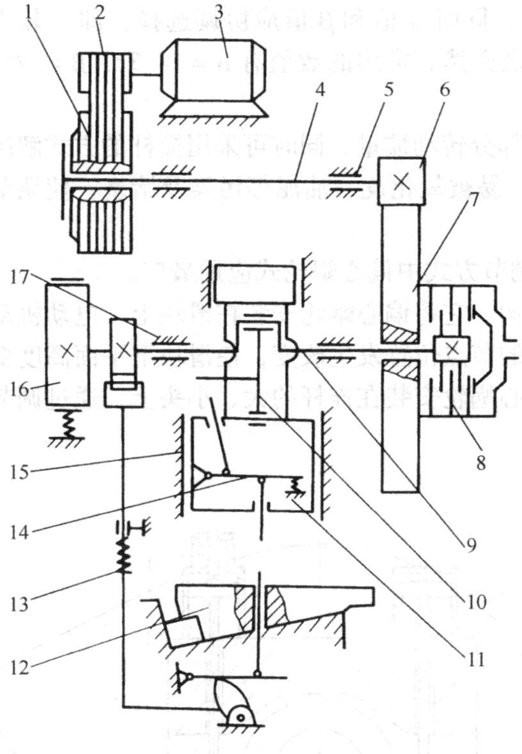

图 2-57　连杆式热模锻压力机传动系统图

1—大带轮　2—小带轮　3—电动机
4—传动轴　5—轴承　6—小齿轮
7—大齿轮　8—离合器　9—偏心轴
10—连杆　11—滑块　12—楔形工作台
13—下顶件装置　14—上顶料装置
15—导轨　16—制动器　17—轴承

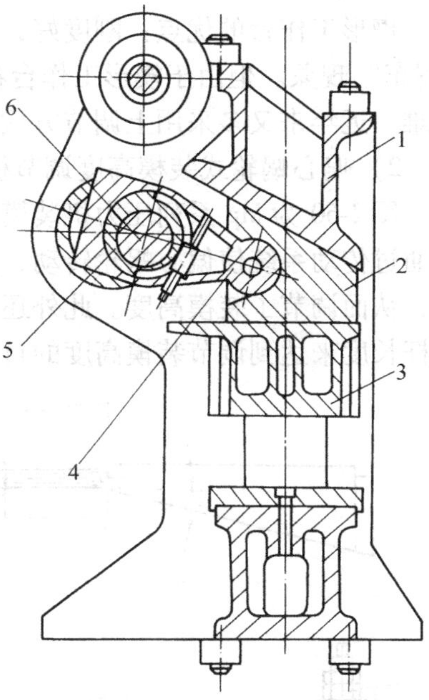

图 2-58　楔式热模锻压力机

1—机身　2—传动楔块
3—滑块　4—连杆
5—偏心蜗轮　6—曲轴

这种压力机因在垂直方向没有曲轴连杆，故垂直刚度高，又由于楔块传动，支承面积大，抗倾斜能力强，特别适合于多模腔模锻。

下面介绍热模锻压力机的典型结构。

（1）装模高度调节机构　由于对压力机刚度的要求，因此通用压力机上通过调节螺杆改变装模高度的方式不能用于热模锻压力机。热模锻压力机装模高度调节方式可分为两类：上调节式和下调节式，上调节式是调节工作机构使滑块下死点位置变化，通常采用偏心销、偏心蜗轮或偏心轴承等结构；下调节方式是通过楔形工作台来调节工作台高度。由于调节困难，一般热模锻压力机装模高度调节值较小，在10~30mm之间。

1）楔形工作台式装模高度调节机构。它又分两种：单楔式和双楔式。

双楔式楔形工作台如图2-59所示，在工作台下面安装有两对楔形调整块——主楔（工作台）和副楔。当需调整装模高度时，先松开锁紧螺钉5使副楔块1后退，再通过调节螺钉6调节工作台的左右位置，同时由于α斜面的作用，工作台的高度位置也作改变，达到调节装模高度的目的。装模高度调整好后，通过锁紧螺钉5使副楔的β面紧贴，并锁紧。

双楔式装模高度调节机构利用一副楔来平衡在锻造时主楔所产生的水平分力，工作可靠，故α角可选取较大值，使调节灵敏度增加，同时α值和β值应协调选择，即α较大时，水平侧向分力大，β值就应取较小值，反之亦然。常用的数值有$\alpha=14.5°$，$\beta=12°$；$\alpha=12°$，$\beta=16°$。

楔形工作台的优点：刚度好，降低了从动部分转动惯量，同时可采用撞杆的方式解决“闷车”现象。但由于楔形工作台在模具下面，易被氧化皮、油泥等污染及堵塞，使调节困难，近年来又多采用上调节方式。

2）偏心蜗轮式装模高度调节机构。在上调节方式中偏心蜗轮式应用最广。

图2-60为Mp系列压力机装模高度调节机构。它将偏心蜗轮安装在滑块上，电动机动作通过传动系统使偏心蜗轮转动，连杆与滑块的节点位置发生改变，使滑块下平面高度变化，从而调节了装模高度。此外还有将调节偏心蜗轮安装在连杆的大、小头上，通过调节连杆长度来达到调节装模高度的目的。

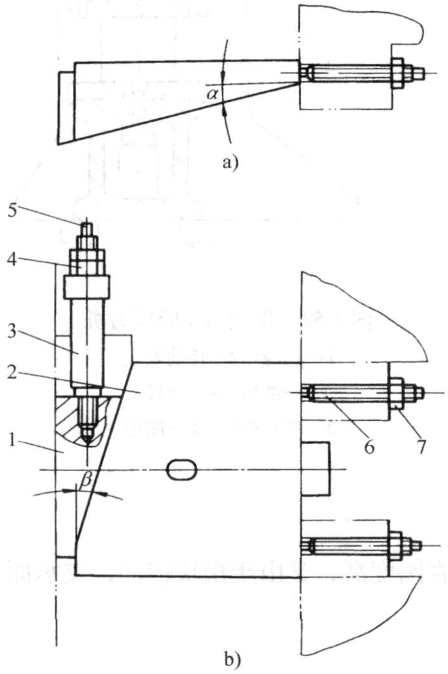

图2-59　双楔式楔形工作台

a）主视图　b）俯视图

1—副楔　2—工作台　3—螺纹套筒

4、7—螺母　5—锁紧螺钉　6—调节螺钉

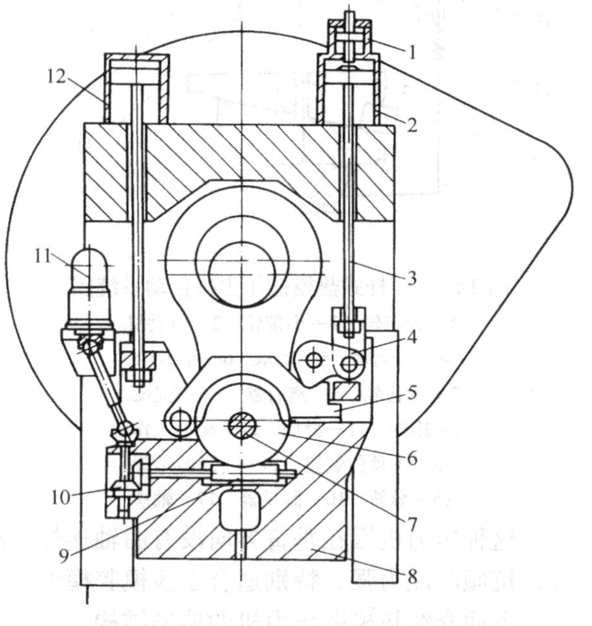

图2-60　Mp系列压力机装模高度调节机构

1—控制缸　2—平衡缸　3—活塞杆　4—锁块

5—弓形闸瓦　6—偏心蜗轮　7—连杆销

8—滑块　9—蜗杆　10—锥齿轮

11—电动机　12—平衡缸

（2）上顶件机构　与通用压力机不同的是，热模锻压力机要求在滑块上行开始后就应使上顶件机构工作，将工件从上模中顶出，缩短锻件与模具的接触时间。上顶件力要求0.5%～1%的标称压力，顶出行程要求1.5%～2.5%的滑块行程。

图2-61为象鼻式滑块上采用的顶件机构。在滑块回程时，由于连杆的摆动，凸块8推动推杆6，横杠杆5将顶件杆4压下，进行顶件。完成顶件后，弹簧7可使整个机构复位。用调节螺钉3调节楔块的左右位置，可改变横杠杆5的起始位置，从而调节了顶件机构的顶件行程。此机构工作平稳、冲击小，但行程不大。

（3）下顶件机构　按传动类型，下顶件机构可分为机械式、液压式和气动式，其中以机械式多用，下顶出力一般为1.5%的标称压力，行程为2%～4.5%滑块行程，同时为了便于操作，下顶出在顶起后需保持一段时间。

图2-62为一典型的机械式下顶件机构，它由安装在曲轴上的凸轮1驱动，通过上摆杆3、上拉杆4和下拉杆7带动下摆杆8摆动，下摆杆装在顶件轴11的一端，并能绕其轴心摆动。在顶件轴的另一端，装有摆架10，摆架有足够的宽度，在其上可并排布置五根顶件杆9，在下摆杆摆动时，摆架也作相应摆动，因而推动顶件杆顶件。

弹簧5可保证滚轮2与凸轮紧密接触，通过调节螺母6可改变拉杆的总长度，从而调节顶出行程。气缸12可控制顶杆在最高位置处停留一段时间。

（三）热模锻压力机的主要参数与选择

热模锻压力机的主要参数是标称压力。在选用设备时先根据锻造工艺计算出所需压力，经验公式为：

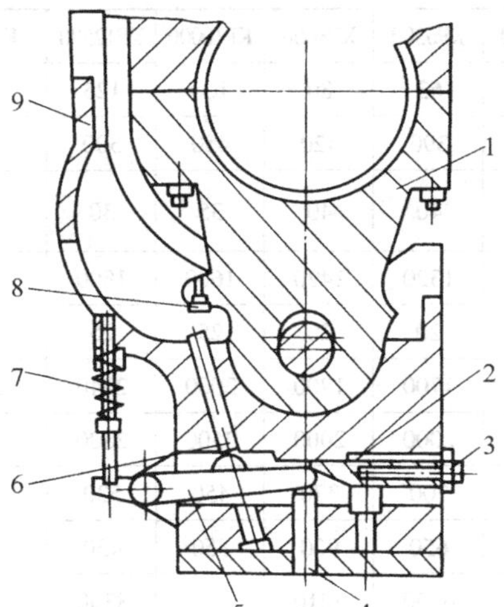

图2-61　象鼻式滑块上的顶件机构
1—连杆　2—楔块　3—螺钉
4—顶件杆　5—横杠杆
6—推杆　7—复位弹簧
8—凸块　9—象鼻式滑块

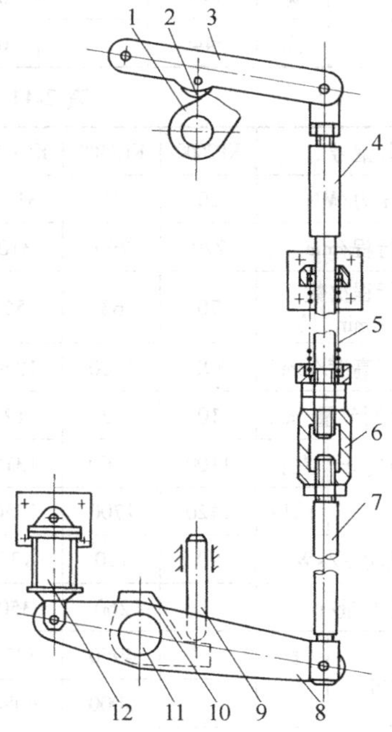

图2-62　机械式下顶件装置
1—凸轮　2—滚轮　3—上摆杆
4—上拉杆　5—弹簧　6—调节螺母
7—下拉杆　8—下摆杆　9—下顶件杆
10—摆架　11—顶件轴　12—气缸

$$F=(64\sim73)KA$$

式中，F 为所需锻造压力；K 为与所锻造材料有关的系数，从低碳钢到高合金工具钢数值在 0.9～1.55 之间变化；A 为包括飞边桥部在内的锻件投影面积。

由于热模锻压力机的装模高度调节范围小，故在选定了设备后，模具闭合高度值应根据设备的装模高度设计，考虑到模具的修理，取值偏于上限。

表 2-10 为 Mp 系列热模锻压力机参数，表 2-11 为 Kp 系列热模锻压力机参数。

表 2-10　Mp 系列热模锻压力机参数

设备型号		MP1000	MP1250	MP1600	MP2000	MP2500	MP3150	MP4000	MP5000	MP6300
标称压力/MN		10	12.5	16	20	25	31.5	40	50	63
滑块行程/mm		250	270	280	300	320	340	360	400	450
滑块行程次数/（次·min^{-1}）		100	95	90	85/70	85/65	60	55	45	42
最大封闭高度/mm		700	775	875	950	1000	1050	1110	1180	1250
封闭高度调节量/mm		14	16	18	20	22.5	25	28	32	35
导轨间距/mm		880		1090	1250	1340	1450	1550	1650	1900
工作台面尺寸/mm	左右	850	910	1050	1210	1300	1400	1500	1600	1840
	前后	1120	1250	1400	1530	1700	1860	2050	2250	2300
电动机功率/kW		45	55	75	90	110	132	185	230	300
设备质量/t		75		120	170	200	274	360	420	560
外形尺寸/mm	长	4100		4800	4900	5250	5800	6100	6850	7410
	宽	3050		3300	3450	3700	4100	4450	5000	5810
	高	5440		6630	7225	7790	8475	9005	9650	10350

表 2-11　Kp 系列热模锻压力机参数

设备型号		KP2000	KP2500	KP3150	KP4000	KP5000	KP6300	KP8000	KP10000	KP12500	KP16000
标称压力/MN		20	25	31.5	40	50	63	80	100	125	160
滑块行程/mm		270	290	310	330	360	390	420	450	500	500
滑块行程次数/（次·min^{-1}）		70	63	55	50	45	40	40	35	30	27
最大封闭高度/mm		890	1000	1050	1100	1200	1320	1420	1600	1800	1000
封闭高度调节量/mm		10	12	12	15	15	20	20	25	25	30
工作台面尺寸/mm	左右	1100	1260	1310	1500	1600	1700	1700	2000	2240	2240
	前后	1420	1700	1750	1800	1900	2000	2000	2500	2800	3200
电动机功率/kW		90	110	132	185	230	300	370	450	530	630
设备质量/t			260	350	450		650	900	350	450	
外形尺寸/mm	长		4950	5220	6100		6900	7210		8330	
	宽		5000	6050	6000		6800	7800		8860	
	高		7320	7635	8800		10250	10870		12140	

第七节　冲压生产附属设备

冲压生产自动化是提高生产率，保证安全生产的根本途径。众所周知，在通用压力机上采用手工操作，其行程次数的利用率是比较低的，如果采用自动送料装置，可以使压力机的行程次数利用率提高到80% ~90%。由此可见，在通用压力机上采用自动送料装置，可使冲压生产率提高2 ~3 倍以上。目前，在大批量生产冲压件的企业中，自动化生产已经得到了广泛的应用。

冲压生产自动化主要由主机和附属设备完成。主机是指完成冲压工序加工的各类压力机和必要的各类其他加工机床。附属设备是完成自动线各种辅助工作所需要的机械装置和检测装置，其中主要是自动送料装置，这种装置通常可分为两大类型：卷料、条料和板料的自动送料装置以及半成品送料装置。送料的形式有钩式、辊式、夹持式、闸门式、转盘式、摆杆式、钳式等。自动控制系统一般可分为控制压力机和控制送料装置两部分。计算机技术的迅速发展，促进了自动化生产水平的不断提高，人们已不再单纯地采用机械方式来控制生产，而是更多地采用计算机来控制冲压生产中的某些环节。

一、自动送料装置

采用自动送料装置是冲压生产自动化的主要内容。它可以提高压力机的利用率和生产效率，常见的送料装置有：

1）钩式送料装置。这种送料装置由送料钩、止回销、驱动机构组成钩式送料装置。

2）辊式送料装置。这种送料装置由一对或多对辊轮和驱动装置组成，结构简单，通用性好，是目前使用最为广泛的一种形式，可适应于不同的厚度和步距。

3）闸门式半成品送料装置。这种送料装置主要用于片状或块状零件的输送。

4）摆杆式送料装置。这种送料装置由摆杆、抓件部分和驱动部分等组成，利用摆杆摆动实现抓件和送料过程。

5）夹钳式送料装置。这种送料装置由夹钳、连杆、滑板、料槽和堆料部分组成。主要用于圆形块料的送料。

6）转盘式送料装置。这种送料装置的传动形式有摩擦式、棘轮式、槽轮式、蜗轮式和圆柱凸轮式等。

7）多工位送料装置。这种送料装置由夹板、夹钳、纵向送料机构和横向夹紧机构等组成。

下面介绍几种典型的送料和收件装置。

（1）辊式送料装置　辊式送料装置是各种送料装置中使用最广泛的一种,它既可用于卷料又可应用于条料。按辊子安装形式,辊式送料有立辊和卧辊之分,卧辊又有单边和双边两种。单边卧辊一般是推式的,少数也用拉式。双边卧辊是一推一拉。

图2-63 是单边推式卧辊送料装置。材料通过上下辊子6 送进，安装在曲轴端部的可调偏心盘1，通过拉杆3 带动棘爪作来回摆动，间歇推动棘轮旋转，棘轮与辊子安装在同一个轴上，产生间歇送料，冲压后的废料由卷筒7 重新卷起，传送带张力不要太大，以免打滑。

辊式送料装置的驱动方式很多，常见的有铰链四杆机构传动、齿轮齿条传动、螺旋齿轮传动、斜楔传动、链轮传动，另外还有气动和液压驱动的，其驱动能源有独立能源系统和取自设备主轴之分。

（2）三向多工位送料装置　在多工位冲压生产中，自动送料分二向和三向送料。二

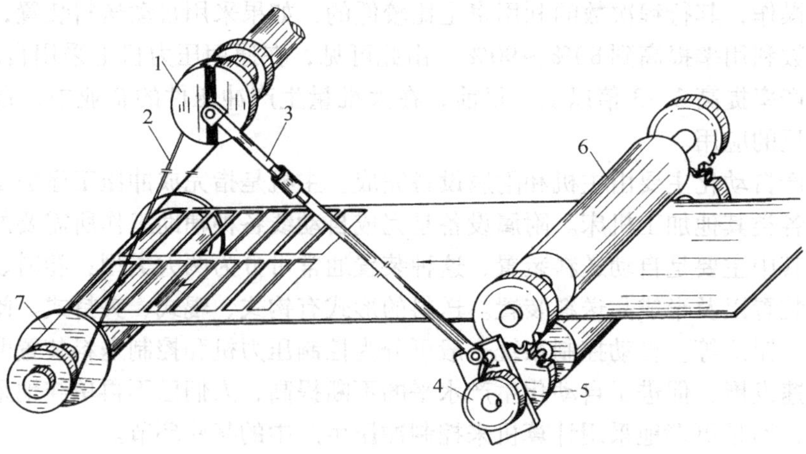

图 2-63 单边推式卧辊送料装置

1—偏心盘 2—传送带 3—拉杆 4—棘轮 5—齿轮 6—辊子 7—卷筒

向送料方式按“夹紧—送进—放松—退回”方式进行，冲压方法和冲压件的形状都受到了限制；三向送料方式是在二向送给方式中加上“上升、下降”的动作，使夹板按“夹紧—上升—送进—下降—松开—退回”方式进行，扩大了多工位装置加工产品的范围。

三向多工位送料装置有以下特点：

1）在三向多工位送料装置中，由于夹钳有上升、下降两个动作，即把被加工件从下模上夹持提高后再搬运，避免了工件在下模上滑动。

2）三向送料方式可将加工件从下模上夹持抬高后再送进，几道工序的模具制造高度可以不一样，同时被加工件的底面也不一定要求平整，下模的上平面形状也可不受限制。

3）若产品要求在侧面或斜面上冲孔，在垂直冲压的压力机上就无法完成，但在三向多工位送料装置中，由于夹钳有升降动作，夹钳的高度可做成可调的，这样在夹钳上升时，就能够变更加工件的姿态，对工件的侧向或斜向进行冲压加工。

4）三向送进不受各道工序卸料器不平的影响，同时在卸料力不大的情况下，也可以不用卸料装置，而直接由夹钳本身的上升动作来提升被夹工件，这样可使模具结构变得简单。

如图 2-64a 所示为三向送料的周期图，可在设计三向装置时作为参考。从图中可以看到。上升和下降两个动作和送进有一段时间是同时进行的，即在上升一定高度使工件离开模具后，便一面上升一面纵向送进，在没有送至下一工序前，便一面下降一面继续送进。放松和夹紧也是这样，在完全放松前就开始边继续放松边开始退回，退回到前一工序模具中心前，夹钳开始闭合，同时继续退回。这样可使周期运动更紧凑，但是在上升前和下降后，工件必须短时间停一段，使工件停稳才进行其他动作，如图中有 5°的停顿。上升或下降动作可由凸轮机构或气缸装置来实现。

三向多工位装置结构如图 2-64b 所示。整个装置安装在压力机工作台面上，由曲轴端的链轮通过齿轮、凸轮、四连杆机构等驱动各部分协调工作，结构紧凑，动作灵敏。

（3）半成品送料装置 半成品的自动送料是冲压自动化生产的重要方面。由于半成品冲压件的形状多样，如有片状和块状零件、无凸缘的和带凸缘的圆筒形零件、旋转体和异形零件等，致使送料装置的形式繁多。但就其组成部分而言，不外乎是由送料机构、料

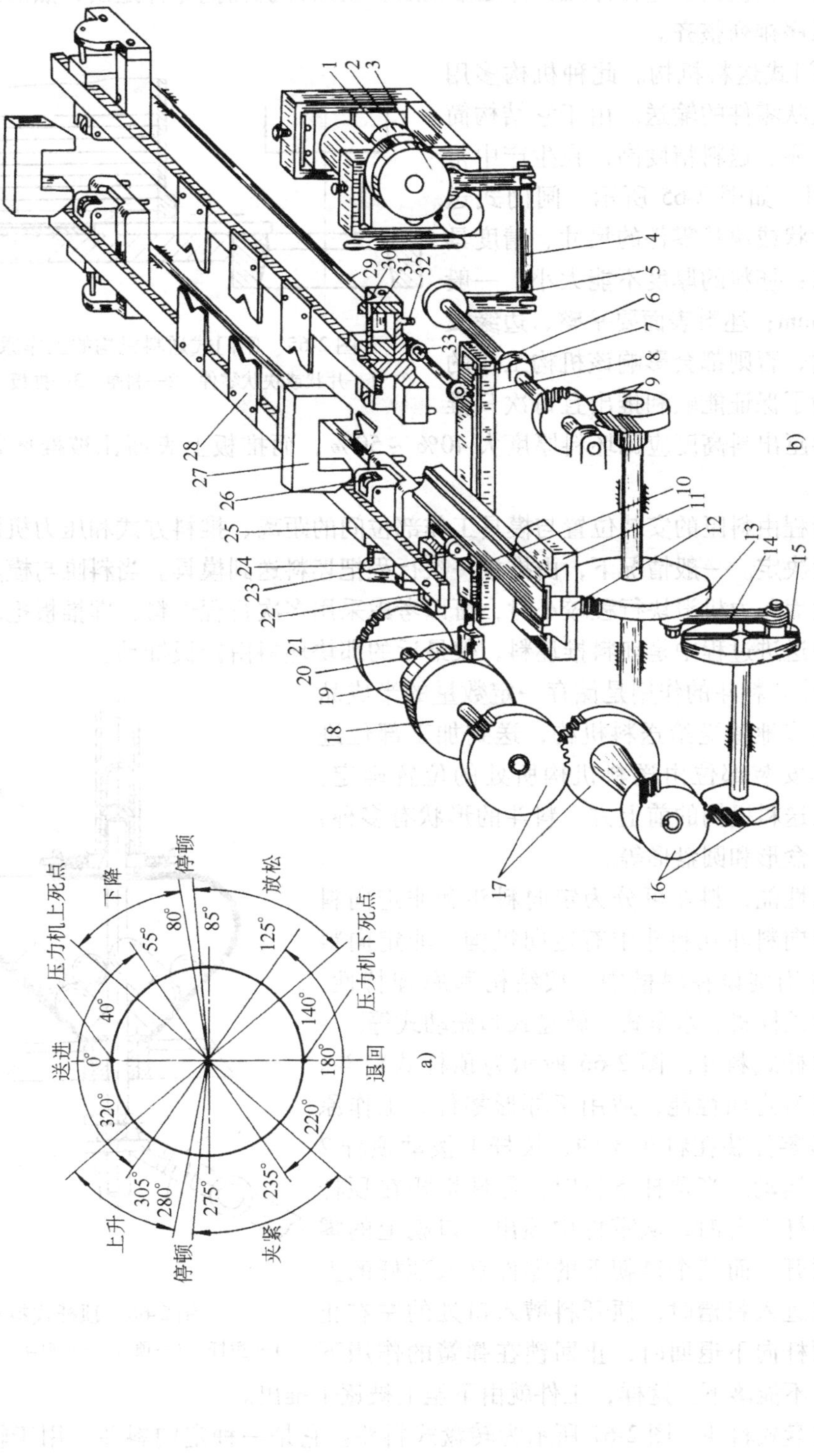

图2-64 三向多工位送料装置

a）三向送料周期图 b）装置结构

斗、分配机构、定向机构、料槽、出件机构和理件机构等部分。

半成品送料装置的工作路线是：把待加工的半成品零件装入料斗中，零件从料斗出来以后，经过分配机构和定向机构把具有正确方位的单个零件通过料槽进入送料机构中，再由送料机构送到模具上进行冲压，冲压结束后，由出件机构把零件送出，然后经理件机构将零件按顺序排列整齐。

1）闸门式送料机构。此种机构多用于片状或块状零件的输送。由于它结构简单、安全可靠、送料精度高，在生产中得到广泛应用，如图2-65所示。闸门式送料机构对片状或块状零件的尺寸、精度具有一定要求：坯料的厚度不能太小，一般应大于0.5mm；坯料表面要平整，边缘没有大的毛刺，否则都会影响该机构工作的可靠性。为了保证能顺利推出且每次只推出一件，料匣出料高度应比坯料厚度大40%～50%，而推板上表面比被推坯料上表面低30%～40%。

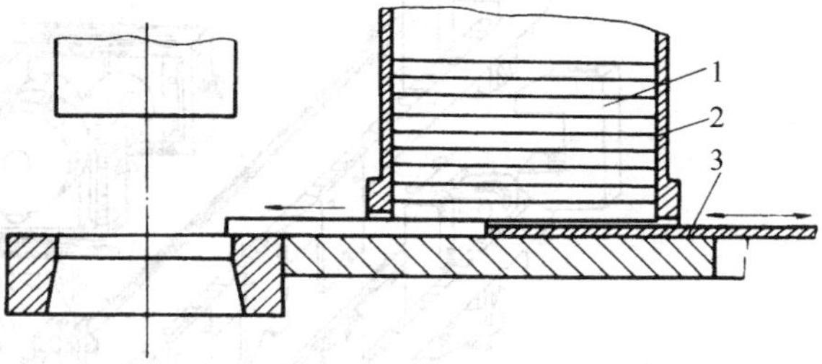

图2-65　闸门式送料机构的工作原理图
1—片状或块状零件　2—料匣　3—推板（闸门）

推板行程由料匣的安装位置与模具工作部位间的距离、推料方式和压力机滑块行程的大小等因素决定。一般情况下，由推板一次行程把坯料送到模具。当料匣与模具工作部位的距离较大而压力机滑块行程较小时，可以考虑采用多次行程送料，即推板把坯料分级送进或坯料在送进过程中是坯料推坯料，仅最后的那块坯料由推板推动。

2）料斗。料斗的作用是储存一定数量的半成品零件，并逐步地输送给送料机构，送到加工部位进行冲压。其安装部位由送料机构所处的位置确定，通常安装在送料机构的前上方。料斗的形状有多种，如圆筒形、盒形和圆盘形等。

按定向性能，料斗可分为定向料斗和非定向料斗两种。定向料斗在料斗中有定向机构。非定向料斗的定向机构则设在料槽中。按结构和原理特性，料斗可分为顶杆式、水车式、转盘式和振动式等。

① 顶杆式料斗。图2-66所示为顶杆式料斗。这种料斗具有定向性能，适用于杯形零件。工作原理是：杯形零件装在料斗3中，拨杆1拨动顶杆2作上下往复运动。当顶杆下行时，零件堆积在顶杆的上方，顶杆上升时，从零件中顶出，口朝上的零件被顶杆顶开，而某个口朝下的零件套入顶杆的上端，零件在进入料槽时，顶开料槽入口处的左右止回锁，当顶杆向下退回时，止回锁在弹簧的作用下挡住工件，不能落下。这样，工件就由下至上被逐个推出。

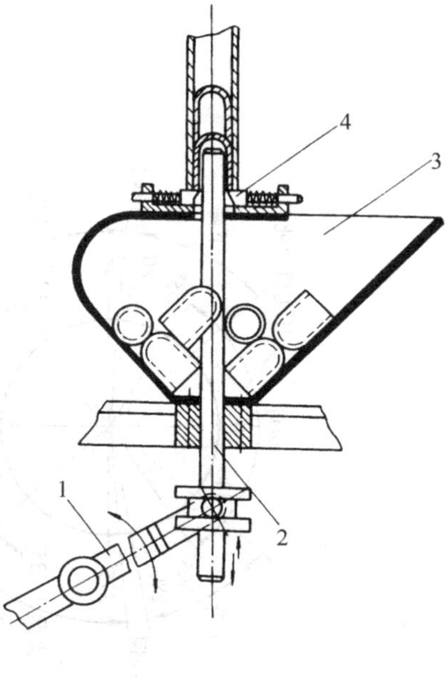

图2-66　顶杆式料斗
1—拨杆　2—顶杆　3—料斗　4—止回锁

② 转盘式料斗。图2-67所示为转盘式料斗。它是一种定向料斗，用于输送带凸缘

的拉深件。料斗固定在不动的底盘9上，中央装有作回转运动的垂直轴2，在轴2的径向装有5根螺旋弹簧3。毛坯随机地放在料斗1内，当锥齿轮8带动弹簧3和转盘4一起转动时，毛坯被搅动，并按照一定的方向移动。在料斗壁的下方开有与毛坯外形相适应的出料口5。当毛坯在出料口边缘经过时，凸缘向下的毛坯在弹簧3和周围零件地推动下，通过出料口进入料槽7，方位不正确的毛坯只能从出料口边缘滑过。

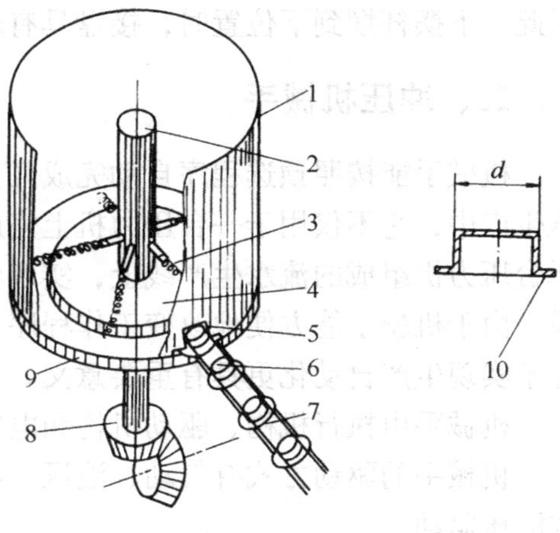

图2-67 定向转盘式料斗

1—料斗 2—轴 3—弹簧 4—转盘
5—出料口 6—工件 7—料槽
8—锥齿轮 9—料斗底盘
10—工件图

3）出件机构。出件机构的作用是把冲压下来的工件或废料及时送出，否则它们会在模具的周围堆积起来，影响送料机构的正常工作。当采用了出件机构和送料机构配合后，会大大减轻工人的劳动强度，防止工伤事故。按传动的特点，出件机构有气动式和机械式两种。

图2-68所示为机械接盘式出件机构，由杆3、接盘5和下摆杆6等组成。杆3的上端和上模相连接。接盘5和下摆杆6焊接成一个整体，焊后保持一个夹角β，杆3和下摆杆6之间是铰接，接盘对准上模。其动作过程是：当压力机滑块带着上模上升时，工件也随着上模上升。杆3在上模的带动下，使下摆杆6向上摆动，α角由大变小，接盘处于水平位置，工件在打料杆的推动下落在接盘上。滑块下行时，下摆杆6向下摆动，使接盘向外摆出，因为接盘与下摆杆的夹角固定为β，

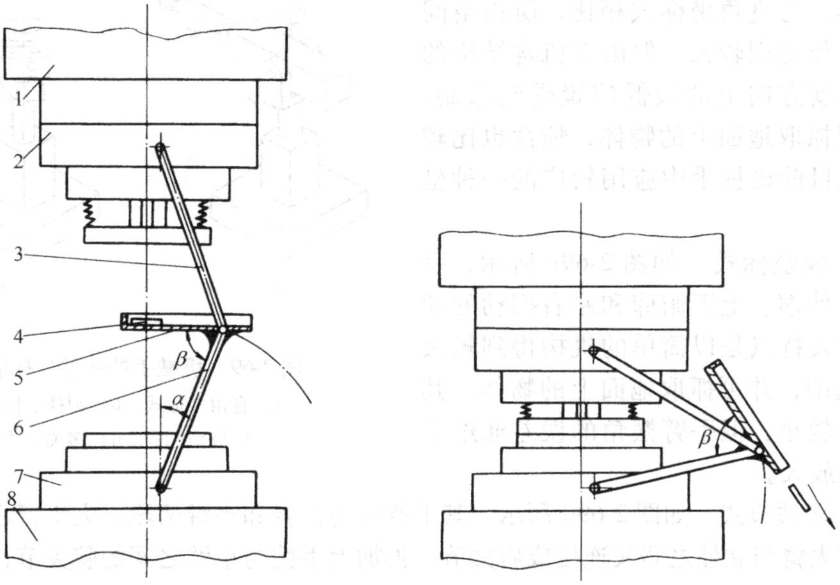

图2-68 机械接盘式出件机构

1—压力机滑块 2—上模 3—杆 4—工件
5—接盘 6—下摆杆 7—下模 8—工作台

因此，下摆杆摆到下位置时，接盘具有较大的倾斜度，使工件可自动滑下。

二、冲压机械手

机械手能按照预选程序自动完成几个规定的动作，实现物体的自动夹取和运送。在冲压生产中，它不仅用于一台压力机上完成上下料工作，实现单机自动化，也可以用在由若干台压力机组成的流水生产线上，实现各压力机之间工件的自动传递，形成自动冲压生产线。由于机械手能方便地改变工作程序，因而在经常变换产品品种的中小件冲压生产中，对于实现生产自动化更具有重要意义。

机械手由执行机构、驱动机构和电气控制系统等组成。

机械手的驱动方式有气动、液压、电动和机械式四种。目前，冲压机械手多数为气动或液压驱动。

根据手臂运动形式的不同，机械手可以分为四种形式：直角坐标式、圆柱坐标式、极坐标式和多关节式。

（1）直角坐标式　如图2-69a所示，手臂在直角坐标系的三个坐标轴方向作直线移动，即手臂的前后伸缩、上下升降和左右移动。这种坐标形式占据空间大而工作范围却相对较小、惯性大，它适用于工作位置成直线排列的情况。

（2）圆柱坐标式　如图2-69b所示，手臂作前后伸缩、上下升降和在水平面内摆的动作。与直角坐标式相比，所占空间较小而工作范围较大，但由于机构结构的关系，高度方向上的最低位置受到限制，所以不能抓取地面上的物体，惯性也比较大。这是目前机械手中应用较广的一种坐标形式。

（3）极坐标式　如图2-69c所示，手臂作前后伸缩、上下俯仰和左右摆动的动作。其最大特点是以简单的机构得到较大的工作范围，并可抓取地面上的物体。其运动惯性较小，但手臂摆角的误差通过手臂会引起放大。

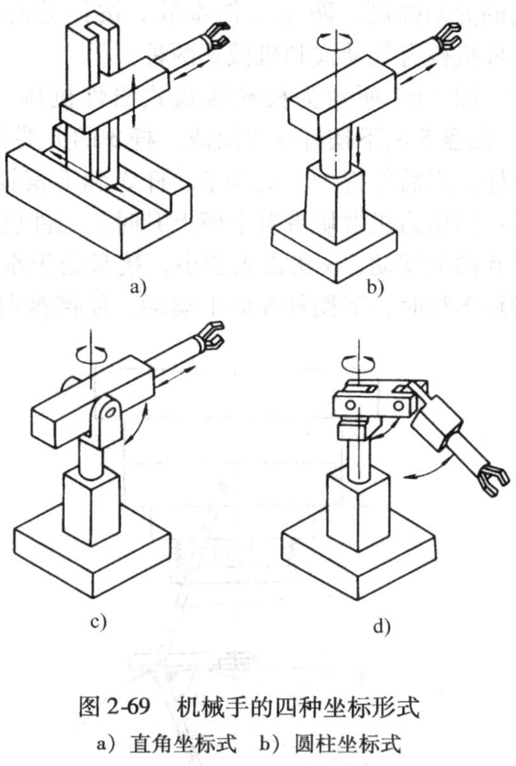

图2-69　机械手的四种坐标形式

a）直角坐标式　b）圆柱坐标式

c）极坐标式　d）多关节式

（4）多关节式　如图2-69d所示，其手臂分为大臂和小臂两段，大小臂之间由肘关节连接，而大臂与立柱之间又连接成肩关节，再加上手腕与小臂之间的腕关节，多关节式机械手可以完成近乎人手那样的动作。多关节式机械手动作灵活，运动惯性小，能抓取紧靠机座的工件，并能绕过障碍物进行工作。多关节式机械手适应性广，在引入计算机控制后，它的动作控制既可由程序完成，又可通过记忆仿真，是机械手的发展方向。

图2-70所示是一台气动式圆柱坐标机械手，用于压力机自动上料。图示为机械手的

结构及其进行工作的情形。片料堆放于贮料筒 8 内，由机械手将其一片一片地取出送往压力机中。机械手有三个自由度：手臂伸缩，手臂在水平面内左右摆动，手指的升降。这三个动作都是由气缸驱动的。

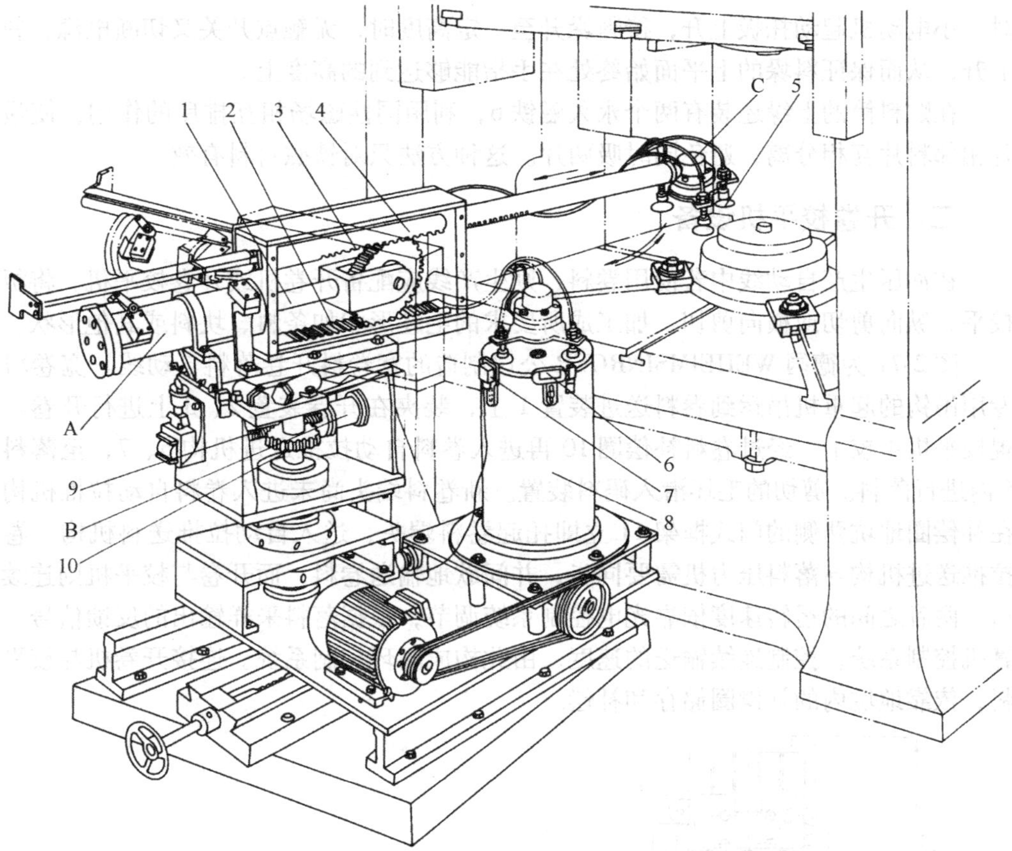

图 2-70　气动式圆柱坐标机械手

1—活塞杆　2—固定齿条　3、10—齿轮　4—手臂　5—手指　6—永久磁铁　7—无触点行程开关　8—贮料筒　9—齿条　A—手臂伸缩缸　B—手臂摆动缸　C—手指升降缸

手臂 4 上面有一段被加工成齿条，与齿轮 3 啮合。当手臂伸缩缸 A 推动活塞杆 1 作往复运动时，齿轮 3 在固定齿条 2 上滚动，从而带动手臂 4 以二倍于杆 1 的速度作伸缩动作。气缸 B 是手臂摆动缸，它推动齿条 9 作往复运动，使齿轮 10 回转，从而使整个手臂部分左右摆动。手指 5 的上下运动是由手指升降缸 C 推动的，在这里，手指是三个气流负压式吸盘，当吸盘下降紧贴在片料上时，向喷嘴通入压缩空气，吸盘即将片料吸起；切断气源，片料落下。

压力机滑块下行时，机械手吸料（图中双点划线所示的状态），将料吸起后，手指升起，手臂逆时针摆动到达送料方向，等待送料。当滑块到达下死点时，手臂伸缩缸 A 动作，手臂开始向前伸出，在滑块升起后，手指带着片料进到模具中心位置，把片料放入模具内，手臂即开始缩回，到一定距离时，手臂摆动缸 B 开始动作，使手臂顺时针摆动，同时继续往回缩。当手臂完全缩回时，允许滑块下降。当手指达到贮料筒 8 的上方时，手臂停止摆动，手指伸缩缸C开始动作，手指下降吸片，开始下一个循环。

片料存放在贮料筒8内，下面有一个可以升降的托板，托板的升降是靠一个小电动机通过传送带传动、蜗轮副带动丝杠转动来实现的。在贮料筒的上端装有一个无触点行程开关7，随着片料不断被取走，料垛的高度逐渐降低。当料垛的上平面低于无触点开关7时，小电动机起动托板上升，待料垛升至一定高度时，无触点开关又切断电源，料垛停止上升，从而保证料垛的上平面始终处在手指能够达到的高度上。

在贮料筒的上缘还装有两个永久磁铁6，利用同性磁场相互排斥的作用，使最上层的各相邻料片互相分离，避免同时吸两片。这种方法只对铁磁材料有效。

三、开卷校平机设备

在冲压生产自动线中若使用卷料，则生产线应配备开卷机或开卷校平机，将板料开卷校平、纵向剪切或横向剪切，加工成所要求的毛坯形状如条料、块料或其他形状。

图2-71为德国WEHEIMSINRGER公司制造的宽卷料开卷落料自动线。宽卷料由装有专用吊钩的起重机吊运到卷料送进装置1上，装夹在开卷装置2、3上进行开卷。进入多辊校平机4校平，经过卷料补偿圈10再进入卷料自动拉推送进机构6、7，至落料压力机5内进行落料。剪切的毛坯滑入码料装置。新卷料端头尚未进入卷料自动拉推机构时，装在补偿圈地坑两侧的门式框架11立即托起卷料端头，送入自动拉推送料机构。卷料自动拉推送进机构与落料压力机需要同步，并间歇地输送卷料，而开卷与校平机则连续输送卷料。两者之间的运转速度依靠光电控制系统调节，根据落料采样输出的反馈信号、送入计算机控制系统，控制连续输送的速度，由此构成闭环控制系统。连接开卷机与校平机的卷料，依靠地坑内的补偿圈储存和补偿。

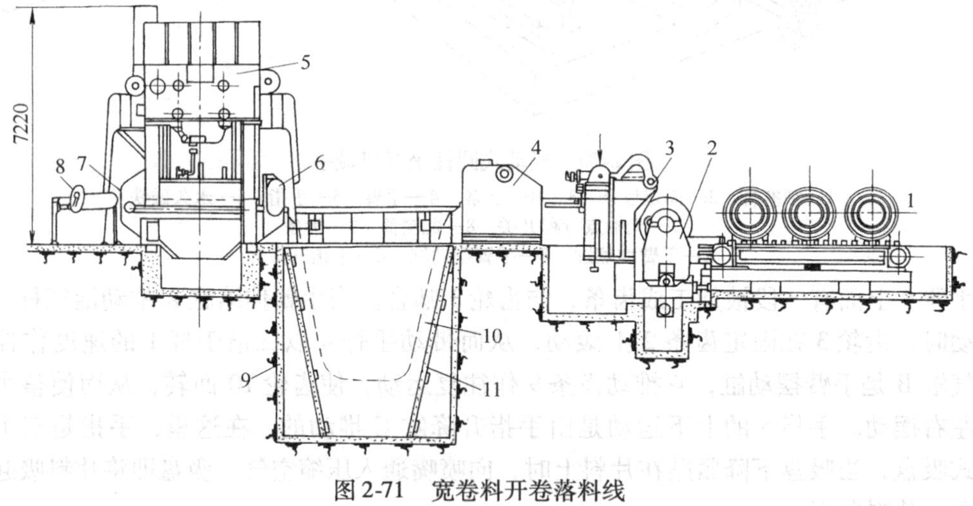

图2-71 宽卷料开卷落料线

1—卷料送进装置 2、3—开卷装置 4—多辊校平机 5—落料压力机 6、7—卷料自动拉推送进机构 8—废料剪切装置 9—补偿圈地坑 10—卷料补偿圈 11—门式框架

四、冲压生产线

机械化自动化已成为冲压生产的发展方向。冲压机械化自动化概括起来有三种基本途径：第一，使用带料生产的自动压力机，目前广泛用于小型零件的冲压生产；第二，多工

位压力机，由于其进料距离较小（一般小于500mm），适用于中小型零件，特别是圆形和方形零件的冲压生产；第三，冲压自动线，它是在原手工操作的冲压流水线的基础上，经半机械化、机械化生产线等阶段逐步发展完善起来的。自动线的适用性较广，可以解决大中型零件的冲压自动化问题。

冲压自动线有如下优点：提高了劳动生产率；减少了操作人数；降低了对工人熟练程度的要求；减轻了工人的劳动强度，改善了劳动条件，保证了安全生产；压力机布置比较紧凑，同时由于是连续加工，半成品的存放面积可取消或大大减少，节约了生产面积，缩短了生产周期，降低了生产成本。

1. 冲压自动线的分类

1）按被加工零件分类，如口杯制坯自动线、定转子冲片自动线、灯壳冲压自动线、磁铁心片冲剪自动线、轮辐冲压自动线和大梁冲压自动线等。

2）按加工及传送毛坯的相互联系特性，自动线可分为直流型自动线和转子型自动线。

直流型自动线是由压力机及工序间传送装置按顺序作直线排列。其特点是：在不同的时间内完成毛坯的加工和传送工作，即在加工时，毛坯不动；在传送毛坯时，停止加工。因此，生产率受到一定的限制。现在大多数自动线均属于此类。

直流型自动线上压力机的布排可分为并列式或贯通式，前者虽灵活性较大，但占地面积大，工件传送路径长，应用较少。后者为最常见的形式，压力机与工序间传送装置布置紧凑，工件传送路径短，是最适用于大型薄板零件的冲压自动线。

转子型自动线是由工作转子及传送转子作参差排列。其特点是：加工是在工模具及被加工毛坯同时连续移动的过程中进行的，即毛坯的加工和传送是复合进行的。生产率仅取决于转子的圆周速度及工件（工模具）在转子上的节距，而与工序的延续时间无关，获得较高的生产率。另外，能将磨损的工模具在空转时加以更换，不需整个自动线停车。再者，每次工序后，半成品在传送转子内的运动期间，还能进行质量检查和观察并对毛坯的空间位置作调整。其缺点是专用性强，在设计、制造及调整上比直流型自动线费时间。

3）按工序间联系的特性，可分为刚性联系自动线和柔性联系自动线。

① 刚性联系自动线。设备之间的传送装置刚性联系，与多工位压力机的抓取机构相似，且工序间无半成品储备，各台设备要求严格的同步。其主要缺点是当某部位发生故障时，需要使整个自动线停车。这类自动线多用于大、中型零件的生产。

② 柔性联系自动线。设备之间除具有传送装置外，还设有储料器或料斗，它们储存一部分半成品，设备之间不需要绝对的协调。由于工序间有半成品储备，当个别设备出现故障时，允许该设备作短时的停车，而不需要全线停车。工序间半成品的储备量决定于各工序设备生产率的不均匀程度及设备工作稳定性。其缺点是自动线的生产率必须根据生产率最低的设备来确定，因而其余的设备利用率有所降低。这类自动线一般用于小型零件的生产。

2. 冲压自动线组成

冲压自动线主要由主机和附设机构组成。主机是指完成冲压工序加工的各类压力机和必要的其他加工机床。在自动线设计时，应根据冲压件的工艺特点，合理选用压力机的结构形式、吨位和行程次数，优先采用标准设备，技术经济性好。但在单一产品的大量生产中，有时为了使主机针对性强，自动线组织得更紧凑，并能获得更高的生产率。根据被加工零件的特点和工序特殊要求，改装通用设备或设计专用设备还是有必要的。对于大型薄板零件的冲压自动线，通常第一台为双动压力机，其余为单动压力机。若零件拉深深度不大（或不需要拉深工序），则可全部采用单动压力机，但不宜在同一条自动线上既采用液压机又采用机械压力机。自动线的压力机数量一般为 4 ~ 8 台，全线长度为 30 ~ 50m。

附设机构是完成自动线各种辅助工作所需的机械装置和检测装置。自动线中的附设机构是很重要的，其质量和工作的可靠性都对自动线的工作有直接影响，因此，在自动线设计中，对附设机构的设计和选用应予以足够的重视。

3. 冲压自动线的传送机构

在生产线中，传送机构将零件从一台机床输送到下一台机床，最后将加工完毕的零件运到库存地点。冲压生产线中常用的传送机构包括下列几种：

（1） 利用重力和惯性力的输送器　这类输送器是利用零件本身的重力或加工完毕后作用在零件上的惯性力来实现生产线压力机间零件的传送。它们的结构有倾斜的流料槽、带导轨的滑槽、平放或斜放的滚道等。

（2） 带式和链式输送机　这类输送机用机械传动，可连续地传送零件，加工时零件须从输送机上取下，因此，需要附加装料、卸料机构。带式输送机常用于汽车、拖拉机工业中大、中型零件的冲压生产线，可用作压力机之间零件的传送，或是将冲压废料运往压块压床（液压打包机）。

（3） 刮板式、斗式和链式提升机　对于中、小型零件柔性联系的冲压生产线，机床之间零件的传送常由各种提升机完成。

1）刮板式提升机。利用装在软基带上的刮板做成；一般由主机带动，可利用滑道使零件直接滑到软基带上被刮板带走。这种机构制造成本低，适用范围广。

2）斗式提升机。多用铁皮制成的库斗和胶带或链条组成，零件由上道工序经过滑道流入库斗内，随胶带或链条一起提升，当库斗转过最高点之后，把所盛的零件全部倒出来，通过滑道再传送到下道工序的料斗中。

3）链式提升机。链式提升机由导槽和装有拨指的链条构成，毛坯在下方料斗中由凸轮搅拌落入导槽中排成队，被装在链条上的拨指拨动，沿着导槽提升，当毛坯提升到顶点后，由重力作用沿滑道滑到下道工序所要求的位置。链轮可由单独的电动机驱动，也可由主机带动。

（4） 机械手　包括各种机械、电动、气动和液压驱动的机械手。由于工作可靠，动作灵活，日益广泛地用于冲压生产线。它不仅可以用作上料和出件机构，而且常常作为压力机之间工件的传送机构。

（5） 梭动输送机　它可由机械、气动或液压驱动，使装有送进爪的推板周期地完成往复直线运动（梭动）（图 2-72），当推板向前移动时，送进爪 2 便顶住工件 1 移动一个步距。推板向后退回到原来位置时，送进爪（活动掣子）绕轴旋转，并且无阻碍地在工件下面滑过，一直到顶住下一个工件为止。而已送进的工件由于固

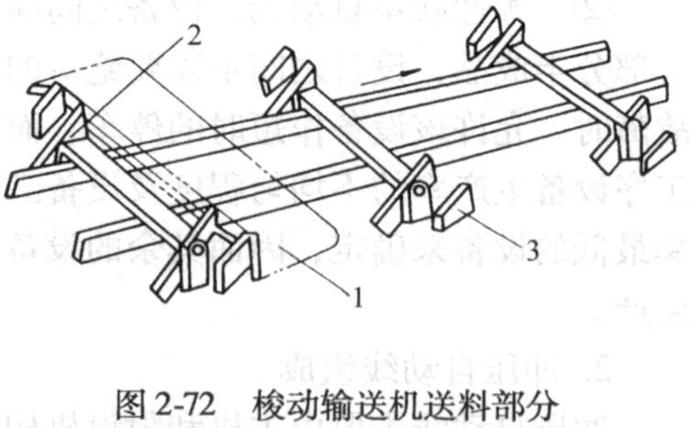

图 2-72　梭动输送机送料部分
1—工件　2—送进爪　3—固定爪

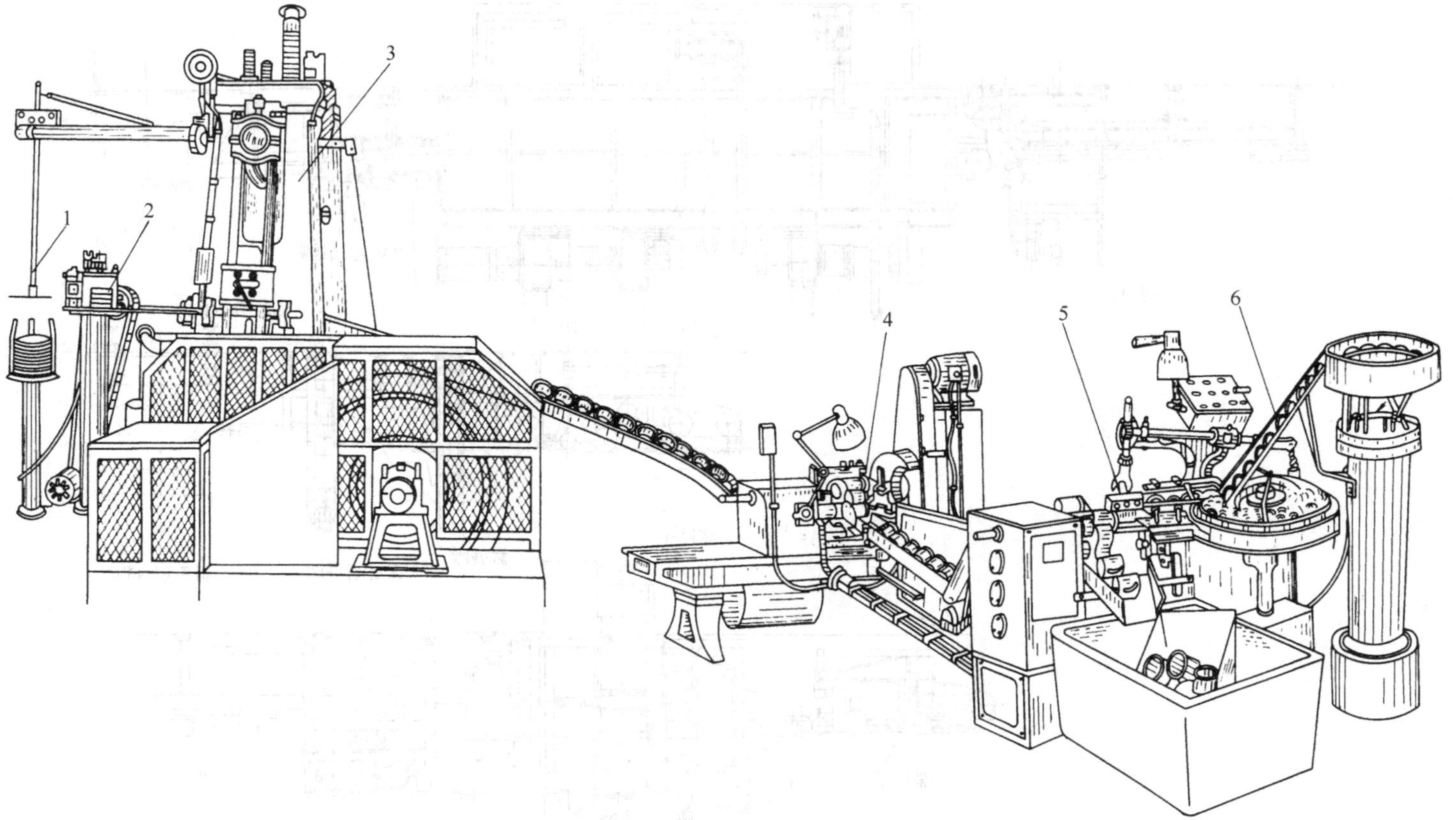

图 2-73 口杯制坯自动线

1—真空吸附式自动送料装置 2—滚筒加油装置 3—下传动双动压力机

4—自动剪边卷口机 5—杯环自动焊接机 6—杯环自动送料装置

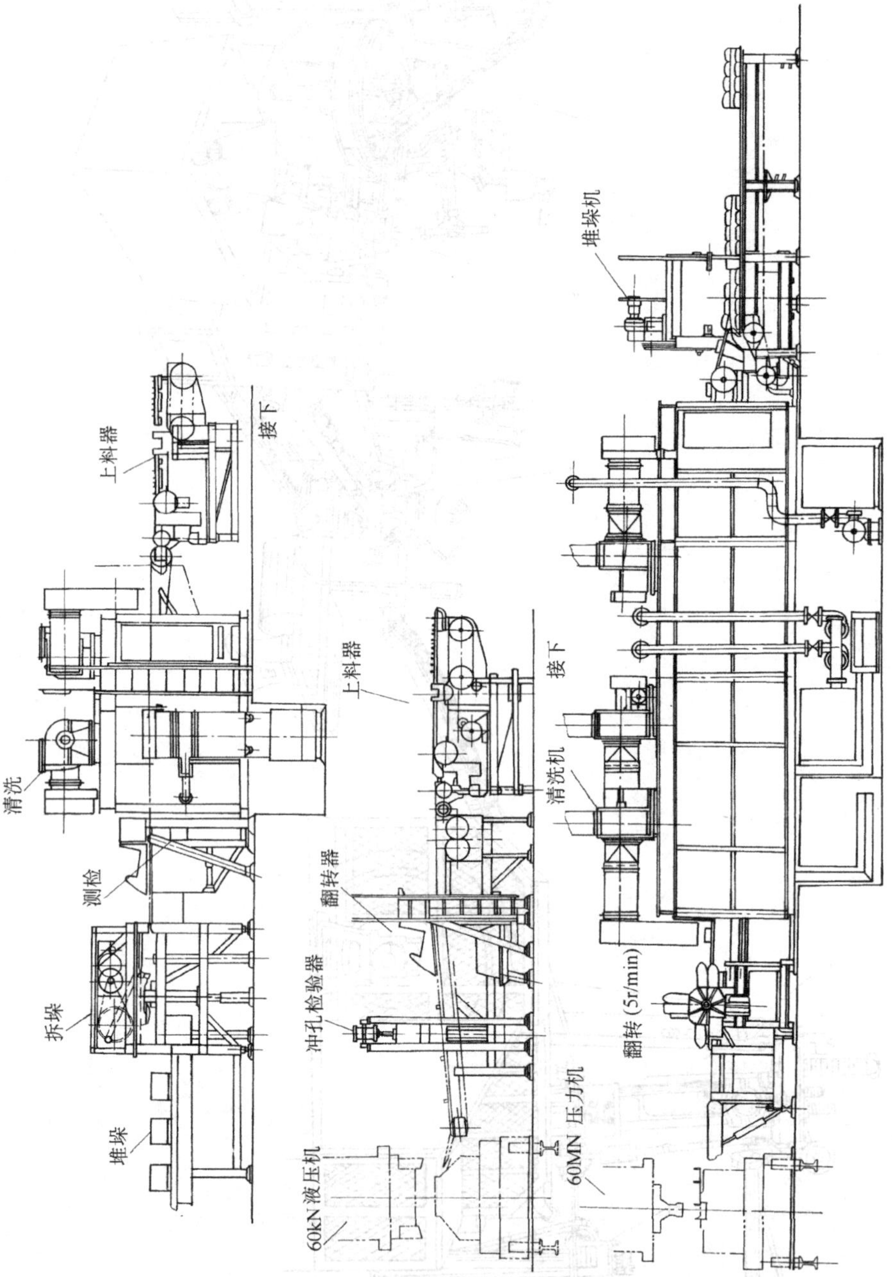

图 2-74　汽车纵梁冲压自动线平面布置图

定爪3（止回挚子）的阻挡，不再退回，待下次送进时，工件又往前移动一个步距，以达到断续地传送工件的目的。

（6）翻转器　一些工件如拉深件经双动压力机拉深后，需将工件翻转180°，然后送给压力机进行修边、翻边等工序。因此，在拉深压力机与下一台压力机之间需设置翻转工位，先用翻转器将工件翻身，再由输送机和上料器将它送入下一台压力机。

4. 冲压自动线实例

（1）口杯制坯自动线　搪瓷口杯的生产过程，一般要经过制坯（冲压成形、剪边卷口、杯环焊接）和搪瓷（上釉、喷花、烧结）等工序。图2-73为口杯制坯自动线，它由自动送料、冲压成形、自动剪边卷口、杯环自动焊接等部分组成。

（2）汽车纵梁冲压自动线　图2-74所示为汽车纵梁冲压自动线。冲孔工作由一台60MN的液压机完成，成形则由一台60MN的压力机完成，工件经两次清洗，两次翻转，通过送料装置将各机器连接成一个整体。

思考题

2-1　曲柄压力机由哪几部分组成？各部分的功能如何？

2-2　曲柄压力机滑块位移、速度、加速度变化规律是怎样的？它们与冲压工艺的联系如何？

2-3　分析曲柄滑块机构的受力，说明压力机许用负荷图的准确含义。

2-4　比较曲轴式和偏心齿轮式偏心滑块机构。

2-5　装模高度的调节方式有哪些？各自有何特点？

2-6　比较压塌块式过载保护装置和液压式过载保护装置。

2-7　开式机身和闭式机身各有何特点？应用于何种场合？

2-8　研究转键式离合器结构，解释为何要设置双转键？

2-9　转键离合器的操作机构是怎样工作的？它是怎样保证压力机的单次操作？

2-10　分析摩擦离合器—制动器的工作原理以及常态离合器、制动器的状态。

2-11　全面比较刚性和摩擦离合器的优、缺点。

2-12　曲柄压力机为何要设置飞轮？从曲柄压力机工作周期内能量消耗分析为何在通用曲柄压力机上进行拉深、冷挤压时要校核设备做功能力？

2-13　拉深垫的作用如何？气垫和液压气垫各有何特点？

2-14　掌握压力机主要技术参数以及设备的选用方法。

2-15　伺服压力机最核心的优势在哪里？为什么？

2-16　分析双动拉深压力机工作循环图，结合拉深工艺描述设备拉深过程。

2-17　由冷挤压工艺对设备要求，分析冷挤压机与通用曲柄压力机的不同点。

2-18　分析冲压生产自动化在现代冲压生产中的重要性。

第三章 液 压 机

液压机是成形生产中应用最广的设备之一，已经历了100多年的发展历史，自问世以来发展很快，已成为工业生产中必不可少的设备之一。液压机在工作中具有广泛的适用性，因此，在国民经济各部门获得了广泛的应用，如板材冲压成形，管、棒、线、型材挤压成形，金属锻造成形，粉末冶金，塑料及橡胶制品，胶合板压制，打包，人造金刚石，耐火砖压制，碳极压制成形，轮轴压装、校直等。各种类型液压机的迅速发展，有力地促进了各行各业生产的发展和进步。

20世纪80年代以来，随着微电子技术、液压技术等的发展和应用，液压机有了更进一步的发展。液压机的类别已达数十种，且有继续增多的趋势。

第一节 液压机的工作原理、特点及分类

一、液压机的工作原理

1. 工作原理

液压机是根据静态下密闭容器中液体压力等值传递的帕斯卡原理制成的，是一种利用液体的压力来传递能量以完成各种成形加工工艺的机器。

液压机的工作原理如图3-1所示。两个充满工作液体的具有柱塞或活塞的容腔由管道连接，件1相当于泵的柱塞，件2则相当于液压机的柱塞。小柱塞在外力 F_1 的作用下使容腔内的液体产生压力 $p=F_1/A_1$，A_1 为小柱塞的面积，该压力经管道传递到大柱塞的底面上。根据帕斯卡原理，在密闭容器中液体压力在各个方向上处处相等，因此，大柱塞2上将产生向上的作用力 F_2，使毛坯3产生变形，有

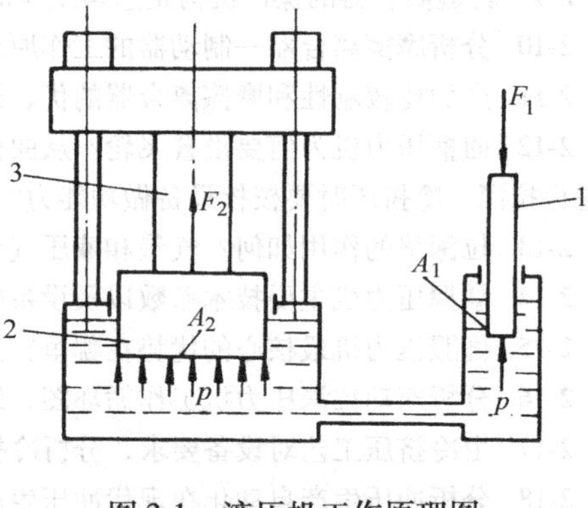

图3-1 液压机工作原理图
1—小柱塞 2—大柱塞 3—毛坯

$$F_2=pA_2=\frac{F_1A_2}{A_1} \tag{3-1}$$

式中，A_2 为大柱塞2的工作面积。

由于 $A_2 \gg A_1$，显然，$F_2 \gg F_1$。这就是说，液压机能利用小柱塞上较小的作用力 F_1 在大柱塞上产生很大的力 F_2，由式（3-1）还可看出，液压机能产生的总压力取决于工作

柱塞的面积和液体压力的大小。因此，要想获得较大的总压力，只需增大工作柱塞的总面积或提高液体压力即可。

2. 液压机基本结构简介

液压机一般由本体和液压系统两部分组成，如图3-2所示。本体由上横梁、活动横

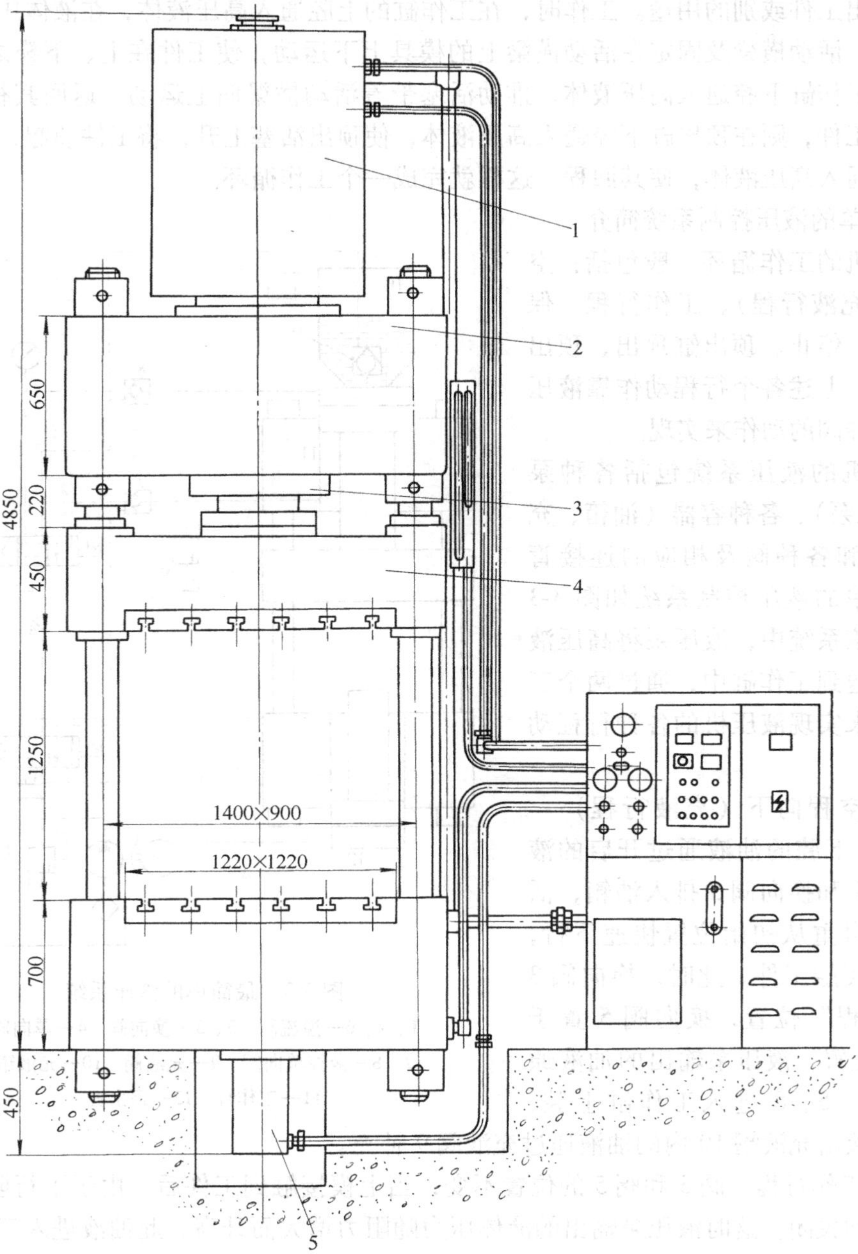

图3-2 液压机外形简图

1—油箱 2—机身 3—主缸 4—活动横梁 5—顶出缸

梁、下横梁、四根立柱所组成，立柱用立柱螺母与上、下横梁紧固地联系在一起，组成一个封闭的框架，该框架叫做机身。工作时，全部的工作载荷都由机身承受。液压机的各部件都安装在机身上，工作缸固定在上横梁的缸孔中，工作缸内装有活塞，活塞的下端与活动横梁相连接，活动横梁通过其四个孔内的导向套导向，沿立柱上下活动。活动横梁的下表面和下横梁的上表面都有“T”形槽，以便安装模具。在下横梁的中间孔内还有顶出缸，供顶出工件或别的用途。工作时，在工作缸的上腔通入高压液体，在液体压力作用下推动活塞、活动横梁及固定在活动横梁上的模具上下运动，使工件在上、下模之间成形。回程时，工作缸下腔通入高压液体，推动活塞带着活动横梁向上运动，返回其初始位置。若需顶出工件，则在顶出缸下腔通入高压液体，使顶出活塞上升，将工件顶起，然后向顶出缸上腔通入高压液体，使其回程，这样就完成一个工作循环。

3. 简单的液压控制系统简介

液压机的工作循环一般包括：空程向下（充液行程）、工作行程、保压、回程、停止、顶出缸顶出、顶出缸回程等。上述各个行程动作靠液压系统中各种阀的动作来实现。

液压机的液压系统包括各种泵（高、低压泵）、各种容器（油箱、充液罐等）和各种阀及相应的连接管道。最简单的液压控制系统如图3-3所示。在该系统中，液压泵将高压液体直接输送到工作缸中，通过两个三位四通阀来实现液压机的各种行程动作。

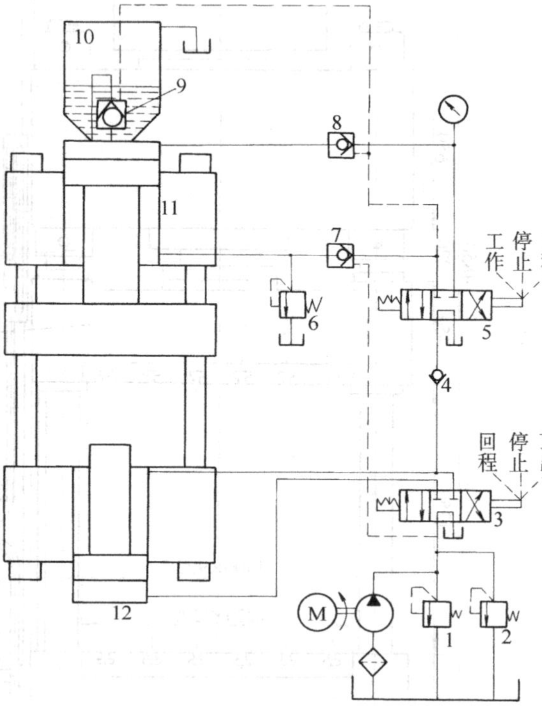

图3-3　最简单的液压系统

1、2、6—溢流阀　3、5—换向阀　4—单向阀

7、8—液控单向阀　9—充液阀　10—充液罐

11—工作缸　12—顶出缸

（1）空程向下（充液行程）　工作缸11下腔的油液通过开启的液控单向阀7和换向阀5排入油箱，活动横梁靠自重从初始位置快速下行，直到上模接触工件。此时，换向阀3置于“回程”位置，换向阀5置于“工作”位置，液压泵输出的油液通过阀3、4、5、8进入工作缸上腔，不足的油液由充液罐10内的油液通过充液阀9补充。

（2）工作行程　阀3和阀5的位置不变，当上模接触到工件后，由于下行阻力增大，充液阀自动关闭，这时液压泵输出的液体压力随阻力增大而升高，此油液进入工作缸上腔推动活塞下行加工工件。工作缸下腔的油液继续经阀7和阀5排回油箱。

（3）保压　若工艺有保压要求，则将换向阀5置于“停止”位置，阀3的位置不变，液压泵通过阀5卸荷，工作缸内的油液被液控单向阀8封闭在缸内进行保压。

（4）回程　换向阀5置于“回程”位置，阀3位置不变，液压泵输出的油液通过阀

3、4、5、7 进入工作缸下腔，此时，液控单向阀 8 和充液阀 9 反向打开，使工作缸上腔卸压，在工作缸下腔高压液体的作用下，活塞带动活动横梁上行，工作缸上腔的油液经过打开的充液阀排入充液罐中。

（5）停止　换向阀 3 和 5 置于“停止”位置，液压泵通过换向阀 3 卸荷，工作缸下腔的油液被液控单向阀 7 封闭于缸内，使活塞及活动横梁稳定地停止在任意所需位置。

（6）顶出缸顶出　换向阀 5 置于“停止”位置，换向阀 3 置于“顶出”位置，液压泵输出的压力油通过阀 3 进入顶出缸的下腔，同时，顶出缸上腔的油液经阀 3 流入油箱，在下腔压力油的作用下顶出缸活塞上升顶出工件。

（7）顶出缸回程　换向阀 5 的位置不变，换向阀 3 置于“回程”位置，顶出缸下腔的油液可经阀 3 流入油箱，液压泵输出的油液经阀 3 进入顶出缸上腔，使顶出缸活塞下行。

这样就完成了一个工作循环。

液压机的工作介质主要有两种，采用乳化液的一般叫做水压机，采用油的叫油压机，二者统称为液压机。

乳化液是由质量分数为 2% 的乳化脂和质量分数为 98% 的软水均匀搅拌而成。乳化液价格便宜，不燃烧，不易污染场地，故多用于耗液量大以及热加工用的液压机上。

油压机中使用得最多的是机械油（标准称全损耗系统用油），有时也用其他类型的液压油。油的防腐防锈及润滑性能都比乳化液好，且油的粘度大，易于密封，因此得到广泛应用。但油易燃，成本高，且一旦泄漏后会污染场地。

二、液压机的特点及分类

1. 液压机的分类

液压机广泛应用于国民经济的各个部门，是一种主要的压力加工设备。按照国家专业标准 JB/T 9965—1999，液压机归类于锻压机械。锻压机械共分为八类，类别代号用汉语拼音字母表示，液压机的类别代号为大写“Y”。按用途不同，液压机又可分为十个组别：

（1）手动液压机　小型，用于压制压装等一般工艺。

（2）锻造液压机　用于自由锻造、钢锭开坯以及有色与黑色金属模锻。

（3）冲压液压机　用于各种薄、厚板材冲压。

（4）一般用途液压机　各种万能式通用液压机。

（5）校正压装液压机　用于零件校形及装配。

（6）层压液压机　用于胶合板、刨花板、纤维板及绝缘材料板的压制。

（7）挤压液压机　用于挤压各种有色金属及黑色金属的线材、管材、棒材及型材。

（8）压制液压机　用于各种粉末制品的压制成形，如粉末冶金、人造金刚石压制，耐火砖及碳极等的压制成形。

（9）打包、压块液压机　用于将金属切屑及废料压块及打包。

（10）其他液压机　包括轮轴压装、电缆包覆、冲孔拔伸、模具研配等各种其他用途的液压机。

液压机型号表示方法如下：

Y △ □ △ — □ △

- 产品的重大改进顺序号
- 主参数
- 通用特性代号
- 组型（系列）代号
- 同一型号产品的变型顺序号
- 类代号（液压机）

通用特性代号见表 3-1。

表 3-1　通用特性代号

通用特性	自动	半自动	数控	液压	缠绕结构	高速	精密	长行程或长杆	冷挤压	温热挤压
字母代号	Z	B	K	Y	R	G	M	C	L	W

例如，YA32—315 型号的含义是：

Y A 32 — 315

- 标称压力 3150kN
- 一般用途四柱式液压机
- 第一种变型
- 液压机

2. 液压机的特点

根据液压机的工作原理，液压机具有如下特点：

1）易于得到较大的总压力及较大的工作空间，这是液压机最突出的优点。基于液压传动的原理，液压机的执行元件结构简单，且动力设备可以分别布置，可以多缸工作，液体压力及活塞（或柱塞）工作面积可以在较大范围内变动。又由于液压机是静压设备，无需很大的地基，因此可以做到很大的吨位。目前各类成形设备中，凡需较大压制吨位的多采用液压机，十万千牛级以上的几乎都是液压机。

2）易于得到较大的工作行程，便于压制大尺寸工件，并可在行程的任何位置上产生额定的最大压力，可以进行长时间保压。液压机的这一特性对于一些加工工艺是十分必要的，例如深拉深、挤压、塑料成型、超硬材料合成等。

3）工作平稳，冲击和振动很小，噪声小，这对工人健康、厂房地基、周围环境及设备本身都具有很大好处。

4）调压、调速方便。液压机利用工作液体的压力传递能量，可以利用调节各种压力控制阀的方法进行调压和限压，并可以可靠地防止过载，有利于保护模具和设备。活动横梁运动速度的调节范围很大，可以适应不同的工艺过程对工作速度的不同要求。

5）本体结构比较简单，操作方便，制造容易。标准化、系列化、通用化程度较高。

但与其他锻压设备相比也存在如下缺点：液压机在快速性方面不如机械压力机，机械效率不够高；不太适合冲裁、剪切等切断类工艺；液压机的调整、维修比机械压力机困难；另外由于采用液体作为传动介质，易产生泄漏。

第二节　液压机的本体结构

液压机的本体又叫做主机，是液压机的两大组成部分之一。无论是设计还是选用时，都应遵循设备为工艺服务的总原则，主要考虑如下三个基本原则：

1）尽可能好地满足工艺要求，便于操作。

2）具有合理的强度与刚度，使用可靠，不易损坏。

3）具有很好的经济性，质量轻，制造维修方便。

其中，工艺要求是最主要的因素。

本体结构一般由机架部件、液压缸部件、运动部分及其导向装置所组成。

一、典型结构形式概述

由于液压机的广泛适用性，利用液压机进行加工生产的工艺是多种多样的，因此液压机的本体结构形式也是多种多样的。从机架形式看，有立式与卧式。从机架组成方式看，有立柱式、单臂式和框架式，立柱式又可分为四柱、双柱、三柱及多柱式等。从工作缸的数量看，有单缸、双缸及多缸之分。

下面介绍几种典型的结构形式。

1. 梁柱组合式

这是液压机传统的结构形式，广泛应用于各种用途的液压机中。最常见的是三梁四柱式，如图3-2所示。它由上横梁、下横梁、四个立柱和12个内外螺母组成一个封闭框架，框架承受全部工作载荷。工作缸固定在上横梁上，工作缸内装有工作活塞，与活动横梁连接。活动横梁以四根立柱为导向，在上、下横梁之间往复运动。活动横梁下面安装上模，而下模则固定于下横梁上的工作台板上。当高压液体进入工作缸后，对活塞产生很大的作用力，推动活塞、活动横梁及上模上下运动，使工件在上、下模之间产生塑性变形。

2. 单臂式

这种结构多用于冲压液压机或小型液压机。图3-4是一种柱塞不动而工作缸运动的结构。柱塞固定在用四根拉杆与单臂机架连接的横梁2上，而工作缸可以在单臂机架的导向中上下往复运动。两个回程缸固定在机架上，回程柱塞通过活动横梁与工作缸连接在一起。

单臂液压机机架为整体铸钢结构或钢板焊接结构，结构简单，工作时可以从三个方向接近，操作方便。但整个机架刚性较差，为了保证机架有足够的强度和刚度，有时机架做得比较笨重。

3. 双柱下拉式

双柱下拉式液压机的稳定性较好，在快速锻造时往往被采用，主要适用于中小型锻造液压机。它由两根立柱及上、下横梁组成一个可动的封闭式框架，工作缸安装在下横梁上，也随框架一起运动，而工作柱塞则固定在不动的固定梁上。固定梁上还装有立柱的导套和回程缸，立柱按对角线布置。

双柱下拉式结构的压力机中心低，稳定性好，抗偏心载荷能力好。工作缸在地面以下，不易损坏。压力机地面以上部分高度小，上横梁尺寸不受工作缸直径的限制，可以设计得较小，便于操作，并可安装在高度较低的车间里。另外，它也有地坑深度较深，地下工程量较大，运动部分质量大，惯性大等缺点。

4. 框架式

框架式结构是液压机本体结构中常用的另一种结构形式，可分为组合框架式和整体框架式两大类，广泛应用于塑料制品、粉末冶金、薄板冲压及挤压液压机中。

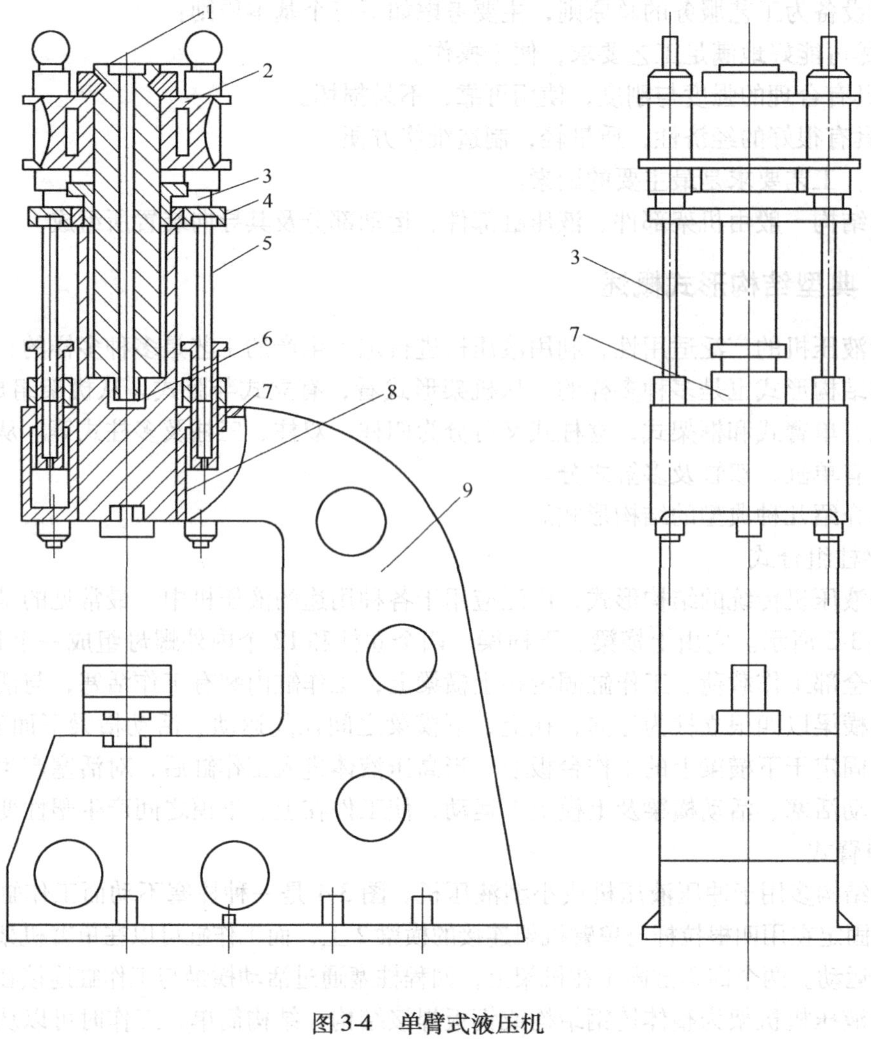

图 3-4 单臂式液压机

1—工作柱塞 2—横梁 3—拉杆 4—小横梁 5—回程柱塞 6—工作缸 7—回程缸 8—导向装置 9—机架

整体框架可以是整体焊接框架或整体铸钢框架，一般均为空心箱形结构，抗弯性能较好，立柱部分做成矩形截面，便于安装平面可调导向装置。立柱也可做成“Π”字形，以便在两侧安装电气控制元件及液压元件。

组合框架式由上、下横梁及两个立柱组成，靠拉紧螺栓（一般是四根）连接和紧固，在横梁和立柱的接合面上用键定位，活动横梁靠安装在立柱内侧的导向装置进行导向，其横梁或立柱可以是铸钢件，也可以是钢板焊接件。这种结构基本上与闭式机械压力机的框架相似，图 3-5 所示为框架式液压机的结构。

框架式结构具有如下特性：

（1）刚性好　这是框架式结构最显著的优点。整体框架式由于将上、下横梁与立柱直接铸或焊为一个整体，取消了螺纹联接，彻底避免了长期载荷作用下螺母会松动的缺陷，同时在设计时一般均选用较小的许用应力以限制机身的变形，保证了机架具有较高的刚度。

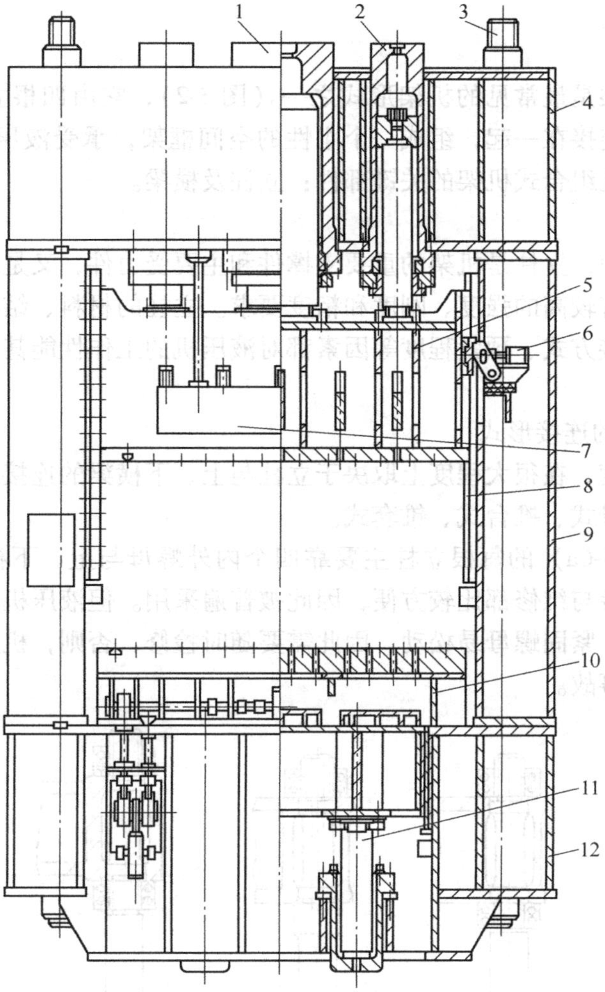

图 3-5 框架式液压机

1—主缸 2—侧缸 3——拉紧螺栓 4—上横梁 5—活动横梁 6—活动横梁保险装置 7—液压打料装置 8—导轨 9—立柱 10—活动工作台 11—顶出装置 12—下横梁

对于组合框架式结构，由于采用了预应力结构，当承受工作负荷时，框架所产生的变形量较小，并且当活动横梁受到偏心载荷时，活动横梁偏转所引起的侧推力均由立柱来承受，拉杆不受弯矩作用，由于立柱的横向尺寸较大，且多为箱形结构，抗弯性能很好，因此这种结构刚性好。

（2）导向精度高 活动横梁的运动是靠安装在框架上的平面可调导向装置进行导向，且间隙可以调整，大大提高了抗侧推力的能力，同时立柱的抗弯能力好，受侧推力作用时弯曲变形小，因此导向精度较高。

（3）疲劳能力较强 这主要是指组合框架式而言。在梁柱式结构中，立柱在偏心载荷作用下将承受拉弯联合作用而处于复杂受力状态，其应力循环为脉动循环方式。而在组合框架式结构中，将原来的立柱改为由高强度材料制成的拉紧螺栓来承受拉力和由空心立柱来承受弯矩及轴向压力，大大改善了立柱的受力情况，提高了框架的抗疲劳性能。

但框架式结构也存在着制造成本高，操作不如梁柱式结构方便等缺点。

二、机架部件

梁柱组合式机架是最常见的机架形式之一（图 3-2），它由四根立柱通过内外螺母将上、下横梁紧固地连接在一起，组成一个刚性的空间框架，承受液压机的全部工作载荷。这里将主要介绍梁柱组合式机架的关键部件：立柱及横梁。

（一）立柱

在梁柱式结构中，立柱是机架的重要支撑件和主要受力件，又是活动横梁运动的导向件，因此，对立柱有较高的强度、刚度和精度要求。立柱的材料、结构尺寸、制造质量及其与横梁之间的连接方式、预紧程度等因素都对液压机的工作性能甚至使用寿命有着很大的影响。

1. 立柱与横梁的连接形式

整个机架的刚度，在很大程度上取决于立柱与上、下横梁的连接形式。连接形式大体可分为三类：双螺母式、锥台式、锥套式。

双螺母式（图 3-6a）的每根立柱主要靠四个内外螺母与上、下横梁固定在一起。这种结构的加工、安装与维修都比较方便，因此被普遍采用。但液压机的工作情况是多次反复加载，时间长了，紧固螺母易松动，因此需要随时检修，否则，机架在加载时会产生剧烈晃动，甚至发生事故。

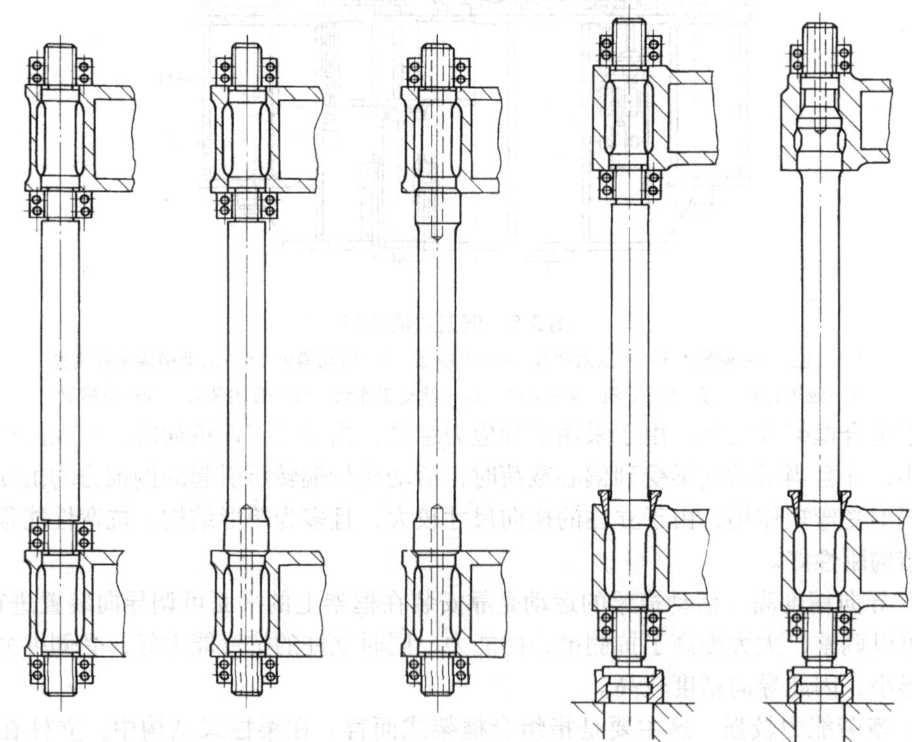

a)　　b)　　c)

图 3-6　立柱与横梁的连接形式

a）双螺母式　b）锥台式　c）锥套式

锥台式基本上有两种形式（图 3-6b）。图 3-6b 右图所示是双锥台式，立柱是靠两个外螺母及立柱上的内锥台与上、下横梁紧固在一起。这种结构理论上的刚性较好，可防止横梁与立柱相对水平移动。但是由于锥台本身加工困难，两锥台之间的尺寸公差要求较高，不易保证其尺寸精度。如尺寸不准确，会造成很大的装配应力，尤其在长期使用后，由于偏心加载，机架摇晃，使锥台处磨损严重，反而会影响机架的刚度，并且维修困难。图3-6b左图所示是单锥台式，消除了双锥台配合加工难度大的困难。但锥面磨损后，仍然不易维修。另外，这种形式的立柱安装困难。

锥套式（图3-6c）用与立柱本身分离的锥形套来代替下横梁内螺母或锥台，可以消除或减轻应力集中，并使立柱与下横梁间没有间隙，便于调整对中。但在液压机反复加载工作过程中，锥套也会松动，降低机架刚度。这种形式多用于大型液压机上。

2. 立柱的结构与材料

制造立柱常用的材料有35钢、45钢、40Cr、20MnV、20MnSiMo等。25000kN以下的中小型液压机的立柱多做成实心的，两端带有预紧用的加热孔。30000kN以上的大型液压机一般采用空心立柱，这是由于大型液压机的立柱直径较大，锻造加工时，变形不易渗透到中心，使得中心部位可能存留原始缺陷，因此必须将中心部分材料去除，以便检查质量并避免形成疲劳裂纹。另外，空心立柱可以被用来做低压管道。

3. 立柱的预紧方式

立柱的预紧方式主要有加热预紧、液压预紧与超压预紧。

（1）加热预紧　加热预紧是最常用的预紧方法，立柱两端的加热孔正是为此而设的。在立柱及横梁安装到位后，先将内外螺母冷态拧紧，再在加热孔中插入电热元件，接通电源，使立柱加热伸长。加热前先在“冷态拧紧”到位的立柱和螺母上按预紧所要旋转的角度θ做好记号，θ按下式计算

$$\theta = 2\pi L\sigma/(EP)$$

式中，θ为“冷态拧紧”后螺母还需要旋转的角度；L为横梁立柱孔的深度；σ为预紧应力；E为立柱材料的弹性模量；P为立柱螺纹的螺距。

待立柱升温伸长后，将螺母拧转θ角，待立柱冷却后即完成预紧。

（2）液压预紧　液压预紧是采用专用的预紧螺母，如图3-7所示。螺母内有一个环形的柱塞，先将螺母拧紧，之后向螺母的柱塞缸内通入压力油，将柱塞推出，拉长立柱，使横梁和螺母间出现间隙，在间隙处塞入根据计算得出的给定厚度ΔH的垫片，然后卸压即可。这里

$$\Delta H = \sigma L/E$$

式中，σ为预紧应力；L为横梁与立柱的配合长度；E为立柱材料的弹性模量。

（3）超压预紧　机架安装时，在总压力超过公称压力1.25倍的情况下使液压机加载，立柱由于超载而受到拉力作用，产生弹性伸长，此时拧紧内螺母。

超压预紧比较简单，容易实现，但不易达到预期的预紧力。因为在超压安装时，横梁和立柱都产生了挠曲变形，接触面贴合不好，螺母不易拧紧，而且各个立柱上的螺母旋紧程度不易保证相同，所以，不能保证预紧后机架的水平度与垂直度。

4. 立柱的导向

活动横梁和立柱配合处装有导套，是液压机运动部分的导向装置。导套的结构和间隙是否合理将直接影响立柱和整个机架的受力情况。

导套的结构主要有圆柱面和球面两种，如图 3-8 所示。

图 3-8a 所示为圆柱面导套，在活动横梁与立柱的接触处，装有上、下两个导套。它们由两瓣组成，为了拆装方便，两瓣导套的剖分面最好有 3°~5°的斜度，两端装有防尘用的毡圈。这种导套结构简单，加工方便。但在有偏心载荷时，由于活动横梁的倾斜使导套与立柱间的接触变为线接触甚至点接触，使整个机架受力情况不好，易于磨损，一般用于小型液压机上。

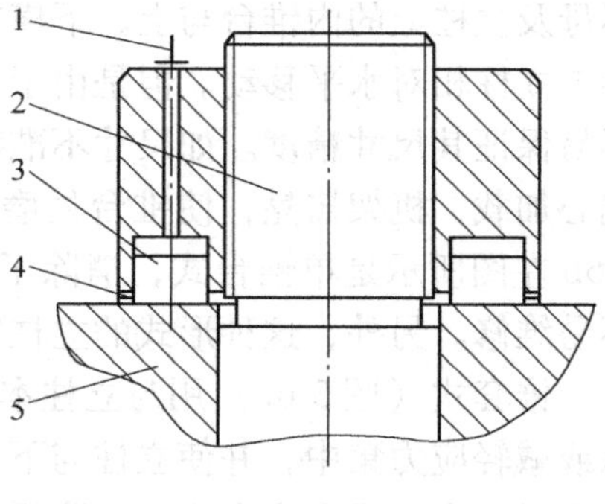

图 3-7 液压预紧螺母

1—管接头 2—立柱 3—柱塞 4—垫片 5—横梁

球面导套有双球面及单球面两种。如图 3-8b、

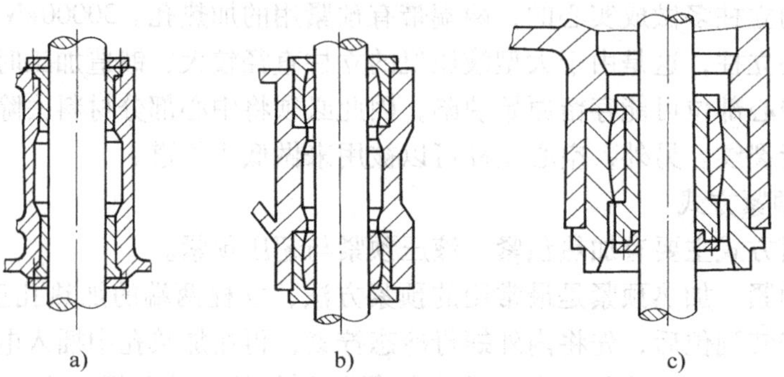

图 3-8 立柱导套的形式

a）圆柱面导套 b）双球面导套 c）单球面导套

图 3-8c 所示，活动横梁倾斜时，球面导套与球面支撑之间能相对滑动，使立柱与导套仍然保持面接触，改善了整个机架的受力情况。但结构较复杂，一般适用于中、大型液压机。当活动横梁与柱塞均为球铰连接时，采用双球面导套；而当中间柱塞与活动横梁为刚性连接时，一般采用单球面导套。

另外，对于导向要求较高的液压机，可采用可调间隙导套，这种导套可以调整立柱与导套间的间隙。但结构复杂，调整不易。

（二）横梁

横梁包括上横梁、活动横梁及下横梁，是液压机的重要部件，其外形轮廓尺寸很大，为了节约金属和减轻质量，一般做成空心箱形结构，中间加设肋板，在安装各种缸、柱塞及立柱的地方做成圆筒形，承载大的地方肋板较密，以提高刚度，降低局部应力，这样可以使横梁质量较轻，又有足够的强度和均匀的刚度。肋板一般按方格形或辐射形布置。

横梁由整体铸造或钢板焊接制成。铸造结构横梁用于生产批量较大的中小型液压机，2000kN 以下的小型液压机也有用铸铁的。随着钢板轧制工艺和焊接技术的不断发展，近年来，焊接结构横梁的应用日益增多，材料一般选用 Q235 或 Q345（16Mn）钢板。这种结构具有加工周期短、结构质量轻、强度高、外形美观等特点。但大型横梁要求焊接技术较高，焊后整体退火要求有大型热处理设备。

横梁结构如图 3-9 所示。上横梁上安装工作缸的圆孔，一般做成阶梯孔，下孔直径比上孔大 10～20mm，以便于安装。工作时由于上横梁的变形及液压缸法兰处吊装螺钉的松动会引起工作缸上下窜动，使上横梁与工作缸法兰接触面压陷，法兰支撑处反力局部增大，甚至使工作缸提前损坏，因此除在使用中应经常注意随时拧紧吊装螺钉外，在上横梁与法兰的接触处还做出一 10～20mm 高的凸台，以备压陷后修复使用。

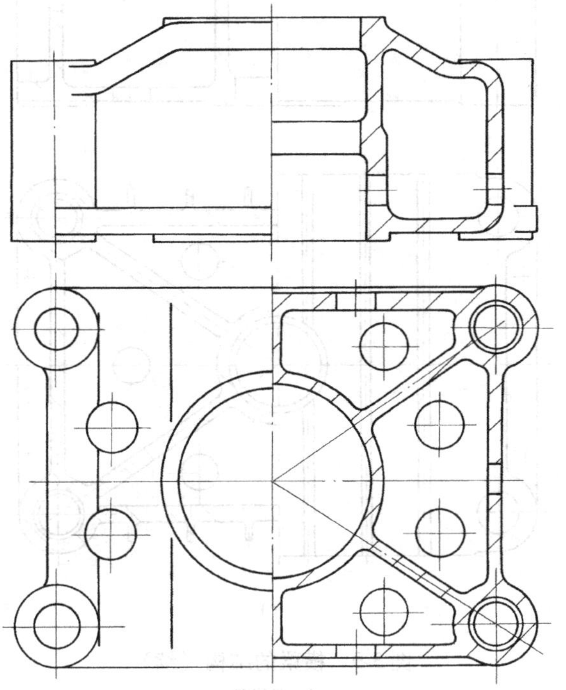

a)

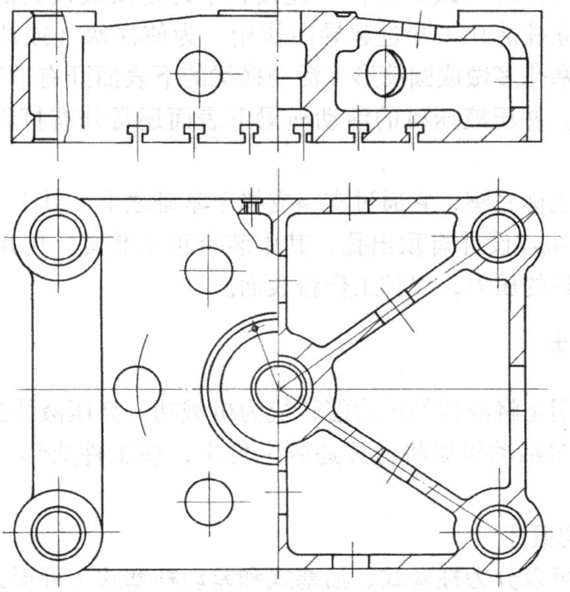

b)

图 3-9 横梁的结构

a）上横梁 b）活动横梁

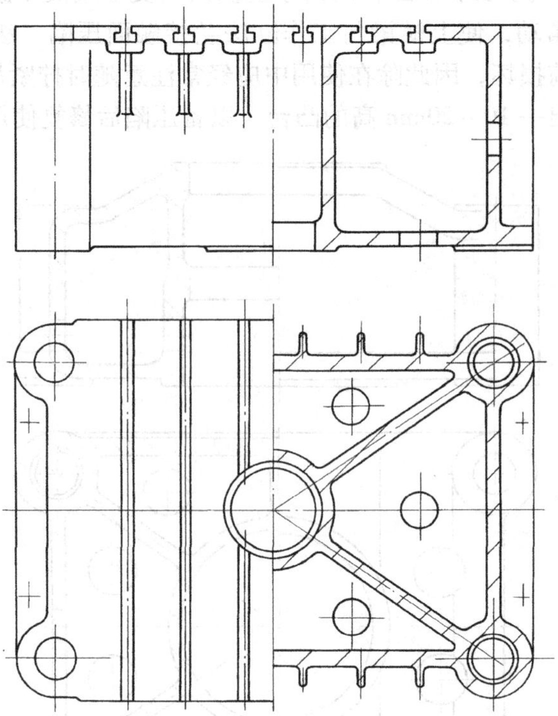

c)

图 3-9　横梁的结构（续）

c）下横梁

活动横梁的上部与柱塞（或活塞杆）连接，下部是安装模具的平面，四个角上开有安装导套的立柱孔，立柱从孔中穿过起导向作用。为使柱塞（或活塞杆）的支撑部位有足够的承压能力，柱塞孔多做成圆筒形。活动横梁的下表面开有“T”形槽，模具安装在活动横梁的下表面上。冲压液压机的活动横梁下表面还常开有打料孔，以供安装打料装置。

液压机的下横梁也称底座，它通过支座支撑于基础之上，其上表面开有安装模具用的“T”形槽。有的液压机还设计有顶出孔，其中装有顶出装置。使用时在上表面上还装有工作台板，以承受模具的压力，保护工作台表面。

三、液压缸部件

液压缸部件的作用是将液体的压力能转换为机械功。高压液体进入缸体后，作用于柱塞（或活塞）上，经过活动横梁将力传递到工件上，使工件成形。液压缸部件是液压机主要部件之一。

（一）液压缸结构概述

液压缸结构通常可以分为柱塞式、活塞式和差动柱塞式三种形式。

（1）柱塞式液压缸　柱塞式液压缸的基本结构如图 3-10a 所示。这是一种单方向作用液压缸，当高压液体从进油口进入缸体后，在液体压力作用下，推动柱塞向外运动，带动活动横梁及模具工作，此时柱塞 2 在导套 3 内运动，导套起导向作用。4 为密封，用以保

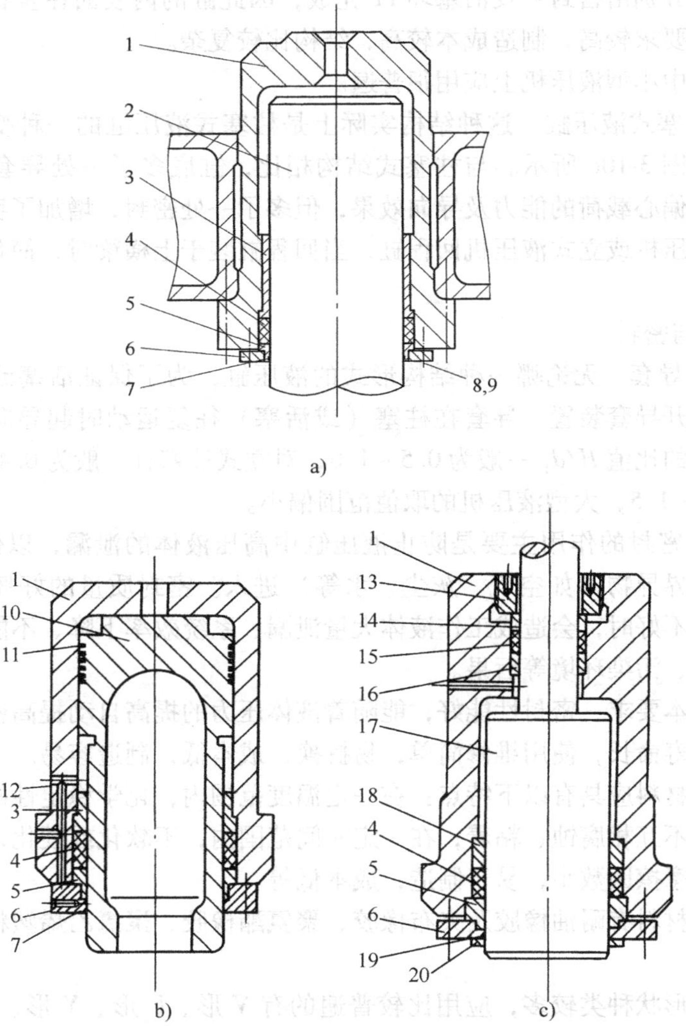

图 3-10 液压缸的结构

a）柱塞式液压缸 b）活塞式液压缸 c）差动柱塞式液压缸

1—缸体 2—柱塞 3、16、18—导套 4、15—密封 5、14—压套

6—法兰 7、19—防尘圈 8、9—螺栓和螺母 10—活塞 11—活塞环

12—堵头 13—压盖 17—双头柱塞 20—盖

持液体压力，防止高压液体的泄漏。密封下有压套 5、法兰 6 及螺栓螺母 8、9 等组成的压盖，它们主要起支撑密封的作用。在压盖的口部还有一道防尘圈 7，以防止灰尘进入缸内。柱塞式液压缸结构简单，对缸体内壁的表面要求低，因此制造容易。但只能单方向作用，反向运动则需由回程缸来实现，只有在上移式液压缸中可以靠运动部件本身的重量回程。

此结构在大中型液压机中应用最多，广泛用于主工作缸、回程缸、工作台移动缸及平衡缸等处。

（2）活塞式液压缸 图 3-10b 所示为活塞式液压缸的基本结构。它由缸体、活塞、活塞环、导套等零件组成。活塞式液压缸可以在两个方向上作用，活塞在运动的两个方向上都有密封要求，分别由密封 4 及活塞环 11 完成，因此缸的内表面在全长上均需加工，精度及表面粗糙度要求较高，制造成本较高，结构比较复杂。

这种结构在中小型液压机上应用很普遍。

（3）差动柱塞式液压缸　这种结构实际上是柱塞式液压缸的一种变形，又叫双头柱塞式液压缸，如图 3-10c 所示。与柱塞式结构相比，缸底多了一处导套，增加了导向长度，提高了承受偏心载荷的能力及导向效果，但多了一处密封，增加了密封难度。这种结构多用于卧式液压机或立式液压机回程缸，当回程缸装于上横梁时，简化了与活动横梁的连接。

（二）导套与密封

（1）液压缸导套　无论哪一种结构形式的液压缸，为了保证活塞或柱塞运动方向的正确性，都离不开导套装置。导套在柱塞（或活塞）往复运动时起导向作用。导套长度与工作柱塞直径的比值 H/d_1 一般为 0.5 ~ 1.0，对立式柱塞缸一般为 0.4 ~ 0.8，对卧式柱塞缸一般为 0.8 ~ 1.5，大型液压机的取值范围偏小。

（2）密封　密封的作用主要是防止液压缸中高压液体的泄漏，以保持液体的压力，同时也可防止外界异物（如空气、灰尘、水等）进入。密封质量的好坏直接影响生产状况。当密封质量不好时，会造成工作液体大量泄漏、系统效率下降、不能保压、操纵不灵敏、运动不稳定、污染环境等后果。

对密封的基本要求：密封性能好，能随着液体压力的提高自动提高密封性能，摩擦阻力小，磨损小，寿命长，使用维修简单，易拆换，成本低，制造容易。

因此，密封材料应具有以下特点：在一定温度范围内，化学稳定性好，不溶于工作液体，与金属接触不互相腐蚀、粘着；在一定时间范围内，不软化或硬化，弹性好，不易变形，耐磨性好，摩擦因数小，易于制造，成本低等。

常用的密封材料有耐油橡胶及夹布橡胶、聚氨酯橡胶、聚氯乙烯塑料、聚四氟乙烯塑料、尼龙等。

常用的密封形状种类较多，应用比较普遍的有 V 形、U 形、Y 形、Y_X 形、O 形、人字形等。

四、附属装置

1. 顶出装置

液压机上一般都装有顶出装置。顶出装置的作用除顶出工件外，在有些工艺用途的液压机上还可完成浮动压边、浮动压制的功能或动作。按液压机工艺用途及工作台面大小的不同，顶出装置有单缸式和多缸式；按顶出缸的结构不同又有活塞缸式和柱塞缸式。

在一般用途液压机和冲压液压机中，顶出装置的作用基本上与通用曲柄压力机的气垫相似，但与气垫相比，液压机的顶出装置由于采用液压传动，具有顶出力大、控制灵活、结构紧凑等优点。图 3-11 所示为 Y32—315 液压机的顶出缸。由图可见，顶出缸实际上就是一个倒置的活塞式液压缸。顶出缸顶出时，往活塞腔内通入高压液体，同时使活塞杆腔与油箱相通，即可使活塞上升顶出工件；回程时，高压液体进入活塞杆腔，而活塞腔通油箱，使活塞回程。进行浮动压边时，在活动横梁下行前先使顶出缸活塞上升至上死点，然后切断其压力源，待活动横梁下行至上模接触到毛坯表面时，通过顶杆使顶出缸活塞与活动横梁同步下行，此时活塞腔的液体经溢流阀排回油箱，活塞杆腔则从油箱吸油以补充其容积变化。压边力的大小可通过调节溢流阀方便地进行调整。

对大型液压机，尤其是大台面的冲压液压机，由于在较大面积上都需要顶出力，因此多采用在顶出活塞（或柱塞）上加装顶出横梁的顶出装置，其顶出缸的数量则视顶出力大小和顶出装置作用面积的大小设置为单个或多个。

顶出装置与移动工作台之间有联锁装置，保证二者的运动不互相干扰。当工作台停止并对中后，顶出装置才能动作；而只有当顶出装置已完全退回到最下端位置时，工作台才能运动。

2. 活动横梁保险装置

液压机工作时，要求活动横梁可以在任意位置悬停，活动横梁及上模等运动部分的自重由工作缸下腔或回程缸内的液体背压来支撑，此时，若出现密封损坏、管路连接松动、背压阀失灵、活塞杆与活动横梁的连接螺钉脱落等情况，活动横梁会突然下落造成事故。为防止事故的发生，许多液压机上还装有活动横梁保险装置。

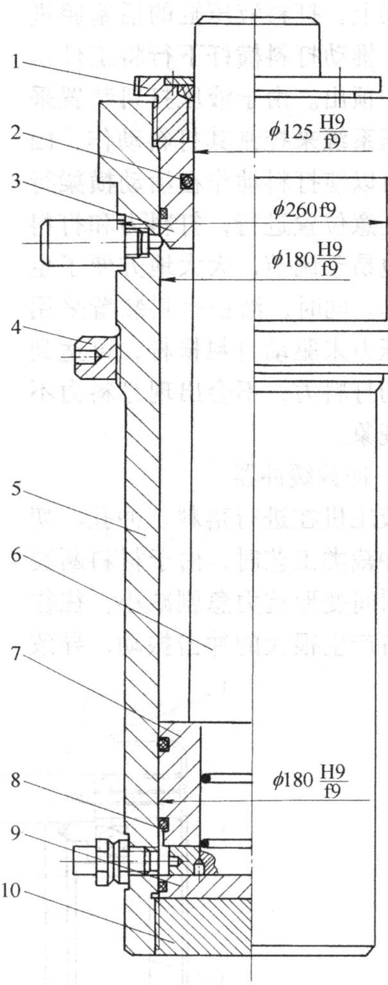

图 3-11 顶出缸

1—螺母 2、8—Y 形密封圈 3—导套 4—锁紧螺母 5—缸壁 6—活塞杆 7—活塞头 9—底板 10—堵头

图 3-12 所示为某冲压液压机上的活动横梁保险装置。该装置主要由保险缸、支撑杆和支座组成。保险缸和支座安装在立柱上，支撑杆的一端用销钉固定在支座上，另一端与保险缸的活塞杆相连。液压机正常运行时，活塞杆缩回缸内，将支撑杆拉至活动横梁的运行区域以外，使活动横梁可以自由上下运动。当液压机不工作时，先将活动横梁提升至上限位置，然后使压力油进入保险缸的活塞腔，活塞杆伸出，将支撑杆推至图示位置，这样，万一活动横梁发生下落，便由支撑杆撑住，不会发生事故。

保险装置的动作必须与活动横梁的运动实现联锁，保险装置的动作不能影响活动横梁的运动。活动横梁工作时，保险装置应缩回，活动横梁停止在上死点位置时，保险装置才能起作用。二者的联锁一般靠液压系统来实现。

3. 打料装置

在冲压液压机中，为从上模中顶出工件，常在活动横梁上装有打料装置。多采用液压打料装置，如图 3-13 所示。

如图 3-13 所示，液压打料装置由打料液压缸和打料横杆组成，打料液压缸安装在活动横梁上，打料液压缸的活塞腔进油时，推动打料横杆下行将工件从上模中顶出。由于液压打料装置采用液压系统来控制其打料动作，因此，可以使打料动作在活动横梁行程的任意位置进行，打料力和打料行程也易于调节，大大地方便了生产操作。同时，液压打料装置采用液体压力来驱动打料横杆，可达到较大的打料力，不会出现打料力不够的现象。

4. 冲裁缓冲器

液压机在进行落料、冲孔、切边等冲裁类工艺时，由于材料断裂变形瞬间变形抗力急剧减小，往往使设备产生很大的冲击振动，导致

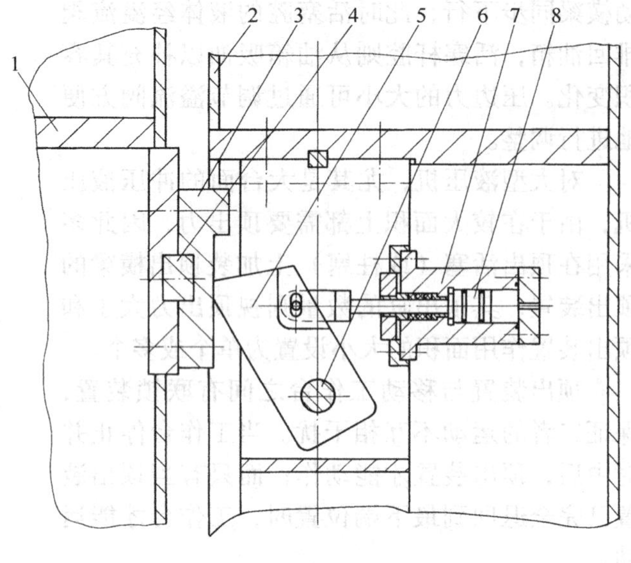

图 3-12 活动横梁保险装置

1—活动横梁 2—立柱 3—挡块 4—键 5—支撑杆 6—销轴 7—液压缸（保险缸） 8—活塞

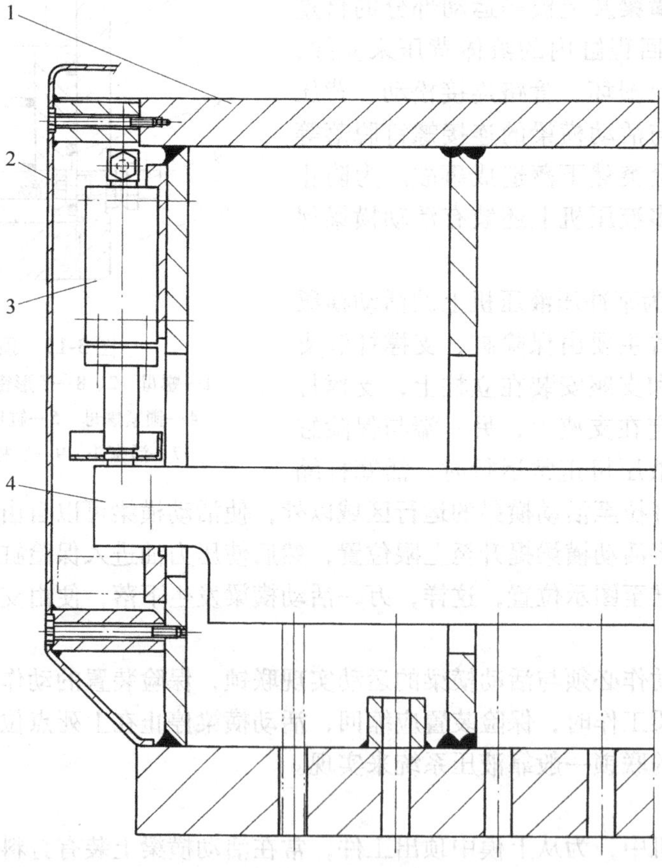

图 3-13 液压打料装置

1—活动横梁 2—外罩 3—打料液压缸 4—打料横杆

模具精度降低，寿命缩短，甚至造成模具和设备的损坏，因此，一般不能在液压机上进行这类工艺的生产，缩小了液压机的工艺用途。

分析表明，液压机在进行冲裁类工艺时，产生振动的原因是工作时储存在液压机内的弹性能的突然释放，此能量主要来源于液压缸内液体的压缩，而机身所储能量还不到10%。要在液压机上进行冲裁就必须采取有效措施来阻止或减缓材料被冲断时的能量释放。在液压机上设置冲裁缓冲器可以有效地减缓冲断后的弹性能释放，降低设备的振动以扩大液压机的工艺用途。

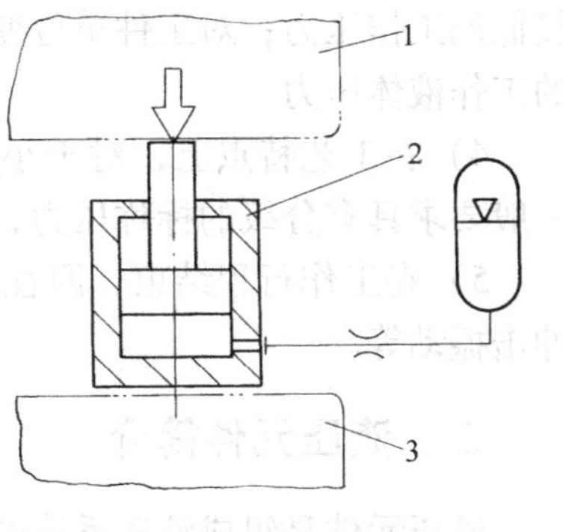

图 3-14 冲裁缓冲器的工作原理示意图
1—活动横梁 2—缓冲器 3—工作台

图3-14为一冲裁缓冲器的工作原理示意图。缓冲器安放在工作台上，在材料被冲断之前缓冲器开始起作用，在活动横梁的驱动下，缓冲活塞向下运动将液体排过节流口，由于此时液压机速度很低，液体流过节流口时只产生很小的压力降，不会对活动横梁产生大的阻力，在材料被冲断的瞬间，活动横梁以很大的加速度下冲，迫使缓冲器内活塞下的液体以很高的速度流过节流口，在节流口两端产生很大的压力差，从而使缓冲器内活塞下的液体压力急剧上升，产生一很大的反力，阻止活动横梁下冲以达到减缓弹性能释放、缓冲振动的目的。

第三节 液 压 系 统

一、液压系统概述

液压机的液压系统是液压机的两大组成部分之一。其作用是通过各种液压元件来控制液压机及其辅助机构完成各种行程和动作。液压系统的设计、制造水平和质量，其使用、调整及维护的好坏，对液压机能否正常工作有着重要的影响。正确理解液压系统的工作原理、掌握液压系统的简单计算，对于了解液压机的工作性能，充分发挥其应有的作用是十分必要的，同时也为正确使用液压机来完成各种成形工艺提供了基础。

液压机的液压传动系统是以压力变换为主，系统压力高，流量大，功率大。因此，既要全面准确地满足压制工件的各种工艺要求，又应特别注意提高能量利用率和防止卸压时产生冲击和振动，保证安全可靠。

液压机根据压制工艺要求主缸能完成快速下行—减速压制—保压延时—卸压回程—停止（任意位置）的基本工作循环，而且压力、速度和保压时间需能调节。顶出液压缸主要用来顶出工件，要求能实现顶出、退回、停止的动作，如薄板拉深时又要求有顶出液压缸上升、停止和压力回程等辅助动作。有时还需用压边缸将坯料压紧，以防止周边起皱。

总而言之，对液压机液压系统的要求归纳如下：

1）在操作特点上，要求能实现对模时的调整动作，可手动操作和半自动操作。

2）在行程速度上，要求能实现空程快速运动和回程快速运动，以节省辅助时间。

3）在工作液体压力上，一般为20～32MPa，对标称压力较小而结构空间较大的，取较低的工作压力；对工件单位变形力大，压机标称压力大而台面尺寸又不太大的，取较高的工作液体压力。

4）在工艺特点上，对于小型液压机一般不进行压力分级，对于中型以上的液压机，一般要求具有分级的标称压力，以满足不同工艺的需要。

5）在工作行程结束，回程将要开始之前，一般要求对主缸预卸压，以减少回程时的冲击振动等。

二、液压元件简介

液压元件是组成液压系统的基本要素，由动力元件、执行元件、控制元件及辅助元件四部分组成。

动力元件即液压泵。液压泵在液压系统中属于能量转换装置，将电动机输出的机械能转换为液体的压力能，其作用是为系统提供一定流量和压力的油液，是动力的来源。

执行元件即液压缸或液压马达。其作用是在压力油的推动下，完成对外做功，驱动工作部件。它是将油液的液压能转变为机械能的能量转换元件。所不同的是，液压马达实现连续的回转运动，而液压缸实现直线往复运动或摆动。

控制元件包括各种控制阀。其作用是控制液压系统油液的压力、流量及液流方向，以满足执行元件对力、速度和运动方向的要求。根据用途不同，阀可分为方向控制阀、压力控制阀和流量控制阀三大类；依据操纵动力分，可分为手动、机动、液动、气动、电磁及电—液动等；按连接方式分，有管式、板式、法兰连接式和集成块式等。

尽管阀的类别和品种繁多，但它们都具有以下共性：从阀的结构来看，均由阀体、阀芯和控制动力组成；从阀的工作原理来看，都是利用阀芯、阀体的相对位移来改变通流面积，从而控制压强、流向和流量；各种阀都可以看成是在油路中的一个液阻，只要有液体流过，都会产生压力降（有压力损失）和温度升高的现象。

阀在液压系统中起着神经中枢作用，阀的好坏直接影响液压系统工作的性能。为此，控制阀应具有如下要求：动作灵敏、准确、可靠，工作平稳，冲击和振动要小；密封性好，油液流过时漏损少，压力损失小；结构紧凑，工艺性好，使用维修方便，通用性好。

辅助元件包括油箱、油管、管接头、滤油器、蓄能器、压力表等，分别起储油、输油、连接、过滤、储存压力能、测压等作用，是液压系统中不可缺少的重要组成部分。从液压系统的工作原理来看，它们是起辅助作用的元件。

三、典型液压机 Y32—315 液压系统分析

Y32—315 型液压机属一般通用液压机，其工艺用途广泛，可用于金属板料的冲压工艺，包括弯曲、翻边、拉深、成形、冷挤压等，也能用于金属与非金属粉末制品的压制成形工艺，如粉末冶金、塑料、玻璃钢、绝缘材料、磨料等制品的压制成形，并可用于校正、压装等工艺。为了满足多种工艺的需要，一般通用液压机具有如下特点：

1）工作台面较大，滑块行程较长，以满足多种工艺的要求，主工作缸一般采用活塞式，实现压制及回程过程。

2）设有能浮动的顶出缸，供顶出工件、反向拉深、液压压边和起液压垫的作用。

3）一般设有充液系统，可实现空程快速运动，以减少一个工作循环所用的时间，提

高生产效率。

4）设有保压延时系统，具有保压、延时和自动回程功能，并能进行定压成形和定程成形工作，有利于金属和非金属粉末的压制。

5）具有点动、手动、半自动等工作方式，操作方便，其工作压力、压制速度及行程范围均可任意调节，灵活性强。

6）结构简单，维护容易。

基于上述特点，一般通用液压机特别适宜于中小型工厂或车间产品种类较多而生产批量一般不大的情况。

1. 液压原理图

现以 Y32—315 型一般通用液压机的液压系统（图 3-15）为例介绍液压系统工作原理。该液压系统的电磁铁动作顺序见表 3-2。

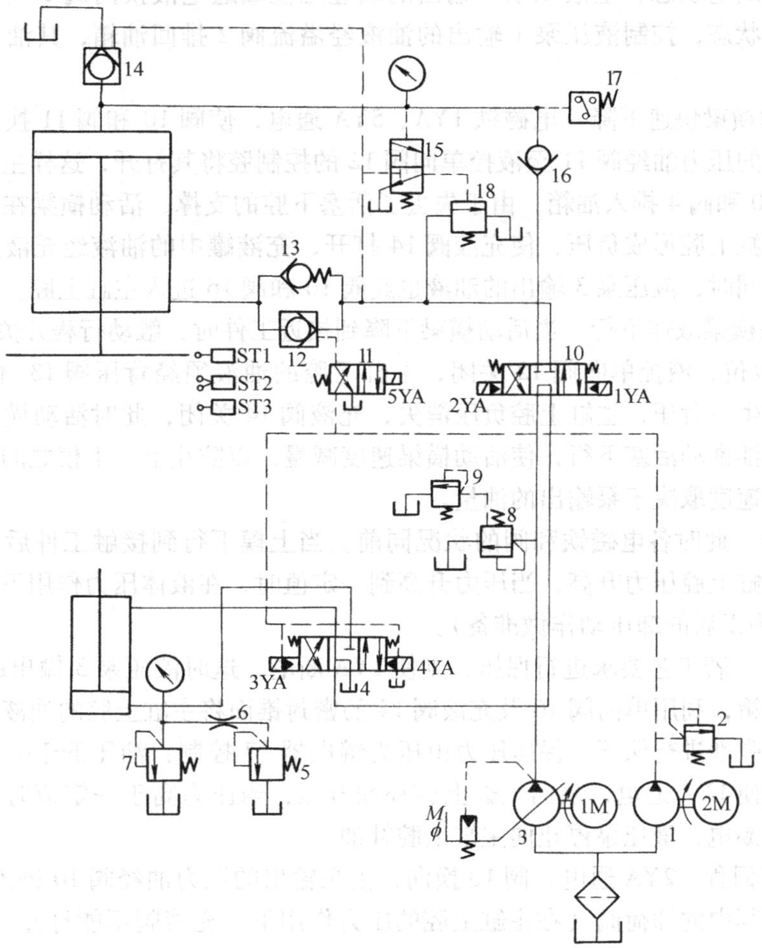

图 3-15 Y32—315 型一般通用液压机液压原理图

1—控制液压泵 2、5、7、8—溢流阀 3—主液压泵 4、10—电液换向阀 6—节流阀 9—远程调压阀 11—电磁换向阀 12—液控单向阀 13—背压阀 14—充液阀 15—液动滑阀 16—单向阀 17—压力继电器 18—顺序阀

表 3-2　电磁铁动作顺序表

油缸	动作	电磁铁				
		1YA	2YA	3YA	4YA	5YA
主缸	空程快速下降	+				+
	慢速下降及加压	+				
	保压					
	卸压和回程		+			
	停止					
顶出缸	顶出			+		
	顶出活塞退回				+	
	停止					

2. 液压系统及电磁铁工作过程分析

（1）电动机起动　液压泵电动机 1M、2M 起动后驱动液压泵向系统供油，此时全部电磁铁均处于断电状态，主液压泵 3 输出的油经三位四通电液换向阀 10 和 4 流回油箱，故其处于卸荷状态，控制液压泵 1 输出的油液经溢流阀 2 排回油箱，其油压保持恒定不变。

（2）活动横梁快速下降　电磁铁 1YA、5YA 通电，使阀 10 和阀 11 换至右位，控制液压泵 1 输出的压力油经阀 11 至液控单向阀 12 的控制腔将其打开，这样主缸下腔的油液经阀 12、阀 10 和阀 4 排入油箱，由于失去了活塞下腔的支撑，活动横梁在重力作用下迅速下行，在主缸上腔形成负压，使充液阀 14 打开，充液罐中的油液经充液阀大量补充到主缸上腔中，同时，液压泵 3 输出的油液也经阀 10 和阀 16 进入主缸上腔。

（3）活动横梁减速下行　当活动横梁下降到接近工件时，触动行程开关 ST2，使 5YA 断电，阀 11 复位，液控单向阀 12 关闭，主缸下腔的油液须经背压阀 13 才能排入油箱，在主缸下腔产生一背压，主缸上腔负压消失，充液阀 14 关闭，此时活动横梁必须靠液压泵输入的压力油推动活塞下行，使活动横梁速度减慢，以防止上、下模之间产生撞击，这时的活动横梁速度取决于泵输出的油量。

（4）加压　此时各电磁铁和阀的状况同前。当上模下行到接触工件后，即开始对工件加压，使主缸上腔压力升高，当压力升高到一定值时，在液体压力作用下，推动液动滑阀 15 换位（为以后的卸压动作做准备）。

（5）保压　若工艺要求进行保压，则使 1YA 断电，这时液压泵 3 输出的油液经阀 10 和阀 4 排回油箱，利用单向阀 16 及充液阀 14 的密封锥面将主缸上腔的油液封闭，靠缸内油液及机架的弹性进行保压，保压压力由压力继电器 17 控制：油压低于一定值时，压力继电器发讯，使 1YA 通电，泵向主缸上腔补油升压；当压力高于一定值时，压力继电器再发讯，1YA 断电，液压泵停止向主缸上腔补油。

（6）卸压回程　2YA 通电，阀 10 换向，主泵输出的压力油经阀 10 进入充液阀 14 的控制腔并打开其中的卸荷阀（在主缸上腔的压力作用下，充液阀不能打开），使主缸压力下降，由于加压使阀 15 处于上位的动作状态，压力油还可经阀 15 进入顺序阀 18 的控制口将其打开，这样泵输出的压力油均经阀 10 和阀 18 排回油箱。当主缸上腔的压力降低至一定值后，阀 15 在弹簧作用下复位，阀 18 关闭，充液阀 14 完全打开，泵输出的压力油经阀 10 并顶开阀 12 进入主缸下腔使活动横梁回程，主缸上腔的油液经充液阀 14 排入充液罐中。

(7) 顶出缸顶出　3YA 通电，使阀 4 换至左位，压力油经阀 10 和阀 4 进入顶出缸下腔，顶出缸上腔油液经阀 4 排回油箱，顶出活塞上行顶出工件。

(8) 顶出缸回程　4YA 通电，使阀 4 换至右位，压力油经阀 10 和阀 4 进入顶出缸上腔，顶出缸下腔油液经阀 4 排回油箱，顶出活塞退回。

(9) 浮动压边　若工艺需用顶出缸进行浮动压边，可在活动横梁下行之前，先给 3YA 通电，使顶出缸上行到上死点位置后，3YA 断电。当活动横梁下行压住下模上的压边圈时，迫使顶出缸活塞与之同步下行，顶出缸下腔的油液经节流阀 6 和溢流阀 5 排回油箱。调节溢流阀 5 的溢流压力即可改变压边力的大小。顶出缸上腔可通过阀 4 从油箱中吸油。

(10) 停止　全部电磁铁断电，泵输出的油经阀 10 和阀 4 排入油箱，泵卸荷。主缸下腔油液被单向阀 12 和 13 的锥面密封，使活动横梁悬空。

四、HD—026 双动拉深液压机液压系统分析

双动拉深液压机主要用于金属薄板的拉深成形等冲压工艺，具有拉深力大、工作行程长等特点，且其拉深力和压边力均可调节。在整个拉深过程中压边力保持稳定，压边梁和拉深梁的动作可以协调配合以满足不同工件的要求，因此广泛应用于大型覆盖件和深筒形零件的成形工艺。

HD—026 型液压机采用梁柱式结构，其拉深梁和压边梁均以立柱为导向运动。主缸安装在上横梁上，四个压边缸安装在拉深梁内并随之一同运动。该机除能进行双动拉深外，还可以用于单动，以替代单动冲压液压机或一般通用液压机完成某些工艺。

1. 液压原理图

图 3-16 所示为 HD—026 型双动拉深液压机的液压系统工作原理图，其电磁铁动作顺序见表 3-3。

表 3-3　电磁铁动作顺序表

动　作	电　磁　铁								
	1YA	2YA	3YA	4YA	5YA	6YA	7YA	8YA	9YA
起动									
快速下行	+				+			+	+
慢速下行	+					+		+	
加压	+				+			+	
保压									
卸压		+					+		
回程	+						+		+
顶出缸顶出	+			+					
顶出缸回程	+		+						
停止									

2. 液压系统工作过程分析

该机的液压系统采用了插装阀集成装置，具有结构紧凑、外观美观、连接管道少、密封性能好、动作反应快等优点，且安装、维修方便。

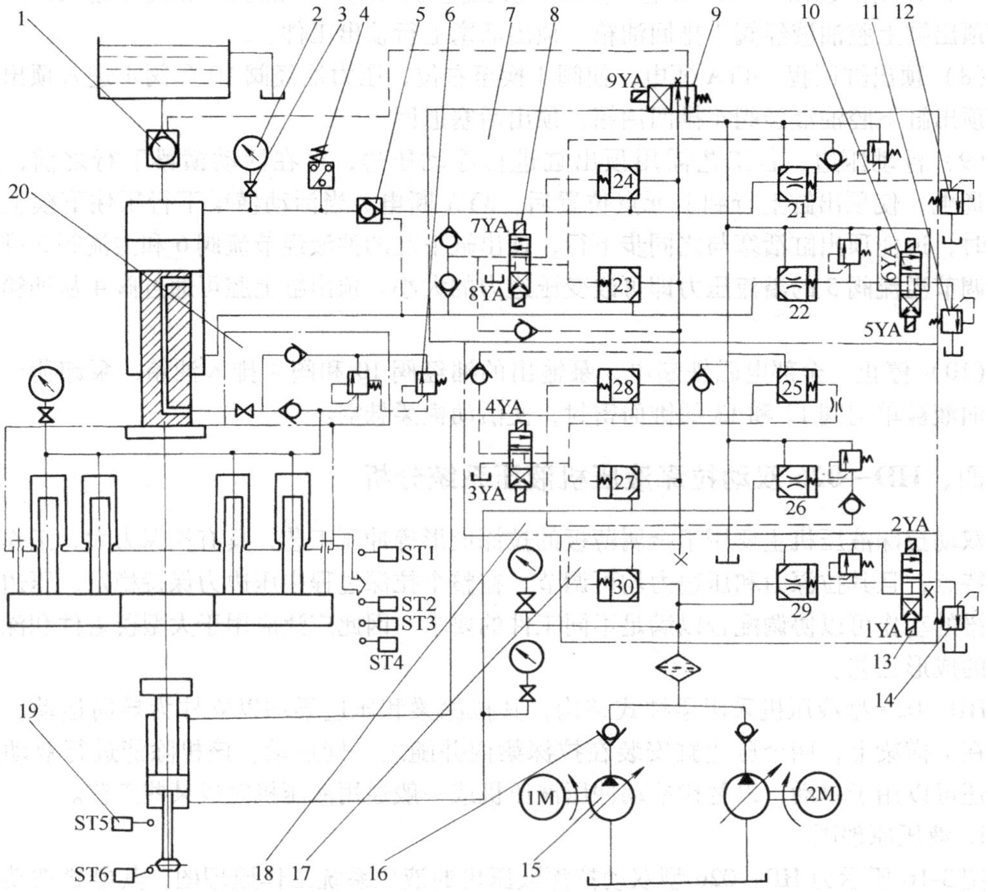

图 3-16　HD—026 型双动拉深液压机液压系统

1—充液阀　2—电接点压力表　3—截止阀　4—压力继电器　5—液控单向阀
6、11、12、14—远程调压阀　7—动梁支承阀块　8、9、10、13—电磁换向阀
15—液压泵　16—单向阀　17—调压卸荷阀块　18—拉深缸控制阀块（带吸油阀）
19—行程开关　20—压边缸控制阀块　21～30—插装阀

进行双动拉深时的情况：

（1）起动　液压泵电动机 1M、2M 起动，驱动液压泵 15，此时所有电磁铁均处于断电状态，泵输出的油液经阀 29 排回油箱，液压泵在卸荷状态下工作。

（2）拉深梁和压边梁快速下降　电磁铁 5YA 通电，阀 22 开启，主缸活塞下腔的油液经阀 22 流回油箱，拉深梁和压边梁因失去支撑在重力作用下快速下降。同时电磁铁 1YA、8YA、9YA 得电，使阀 29 关闭，阀 30 开启，且电磁换向阀 9 换位，由液压泵泵来的压力油顶开阀 30 和阀 24 进入活塞上腔，另一部分压力油经阀 9 进入充液阀 1 的控制腔，在此压力油和主缸上腔负压的作用下，将充液阀 1 打开，液压机顶部充液箱中的油液经充液阀大量充入到主缸上腔。

（3）慢速下行　当压边梁接近毛坯时通过行程开关 ST2 发讯，使 5YA、9YA 断电，1YA、6YA、8YA 得电，此时，插装阀 22 的控制腔接远程调压阀 11，在主缸下腔产生背压（其压力大小可由调压阀 11 进行控制），同时使阀 9 换向，充液阀关闭，此时拉深梁和压边梁的下行靠液压泵向主缸上腔供液驱动，使拉深梁和压边梁的下行速度减慢，避免模具与毛坯产生撞击。

（4）加压　当压边梁与工件接触后即停止运动，由四个压边缸向毛坯施加压边力，并由行程开关 ST3 发讯使 6YA 断电，1YA、5YA、8YA 通电，阀 22、24 开启，此时拉深梁继续下降，使四个压边缸中的油液受到压缩，多余油液经溢流阀、单向阀及主缸活塞杆上的孔进入主缸下腔，与主缸下腔的油液一同经阀 22 排入油箱。拉深力的大小可由远程调压阀 12 改变阀 21 的控制压力来调节。在此状态下拉深梁一直下行到拉深完成。

（5）卸压　液压机在工作时，主缸上腔的压力较高，若突然换向，会产生很大的压力冲击并造成管道等的振动。在本系统中专门设置了卸压动作，延长卸压时间以防止引起压力冲击。卸压时，2YA 和 7YA 通电，此时液压泵的输出压力由远程调压阀 14 控制，阀 23 打开，液压油经阀 30、阀 23 进入液控单向阀 5 的控制腔并打开其中的卸荷阀（此时单向阀 5 的主阀芯不打开），使主缸上腔压力油经卸荷阀上很小的阀口逐渐卸压。

（6）回程　当主缸上腔油压下降到一定值（20×10^5Pa 以下）时，由压力继电器 4 发讯使 1YA、7YA、9YA 得电，2YA 断电，插装阀 29 关闭，23 开启且阀 9 换向，压力油经阀 30，通过阀 23 进入主缸下腔，使拉深梁回程，另一股则经阀 9 至充液阀的控制腔将其打开，这样，主缸上腔液体经充液阀进入充液罐内。在拉深梁回程初期，压边梁不动，液压泵输入到主缸下腔的油液一部分经活塞杆上的孔通过单向阀向压边缸中补油，直到拉深梁回程一段距离后，通过两边拉杆带动压边梁回程到预定位置，由行程开关 ST1 发讯使电磁铁全部断电，这时阀 29 开启，液压泵卸压，拉深梁和压边梁停止不动。

（7）顶出缸顶出　1YA、4YA 得电，使阀 25、27 开启，液压泵建压后，所输出的压力油经阀 30、27 进入顶出缸的下腔，顶出缸上腔油液经阀 25 流回油箱，顶出活塞上升顶出工件。

（8）顶出缸退回　1YA、3YA 得电，阀 26、28 开启，压力油经阀 30、28 进入顶出缸上腔，其下腔油液经阀 26 排回油箱。

在 HD—026 型液压机上，可以将拉深梁和压边梁用拉杆固定，使其成为一个整体（需关闭阀块 20 中的截止阀），而将其作为单动液压机使用。此时，模具可安装在压边梁上。作为单动液压机使用时，其电磁铁动作和阀的动作基本与双动时相同，不再分析。

第四节　液压机的主要技术参数及其选用

液压机的技术参数是根据液压机的工艺用途及结构类型来确定的，反映了液压机的工艺能力和特点、可加工零件的尺寸范围等指标，也反映了液压机的外形轮廓尺寸、本体重量等内容，是选用或选购液压机的主要依据。

一、主要技术参数

不同工艺用途的液压机，技术参数指标往往有较大的不同，但主要技术参数的内容是基本一致的。液压机主要有以下技术参数：

1. 标称压力（公称吨位）

液压机的标称压力是指设备名义上能产生的最大压力，单位为 kN。标称压力在数值上等于液压机液压系统的额定液体压力与工作柱塞（或活塞）总面积的乘积（取整数），它反映了液压机的主要工作能力，是液压机的主参数。其他技术参数叫基本技术参数。

我国液压机的标称压力标准采用公比为 $\sqrt[10]{10}$ 和 $\sqrt[5]{10}$ 的系列，如 3150kN、4000kN、5000kN、6300kN、8000kN、10000kN 等。为了充分利用设备和节约能源，大、中型液压机中常将标称压力分为二至三级，以扩大液压机的工艺范围，对泵直接传动的液压机和小型液压机无需从结构上进行压力分级。

2. 最大净空距（开口高度）H

最大净空距 H（单位 mm）是指活动横梁停在上限位置时从工作台上表面到活动横梁下表面的距离，如图 3-17 所示。

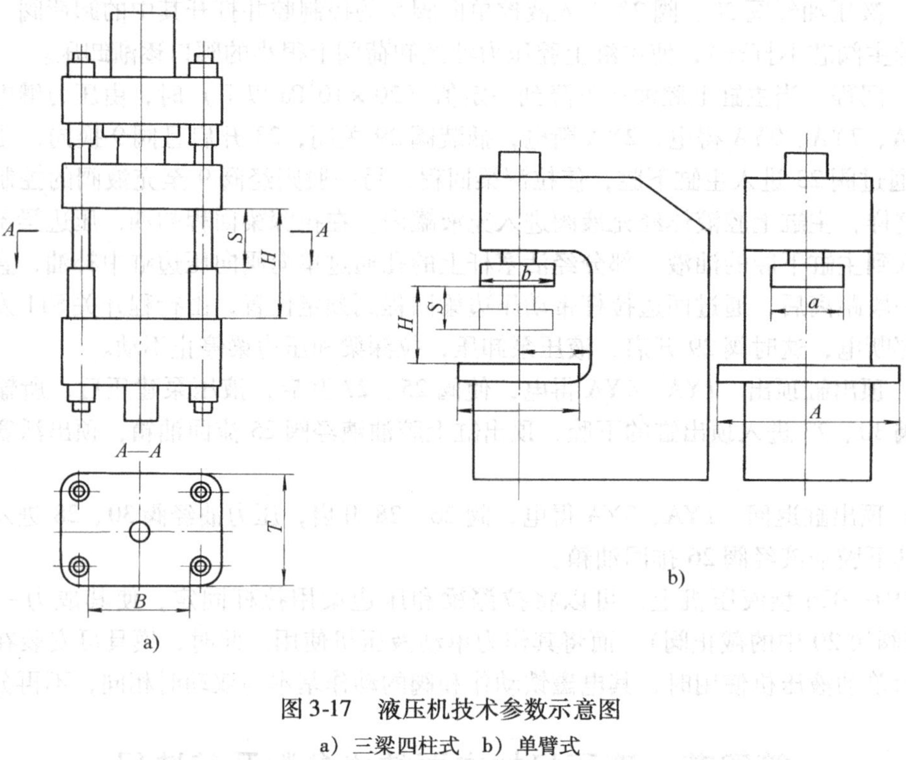

图 3-17 液压机技术参数示意图

a）三梁四柱式 b）单臂式

最大净空距反映了液压机在高度方向上工作空间的大小。它应根据模具（工具）及相应垫板的高度，工作行程大小以及放入坯料、取出工件所需空间大小等因素来确定。最大净空距对液压机的总高、立柱长度、液压机稳定性以及安装厂房高度都有很大影响。因此既要尽可能满足工艺要求，又要尽量减小压机高度。

单臂式液压机的最大净空距为工作缸底的下平面至工作台上表面的距离。

3. 最大行程 S

最大行程 S（单位 mm）是指活动横梁能够移动的最大距离。它反映了液压机能加工零件的最大高度，如图 3-17 所示。

4. 工作台尺寸 $B \times T$

液压机的工作台一般安装在下横梁上，工作台尺寸 $B \times T$（单位 mm × mm）是指工作台上可利用的有效尺寸。它反映了液压机工作空间的平面尺寸，也反映了液压机的平面轮廓尺寸，有些四柱式液压机以立柱中心距来表示。对单臂式液压机还有从压头中心到机架内侧表面（机壁）的距离，即喉深 L。

工作台尺寸的大小直接影响所能安装的模具平面尺寸和所能压制工件的最大平面尺寸，一般应使模具平面尺寸小于工作台尺寸，并留有安装、固定的余地，但不能使模具平面尺寸比工作台尺寸小得太多，这样不利于工作台受力。

大型锻造或冲压液压机往往设有移动工作台，此时的工作台尺寸就是指移动工作台的有效平面尺寸，使用时除应满足前述要求外，还应注意当移动工作台移出后，应使模具完全处于机身轮廓之外，以免在吊装过程中损坏。

5. 活动横梁运动速度

活动横梁运动速度分为工作行程速度及空程（充液及回程）速度两种，它的变化范围很大。锻造液压机要求工作速度较高，可达50～150mm/s，而在有些工艺中，液压机的工作速度甚至低于1mm/s。

空程速度一般较高，以提高生产率。但如果速度太快，会在停止或换向时引起冲击及振动。

6. 顶出器标称压力和行程

许多液压机都装有顶出缸供顶出工件或拉深时使用，顶出力的大小往往随液压机的种类不同而不同，可根据工艺要求方便地进行调节。

在选用时应确保顶出力和顶出行程足够大以满足工艺要求。若利用顶出缸进行浮动压边，则可根据工艺要求通过调节顶出缸远程调压阀来调节其压边力的大小，且拉深行程不得大于顶出缸行程。

二、液压机的选用

在选用或选购液压机时，应以在该设备上进行的主要工艺为依据，确保其主要技术参数均满足工艺要求，结合使用条件、投资情况及制造厂的情况，并参考国内外现有的同类设备的参数及使用效果来决定。

除此之外，液压机还有许多技术参数，如液压系统的额定工作压力、设备总重量、电动机总功率、地面以上高度及地下深度、允许最大偏心距等，这些参数在选购液压机时是必须考虑的因素。

在选用或选购液压机时还应注意以下几个问题：

1）机身形式。不同机身形式具有不同的强度、刚度、运动精度：单臂式最差，梁柱式一般，框架式最好。但从设备的操作方便和减小投资的角度出发，却有恰恰相反的关系。因此，要根据工艺要求及场地、投资等情况综合考虑。

2）最大偏心距。液压机在工作时不可避免地要承受偏心载荷。偏心载荷在液压机的两个方向都会发生，在使用中要注意加载位置，不可使液压机承受过大的偏心载荷。当工件或模具的压力中心远离设备的压力中心时，应适当加大标称压力安全余量。

3）上传动的油压机一般不宜用于热成形工艺，以防液压缸中泄漏的油液被点燃而发生火灾事故。

4）必要时，液压机的工作压力还可在工作过程中进行调整，以适应某些工艺的特殊要求。

思 考 题

3-1 液压机的工作原理是什么？具有哪些特点？

3-2 液压机常用什么工作介质？各有什么优缺点？

3-3 为什么说框架式机身的刚度和运行精度要优于梁柱式？

3-4 立柱的预紧方式有哪些？各有什么特点？

3-5 与铸造横梁相比，焊接式结构有何特点？

3-6 液压缸的主要组成如何？不同结构的液压缸有何特点？

3-7 为什么在液压机上要加装冲裁缓冲器？如何缓冲？

3-8 请简要分析 Y32—315 型液压机的液压系统并说明 ST3 和阀 9 的作用。

3-9 请简要分析 HD—026 型液压机用作单动时的动作过程。

3-10 液压机的主要技术参数有哪些？如何选用？

第四章　塑料挤出机

第一节　挤出成型工作原理及挤出机组组成

挤出成型是塑料加工的重要成型方法之一，在塑料成型加工中占有重要的地位。大部分热塑性塑料都可以用挤出成型的方法加工。挤出成型具有下述特点：成型过程是连续的，因而其生产过程一般也是连续的；生产效率高，应用范围广，能生产管材、棒材、板材、薄膜、单丝、电线、电缆、异型材料以及中空制品等；投资少，见效快。挤出机除了用于挤出制品外，还可以用于塑料混合、造粒、塑化等。挤出成型生产的产品广泛应用于农业、建筑业、石油化工业、机械制造业、国防工业以及日常生活。

挤出成型是在挤出机上进行的。挤出机是塑料成型加工的重要设备之一。

一、挤出成型生产工艺过程与挤出机组组成

（一）挤出成型生产工艺过程

如图4-1所示，挤出成型生产工艺过程是这样进行的：将塑料从料斗加入料筒中，随着螺杆的转动将其向前输送，塑料在向前移动的过程中，受到料筒的加热、螺杆的剪切作用和压缩作用，使塑料由粉状或粒状逐渐熔融塑化为粘流态，塑化后的熔料在压力的作用下，通过分流板和一定形状的口模，成为截面与口模形状相仿的高温连续体，最后冷却定型为玻璃态，得到所需的具有一定强度、刚度、几何形状和尺寸精度的等截面制品。

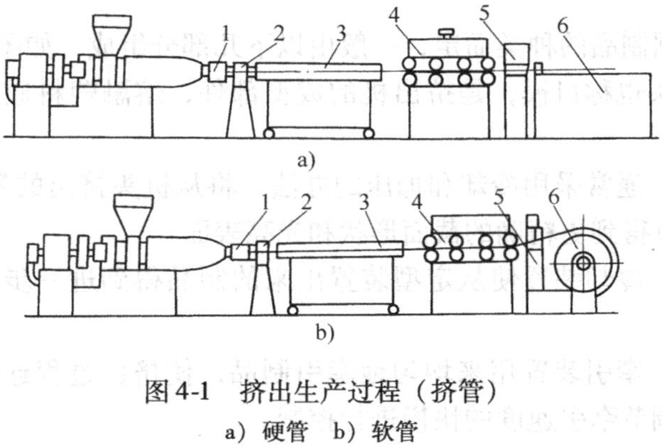

图4-1　挤出生产过程（挤管）

a）硬管　b）软管

1—机头　2—定型　3—冷却　4—牵引　5—切割　6—卷取（或堆放）

（二）挤出机组

一台挤出成型设备一般由主机（挤出机）、辅机和控制系统组成，统称为挤出机组。

1. 主机

主机主要由以下三个部分组成，如图 4-2 所示。

（1）挤压系统　主要由螺杆和料筒组成，是挤出机的关键部分。塑料在挤压系统中被塑化成均匀的熔体，被螺杆连续定压、定温、定量地从机头挤出。

（2）传动系统　传动系统的作用是驱动螺杆，保证螺杆在工作过程中获得所需要的转矩和转速。

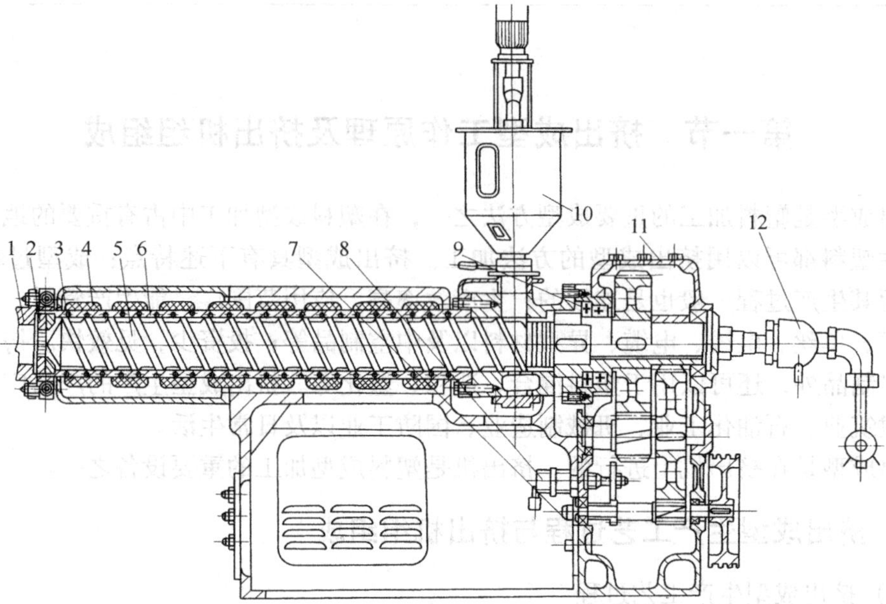

图 4-2　挤出机主机结构图

1—机头连接法兰　2—过滤板　3—冷却水管　4—加热器　5—螺杆　6—料筒　7—液压泵　8—测速电动机　9—推力轴承　10—料斗　11—减速箱　12—螺杆冷却装置

（3）加热冷却系统　通过对料筒和螺杆进行加热和冷却，保证塑料在挤压过程中的温度控制要求。

2. 辅机

辅机的组成根据制品的种类而定，一般由以下几部分组成，如图 4-1 所示。

（1）机头　机头也称口模，是挤出机的成型部件，熔融塑料通过它获得所需制品的截面形状和尺寸。

（2）定型装置　通常采用冷却和加压的办法，将从机头挤出的塑料的形状稳定下来，并对其进行精整，以得到更精确的截面形状和光亮表面。

（3）冷却装置　冷却装置使从定型装置出来的制品得到进一步的冷却，从而获得最后的形状和尺寸。

（4）牵引装置　牵引装置用来均匀地牵引制品，使挤出过程连续稳定地进行。制品的截面尺寸可通过调节牵引速度的快慢进行控制。

（5）切割装置　切割装置可将连续挤出的制品按要求切成一定的长度或宽度。

（6）卷取装置　其作用是将软制品卷绕成卷。

3. 控制系统

控制系统主要是由电器、仪表和执行机构组成，可控制挤出机主机和辅机的拖动电动机、驱动液压泵、液压缸和其他各种执行机构，使其按所需的功率、速度和轨迹运行；检测主机和辅机的温度、压力、流量等参数，从而实现对整个挤出机组的自动控制和对产品质量的控制。

由以上各部分组成的挤出装置一般称为挤出机组。图 4-1 所示为挤管机组的组成示意图。

二、挤出机的分类与型号表示

1. 国产塑料挤出机分类

随着挤出机用途的增加，各种类型的挤出机迅速发展起来。挤出机的分类方法有很多，例如：按螺杆数目的多少，可分为单螺杆挤出机和多螺杆挤出机；按可否排气，可分为排气式挤出机和非排气式挤出机；按有无螺杆，可分为螺杆挤出机和无螺杆挤出机；按螺杆的位置，可分为立式挤出机和卧式挤出机等。生产中常用的是卧式单螺杆非排气式挤出机，本章将以此为重点进行介绍。

2. 型号表示与主要技术参数

我国生产的塑料挤出机的主要参数已标准化。一些国产挤出机的主要技术参数见表 4-1。

表 4-1　国产挤出机的主要技术参数

型号	螺杆直径 D/mm	螺杆长径比 L/D	螺杆转速 n /（r/min）	生产能力 Q /（kg/h）	主电动机功率 P/kW	加热功率 E /kW	加热段数	机器中心高度 H/mm
SJ—30/20	30	20	11 ~ 100	0.7 ~ 6.3	1 ~ 3	3.3	3	1000
SJ—30/25B	30	25	15 ~ 225	1.5 ~ 22	5.5	4.8	3	1000
SJ—45/20B	45	20	10 ~ 90	2.5 ~ 22.5	5.5	5.8	3	1000
SJ—65/20A	65	20	10 ~ 90	6.7 ~ 60	5 ~ 15	12	3	1000
SJ—65/20B	65	20	10 ~ 90	6.7 ~ 60	22	12	3	1000
SJ—Z—90/30	90	30	12 ~ 120	25 ~ 250	6 ~ 60	30	6	1000
SJ—90/20B	90	20	14 ~ 72	30 ~ 90	2.4 ~ 24	16	4	1000
SJ—120/20D	120	20	8 ~ 48	25 ~ 150	18.3 ~ 55	37.5	5	1100
SJ—Z—150/27	150	27	10 ~ 60	60 ~ 200	25 ~ 75	71.5	6	1100
SJ—65/20DL	65	20	10 ~ 100	10 ~ 70	0 ~ 17	12.5	3	1000
SJ—150/20DL	150	20	7 ~ 42	200	25 ~ 75	72	6	1100

表中字母为汉语拼音的缩写，其中“SJ”表示塑料挤出机，“Z”表示造粒机，“W”代表喂料机，数字代表螺杆直径和长径比，“A”和“B”表示机器结构或参数改进后的标记（机型）。例如，SJ—150 表示螺杆外圆直径为 150mm 的塑料挤出机。

挤出机的工作性能特征通常用以下几个主要技术参数表示：①螺杆直径 D，指螺杆的外圆直径；②螺杆的长径比 L/D，指螺杆工作部分长度与外圆直径比；③螺杆的转速范围 $n_{min} \sim n_{max}$；④主螺杆的驱动电动机功率 P；⑤挤出机生产能力 Q；⑥料筒的加热功率 E；⑦机器的中心高度 H，指螺杆中心线到地面的高度；⑧机器的外形尺寸（长×宽×高）。

第二节　挤出成型理论简介

在挤出成型过程中，物料通过螺杆和口模时的状态变化和流动规律，对制品的质量、成型生产率以及能量消耗有着至关重要的影响。为了使挤出成型达到优质、高产、低消耗的目的，人们从理论上对挤出过程进行了研究，形成了一整套描述物料在螺杆和口模中运动、变化规律的基本理论，这就是挤出理论。

普通全螺纹螺杆的三个职能区如图4-3所示。在固体输送区，物料由旋转的螺杆作用，通过料筒内壁和螺杆表面的摩擦作用，向前输送并逐步被压实，但仍处于固体状态。进入熔融区后，一方面由于螺纹深度减小使物料进一步被压缩，另一方面在料筒外部加热和螺杆剪切、摩擦热的作用下，物料开始熔融。至熔融区末，物料全部熔融。均化区则进一步将熔体均匀塑化，并使其定量、定压、定温地从机头挤出。

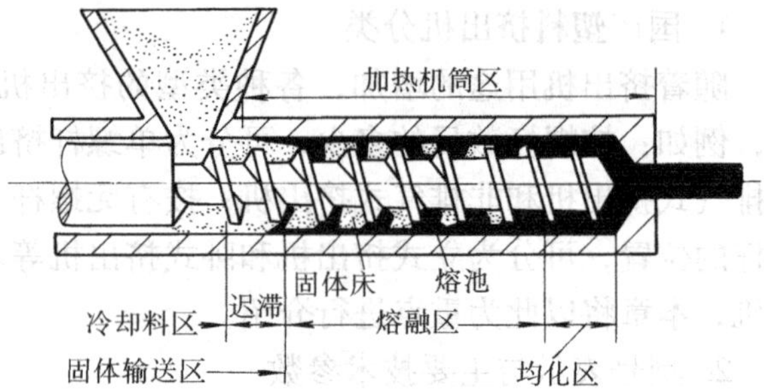

图4-3　普通全螺纹螺杆的三个职能区

到目前为止，对挤出理论的研究是根据塑料在挤出成型过程中的三种状态——加料区的固态、过渡区（熔融区）的高弹态和挤出区（均化区）的粘流态进行的。也就是把挤出成型理论主要分成三个职能区进行研究，即固体输送区的固体输送理论、熔融区的熔融理论以及均化区的熔体输送理论。由于这些理论的数学推导相当繁琐，因此在本书中只对其基本假设和主要结论作一介绍。

一、固体输送理论

研究塑料在挤出机加料区的固体输送理论，对于提高挤出机加料段的固体输送效率和挤出机的生产能力都具有十分重要的意义。

目前对加料段的固体输送理论存在着多种观点，但都从不同的角度来阐述和完善。应用较广泛的是达涅尔（Darnell）和莫耳（Mol）提出的以固体对固体的摩擦静力平衡为基础而建立起来的固体输送理论。

该理论基于如下假设：螺槽中被压实的物料像固体塞子一样移动，且其密度不变；塞子与所有面（机筒内表面、螺槽底面及螺槽侧面）相接触，且塞子与各边的摩擦因数是一个常数，但螺杆与料筒对塞子的摩擦因数不同；摩擦因数与压力无关，仅为温度的函数；螺槽为等深矩形的，并忽略料筒与螺棱的间隙；料筒相对螺杆运动，螺杆则相对静止不动。

在作了以上假设之后，再研究固体输送区物料的输送。

如图4-4所示，在螺槽中固体塞子上取一个微单元。假定螺杆不动，料筒以$v_b=\pi D_b n$的速度移动。固体塞子沿螺纹方向移动的速度用v_p表示，将v_p分解为沿螺杆轴线方向的速度v_{pl}和沿圆周方向的速度v_{pt}，则固体输送率Q_s可表示为

$$Q_s=v_{pl}A \tag{4-1}$$

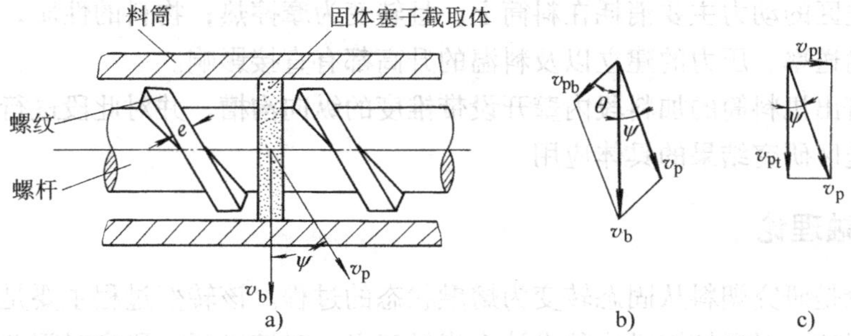

图4-4 固体输送分析

式中，A 为螺槽横截面积。由图4-4的几何条件可得

$$v_{pl} = v_b \frac{\tan\psi\tan\theta}{\tan\psi + \tan\theta}$$

式中，θ 为固体输送角。而

$$A = \int_{\frac{D_s}{2}}^{\frac{D_b}{2}} \left(2\pi R - \frac{ie}{\sin\psi}\right) dR$$

式中，D_b、D_s 为螺杆外径和根径（m）；i 为螺纹线数；e 为螺棱法向宽度（m）；ψ 为螺纹升角。

将以上二式代入式（4-1），经积分、简化和整理，可得

$$Q_s = \pi^2 n h_1 D_b (D_b - h_1) \frac{\tan\psi\tan\theta}{\tan\psi + \tan\theta} \cdot \frac{W}{W + e} \times 10^6 \quad (4\text{-}2a)$$

或写成比流率（螺杆每转的流率）的形式：

$$\frac{Q_s}{n} = \pi^2 h_1 D_b (D_b - h_1) \frac{\tan\psi\tan\theta}{\tan\psi + \tan\theta} \cdot \frac{W}{W + e} \times 10^6 \quad (4\text{-}2b)$$

式中，Q_s 为固体输送率（cm^3/s）；n 为螺杆与料筒间的相对转速（r/s）；h_1 为螺槽深度（m）；W 为螺槽平均宽度（m）。

由式（4-2b）可以看出，Q_s 与 n 和螺槽深度 h_1 成正比关系，与螺杆直径接近于平方的关系，即挤出机的螺杆越粗，加料段的螺槽越深，工作时转速越高，则螺杆的输送能力就越强。但增加 h_1 有一定限度，因为它还取决于螺杆根径所能承受的转矩，尤其是小直径的螺杆，更应考虑到这个因素。

由上式还可看出，在螺杆参数给定，螺杆转速一定的情况下，Q_s 与 θ 有关，随着 θ 的增大，Q_s 也随之增大。$\theta = 0°$ 时，$Q_s = 0$；$\theta = 90°$ 时，Q_s 也达到其最大值 Q_{smax}。由于 θ 角直接反应了固体输送率的大小，所以被称为固体输送角。由于实际上固体塞子与料筒和螺杆间的摩擦力既不会是零，也不会是无穷大，因此实际的 θ 角范围应是 $0° < \theta < 90°$，Q_s 的范围则是 $0 < Q_s < Q_{smax}$。

尽管各种固体输送理论的出发点和结论不尽相同，但以下几点却是一致的，而且已被实验所证实：固体输送率同螺杆表面与物料的摩擦因数、料筒内表面与物料的摩擦因数有关。要达到较高的固体输送率，需要有很光滑的螺杆表面和轴向摩擦力很小而切向摩擦力很大的料筒内表面。

对固体输送区的研究还表明：在固体输送区内尽早建立较大的压力有利于稳定挤出过

程；固体输送区的动力主要消耗在料筒上，且转变为摩擦热；物料的性质，其料粒的几何形状对固体输送率、压力的建立以及料温的升高都有直接影响。

目前在挤出机料筒的加料段内壁开设带锥度的纵向沟槽，并对此段进行强力冷却，就是对固体输送区研究结果的具体应用。

二、熔融理论

熔融理论是研究塑料从固态转变为熔融状态的过程。该转变过程主要是在挤出机螺杆的熔融段进行的，对螺杆熔融段的设计有指导意义。对熔融区的研究时间并不长，对熔融理论的研究工作还不够完善。下面重点介绍由塔莫尔（Tadmor）和克莱因（Klein）所建立的熔融理论。

该熔融理论是在挤出机上进行大量冷却实验的基础上建立起来的。实验是这样进行的：将着色物料和本色物料混合加入挤出机中挤出，待挤出过程稳定后，把正在稳定运转中的挤出机快速停车，并迅速冷却料筒和螺杆，待挤出机内部熔料固化后，将螺杆从料筒中取出（如果是剖分料筒，可将料筒打开），将螺槽内的塑料在不同轴向距离处沿垂直于螺棱方向切片，所得截面如图 4-5a 所示。从观察得知截面分为三个区域：固态物料即固体床（白色）、熔池（黑色）以及接近料筒表面的熔膜（黑线）。在这个实验中，熔膜是从第 7 个螺距开始出现的，大约在第 9 个螺距出现熔池。随着物料向前输送，熔池逐渐加宽，固体床相应变窄。至第 20 个螺距，熔体充满整个螺槽，固体床消失。

基于以上的实验观察，塔莫尔和克莱因建立了熔融区中物料的熔融模型，如图 4-5b、图 4-5c 所示。该模型假设：挤出过程是稳定的，即在挤出过程中螺槽内固相与液相的分界面位置以及任何截面上的速度分布、温度分布都不随时间而变化；整个固相为一均匀连续体；塑料的熔融温度范围较窄，因此固液相之间的分界面比较明显；螺槽的横截面是矩形的；固体塞子的厚度无限，其密度不变，速度不变，横过固体床熔膜的厚度不变。

在作了上面的假设后，塔莫尔和克莱因认为熔融过程是这样进行的：由料斗加入的物料经固体输送区压实成固体床。固体床在前进过程中同已加热的料筒表面接触而逐渐升温熔融，并在料筒表面形成一层熔膜。当熔膜厚度大于螺杆与料筒的间隙时，被旋转的螺棱刮落，汇集于螺纹推力面的前方而形成熔池。随着螺杆的转动，来自加热器的热量和熔膜中的剪切热不断传至固体床，使与熔膜接触的固体粒子熔融。这样固体床宽度 X 逐渐减小，而熔池逐渐变宽。从开始熔融到固体床消失即完全熔融时的螺纹总长度就是熔融区长度 Z_T。显然，Z_T 越短，熔融速率越高。

在此熔融模型的基础上，塔莫尔和克莱因建立了熔融过程的数学模型，并导出保证固体料完全熔融所需的螺杆熔融区长度 Z_T 为

$$Z_T = \frac{H_1}{\phi}\left(2 - \frac{A}{\phi}\right) \tag{4-3}$$

其中

$$\phi = \frac{\eta\sqrt{W}}{\dfrac{G}{H_0}\sqrt{\dfrac{X_1}{W}}}$$

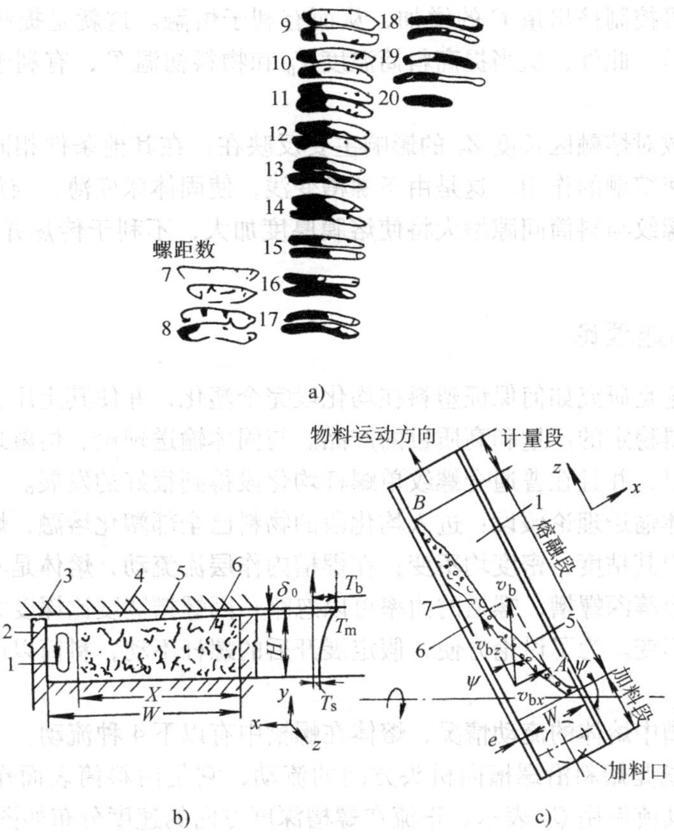

图 4-5 熔融区分析

a）骤冷料筒实验取样 b）熔融模型横断面 c）塑料在展开螺槽中的熔融过程

1—熔池 2—螺棱 3—料筒内表面 4—熔膜 5—固体熔体界面 6—固体床 7—固体和熔体共存区

$$\eta = \sqrt{\frac{v_{bx}\rho_m}{2}}\sqrt{\frac{\kappa_m\ (T_b - T_m)\ + \mu v_j^2/2}{c_s\ (T_m - T_s)\ + \lambda}}$$

式中，Z_T 为固体料完全熔融所需的螺杆熔融区长度（m）；H_1 为螺杆压缩段开始断面的槽深（m）；A 为螺杆的螺槽斜度（也叫渐变度）；W 为螺槽宽度（m）；G 为稳定挤出时的质量流率，即挤出量（kg/s）；H_0 为熔融区起始处螺槽深度（m）；X_1 为对应于熔融区起始点处的固体床宽度（m）；v_{bx}为料筒速度在垂直螺棱方向的分量（m/s）；ρ_m 为熔料的密度（kg/m^3）；κ_m 为熔料的热导率（W/（m·K））；T_b、T_m、T_s 分别为料筒、熔膜和固体床的温度（K）；μ 为熔料的粘度（Pa·s）；v_j 为料筒相对于固体床的速度（m/s）；c_s 为固相塑料比热容（J/（kg·K））；λ 为塑料熔融当量潜热（J/kg）。

由式（4-3）可以看出，物料性能、工艺条件及螺杆的几何参数对 Z_T 都有影响。

物料性能对熔融区长度 Z_T 的影响主要反映在：比热容小、热导率大、密度高、熔融潜热和熔融温度低的物料熔融较快，其 ϕ 值相对较大，则所需的熔融区长度 Z_T 较小，或者在相同的 Z_T 下能获得较高的生产率。

工艺条件对熔融区长度 Z_T 的影响主要反映在：挤出量 G 的增加使熔融的发生和结束均延迟，且末端温度波动幅度增大。因此在其他条件不变时，随着挤出量增加，产品质量变坏。转速 n 增加时，若无背压控制，由于 G 随之增加，结果 Z_T 加长，不利于熔融；若有背压控制，则可控制挤出量 G 的增加，从而有利于熔融。这就是提高转速时需增设背压控制装置的原因。此外，适当提高料筒温度 T_b 和物料初温 T_s，有利于对物料供热加速其熔融过程。

螺杆几何参数对熔融区长度 Z_T 的影响主要反映在：在其他条件相同的情况下，螺槽的渐变度起着加速熔融的作用。这是由于螺槽变浅，使固体床变薄，与加热料筒的接触增加，熔融加快。螺纹与料筒间隙增大将使熔膜厚度加大，不利于传热并降低了剪切速率，因而不利于熔融。

三、熔体输送理论

熔体输送理论是研究如何保证塑料在均化段完全塑化，并使其定压、定量和定温地从机头挤出，以获得稳定的产量和高质量的产品。与固体输送理论、熔融理论相比，熔体输送理论建立得最早，并且在普通全螺纹单螺杆均化段得到很好的发展。

均化段的熔体输送理论假设：进入均化段的物料已全部塑化熔融，熔体为等温牛顿流体，在流动过程中其粘度、密度均不变；在螺槽内作层流流动，熔体是不可压缩的；螺距不变，螺槽为矩形等深螺槽，螺槽的曲率可以忽略；因螺槽宽度比深度大得多，故可认为速度沿整个螺槽不变。为了讨论方便，假定展开后的螺杆不动，料筒以原来螺杆的速度作反向移动。

首先分析螺槽中熔体的流动情况，熔体在螺槽中有以下 4 种流动：

（1）正流　这是熔料沿螺槽向机头方向的流动，它是由料筒表面作用到熔体上的力而产生的流动。其流率用 Q_Z 表示。正流在螺槽深度方向的速度分布如图 4-6a 所示。

（2）逆流　也叫压力流，其方向与正流相反，它是由机头、分流板、过滤网等对熔体的反压力而引起的流动。其流率用 Q_P 表示。其在螺槽深度方向的速度分布如图 4-6b 所示。将正流和逆流相叠加，就得到熔体在螺槽中的净流动，称为净流 Q_J，如图 4-6c 所示。

（3）横流　这是一种与螺纹方向垂直的流动。当这种流动到达螺纹侧面时被挡回，便沿着螺槽侧面向上流动，又为料筒所挡，再作与螺纹方向垂直相反的流动，形成环流。其流动状况如图 4-6d 所示。这种流动对总的挤出量影响不大，故一般不计，但对熔体的传热、混合、塑化影响较大，也消耗一定能量，其流率用 Q_r 表示。

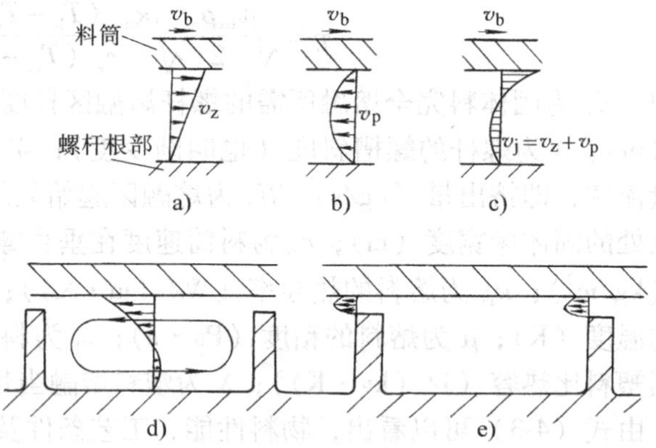

图 4-6　熔体流动速度分布

（4）漏流　它是由机头、分流板、过滤网等对熔体的反压力引起的流动，是一种通过螺棱与料筒形成的间隙 δ_0 沿螺杆轴线向料斗方向的流动。由于 δ_0 在一般情况下很小，故漏流的流率 Q_L 在数量上比 Q_Z 小很多，其流动情况如图 4-6e 所示。

熔体在螺槽中的流动就是这 4 种流动的组合。均化段流率（即挤出机生产率）是由

正流、逆流和漏流决定的。挤出机的流率（挤出量）为

$$Q = Q_Z - Q_P - Q_L \tag{4-4}$$

根据前面的假设和建立的物理模型，应用流体力学的分析方法，可以导出应用于单螺杆挤出机均化段流率的计算公式。由于推导繁琐，此处仅将结论列出如下：

$$Q_Z = \frac{1}{2}\pi^2 D^2 n h_3 \sin\psi\cos\psi \times 10^6 \tag{4-5}$$

$$Q_P = \frac{\pi D h_3^3 \sin^2\psi}{12\mu_1 L_3}(p_2 - p_1) \times 10^6 \tag{4-6}$$

$$Q_L = \frac{\pi^2 D^2 \delta_0^2 \tan\psi}{10\mu_2 e_3 L_3}(p_2 - p_1) \times 10^6 \tag{4-7}$$

式中，Q_Z 为正流的流率（cm^3/s）；Q_P 为逆流的流率（cm^3/s）；Q_L 为漏流的流率（cm^3/s）；D 为螺杆外径（m）；n 为螺杆转速（r/s）；h_3、e_3 为均化段螺槽深度和螺棱宽度（m）；ψ 为螺纹升角；L_3 为均化段长度（m）；δ_0 为螺棱与料筒的间隙（m）；p_1、p_2 为均化段开始和结束处的熔体压力（Pa）；μ_1、μ_2 为螺槽和螺棱间隙中熔体的粘度（Pa·s）。

由式（4-4）~式（4-7）可知：为提高挤出机的生产效率，可采取提高螺杆转速，加大螺杆直径，增大均化段长度和螺棱宽度，减小料筒与螺杆间隙等方法。至于均化段螺槽深度 h_3 对挤出量 Q 的影响是复杂的，如 h_3 增加 1 倍，Q_Z 也增加 1 倍，而 Q_P 却增加至 8 倍，因此在确定 h_3 时要考虑到这一点。

熔体在料筒出口处所受压力越大，熔体的粘度越小，则逆流和漏流越大，使生产效率降低；但一定数量的逆流和漏流有利于均化与混合，这就是生产中在机头处放置分流板和过滤网的原因。

四、挤出机综合工作点

前面讨论了物料在挤出机螺槽中的流动。但是从螺杆输送的熔料必须通过成型机头的挤出才能成为制品。所以要了解挤出过程的特性，就必须将螺杆输送特性和机头工作特性联合起来讨论。为此，引入螺杆特性线和口模特性线以及挤出机综合工作点的概念。

1. 螺杆特性线

若将式（4-5）~式（4-7）中各项的螺杆尺寸常数分别用 α、β 和 γ 表示，代入式（4-4）则有

$$Q = \alpha n - \beta\frac{\Delta p}{\mu_1} - \gamma\frac{\Delta p}{\mu_2} \tag{4-8}$$

式中，α 为正流流率系数；β 为逆流流率系数；γ 为漏流流率系数；Δp 为沿螺杆均化段长度上的压力差（Pa）。

将式（4-8）中的 Δp 用机头压力 p 代替，又可写为

$$Q = \alpha n - \left(\frac{\beta}{\mu_1} + \frac{\gamma}{\mu_2}\right)p \tag{4-9}$$

对于给定螺杆，α、β 和 γ 均为常数，当挤出稳定后，可以认为温度、转速都不变，则 μ_1 和 μ_2 也不变，因此，Q 和 p 为线性方程，如图 4-7 中的 AB 线（螺杆转速 $n_3 > n_2 >$

n_1），称 AB 线为螺杆特性线。若螺杆不变，改变螺杆的转速，则可得到一组平行线，称之为螺杆特性线族。

螺杆特性线是挤出机的重要特性线之一，它表示螺杆均化段熔料流率和压力的关系。当转速不变时，随着机头压力的升高，挤出量降低，而降低的快慢取决于螺杆特性线的斜率。螺杆特性线的斜率与螺槽深度的立方和螺旋角正弦的平方成正比，并与螺杆均化段长度成反比。螺槽深度 h_3 稍有变化就会对螺杆特性线的斜率产生明显的影响。一般说来，深螺槽螺杆（h_3 较大）的螺杆特性线较倾斜，压力变化对挤出量的影响较大；浅螺槽螺杆（h_3 较小）的螺杆特性线较平坦，压力变化对挤出量的影响较小。

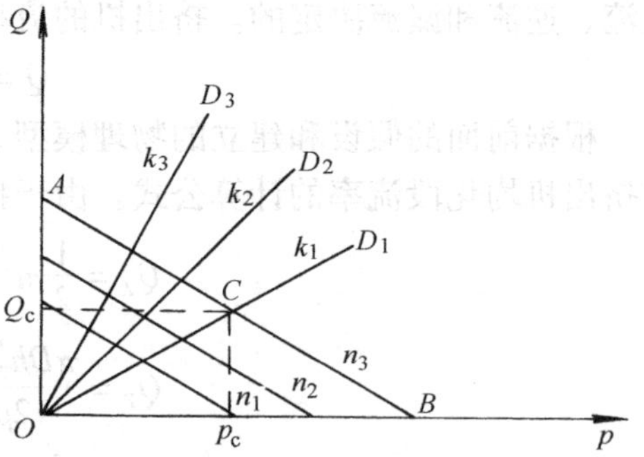

图 4-7　挤出机工作图之一

2. 口模特性线

挤出机的机头是整个挤出机的重要组成部分，物料通过机头口模获得一定的几何形状、必要的尺寸精度与表面粗糙度。研究熔料在机头内的流动规律对研究整个挤出成型过程，指导机头设计和获得高质量制品是非常重要的。

由前述可知，到达螺杆均化段的熔体已是完全塑化并具有一定的压力和温度，在螺杆的输送下，熔料被直接（或经分流板和过滤网）挤入机头。下面研究熔体在机头中的流动规律。

假定熔体为牛顿流体，则通过口模的流率 Q 与在口模产生的压力降之间的关系为

$$Q = k\frac{\Delta p}{\mu} \tag{4-10}$$

式中，Q 为通过口模的体积流率（cm^3/s）；k 为口模阻力系数，其值仅与口模的形状和尺寸大小有关；Δp 为物料通过口模所产生的压力降（Pa），可用机头压力 p 代替；μ 为机头处物料的粘度（Pa·s）。

在稳定操作状态下，μ 近似地看成一个常量。如果忽略大气压力，物料通过口模的压力降 Δp 的值与式（4-8）中螺杆的压力降相同。式（4-10）称为机头口模的流动方程。可以看出，流率 Q 正比于压力降，而反比于物料的粘度。

根据式（4-10）作 Q—p 图，可以得到一条通过坐标原点的直线 OD，其斜率为 k/μ。不同的直线代表着不同的口模（口模阻力系数 $k_3 > k_2 > k_1$），这些直线称为口模特性线，如图 4-7 中的直线 OD_1、OD_2 和 OD_3 等。对于给定口模，压力越高，流过口模的流量越大。

3. 综合工作点

由于挤出机的螺杆和口模是安装在一起进行工作的，物料经螺杆连续稳定地流向机头口模而成为具有一定形状的制品，因此螺杆的流率、压力与口模的流率、压力应相等。反映在图 4-7 中就是螺杆特性线与口模特性线的交点，称为挤出的综合工作点，如图中的 AB 和 OD_1 的交点 C。这意味着在给定的螺杆和口模下，当转速一定时，挤出机的机头压力和流率应符合这一点所表示的关系，即流率应为 Q_c，机头压力应为 p_c。在给定的螺杆

和口模下，工作点会因螺杆转速的改变而改变；同样，更换机头，工作点也会改变。由螺杆特性线和口模特性线组成的坐标图（图4-7），称为挤出机的工作图。

挤出机的工作图很有用，可以利用它来讨论螺杆、机头的联合设计等。

应当指出，根据均化段的熔体输送理论所作出的螺杆特性线和口模特性线以及挤出机的工作图，都是在等温条件下对牛顿流体作出的，故它们都是线性关系。但实际上挤出成型生产是在非等温条件下进行的，流体也不是牛顿流体，其口模特性线和螺杆特性线在理论上不再是直线而是抛物线。实测的螺杆特性线和口模特性线如图4-8所示。

上述挤出机的工作图只反映了流率和机头压力之间的关系，而没有反映挤出物的质量和其他条件（如温度）之间的关系。显然，用上述工作图来讨论挤出成型过程是不完善的。因此，有人提出了如图4-9所示的图形。图中 n_1 和 n_2 分别代表螺杆转速为 n_1、n_2（$n_2>n_1$）时的螺杆特性线，k_1 表示具有压力调节时的口模特性线，k_2 表示没有进行压力调节时的口模特性线，Q_u 为用观察挤出制品的均化度来确定的质量线，T_{max} 和 T_{min} 分别为最大允许和最小可能的熔体温度，W 为特定挤出机的经济挤出量的下限。该图的核心部分为所画的阴影部分，称为有效工作区，该区域为螺杆在加工某种塑料时的正常工作范围。使用这个图形，可以较好地说明挤出成型过程，并对挤出成型工作条件进行控制。

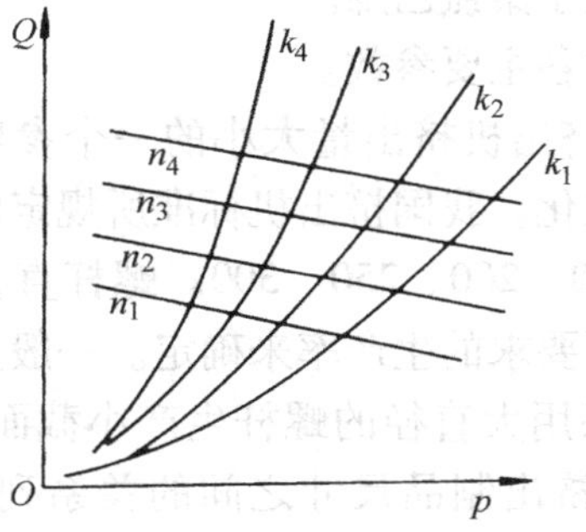

图4-8 挤出机的实际工作曲线

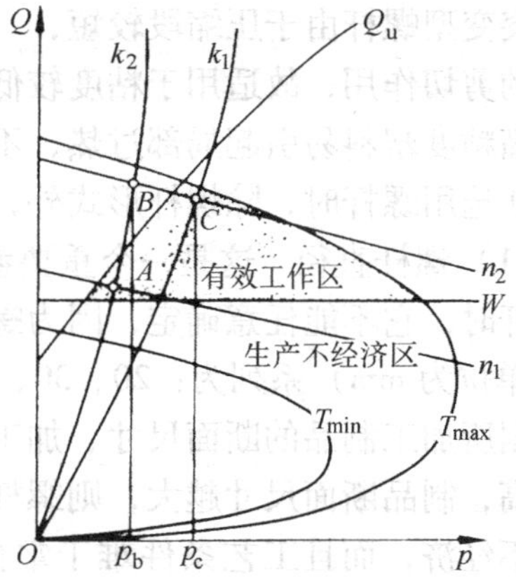

图4-9 挤出机工作图之二

第三节 挤出机结构与参数选用

图4-2所示的是单螺杆挤出机，它是由挤压系统、传动系统和加热冷却系统三部分组成的。本节将对单螺杆挤出机的这三个主要部分的结构和有关参数的选取进行介绍。

一、挤压系统

挤压系统是挤出机最关键的部分，称为挤出机的心脏。在挤压系统中塑料由玻璃态转变为粘流态，然后通过口模和辅机成型为各种塑料制品。

挤压系统由螺杆和料筒组成。螺杆和料筒的设计包括螺杆和料筒的结构设计、材料选择及强度计算。同时还将介绍与螺杆和料筒有关的分流板、过滤网和加料装置的设计。

（一）螺杆

1. 普通螺杆的结构及参数

普通螺杆是指从加料段至均化段为全螺纹的螺杆，其主要任务是完成塑料塑化和输送。挤出机的生产率、塑化质量及动力消耗等主要取决于螺杆的结构和性能。螺杆可分为普通螺杆和新型螺杆。

所谓普通螺杆是指出现最早，应用最广，从加料段到均化段为全螺纹的三段式结构的螺杆。普通全螺纹三段螺杆分为渐变型螺杆和突变型螺杆两大类。渐变型螺杆是指由加料段较深螺槽向均化段较浅螺槽的过渡，是在一个较长的螺杆轴向距离内完成的；而突变型螺杆的上述过渡是在较短的螺杆轴向距离内完成的，如图 4-10 所示。

渐变型螺杆大多用于非结晶型塑料的加工，它对大多数物料能提供较好的热传导，对物料的剪切作用较小，而且可以控制，适用于热敏性塑料，也可用于结晶型塑料。

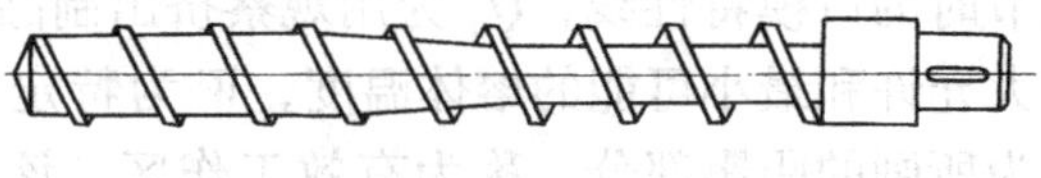

图 4-10　突变型螺杆

突变型螺杆由于压缩段较短，一般为 $(3 \sim 5)D$，有的只有 $(1 \sim 2)D$，对物料能产生较大的剪切作用，故适用于粘度较低、具有突变熔点的结晶型塑料，如尼龙、聚烯烃等。对于高粘度塑料易引起局部过热，不宜使用，故不适于聚氯乙烯。

在选用螺杆时，除螺杆形式外，还需考虑螺杆的各主要参数。

（1）螺杆直径　这是一个重要参数，它是表征挤出机挤出量大小的一个参数。在设计螺杆时，它不能任意确定，因为螺杆直径已经标准化。我国挤出机标准所规定的螺杆直径（单位为 mm）系列为：20、30、45、65、90、120、200、250、300。螺杆直径的大小应根据所加工制品的断面尺寸、加工塑料的种类和所要求的生产率来确定。一般生产率要求越高，制品断面尺寸越大，则螺杆直径越大。如果用大直径的螺杆生产小截面的制品，不仅不经济，而且工艺条件难于掌握。螺杆直径与挤出制品尺寸之间的关系列于表 4-2 中，供选用时参考。也可按如下经验公式来确定螺杆直径

$$Q = \beta D^3 n \tag{4-11}$$

式中，Q 为生产能力（kg/h）；D 为螺杆直径（cm）；n 为转速（r/min）；β 为经验出料系数，取 $\beta = 0.003 \sim 0.007$。

计算出来的 D 值不一定是整数，应按我国标准所规定的螺杆直径系列选取。

（2）螺杆的长径比　它是螺杆的另一个重要参数。当其他条件一定时，增大长径比即等于增加螺杆长度，从而使物料在螺杆中停留的时间增长，保证了物料有充分的熔融时间，有利于提高制品质量。另外，增大长径比，L_3 也相应增加，可减少压力流和漏流，提高了挤出机的生产能力。但是对热敏性塑料，过大的长径比易造成塑料在料筒中停留时间过长而产生热分解；同时长径比增大后使螺杆和料筒的加工制造和安装都较困难，容易因螺杆的自重弯曲而使料筒和螺杆的间隙不均匀，甚至可能刮磨料筒，影响挤出机的使用寿命。因此，长径比的选取应根据加工塑料的性能、产品的质量和生产率来确定，切不可盲目地加大长径比。另外，当长径比加大后，若提高螺杆转速，其转矩必然加大，这对小

直径的螺杆来说，因其加料段的螺纹根径较小，就有可能出现强度问题。

表 4-2　螺杆直径与挤出制品尺寸之间的关系

螺杆直径/mm	30	45	65	90	120	150	200
硬管直径/mm	3～30	10～45	20～65	30～120	50～180	80～300	120～400
吹膜折径/mm	50～300	100～500	400～900	700～1200	～2000	～3000	～4000
挤板宽度/mm	—	—	400～800	700～1200	1000～1400	1200～2500	—

目前国内螺杆的长径比多为 25～30，国外已出现长径比达 60 的螺杆。

（3）螺杆的分段　普通螺杆一般分为加料段、压缩段、均化段。物料在螺杆中的挤出过程实际上都经历了固体输送、熔融和均化的过程。

1）加料段。它的作用是输送固态物料给压缩段和均化段，其核心问题是输送能力。加料段的输送能力应与后两段的熔融均化速率相一致。

加料段的主要几何参数有螺纹升角 ψ、螺槽深度 H_1 和加料段长度 L_1。由固体输送理论得知，螺杆的输送能力与螺杆的几何参数和固体输送角有关。要提高螺杆的输送能力，可以通过改变螺杆的几何参数，如加大加料段的螺槽深度来实现。另外要提高螺杆的输送能力，需要有很光滑的螺杆表面和轴向摩擦力很小而切向摩擦力很大的料筒内表面，这可以通过在料筒加料段开纵向沟槽和加工出锥度来实现。

加料段的长度占螺杆全长的比例，对非结晶型塑料，其比例约为 10%～25%，对结晶型塑料，其比例约为 30%～65%。

2）压缩段。设计要求是物料在这一段得到进一步的压缩，以排除气体并使物料熔融。在这一段，物料的密度有所增大，因此应有足够的压缩比。压缩比有两个，一是几何压缩比，一是物理压缩比。设计时应使几何压缩比大于物理压缩比。压缩比与物料的性质、制品的情况等因素有关，它可用试验决定，目前一般根据经验选取。表 4-3 列出了常用塑料加工时所采用的几何压缩比。

表 4-3　常用塑料加工时采用的几何压缩比

物　料	压缩比	物　料	压缩比
硬聚氯乙烯（粒）	2.5（2～3）	ABS	1.8（1.6～2.5）
硬聚氯乙烯（粉）	3～4（2～5）	聚甲醛	4（2.8～4）
软聚氯乙烯（粒）	3.2～3.5（3～4）	聚碳酸酯	2.5～3
软聚氯乙烯（粉）	3～5	聚苯醚（PPO）	2（2～3.5）
聚乙烯	3～4	聚砜（片）	2.8～3
聚苯乙烯	2～2.5（2～4）	聚砜（膜）	3.7～4
纤维素塑料	1.7～2	聚砜（管、型材）	3.3～3.6
有机玻璃	3	聚酰胺（尼龙 6）	3.5
聚酯	3.5～3.7	聚酰胺（尼龙 66）	3.7
聚三氟氯乙烯	2.5～3.3（2～4）	聚酰胺（尼龙 11）	2.8（2.6～4.7）
聚全氟乙丙烯	3.6	聚酰胺（尼龙 1010）	3
聚丙烯	3.7～4（2.5～4）		

注：压缩比值括号外为常用值，括号内为使用范围。

对压缩段的另一设计要求是压缩段应有一定的长度，以使螺槽的体积变化与物料的熔融速率相适应。

压缩段的长度，目前国内多以经验方法确定。根据一般经验，对于非结晶型塑料，压缩段约占螺杆全长的50% ~60%，或1/3；而对于结晶型塑料，则取（3~5）D不等。

3）均化段。其作用是将来自压缩段的温度、密度和粘度达到均匀的熔料定压、定量、定温地输送到机头。均化段的螺槽深度和长度是两个重要参数。该段螺槽深度应当设计得使该段的计量能力与压缩段的熔融能力相匹配。如果螺槽深度过大，其潜在的熔体输送能力大于熔体能够充满的能力，压缩段未熔融的物料有可能进入该段，甚至挤入机头，影响制品质量；反之，若螺槽太浅，产量就会降低，而且熔体会受到过大的剪切，使温度过高，甚至引起过热分解。

均化段长度的增大可使物料均化时间延长，这有利于物料的均匀混合，也可以减少压力、产量、温度的波动。但均化段过长会使加料段和压缩段在螺杆全长中所占的比例变小，不利于物料的熔融，并引起热敏性塑料过热分解。

这两个参数一般靠经验确定。均化段螺槽深度一般取为(0.02~0.06)D，螺杆直径较小者，h_3取大值，反之，取小值。对于非结晶型塑料，均化段长度约占螺杆全长的22% ~25%；对于结晶型塑料，则为螺杆全长的25% ~35%。

（4）螺杆头部结构　熔料沿均化段螺槽进入机头流道时，其流动状态有一个急剧的改变过程。因此应选择合理的螺杆头部形状，使物料能平稳地从螺杆进入机头，避免产生滞流和防止物料受热时间过长而产生分解。

常用的螺杆头部形状有多种，如图4-11所示。应用较广的是图4-11a、图4-11b两种；图4-11c、图4-11d两种由于顶端有死角，易使物料停滞而产生热分解，不适用于高粘度、流动性较差的热敏性塑料，多用于挤出流动性好的塑料；图4-11e、图4-11f多用于流动性差及热敏性塑料；图4-11g和图4-11h由于具有不对称的头部有助于防止物料因滞流而分解；图4-11i多用于挤出粘度大、导热性不好或有明显熔点的塑料；而图4-11j能使物料借助头部的螺纹向前移动，多用于挤电缆。

影响螺杆工作性能的还有螺杆与料筒的间隙、螺纹的断面形状、螺纹的头数等，在选用时也应根据具体的生产情况确定。

（5）螺杆的材料选择　由于螺杆的工作条件恶劣（高温、高压、腐蚀、磨损并承受较大的转矩），因此，螺杆材料应具有较高的力学性能和较好的切削、热处理性能。目前我国常用的螺杆材料有45钢、40Cr、氮化钢、38CrMoAl等。45钢便宜，加工性能好，但耐磨、耐蚀性能差。40Cr的性能优于45钢，但往往要镀上一层铬，以提高其耐磨、耐蚀能力，但对镀铬层要求较高，镀层太薄易磨损，太厚则易剥落，剥落后反而加速腐蚀，目前已较少采用。氮化钢、38CrMoAl的综合性能较优异，应用比较广泛。也有在螺杆表面喷涂或堆焊耐蚀合金以提高螺杆的使用寿命。

2. 新型螺杆

普通螺杆由于其结构简单、制造容易等特点在生产中获得广泛的应用。随着塑料工业的飞速发展，对生产也提出了更高要求。由于普通螺杆存在着一些不足，如固体输送效率低，熔融效率低且不彻底，塑化混炼不均匀，压力、温度和产量波动大等，故不能充分满足生产要求。在生产中也常用提高螺杆转速和料筒温度，增大长径比，改进加料段结构，

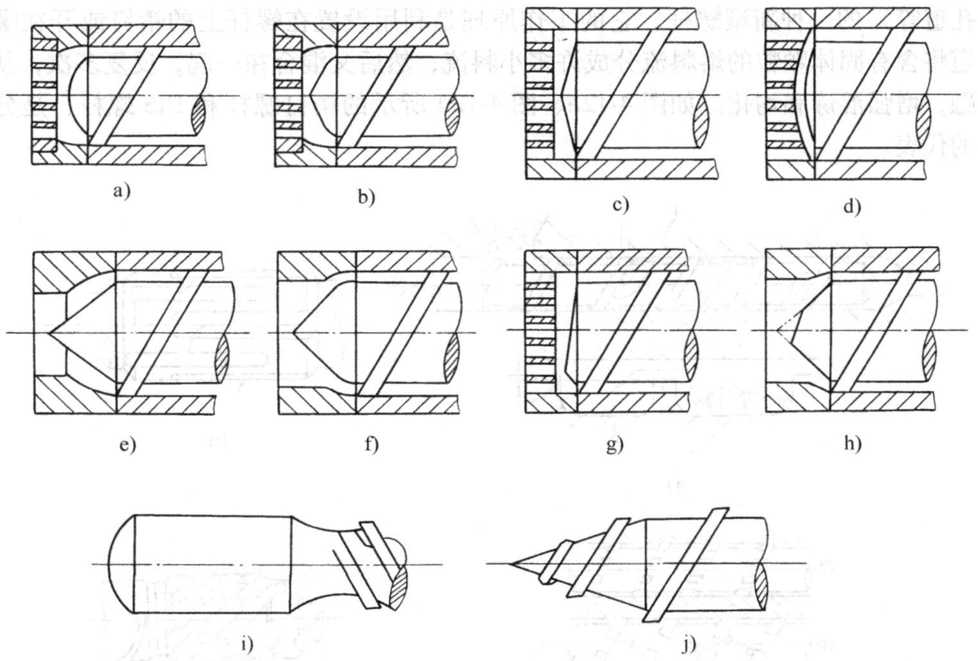

图 4-11 常用的螺杆头部形状

a）球体 b）球体—流线型锥体 c）大圆锥 d）扇形体 e）锥体 f）圆柱—锥角 g）歪头 h）截锥体 i）鱼雷体 j）带螺纹锥体

加大均化段的螺槽深度等方法来改善普通螺杆的工作性能，但效果不显著。

为了克服上述缺点，人们在生产实践中对挤出过程进行了更加深入的研究和探索，开发了各种新型螺杆。这些螺杆在不同的方面和不同程度上克服了普通螺杆所存在的缺点，提高了挤出量，改善了塑化质量，减少了产量波动，已引起人们的重视并获得广泛的应用。下面对几种新型螺杆作一简单介绍。

（1）分离型螺杆 分离型螺杆的特点是在压缩段设置一条附加螺纹，称之为副螺纹，副螺纹外径小于主螺纹，也就是压缩段由两条螺纹组成。这两条螺纹将原螺槽一分为二，一条与加料段相通（固体螺槽），另一条与均化段相通（熔体螺槽）。由于主副螺纹螺距不等，使熔体螺槽逐渐变宽，至均化段时达到整个螺槽宽度，而固体螺槽逐渐变窄，至均化段其宽度变为零。附加螺纹与料筒壁的间隙 Δ 要比原来的螺纹（主螺纹）与料筒壁的间隙大（图 4-12a），当固体床开始熔融时，已熔的物料将越过间隙 Δ，进入熔体螺槽，而未熔的固体粒子不能通过 Δ，留在固体螺槽中，从而将已熔物料和未熔物料尽早分离，促进了未熔物料的熔融。而且熔料越过间隙 Δ 时受到一定的剪切作用，可以提高混炼效果。分离型螺杆示意如图 4-12a 所示。

（2）屏障型螺杆 屏障型螺杆是在普通螺杆的某一部位设置屏障段，使未熔的残余固体不能通过，以达到残余固体彻底熔融和均化的一种新型螺杆。它是由分离型螺杆变化而来的，但加工比分离型螺杆容易。由于在多数情况下，屏障段都设置在靠近螺杆的头部，故又称为屏障头。图 4-12b 是一种常用的直槽屏障型螺杆的屏障段。如果设计得当，这种带有屏障段螺杆的产量、质量等项指标都优于普通螺杆。

（3）分流型螺杆 分流型螺杆是在普通螺杆的某一部位设置分流元件（如销钉、沟槽或孔道等）的一种新型螺杆。它的工作原理是利用设置在螺杆上的销钉或开在螺杆上的孔道将含有固体颗粒的熔料流分成许多小料流，然后又混合在一起，反复多次，从而促进熔融，增强混炼和均化。如图 4-12c、图 4-12d 所示的销钉螺杆和 DIS 螺杆，是分流型螺杆的代表。

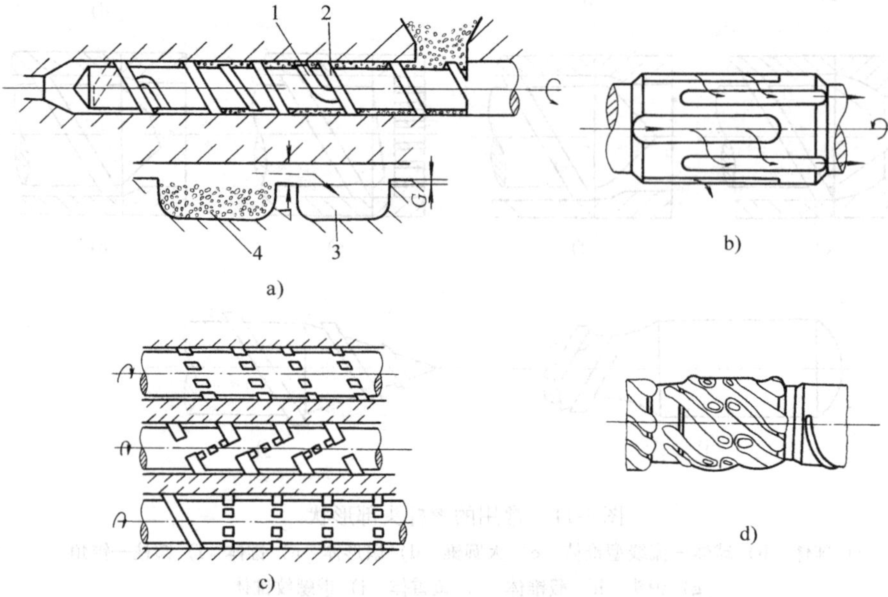

图 4-12　几种新型螺杆

a）分离型螺杆　b）屏障型螺杆　c）销钉螺杆　d）DIS 螺杆

1—副螺纹　2—主螺纹　3—液相槽　4—固相槽

除此以外，还有组合螺杆、波状螺杆、静态混炼器等，此处不作介绍，感兴趣的读者可参阅有关资料。

（二）料筒

料筒和螺杆共同组成了挤压系统，其主要任务是完成物料的塑化和输送。和螺杆一样，料筒也是在高温、高压、严重的磨损和一定的腐蚀条件下工作的。此外，料筒上还要开加料口，设置加热冷却系统，以及安装机头。因此，料筒是挤出机中仅次于螺杆的重要零部件。

1. 料筒的结构形式

料筒结构形式可分为整体式、分段式和双金属料筒等。

（1）整体式料筒　如图 4-13a 所示。这种结构是在整体坯料上加工出来的，其特点是：长度大，加工要求比较高；在制造精度和装配精度上容易得到保证，也可以简化装配工作；便于加热冷却系统的设置和装拆，而且料筒受热均匀。缺点是要求有较高加工制造条件，且内表面磨损后不易修复。

（2）分段式料筒　如图 4-13b 所示。它是将料筒分成几段加工，再用法兰或其他形式连接起来。这种料筒加工较整体式容易，且便于改变螺杆长径比，多用在实验性挤出机和排气挤出机上，但连接处热损失大，加热的均匀性较差，分段太多难以保证各段对中，加热冷却系统的设置和维修也不方便。

（3）双金属料筒　主要有两种形式：一种是衬套式料筒，另一种是浇铸式料筒。衬套式料筒一般是在大、中型挤出机的料筒内装配上可更换的合金钢衬套，料筒则是用碳素钢或铸钢材料，如图4-13c所示。浇铸式料筒是在料筒内离心浇铸一层约2mm厚的合金层，然后研磨到所需要的料筒内径尺寸。双金属料筒的特点是节约贵重材料，磨损后易更换，使用寿命较长。

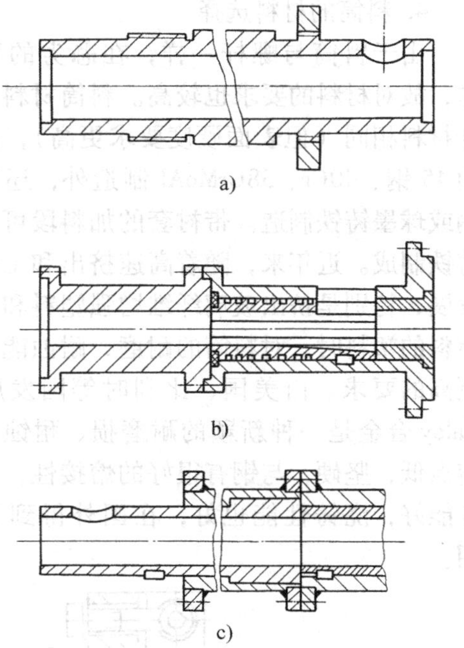

图4-13　料筒的结构形式
a）整体式　b）分段式　c）双金属料筒

生产中提高加料段的固体输送效率常采用以下几种方法：①增加料筒表面切向摩擦因数；②增加加料口处的物料通过面积，具体做法是在料筒加料段内壁开设纵向沟槽和将靠近加料口处一段料筒内壁做成锥形，如图4-14所示；③对加料段进行强力冷却，使被输送物料的温度保持在软化点或熔点以下，避免熔膜出现，以保持物料的固体摩擦性质。

2. 加料口

加料口的结构必须与物料的形状相适应，应能使物料从料斗顺利地加入到料筒中而不产生“架桥”现象。加料口的形状有很多种，有圆形、方形，也有矩形的。一般情况多用矩形的，其长边平行于料筒轴线，长度约为螺杆直径的1.3～1.8倍。当采用机械搅拌强制加料时多用圆形的加料口。图4-15为常用加料口的断面形状。其中图4-15a适用于带状料，不适于粒料和粉料。图4-15c和图4-15e多用于简易式挤出机，图4-15b、图4-15d和图4-15f三种类型应用较多。其中图4-15f最常用，其一壁垂直地与料筒圆柱面相交，另一壁下方倾斜45°，加料口中心线与螺杆轴线错开1/4料筒内径。设计时还应当考虑到加料口是否适合设置加料装置，是否有利于清理，是否便于在此段设置冷却系统等问题。

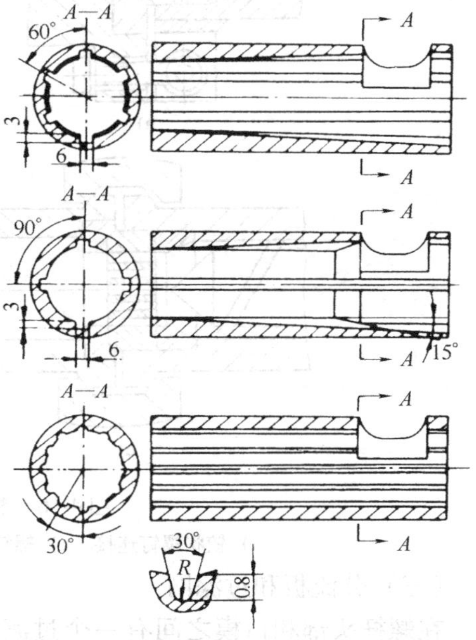

图4-14　增加固体输送效率的料筒结构

3. 料筒和机头的连接方式

料筒和机头连接方式的选择不仅要考虑结构简单、加工制造方便和夹紧可靠，还必须做到机头装拆方便。图4-16所示是目前常用的几种连接方式，其中图4-16a由于拆装机头快速方便，应用较广，但结构较复杂；图4-16b螺钉连接，结构简单，但拆装较慢；图4-16c拆装机头快，多用于小型挤出机；图4-16d拆装也较快。

4. 料筒的材料选择

由于料筒与螺杆一样，在恶劣的环境下工作，故对材料的要求也较高。料筒材料一般与螺杆材料相同（但表面硬度要求更高），除了可以用45钢、40Cr、38CrMoAl制造外，还可以用铸钢或球墨铸铁制造。带衬套的加料段可以用优质铸铁制成。近年来，随着高速挤出和工程塑料的发展，特别是挤出玻璃纤维增强塑料和含有无机填料的塑料时，对料筒的耐磨、耐蚀能力提出了更高的要求。由美国、比利时等国发展起来的Xaloy合金是一种新颖的耐磨损、耐蚀材料，其熔点低，坚硬，与钢有很好的熔接性，机械加工性能好，浇铸性能也好，在国外得到了广泛应用。

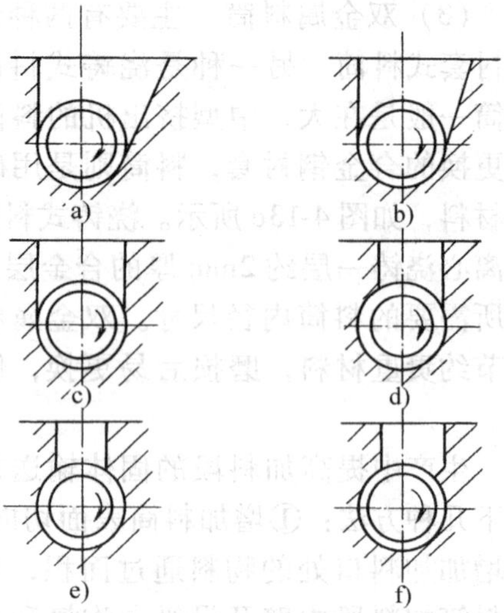

图4-15　常用加料口的断面形状

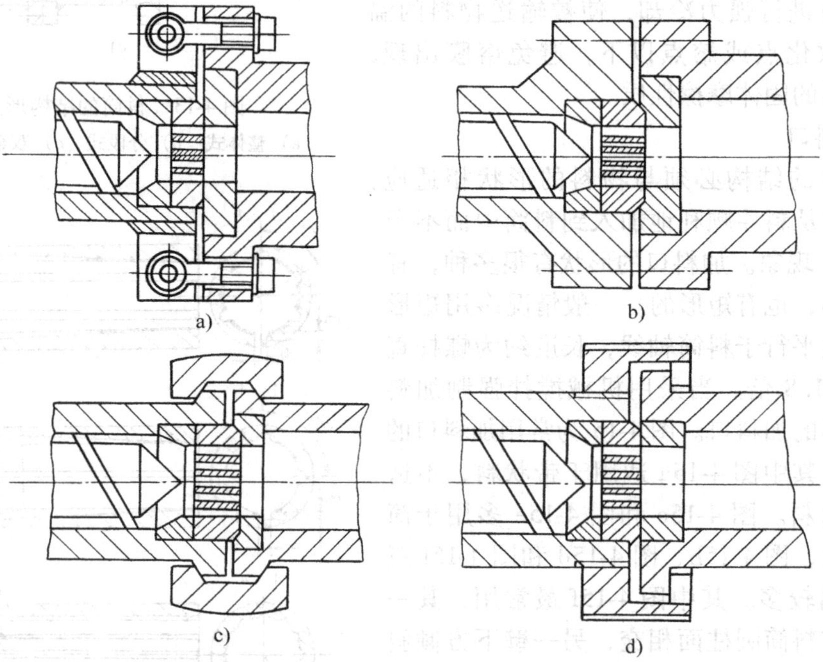

图4-16　料筒与机头的连接方式

a）铰状螺钉连接　b）螺钉连接　c）剖分连接　d）冕形螺母连接

（三）分流板和过滤网

在螺杆头部和口模之间有一个过渡区，物料流过这一区域时，其流动形式要发生变化。为适应这一变化，该过渡区的形状应当使熔体易于向口模流动。通常这一段是圆柱形或圆锥形的。

在螺杆头部和口模之间的过渡区经常设置分流板（也叫多孔板）和过滤网，其作用是使料流由螺旋运动变为直线运动，阻止未熔融的粒子和杂质进入口模，滤去金属等杂质，还可以提高熔料压力，使制品比较密实。当物料通过孔眼时，还能得到进一步塑化，以保证塑化质量。分流板同时还对过滤网起支承作用，但在挤出粘度大、热稳定性差的塑料时一般不用过滤网，甚至也不用分流板。

分流板的形式有多种。平板分流板由于结构简单、制造方便，目前使用较多，如图 4-17 所示。板上孔眼的分布原则是使流过它的物料流速均匀。因料筒壁阻力大，故分流板常做成中间孔眼分布疏，边缘的孔眼分布密；或做成边缘的孔眼大，中间孔眼小。孔眼的直径一般为 3 ~7mm，孔眼的总面积约为分流板总面积的 30% ~50%。分流板的厚度由挤出机的尺寸及分流板承受的压力而定，一般为料筒内径的 20% 左右。孔道应光滑无死角，为便于清理物料，孔道进料端要倒出斜角。分流板多用不锈钢制成。

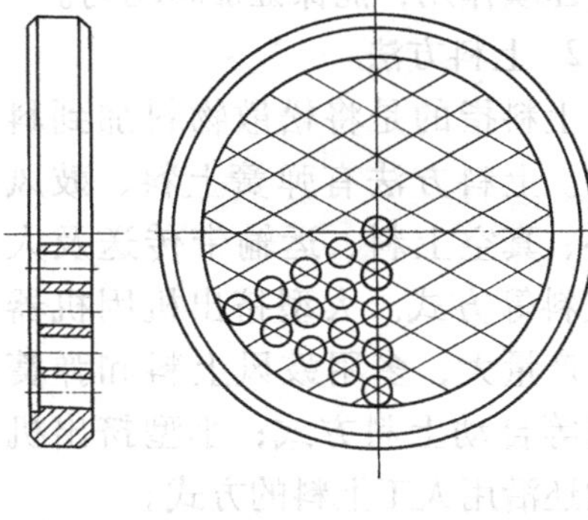

图 4-17 平板分流板

分流板至螺杆头的距离不宜过大，否则易造成物料积存，使热敏性塑料分解；但距离太小，会造成料流不稳定，对制品质量不利，一般取为 $0.1D$。

在制品质量要求高或需要较高压力时，例如生产电缆、透明制品、薄膜、医用管、单丝等，一般放置过滤网。网的细度为 75 ~830μm（20 ~120 目），层数为 1 ~5 层，可根据塑料性能、制品要求及设备的情况来选。如果用多层过滤网，可将细的放在中间，粗的放在两边；若只有两层，最好将粗的靠分流板放，这样可以支承细的过滤网，防止被料流冲破。

（四）加料装置

加料装置的作用是给挤出机供料。加料装置设计的好坏，对挤出机的产量、制品的质量、生产自动化以及劳动条件等都有直接的影响。加料装置一般是由加料斗和上料部分组成。

理想的加料装置应具备以下条件：供料均匀，不会产生“架桥”现象；料斗要有一定的容量，上料可以自动进行；设有计量装置，使料斗内料位保持一定的高度；带有预热装置，能对物料起到预热干燥作用；带有抽真空装置，能排除物料中所含的水分和气体。

1. 加料方法

加料方法分为重力加料和强制加料两种。

（1）重力加料　物料依靠自身重量进入挤出机料筒。最简单的重力加料装置只有一个加料斗，如图 4-18a 所示。料斗能容纳 1 ~1.5h 使用的物料，物料由人工上料。料斗的形状一般做成对称形，常见的有圆锥形、圆柱形、圆柱 - 圆锥形等。料斗底部有开合门，以便停止和调节加料量。料斗侧面的视窗是为了观察料斗内的物料贮量而设置的。料斗的上方可以加盖，以防止灰尘、湿气及其他杂物进入。料斗最好用轻便、耐蚀、易加工的材料做成，一般多用铝板和不锈钢板。这种加料装置一般只用于小规格的机台上。

（2）强制加料　强制加料是在料斗中设置搅拌器或螺旋桨叶等装置，使料斗中的物料强制进入挤出机。图 4-18b 为一种强制加料装置，加料螺旋的转动是由螺杆传动装置带动的，加料螺旋的转速与螺杆转速相适应，使加料量适应挤出量的变化。这种装置还设有过载保护装置。当加料口堵塞时，螺旋就会上升而不会将塑料硬往加料口中挤，从而避免了加料装置的损坏。采用强制加料有利于克服"架桥"现象，并对物料有压填作用，能保证加料均匀。

2. 上料方法

上料指的是将松散物料加到料斗中。上料方法有弹簧上料、鼓风上料、真空上料、运输带传送及人工上料等方式。大型挤出机因机器高、产量大，多用鼓风上料和弹簧上料等自动上料方式；小型挤出机有的还沿用人工上料的方式。

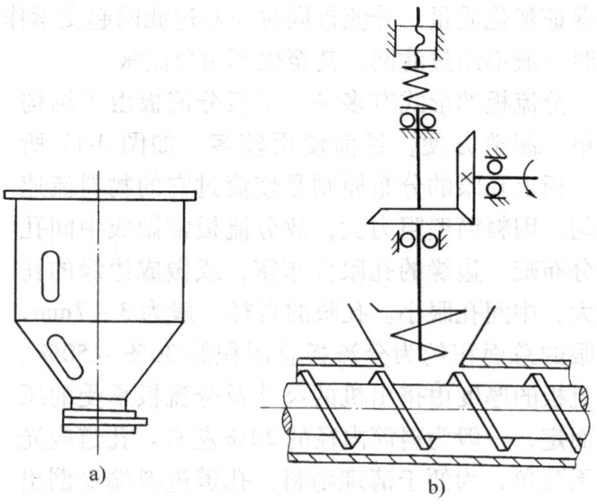

图 4-18　加料装置

a）普通加料斗　b）螺旋强制加料装置

（1）弹簧自动上料装置　如图 4-19a 所示，它是由电动机、弹簧、软管、进料口等组成。电动机带动弹簧高速旋转，物料被弹簧推动沿软管上移，当物料到达送料口时，由于重力的作用而进入到料斗。它适合于输送粉料、粒料、块状料，其结构简单轻巧，效率高，工作可靠，在国内得到广泛应用。缺点是弹簧若选用不当则易坏，软管易磨损，弹簧露出部分若安放不当易烧坏电动机。

（2）鼓风上料　图 4-19b 是鼓风上料装置示意图。鼓风上料是利用风力将物料吹入输送管，再经设在料斗上的旋风分离器将空气分离，物料则进入料斗。该装置只适用于粒料，而不适用于粉料。

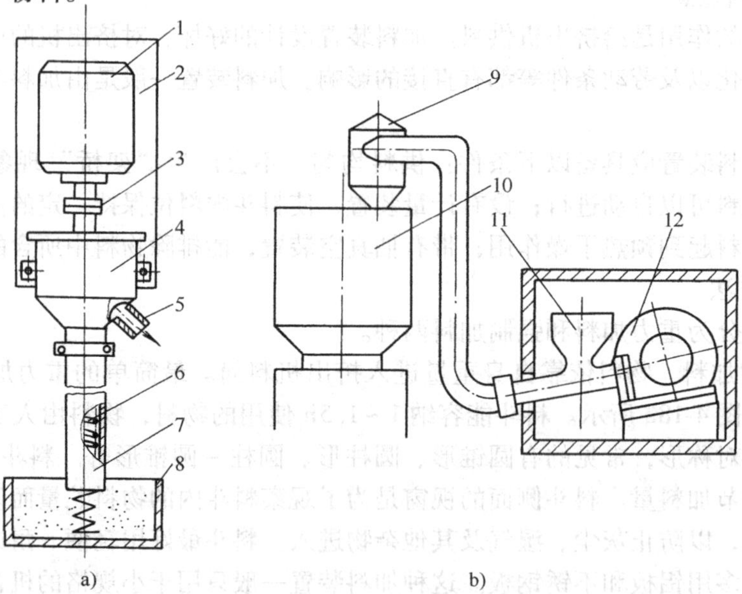

图 4-19　自动上料装置

a）弹簧自动上料　b）鼓风上料

1—电动机　2—支承板　3—联轴器　4—铅皮筒　5—出料口　6—弹簧　7—软管　8—料箱

9—旋风分离器　10—料斗　11—加料器　12—鼓风机

(3) 带有干燥装置的加料斗 如图4-20所示。它先将经过电热器预热过的空气经由鼓风机送到料斗下部，使料斗中的塑料得到预热干燥，然后向挤出机供料，这个过程在挤出机工作时一直进行。这种料斗可以直接安装在挤出机上。干燥温度由专门设置的控温装置控制，不同的塑料其预热干燥的温度和时间也不相同。

二、传动系统

传动系统是挤出机的主要组成部分之一，它的作用是驱动螺杆，并使螺杆在给定的工艺条件（如压力、温度、螺杆转速等）下以所需的转矩和转速均匀地回转，完成对物料的塑化和输送。

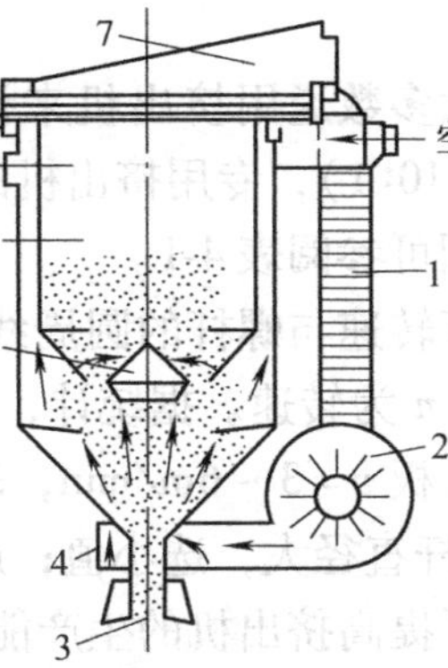

图4-20 带干燥装置的加料斗
1—电热丝 2—鼓风机 3—阀门
4—空气过滤器 5—原料分散器
6—内层料斗 7—盖子

传动系统的设计，应能使一定规格的挤出机在其适应范围内提供最大的转矩和可调节的一定的转速范围。因为在生产实际中，挤出机所加工的原材料、制品及对生产能力的要求往往是变化的，要控制产品的产量和质量，除了控制温度、压力等条件外，还要通过改变螺杆的转速来控制；另外，在起动时挤出机的机头压力有时会超过正常值，因此在开机时，螺杆的转速宜由慢逐渐增至工作速度。综合以上几个方面的情况，要求挤出机的螺杆转速能够在一定的范围内调节。

所谓挤出机的调速范围，是指螺杆的最高转速与最低转速的比值（n_{max}/n_{min}）。

转速范围的确定及其控制很重要，它直接影响到挤出机所能加工物料和制品的范围、生产率、功率消耗、制品质量、设备成本和操作是否方便等。

（一）挤出机驱动功率和转速范围的确定

1. 挤出机驱动功率的确定

至今尚无精确有效地确定挤出机驱动功率的计算方法。在实际应用上，可把均化段所需功率再乘一系数K近似地作为螺杆全长的功率消耗，即

$$N(总)=KN \tag{4-12}$$

式中，$N(总)$为螺杆工作时所需的总功率（kW）；N为螺杆均化段的功率消耗（kW）；K为系数，它随不同物料而异。根据经验，聚氯乙烯取$K=3$，聚乙烯取$K=2$，聚苯乙烯取$K=1.5$。

在实际中还应用了一些经验公式来进行驱动功率的估算。

我国挤出机系列推荐的挤出机驱动功率见表4-4，可作为参考。

表4-4 我国挤出机系列所推荐的驱动功率

螺杆直径/mm	30	45	65	90	120	150	200
电动机功率/kW	1~3	1.67~6	5~15	7.3~22	18.3~55	25~75	33.3~100

应当指出，国外同类型同规格的挤出机的驱动功率有较大的增加，这反映了挤出机高速高效率的发展趋势。

2. 挤出机转速范围及其确定

对挤出机螺杆转速的要求有两个方面：一是能无级调节；二是有一定的调节范围。前者是为了控制挤出质量及与辅机的配合一致；后者是为使挤出机适应各种加工情况。例如，加工某些热稳定性差、粘度高的塑料（如硬聚氯乙烯等）时，挤出机的转速一般较低，而加工低粘度或热稳定性较好的塑料（如聚乙烯等）时，可选较高的转速。

对大多数通用挤出机来说，调速比在6:1以下，小规格挤出机的调速范围要大些（如可取10:1），专用挤出机的调速范围则要小些。我国挤出机系列标准推荐的螺杆转速、调速范围可参阅表4-1。

螺杆转速与螺杆的圆周线速度的关系为 $v=\pi Dn$，其中，v 为螺杆的线速度；D 为螺杆直径；n 为转速。据统计，目前国内生产下列几种产品所采用的螺杆线速度为：硬聚氯乙烯管、板 $v=3\sim6\text{m/min}$，软聚氯乙烯管、板、丝 $v=6\sim9\text{m/min}$，薄膜 $v=16\sim18\text{m/min}$；螺杆直径大，选小值；产品截面大，选大值；增塑剂用得多的制品，选大值。

为了提高挤出机的生产能力，挤出机的转速有逐步提高的趋势。因为在螺杆设计合理的情况下，加大螺杆的转速是提高单机产量的一种可行的办法。

（二）传动系统的组成和常用传动系统

挤出机的传动系统一般由原动机、调速装置和减速装置所组成。

原动机有电动机和液压马达。液压马达在挤出机中应用较少。电动机中常用的是交流整流子电动机、直流电动机等。上述原动机都可以直接进行调速。

调速装置一般有两种类型：有级调速和无级调速。从提高挤出机的适应性来看，使用无级调速最理想。采用无级调速还有利于实现自动控制。由于有级调速已远远不能满足挤出机的要求，故在挤出机中已很少采用。

减速装置目前多为齿轮减速箱。蜗轮减速器因为其效率较低而较少应用。

目前国内常见的挤出机传动系统有：

1）三相整流子电动机和普通齿轮减速箱组成的传动系统。这种传动系统运转可靠，性能稳定，控制、维修都较简单。其调速范围有3:1、6:1和10:1几种。但由于调速范围大于3:1后，电动机体积显著增大，成本也相应提高，故我国挤出机大都采用调速比为3:1的整流子电动机。若调速范围不足时，可采用与有级调速装置联合使用的方法来扩大其调速范围。

2）直流电动机和一般齿轮减速箱组成的传动系统。直流电动机的调速范围较宽，最大的调速范围可达16:1。近几年来，晶闸管控制的整流—调速系统在挤出机上得到应用，它具有体积小、质量轻、效率高、可以简化结构等优点。国外很多挤出机采用这种系统。这种系统的另一个优点是当主辅机速度需要准确配合时，比较容易实现自动化。

3）液压马达和交流感应电动机配合实现无级调速在近几年得到了一定的应用。它的传动特性软，起动惯性小，可起到对螺杆过载的保护作用。若用低速、大转矩液压马达直接传动螺杆，可简化传动装置。

目前常用的传动形式和组成可归纳于图4-21中。

此外，传动系统还应满足如下要求：传动安全可靠，使用寿命长，过载保护可靠，传动效率高，噪声不超标，安装和维修方便等。

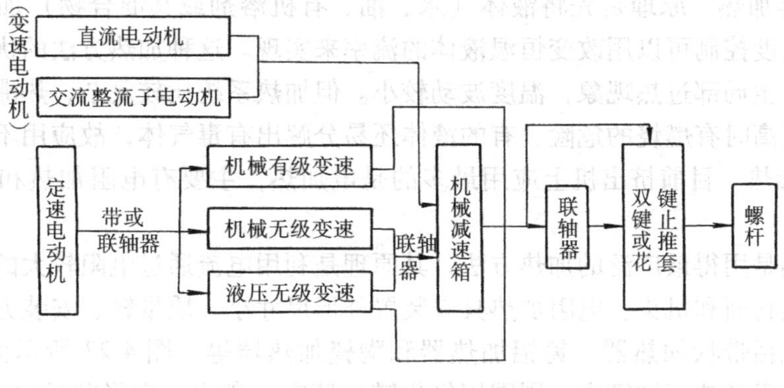

图 4-21 挤出机传动形式和组成

三、加热冷却系统

要保证挤出过程得以进行，温度控制是一个必要条件。物料从加入料斗到最后成为制品被挤出，要经历一个复杂的温度过程。如果以物料沿料筒的位移方向为横坐标（位移 s 以螺杆直径 D 的倍数表示），而以温度为纵坐标，将沿料筒方向测得的各点的物料温度连成曲线，就会得到温度轮廓曲线，如图 4-22 所示。显然，该曲线是有明确规律的。

塑料在挤出过程中的热量来源有两个：一是料筒外部加热系统供给的电能转化的热量；另一个是传动系统的机械能通过塑料剪切和摩擦而转化的热量。这两部分热量所占的比例在挤出过程的不同区段是不同的：在螺杆的加料段，因为螺槽较深，物料尚未压实，产生的摩擦热较少，主要靠外部加热来提高料温；在均化段，物料已是温度较高的熔体，而且螺槽较浅，产生的剪切摩擦热量较多，有时不但不需要加热器供热，还需冷却器进行冷却；在压缩段，物料受热情况是上述两种情况的过渡状态。因此，挤出机料筒的加热和冷却系统是分段设置的。此外，为使塑料能连续地从料斗进入料筒，加料口处也要进行冷却。

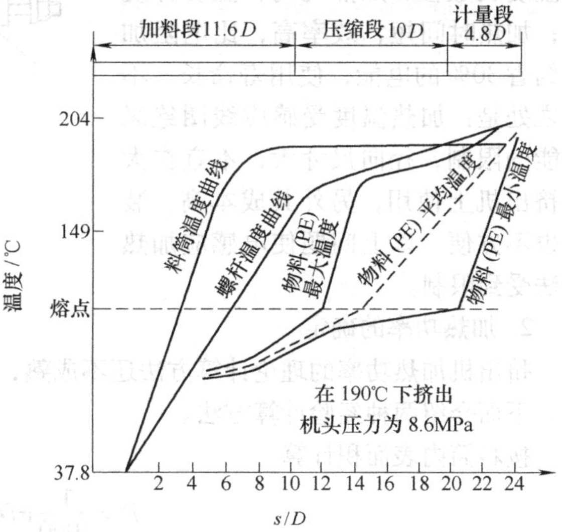

图 4-22 温度轮廓曲线

为此，需要通过加热或冷却调节料筒中物料的温度，使其保持在加工工艺所要求的范围内，从而保证制品的质量。所以，在挤出机上一般都设有加热冷却装置以及测温、控温装置等。

1. 挤出机的加热方法

挤出机的加热方法通常有三种：液体加热、蒸气加热和电加热。其中以电加热用得最多，蒸气加热已很少应用，故在此处不作介绍。

（1）液体加热　原理是先将液体（水、油、有机溶剂或其混合物）加热，再由它们加热料筒。温度控制可以用改变恒温液体的流率来实现。这种加热方法的优点是加热均匀稳定，不会产生局部过热现象，温度波动较小。但加热系统比较复杂，热滞较大，有的液体加热温度过高时有燃烧的危险，有的液体还易分解出有毒气体，故应用不是很广泛。

（2）电加热　目前挤出机上应用最多的是电加热，主要有电阻加热和电感应加热两种。

电阻加热是用得最广泛的加热方法，其原理是利用电流通过电阻较大的导线产生大量的热量来加热料筒和机头。电阻加热具有装置外形尺寸小、质量轻、安装方便等优点。这种加热方法包括带状加热器、铸铝加热器和陶瓷加热器等。图 4-23 所示为铸铝加热器，其结构是将电阻丝装于铁管中，周围用氧化镁粉填实，弯成一定形状后再铸于铝合金中，将两瓣铸铝块包到料筒上通电即可加热。

电感应加热是通过电磁感应在料筒内产生涡流，涡流在料筒中遇到电阻就产生热量，从而对塑料进行加热。电感应加热器如图 4-24 所示。它与电阻丝加热相比具有如下优点：有较大的温度灵敏性；加热均匀，温度梯度小；加热时间短，效率高，比电阻加热约省 30% 的电能；使用寿命长。不足之处是：加热温度受感应线圈绝缘性能的限制，径向尺寸大，不宜在大型挤出机上使用，另外其成本高，装拆也不方便。以上问题使电感应加热方法受到限制。

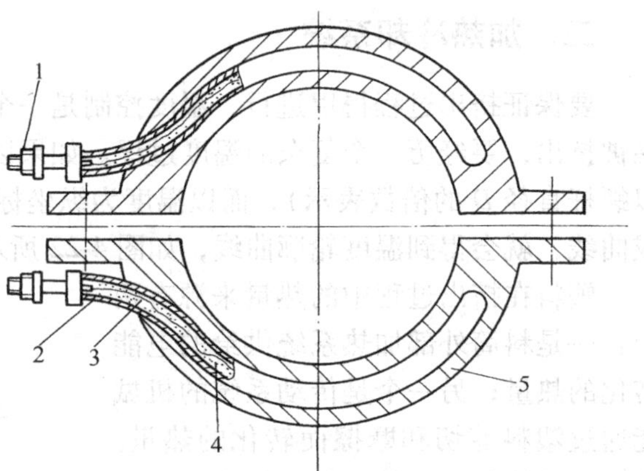

图 4-23　铸铝加热器

1—接线柱　2—钢管　3—电阻丝

4—氧化镁粉　5—铸铝外壳

2. 加热功率的确定

挤出机加热功率的理论计算方法还不成熟，与实际相差较大，故目前多用经验公式确定。下面介绍两种经验计算方法。

按料筒内表面积计算

$$P=\frac{1}{1000}\pi D_0^2\frac{L}{D}A \tag{4-13}$$

按被加热部件质量计算

$$P=0.45G \tag{4-14}$$

式中，P 为料筒加热功率（kW）；D_0 为料筒内径（cm）；L/D 为螺杆长径比；A 为单位面积的加热功率（W/cm^2），A 值由经验选定，一般取 $A=3\sim4W/cm^2$；G 为被加热部件质量（kg）。

由于挤出机料筒较长，挤出工艺对料筒在轴线方向的温度轮廓线有一定的要求，根据螺杆直径和长径比的大小，对料筒分为若干区段进行加热，每段长度约为 $(4\sim7)D$。一般加料口处 $(2\sim3)D$ 不设置加热器。机头的加热段数可视其类型和大小决定。我国挤出机系列标准推荐的加热功率和加热段数见表 4-1。

3. 挤出机的冷却

挤出机设置冷却系统是为了保证塑料在工艺要求的温度条件下完成挤出成型过程。在挤出过程中经常会产生螺杆回转生成的摩擦剪切热比物料所需的热量多的现象，这会使料筒内物料温度过高。这些热量如不及时排出，就会引起物料（特别是热敏性塑料）分解，甚至使成型难以进行。为此，必须对料筒和螺杆进行冷却。有时还要在加料段和料斗座设置冷却系统，目的是为了加强固体物料的输送作用。

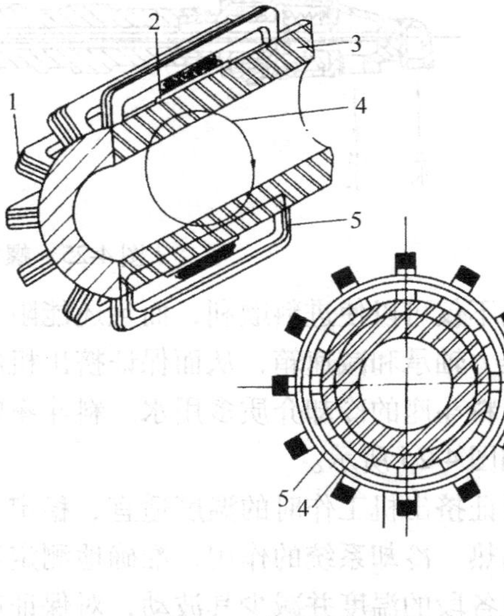

图 4-24　电感应加热器
1—硅钢片　2—冷却剂　3—机筒
4—感应电流　5—线圈

（1）料筒的冷却　现代挤出机的料筒都设有冷却系统。料筒冷却的方法有风冷和水冷。

风冷主要采用空气。从冷却效果来看，空气冷却比较柔和，但冷却速度较慢。从设备成本来看，由于需配备鼓风机等设备，故其成本较高。另外风冷系统体积较大，冷却效果易受外界气温的影响。在设计风冷装置时，每一冷却段要配备一个单独的鼓风机，而且在料筒表面要形成一定的通道，以便冷风均匀地通过料筒表面。采用风冷系统，如果鼓风机质量不好易产生噪声，一般认为用于中小型挤出机较为合适。

水冷通常采用自来水，所用的附属装置较简单。但水冷要在料筒表面加工出螺旋状的沟槽，用以缠绕冷却水管。水冷速度较快，但易造成急冷，而且水一般未经过软化处理，水管易出现结垢和锈蚀现象，会使冷却效果降低或造成水管堵塞、损坏等。故完善的水冷却系统所用的水应经过化学处理。水冷一般用于大型挤出机。通常采用的水冷却装置结构如图 4-2 所示。

（2）螺杆的冷却　螺杆冷却有两个目的。一是为了提高固体的输送率。由固体输送理论可知，固体输送率与物料对螺杆和料筒的摩擦因数有关，即料筒在切线方向与物料的摩擦因数越大，螺杆与物料的摩擦因数越小，越有利于固体物料的输送。除了在料筒加料段内壁开设纵向沟槽，降低螺杆表面粗糙度可以达到此目的外，还可以通过控制螺杆和料筒的温度来实现。这是因为，固体塑料的摩擦性质受温度的影响较大，在温度较低时固体塑料的摩擦因数较小，可获得大的固体输送率。二是为了控制制品的质量。经验证明，若将螺杆的冷却孔深入到均化段进行冷却，则物料塑化较好，可以提高制品质量，但挤出量会降低。而且冷却水的温度越低，挤出量越低，这是因为冷却均化段螺杆会使接近螺杆表面的物料粘度变大，流动困难，相当于减少了均化段螺槽深度。冷却温度可用冷水流量来控制，对粘度大的物料要特别注意掌握冷却水温，出水温度不能太低，否则会产生螺杆扭断的事故。螺杆的冷却系统如图 4-25 所示。

（3）料斗座的冷却　挤出机工作时，进料口的温度若太高，容易在进料口处结块，形成“架桥”现象，使物料不能顺利加入料筒。为此，在挤出机料斗座部分应设有冷却

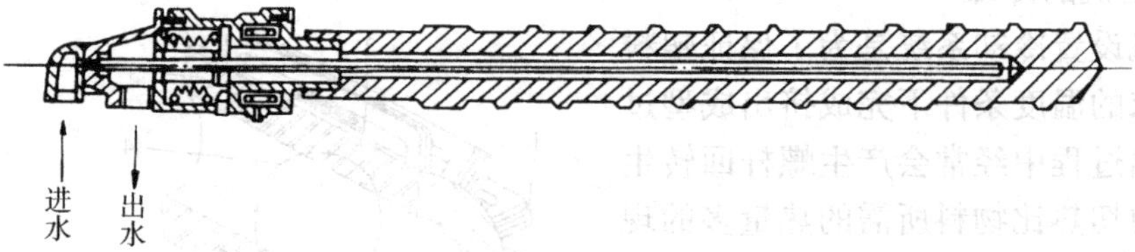

图 4-25　螺杆的冷却系统

装置。这不仅可以使进料顺利，而且还能阻止热量传至推力轴承和减速箱，从而保证挤出机的正常工作。料斗座的冷却介质多用水。料斗座的冷却结构如图 4-26 所示。

为保证挤出机工作时的温度适宜、稳定，充分发挥加热、冷却系统的作用，准确地测定和控制挤出机各段的温度并减少其波动，对保证产品质量和生产率是很有必要的。所以，通常在挤出机机头、料筒的各段设有温度测量和控制装置。温度测量一般是采用热电偶、测温电阻和热敏电阻等。温度的控制方法，一般是按照测量、调节操作、目标控制等顺序编成闭合电路进行控制。

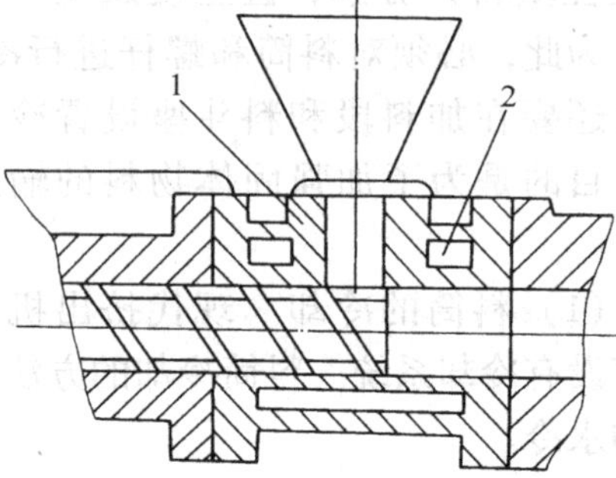

图 4-26　料斗座的冷却结构
1—料斗座　2—冷却水通道

第四节　挤出机辅机

一、概述

在整个挤出机组中，主机是很重要的组成部分，它的性能好坏对产品的质量和产量都有很大影响。但是要完成挤出成型的全部工艺过程，没有机头和辅机的配合是不能生产出合格制品的。机头的内容将在“塑料成型工艺及模具设计”课程中介绍，此处仅就辅机的有关问题予以介绍。

辅机的作用是将从机头连续挤出并已获得初步形状和尺寸的高温熔体冷却，在一定的装置中定型，再通过进一步冷却，使之由高弹态最后转变为室温下的玻璃态，达到一定的表面质量，成为符合要求的制品或半成品。

辅机的种类很多，根据成型制品和工艺过程的不同，可由不同装置组成，这些装置主要包括：冷却定型（吹胀）装置、冷却装置、牵引装置、切割装置和卷取（堆放）装置，如图 4-27 所示。

当然，除了以上几个基本组成部分外，根据不同制品的要求，还可以增加其他组成部分。

辅机一般按生产的制品进行分类，如挤管辅机、吹膜辅机、吹塑中空制品辅机、挤板辅机和拉丝辅机等。

辅机的性能对产品的质量和产量的影响也很大。塑料经过辅机时要经历物态变化、分

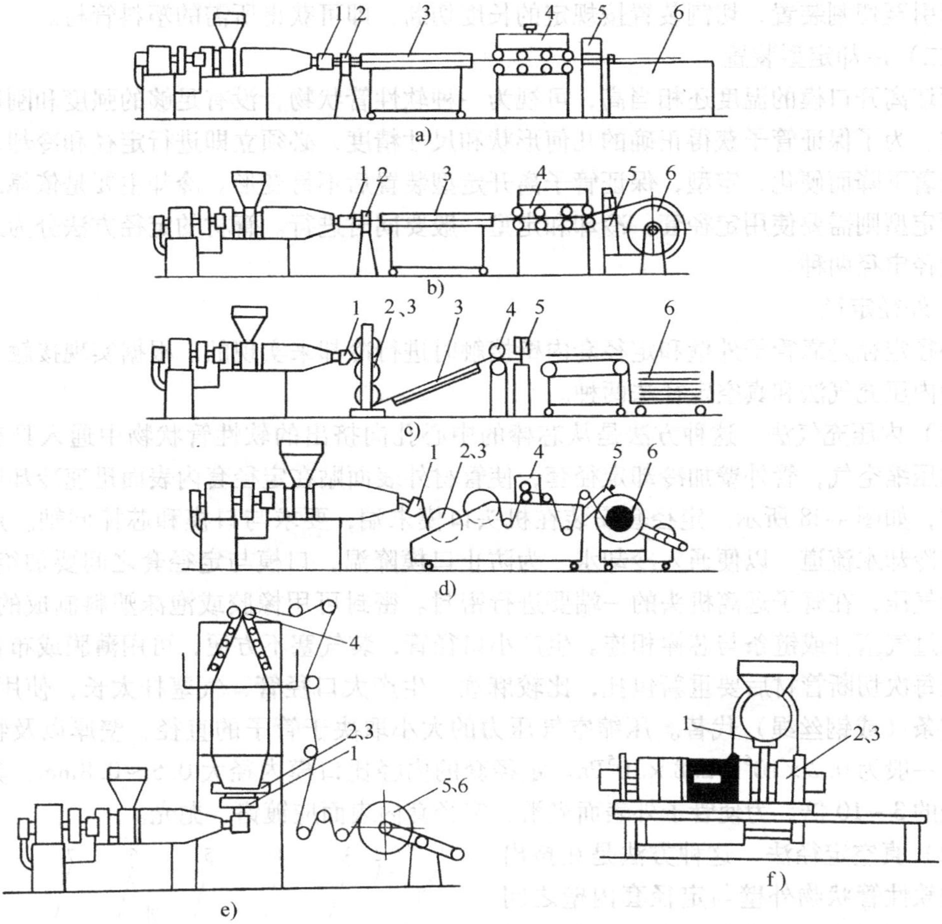

图4-27 挤出工艺流程原理图

a）挤硬管 b）挤软管 c）挤板 d）挤膜 e）吹塑薄膜 f）吹塑中空制品

1—机头 2—定型 3—冷却 4—牵引 5—切割 6—卷取（或堆放）

子取向以及形状和尺寸的变化。这些变化是在辅机提供的定型、温度、速度、力和各种动作的条件下完成的。定型不佳、冷却不均匀、牵引不均匀、牵引速度不稳定都会影响制品的质量和产量。因此，在一定意义上，辅机是挤出生产中的关键，应给予高度重视。

二、挤管辅机

塑料管材是挤出成型的主要产品之一。随着社会需求的增多，塑料品种的增加和挤出工艺的发展，管材的生产得到很大的进展。可以用作管材原料的塑料有（软质和硬质）聚氯乙烯、聚乙烯、聚丙烯、ABS、聚酰胺、聚碳酸酯、聚四氟乙烯等。目前我国塑料管生产以聚氯乙烯、聚乙烯为主。

（一）管材挤出过程

硬管挤出过程如图4-27a所示，塑料经螺杆、料筒塑化后，从机头口模和芯模间的环形缝隙挤压成管状坯料，进入冷却定型装置，在冷却定型装置内其温度逐渐下降，获得所需的最终几何形状、尺寸精度和表面粗糙度，然后进入冷却水槽进一步冷却，最后由牵引装置牵引至切割装置，切割装置按规定的长度切断，即可获得所需的塑料管材。

（二）冷却定型装置

管坯离开口模的温度还相当高，可视为一种软性管状物，没有足够的强度和刚度来承受自重。为了保证管子获得正确的几何形状和尺寸精度，必须立即进行定径和冷却，使其温度显著下降而硬化、定型，保证管子离开定型装置后不易变形。冷却主要是依靠水流散热，而定型则需要使用定径套，冷却和定型一般要同时进行。管材的定径方法分为外径定径和内径定径两种。

1. 外径定径

外径定径是靠管子外壁和定径套内壁接触时进行冷却来实现的。根据实现接触的方法可分为内压充气法和真空定径法两种。

（1）内压充气法　这种方法是从芯棒的中心孔向挤出的软性管状物中通入具有一定压力的压缩空气，管外壁加冷却定径套，使管材外表面贴在定径套内表面迅速冷却固定外径尺寸，如图4-28所示。定径套安装在机头口模末端，要求与口模和芯棒同轴。定径套内设有冷却水流道，以便通入冷却水。为防止口模降温，口模与定径套之间要加绝热圈。为保持气压，在管子远离机头的一端要进行密封。密封可用橡胶或泡沫塑料制成的气塞，气塞通过气塞杆或链条与芯棒相连。生产小口径管，装气塞不方便，可用薄膜或布包扎管口，但每次切断管材后要重新包扎，比较麻烦。生产大口径管，气塞杆太长，使用不便，可用链条（或钢丝绳）代替。压缩空气压力的大小取决于管子的直径、壁厚以及物料的粘度，一般为$0.2\times10^5\sim2.8\times10^5$Pa。定径套的内径比口模内径大0.5～0.8mm，其长度为内径的3～10倍。为使管子外表面光滑，定径套内表面应镀铬、抛光。

（2）真空定径法　这种方法是在挤出口模的软性管状物外壁与定径套内壁之间抽真空，利用真空产生的负压，使管外壁紧贴在定径套内壁滑动，以便对其外径定型，如图4-29所示。真空定径套安装在与机头相距约20～100mm的部位。管材先经空气冷却，然后进入真空定径套内。为了防止空气进入定径套，破坏真空度，定径套内径要比管坯外径略小，以保证密封。有的定径套分为三段，第一段冷却，第二段抽真空，第三段继续冷却。真空定径套是一个圆筒，周围打上直径为0.5～0.7mm的小孔，这些小孔与真空泵相连。真空度一般为53.3～66.7kPa。这种方法的优点是：管材外表面光滑，不用更换气塞，操作简单，生产稳定，适合于加工聚烯烃等结晶型材料的中小尺寸管子；定型后的管材壁厚均匀，且内应力较小，不易发生变形。这种方法也适合于异型材的加工。缺点是：必须有抽真空设备，生产投资大；管径大时，靠抽真空吸力难以控制管材的圆度，通常适用于直径不大的管材定径。

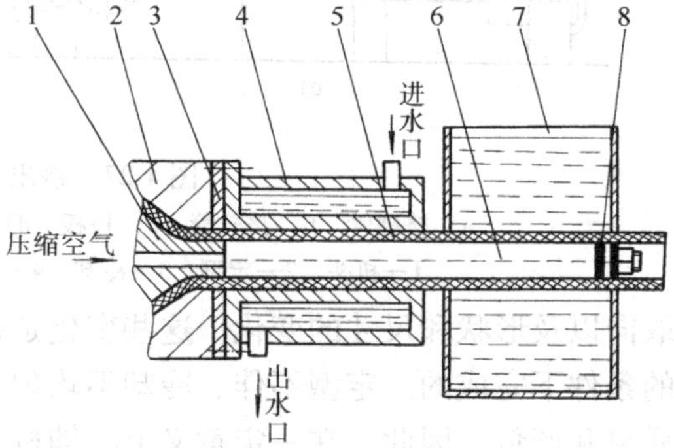

图4-28　内压充气法
1—芯棒　2—外口模　3—绝热橡胶垫
4—外定径套　5—塑料管　6—链条
7—水浴槽　8—气塞

我国的塑料管材标准是控制管子的外径尺寸和公差，故多用外径定径。用外径定径法

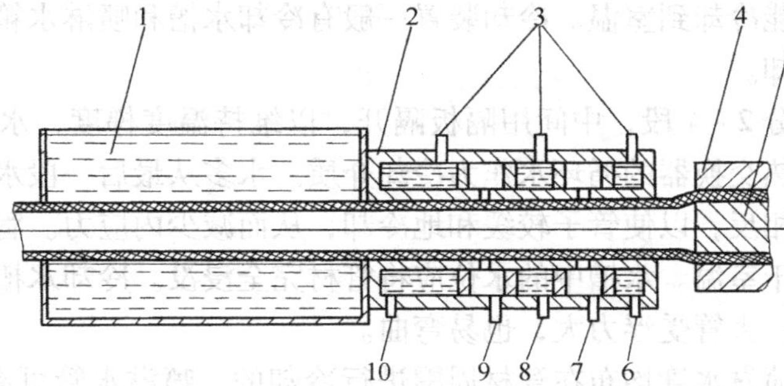

图 4-29 真空定径法

1—水槽 2—真空定径套 3—排水孔 4—外口模 5—芯棒

6、8、10—进水孔 7、9—抽真空孔

生产的管子，其外径尺寸精度好，表面粗糙度低，外观好，但内表面粗糙，有缺陷，不利于物料流动。

2. 内径定径

内径定径是将从机头挤出的管子的内壁与带有微小锥度的定径芯棒接触，锥形芯棒内通冷却水，由于挤出管收缩，管子贴在芯棒上，使管子内径定径。如图 4-30 所示。这种方法多用直角机头或偏心机头，便于冷却水从芯棒后部流入，使管子内外部同时冷却。这种方法特别适于 PE、PP，尤其是要求内径尺寸稳定的包装筒。由于机头流道较长，这种方法对硬聚氯乙烯等流动性差、易分解的塑料的应用较少。但这种方法由于管子内外表面同时冷却，机头阻力小，可采用较高的牵引速度进行生产，产量可以提高。

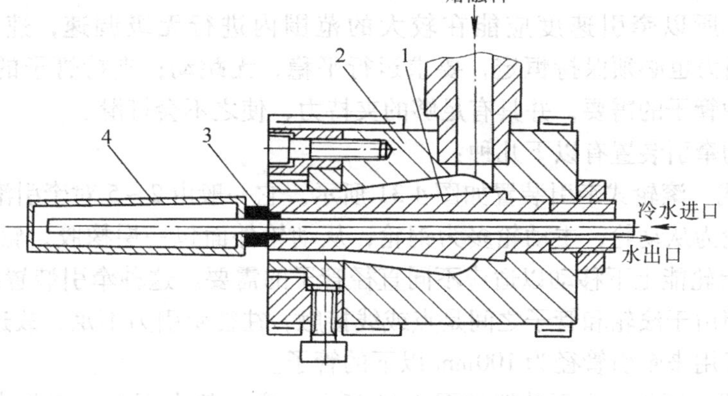

图 4-30 内径定径法

1—芯棒 2—机头体 3—绝热垫圈 4—延长芯棒

用内冷芯棒生产的管子，其内表面质量好，尺寸精度高，有利于物料流动。但其缺陷多集中在外表面，外表面不如用外径定径法生产的管子质量好。用这种方法生产管子，操作简单，不受压缩空气等因素影响，但冷却水对机头温度有影响。

定径方法的选择主要决定于管子的尺寸是以外径还是以内径为标准。

(三) 冷却装置

管子由定型装置出来，并没有完全冷却到室温。如果不继续冷却，管壁径向的温度梯度会使原来已冷却的表层升温，引起变形，因此必须继续冷却，排除余热。冷却装置的作用就是使管子尽可能冷却到室温。冷却装置一般有冷却水槽和喷淋水箱两种，对于薄壁管子可采用冷空气冷却。

冷却水槽一般分2~4段，中间用隔板隔开，以维持温度梯度，水槽长约2~3m。一般用自来水或经过热交换器的循环水作为冷却介质。水多从最后一段水箱通入，使水流方向与管子运动方向相反，以使管子较缓和地冷却，从而减少内应力。管子从冷却水槽出来的温度，最好接近于室温。水槽中的水位应将管材完全浸没。冷却水槽因上下两层水温不同，管材可能弯曲；大管受浮力大，也易弯曲。

喷淋冷却是用喷淋水管均布在管材周围进行冷却的。喷淋水管可有3~6根，靠近定径套一端喷水孔较密。喷淋冷却能提供强烈的冷却效果。由于水喷到四周的管壁上，克服了水槽冷却时粘到管壁上的水层会减少热交换的缺点，因而冷却效果好。这种方法适用于大直径管材的冷却。

冷却水槽和喷淋水箱的长度与冷却水温、管子温度、管子壁厚、牵引速度以及塑料的种类有关，多由经验决定。一般要求冷却后管子的平均温度为30℃，冷却长度一般为1.5~6m，其值随管材直径和壁厚的增大而增大。结晶型聚合物冷却水槽的长度一般为聚氯乙烯的两倍。

（四）牵引装置

牵引装置的作用是给由机头出来的已获得初步形状和尺寸的管子提供一定的牵引力和牵引速度，均匀地引出管材，并通过牵引速度的变化适当地调节管子的壁厚。若牵引速度大于挤出速度，管子将被拉薄甚至拉断；若牵引速度小于挤出速度，管子壁厚增加，甚至在机头处造成堆积；若牵引速度不稳定，会使管子表面出现波纹，影响管子质量。

在使用时，牵引速度一般与挤出速度相当或比挤出速度快些。因一台挤出机要生产多种直径的管材，所以牵引速度应能在较大的范围内进行无级调速，速比范围通常为1:10。同时牵引力也必须保持恒定，要求运行平稳，无跳动；夹持管子的夹持力可以调节，以适应各种管子的需要，并具有足够的夹持力，使之不会打滑。

目前常用的牵引装置有以下几种：

（1）滚轮式　滚轮式牵引装置如图4-31所示。它一般由2~5对牵引滚轮组成，下轮为主动轮，上轮为从动轮，主动轮多为钢轮，从动轮外面包一层橡胶，轮子直径在50~150mm之间，上轮能上下移动以适应不同直径管子的需要。这种牵引装置结构比较简单，调节也方便，但由于滚轮和管子之间是点或线接触，往往牵引力不足，故这种牵引装置牵引力较小，一般用来牵引管径为100mm以下的管子。

（2）履带式　履带式牵引装置如图4-32所示。它一般由两条、三条或六条单独可调的履带组成，均匀地安装在管子的周围。履带上有一定数量的夹紧块，夹紧力分散在较大的面积上，并从几个方向同时向心夹紧管子，故可减少管子的变形和打滑。夹紧块的夹紧力由压缩空气或液压系统产生，或用丝杠螺母产生。这种牵引装置的牵引力大，速度调节范围广，但结构比较复杂，维修困难，主要用于大直径和薄壁管子的牵引。

（3）橡胶带式　橡胶带式牵引装置是由一条橡胶传送带和压紧辊组成，如图4-33所示。用压紧辊将管子压到橡胶传送带上，靠二者之间的压紧力所产生的摩擦力来牵引管材，压紧力可以调节。这种牵引装置对直径较大管子的牵引力显得不足，一般适用于小直径的管子和容易蹭破的以及容易压塌的薄壁管子。由于其传送带容易安装和拆卸，故维护

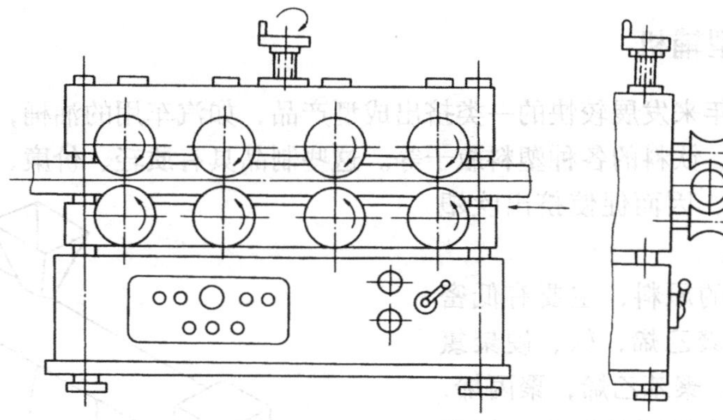

图 4-31 滚轮式牵引装置

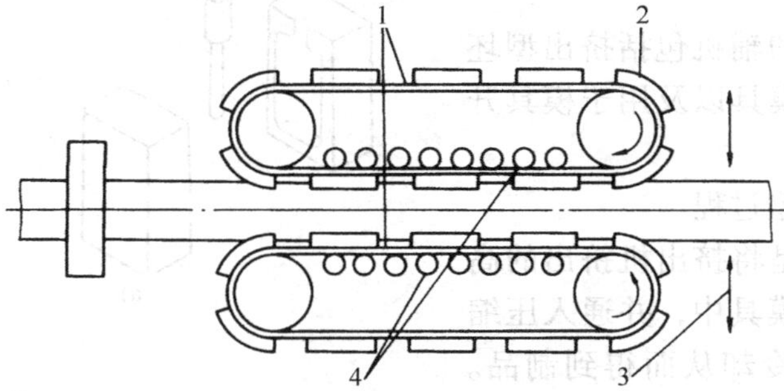

图 4-32 履带式牵引装置

1—输送器 2—夹紧块 3—管径调节 4—钢支撑辊

较容易。

（五）其他装置

（1）切割装置 如果是硬管，当管子挤到一定长度时要切断，且要求切断尺寸准确，切口均匀整齐。目前常用的管材切割装置有两种：一种是电动圆锯切割机，适用于中小口径的塑料管材；另一种是行星式自动切割机，适用于大口径的塑料管材。从目前生产来看，200mm 以上口径的塑料管材，已经逐渐采用行星式自动切割装置了。

1）电动圆锯切割装置。其圆锯片由电动机带动高速旋转，管子夹持器和电动圆锯片由行程开关控制，夹持器夹到管子上，锯座在管子挤出推力或牵引力的推动下与管子同速前进。当管子达到预定长度后，便由行程开关发出信号，锯片开始切割。当管材切断后，一般由重锤的重力或由人工将锯座拉回原处。对于大直径的管子，这种方法受到限制。

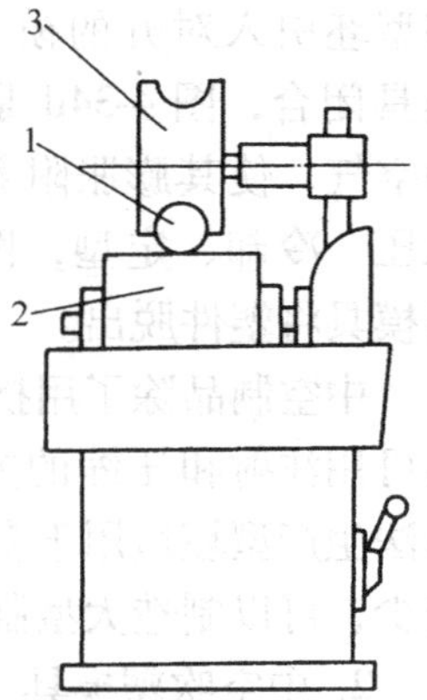

图 4-33 橡胶带式牵引装置

1—管子 2—橡胶带 3—压紧辊

2）行星式自动切割装置。其圆锯片不仅自转，而且围绕管子公转，当切割盘绕大管作行星回转时，圆锯片便将管子切断。这种装置的主要特点是：切割管径大，范围广，自动化程度高，使用时可全自动，也可半自动切割，大大减轻了劳动强度，提高了工作效率。

（2）卷取装置 如果是软管，就要用卷取装置。卷取装置有卷盘式与风轮式，卷绕至所需长度后，用刀切断，捆扎成卷。每卷质量一般不超过 50kg。

三、吹塑成型辅机

中空制品是近年来发展较快的一类挤出成型产品，如汽车用的油桶，贮存酸、碱、水的容器，盛装食品、饮料的各种塑料瓶子等。这些制品具有质轻、价廉、耐化学腐蚀、成型制造方便等优点，因而促使挤出吹塑成型得到很快发展。

挤出吹塑成型的原料，主要有低密度聚乙烯，高密度聚乙烯，软、硬聚氯乙烯，纤维素塑料，聚苯乙烯，聚丙烯，聚碳酸酯等。目前吹塑制品以聚乙烯和聚氯乙烯为主。

挤出吹塑成型的辅机包括挤出型坯的机头、吹胀用的模具以及用于模具开闭的供气装置。

1. 挤出吹塑成型过程

挤出吹塑成型是将挤出机挤出的高温管状型坯放置在模具中，并通入压缩空气，使其吹胀、冷却从而得到制品。如图 4-34 所示，其生产工序大致可分为五步：图 4-34a 是挤出型坯，图 4-34b 是将型坯引入对开的模具，图 4-34c 是将模具闭合，图 4-34d 是向型腔内通入压缩空气，使其膨胀附着在模腔壁上，并保压、冷却、定型，图 4-34e 所示是开启模具将塑件脱出。

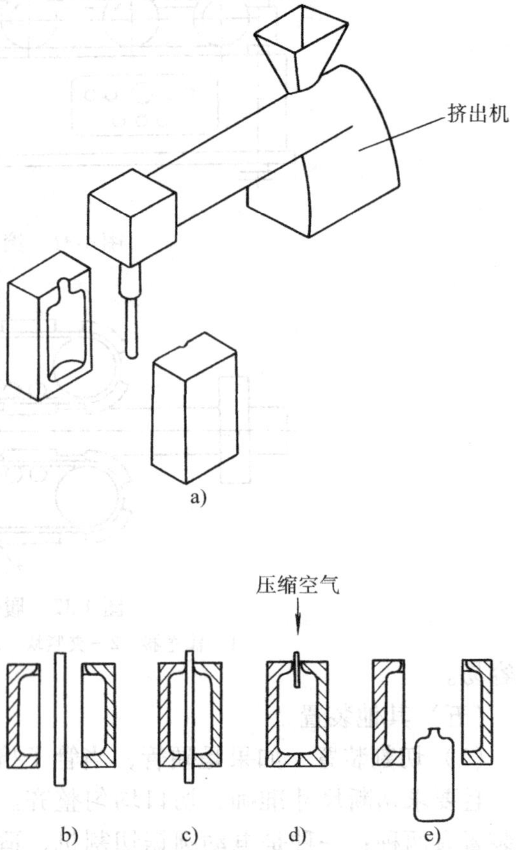

图 4-34　挤出吹塑成型

中空制品除了用挤出法生产型坯外，还可用注射和压缩的方法生产型坯。挤出法生产型坯适用于多种塑料，生产率高，型坯的温度均匀，制品不易破裂，并且设备投资少，可以制造大型制品。

2. 中空吹塑模具

吹塑用的模具通常由动模部分、定模部分、冷却装置、切口部分（即上下夹坯口）和导向部分组成。中空吹塑模具结构如图 4-35 所示。模具型腔一般都是均分在分型面的两侧。模具设有用于冷却的冷水通道，采用类似注射模的冷却方式，温度通常控制在 20～50℃左右，使制品各部分得到均匀的冷却而最终定型。

夹坯口在吹塑模中主要起夹持型坯以及型坯的切断、封底、缩口等作用。夹坯口的形状一般为三角形或梯形，切口应较锋利，宽度一般取 0.5～4mm，过小容易将型坯切破，以致不能吹胀。

模具的闭合与型坯的夹紧必须以超过型坯吹胀时的最大空气内压力 20%～30% 的总压力迅速进行。吹胀用的空气可自上而下经过模芯中的沟道或自下而上经过成型接管或其他接管送入。

制品的冷却只有依靠吹胀的热型坯与模具内表面完全接触时的热传导作用。对型坯壁厚为2～2.5mm、空气压力在0.5MPa以下、模壁温度在30～40℃的情况下，制品在模具中冷却8～10s即可。

制品冷却后，即可打开模具，从接管上用手工卸下制品，或用压缩空气将其吹落在接料斗内。从下向上吹制时，要从模嘴中挤出的挤塑管上将制品脱下。

由此可见，吹塑成型中的模具兼有冷却定型（吹胀）和切割的功能。

3. 模具动作及供气装置

为了提高吹塑成型的生产率，生产中多用带有两个以上模具的辅机。使用时，当一个模具敞开并向其中挤入型坯时，另一模具闭合并与吹气接管一同移向一方进行吹胀和冷却，两个模具采用在机头下方沿平行方向交替供给的方式，可使生产率提高近一倍。

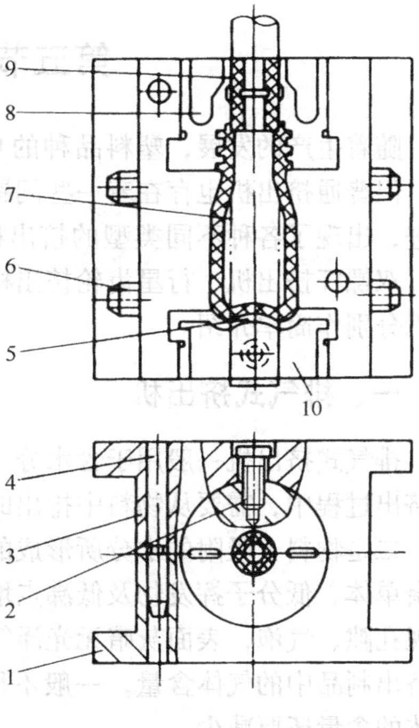

图4-35 中空吹塑模具结构

1—动模 2—螺栓 3—定模 4—导柱 5—下夹坯口 6—水管接头 7—型坯 8、10—余料槽 9—上夹坯口

若有三个以上模具，可将模具安装在环绕垂直中轴旋转的圆盘上，圆盘周期性地转动，轮流供应接受型坯的模具，并在合模后移开进行吹胀和冷却。这种装置提供了可完全利用挤出机工作能力（当其连续工作时）的可能性。

图4-36所示为旋转式中空制品成型辅机简图，该装置可完成以下动作：①模具在挤出机机头下移动；②当型坯达到模具的下平面时，两半模闭合；③移动模具；④向型坯内供给压缩空气进行吹胀成型；⑤开启模具并取出制品。

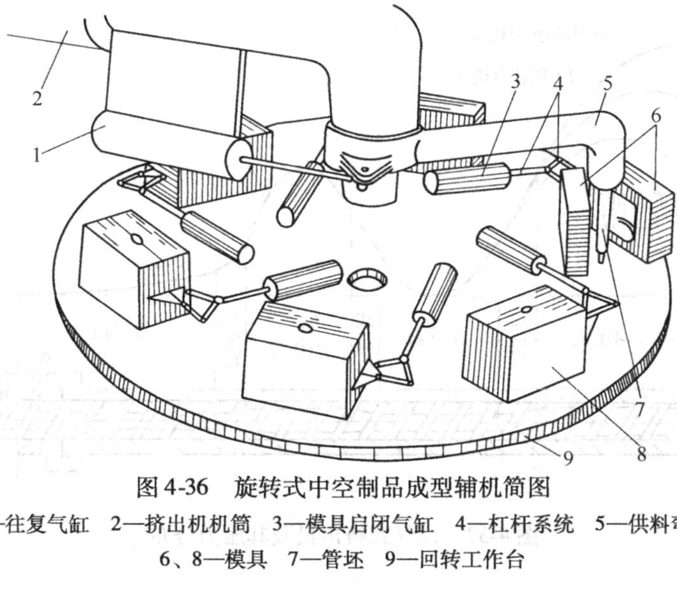

图4-36 旋转式中空制品成型辅机简图

1—往复气缸 2—挤出机机筒 3—模具启闭气缸 4—杠杆系统 5—供料弯头 6、8—模具 7—管坯 9—回转工作台

第五节　其他类型挤出机*

随着生产的发展，塑料品种的日益增多，挤出机在塑料加工工业中的应用越来越广泛，但普通挤出机也存在着一些问题，国内外生产厂家对塑料挤出机的结构性能不断加以改进，出现了各种不同类型的挤出机。目前除了常用的普通挤出机外，还有排气式挤出机、双螺杆挤出机、行星齿轮挤出机、双级挤出机等其他类型挤出机。本节对这些类型挤出机分别作简单介绍。

一、排气式挤出机

排气式挤出机一般用于含水分、溶剂、单体的聚合物在不预干燥的情况下直接挤出。在挤出过程中，需要从物料中排出的气体包括三个部分：一是加入物料的颗粒间带有的空气；二是物料上吸附的水分所形成的水蒸气；三是物料内部包含的气体或液体挥发物，如剩余单体、低分子挥发物及低沸点增塑剂等。这些气体如果不排出，会使制品表面或内部出现孔隙、气泡，表面灰暗无光泽等缺陷，严重地影响制品的外观和性能。因此，必须控制挤出制品中的气体含量，一般不得大于0.2%～0.3%（体积分数），如果有特殊要求，气体的含量还要减少。

在普通挤出机中，物料带入的空气和吸附的水分可在塑化挤压时从加料口逸出，或者在加入料筒前用烘干的方法除去，但是需要增加干燥设备，还要消耗电能和劳动力，使成本上升。此外，用干燥方法对某些单体和某些高沸点溶剂的去除效果也不如使用排气式挤出机效果好。

排气式挤出机的螺杆可以认为是由两根普通螺杆串联而成，排气口前一段螺杆叫一阶螺杆，它由加料段、第一压缩段、第一均化段组成，排气口后一段螺杆叫二阶螺杆，它由排气段、第二压缩段、第二均化段组成，如图4-37所示。

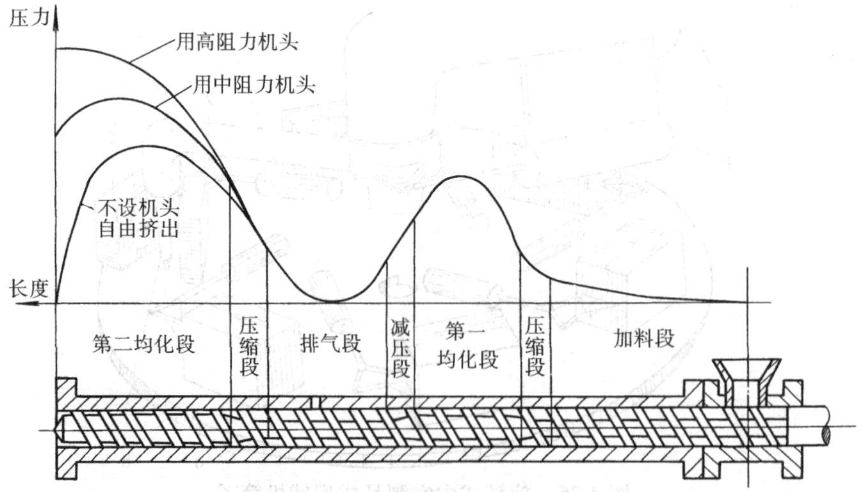

图4-37　排气式挤出机及其压力分布

塑料在排气螺杆中经历了三个阶段：第一个阶段是塑料从加料口加入经一阶螺杆的压缩混合后达到基本塑化状态；第二阶段是塑化了的塑料进入排气段后，由于该段螺槽突然变深，且排气口还设有真空泵，物料的压力骤降至零或负压，使物料中受压缩的气体和已汽化的挥发物得以逸出，并使已基本塑化的塑料膨胀发泡，在螺纹的搅动下使气泡破裂，气体被真空泵抽出；第三阶段是经过排气段的塑料熔体被进一步压缩和塑化后从机头挤出。

如果是多阶排气式挤出机，则物料还可再经一次或多次的排气和塑化后才进行挤出，从而得到更好的排气效果。

根据排气的结构不同，排气挤出机有直接抽气式、旁路排气式、中空排气式和尾部排气式。它们的工作原理基本相同，故本书不再详细介绍。

二、双螺杆挤出机

单螺杆挤出机设计简单和制造容易，价格便宜，因而在塑料加工工业中得到了广泛应用。但是随着塑料工业的发展，单螺杆挤出机在使用中有较大的局限性，主要表现在以下几方面：

1）单螺杆挤出机的物料输送主要靠摩擦，使其加料性能受到限制，粉料、糊状料、玻璃纤维及无机填料等较难加入。

2）当机头压力较高时，逆流增加，使生产率降低。

3）单螺杆排气挤出机物料在排气区表面更新作用小，因而排气效果较差。

4）单螺杆挤出机不适于某些工艺过程，如聚合物着色、热固性粉料和涂料的加工等。

为了解决上述问题，出现了双螺杆挤出机，如图 4-38 所示。它的挤压系统由两根啮合或非啮合、整体或组合、同向回转或异向回转的螺杆和料筒组成。物料由加料斗加入，

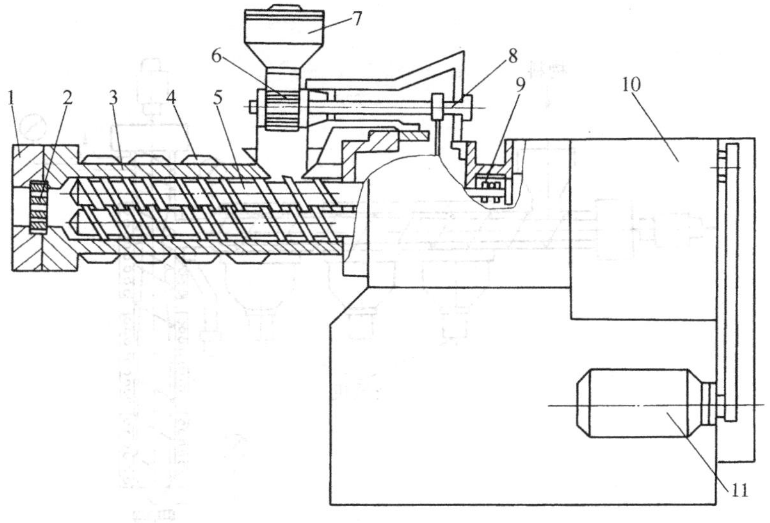

图 4-38　双螺杆挤出机

1—机头连接器　2—多孔板　3—机筒　4—加热器　5—螺杆　6—加料器
7—料斗　8—加料器传动机构　9—推力轴承　10—减速箱　11—电动机

经过螺杆到达口模。在这一过程中，物料的运动情况和受到的混炼情况因螺杆是否啮合，是同向回转还是异向回转，通过何种形状和尺寸的螺杆区段而各不相同。

与单螺杆挤出机相比，双螺杆挤出机具有以下几个特点：

1）加料容易。这是由于双螺杆挤出机是靠正位移原理输送物料，不会有压力回流。因此，带状料、糊状料、粉料及玻璃纤维等都可加入。

2）在挤出量相同时，物料在螺杆中停留时间短。因此适合于那些停留时间长就会固化或凝聚的物料着色和混合，例如热固性粉末涂层材料的挤出。

3）优异的混合、塑化效果，良好的自洁功能。这是由于两根螺杆互相啮合，物料经受着复杂的纵横向剪切混合所致。

4）优异的排气性能。这是由于双螺杆挤出机能使物料在排气段获得完全的表面更新。

5）低的比功率消耗。据介绍，相同产量的单螺杆挤出机和双螺杆挤出机进行比较，双螺杆挤出机的能耗少50%。

三、两级式挤出机

两级式挤出机（也叫两段式挤出机），可以是由两台单螺杆挤出机串联而成，也可以是由一台双螺杆挤出机和一台单螺杆挤出机组成，每台都有自己独立的驱动系统和加热冷却系统。两级挤出机的第一级螺杆直径较大，螺槽较深，有较大的加热功率，主要输送和塑炼物料。第二级螺杆直径较小，螺槽较浅，加热功率较第一级小，但转数较第一级高，主要是将第一级送来的物料进一步塑化、均化并完成挤出成型。图4-39所示为两级式挤出机的结构简图。

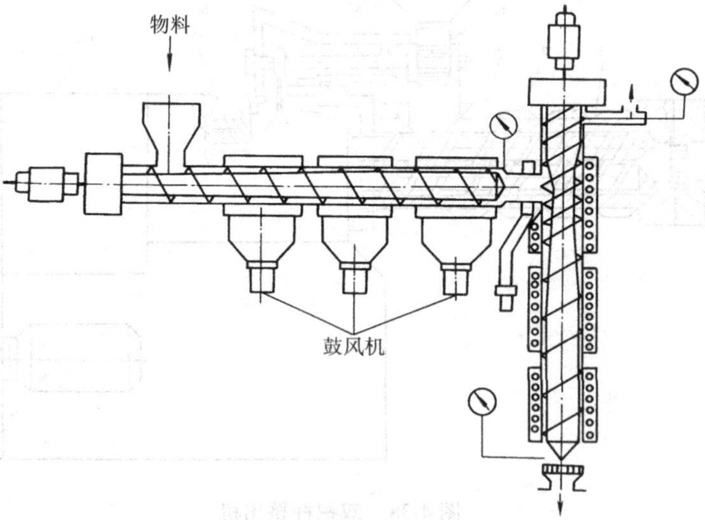

图4-39　两级式挤出机

两级式挤出机具有以下优点：

1）混炼均匀，塑化质量高。既可加工粒料，也可加工粉料。

2）便于排气。可通过改变两级螺杆的转速来调节排气。

3）由于螺杆的职能区分别由两根螺杆来承担，可以使能耗合理化。

4）两段螺杆长径比均较小，设备制造方便。

5）生产效率高。

四、行星齿轮式挤出机

这种挤出机是在普通挤出机上加了一个塑化段。塑化段由中心大螺杆和与之相啮合并绕中心大螺杆作公转、自身作自转的几根小螺杆以及包围它们的带有内齿的料筒组成。

行星齿轮式挤出机如图4-40所示，它具有较高的混合塑化效率、优异的塑化质量、较低的熔体温度。物料在料筒内的停留时间短，有良好的自洁作用和节能等优点，特别适用于硬聚氯乙烯的粉料加工。

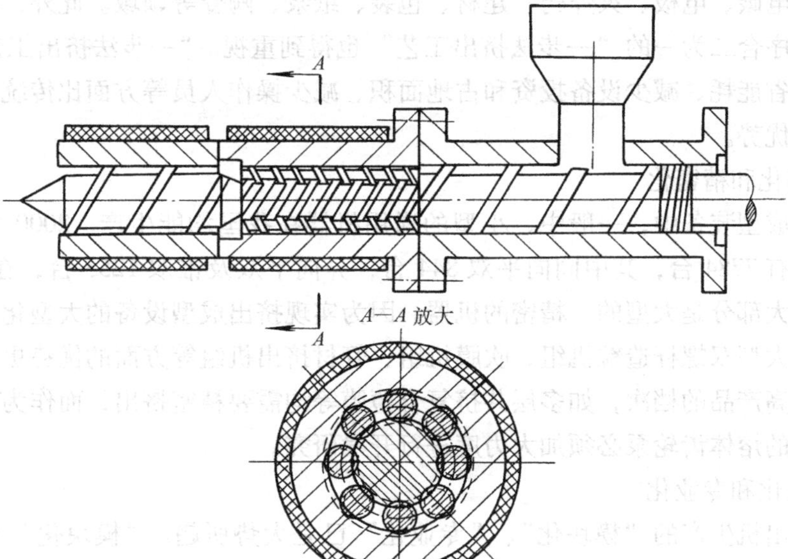

图4-40　行星齿轮式挤出机

五、挤出机的发展概况

随着塑料工业的迅速发展，塑料品种日益增多，促使塑料加工机械迅速发展。目前挤出机正朝着高速和高产化、高效和多功能化、大型化和精密化、模块化和专业化、智能化和网络化等方向发展。

1. 高速和高产化

长期以来，作为挤出机主要性能指标的“高速、高产”一直是挤出机发展的主要方向，高的产出与价格比不仅是企业家最为关心的，也是科技工作者梦寐以求的目标。以

ϕ90mm 单螺杆挤出机为例，1961 年的单机产量为 90kg/h，到 1995 年提高到 600kg/h，34 年间提高了 5.7 倍；WP 公司生产的 ZSK MC 型同向平行双螺杆挤出机，从 1995 年到 2001 年的 6 年间，螺杆转速从 600r/min 提高到 1800r/min，产量相应提高了 2.5 倍。

挤出机高速、高产固然可使投资者以较低的投入获得较大的产出和高额的回报，但从技术角度看，随着挤出机螺杆转速高速化也带来了一系列需要克服的难点，如：物料在螺杆内停留时间的减少导致物料混炼塑化不均；物料经受过度剪切造成物料急骤升温和热分解；挤出稳定性控制困难造成挤出物几何尺寸波动，相关的辅助装置和控制系统的精度必须提高；螺杆与机筒的磨损加剧，需要采用高耐磨及超高耐磨的材质；减速器与轴承在高速运转的情况下如何提高其寿命等。因此不能过分强调发展高速和高产化的挤出机。

2. 高效和多功能化

挤出机的高效性能主要体现在高产出、低能耗、低制造成本方面。近年 ZSK 系列同向平行双螺杆挤出机单耗均小于 0.1kW·h/kg，而国内为 0.15～0.16kW·h/kg；在功能方面，螺杆挤出机已不仅仅用于高分子材料的挤出成型和混炼加工，它的用途已拓宽到食品、饲料、电碳、电极、火炸药、建材、包装、纸浆、陶瓷等领域。此外，将混炼造粒与挤出成型工序合二为一的“一步法挤出工艺”也得到重视。“一步法挤出工艺”在缩短工艺流程、节省能耗、减少设备投资和占地面积、减少操作人员等方面比传统的两步法工艺具有明显的优势。

3. 大型化和精密化

在挤出成型装备中，一般中、小型的通用机器在我国均能生产。2000 年我国挤出机的产量已达有 7784 台，其中同向平双 844 台，异向平双及锥双 1255 台，在进口 1817 台挤出机中绝大部分是大型的、精密的机器。因为实现挤出成型设备的大型化可以降低生产成本，这在大型双螺杆造粒机组、吹膜机组、管材挤出机组等方面的优势更为明显。而精密化可以提高产品的档次，如多层共挤复合薄膜等均需要精密挤出，而作为实现精密挤出的重要手段的熔体齿轮泵必须加大力度进行开发研究。

4. 模块化和专业化

实行挤出机生产的“模块化”、“专业化”已是大势所趋。“模块化”生产可以适应不同用户的特殊要求，缩短新产品的研发周期，争取更大的市场份额；而“专业化”生产可以将挤出机的各个系统模块部件安排定点生产，甚至进行全球采购，这有利于保证整机质量、降低成本、加速资金周转。在我国，挤出机的螺杆、机筒、减速器、加热冷却系统、润滑系统、上加料系统、控制系统均有定点工厂专业生产，这无疑是正确的。

5. 智能化和网络化

工业发达国家的挤出机已普遍采用现代电子和计算机控制技术，操作台设有荧光屏监测，对整个挤出过程的工艺参数，如熔体压力及温度，各段机身温度，主螺杆和喂料螺杆转速、喂料量，各种原料的配比，电动机的电流电压等，进行在线检测，并采用计算机闭环控制。有的公司已采用网上远程演播、监测、诊断和控制，对挤出成型生产线进行网络控制。从而保证工艺条件的稳定，提高产品的精度。

此外，为了适应品种的不断增加和新的挤出工艺的要求，近年来还出现了许多新的或专用的挤出机，例如组装式挤出机、多螺杆挤出机、无螺杆挤出机、混炼挤出机、反应式挤出机、超高分子挤出机、双色挤出机、玻璃纤维增强塑料挤出机、发泡挤出机、串联式磨盘螺杆挤出机、往复式销钉螺杆挤出机、带熔体齿轮泵的挤出机、串联式多阶挤出机、塑料电磁动态塑化挤出机和 ϕ12mm 手提式高速排气挤出机等。

思考题

4-1 塑料挤出机一般由哪几部分组成？每部分的作用是什么？

4-2 国产塑料挤出机如何分类？

4-3 挤出机的工作性能特征通常用哪几个主要技术参数表示？

4-4 如何确认挤出机型号？

4-5 挤出成型理论是研究哪些内容的？

4-6 提高固体输送率的主要途径是什么？

4-7 螺杆熔融区的长度主要受哪些因素的影响？

4-8 熔体在螺槽内有几种流动形式？造成这几种流动的主要原因是什么？

4-9 何谓挤出机综合工作点？挤出机的流率与螺杆、机头有何关系？如何提高挤出机的流率？

4-10 渐变型和突变型螺杆有何区别？它们各适合哪类塑料的挤出？为什么？

4-11 常规全螺纹三段螺杆存在什么问题？与普通螺杆相比，新型螺杆有何优点？

4-12 挤出机受压力影响，哪些部位最易出现问题？

4-13 如何选择螺杆的转速？

4-14 挤出机的加热冷却系统有何作用？为什么加热冷却系统多是分段设置的？

4-15 挤出机的冷却系统有哪些形式？一般都设置在哪些部位？

4-16 挤出机辅机有何作用？一般由哪几个基本部分组成？

4-17 如何选择管材的定径方法？

4-18 排气挤出机与普通非排气式挤出机相比，有何优缺点？试述排气挤出机的工作原理。

第五章　塑料注射成型机

塑料注射成型机是将热塑性塑料或热固性塑料利用塑料成型模具制成塑料制件的主要成型设备。注射成型能一次成型出形状复杂、尺寸精确和带有嵌件的塑料制品，生产率高，易于实现自动化。所以塑料注射成型机是目前塑料成型设备中增长最快、产量最多、应用最广的塑料成型设备。

第一节　塑料注射成型过程

一、注射成型机的组成

注射成型机通常由注射装置、合模装置、液压传动系统、电气控制系统等部分组成，如图 5-1 所示。

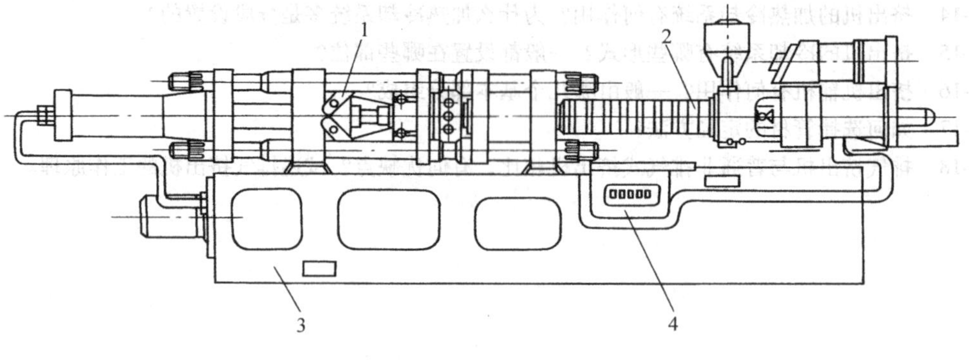

图 5-1　塑料注射成型机的基本组成

1—合模装置　2—注射装置　3—液压传动系统　4—电气控制系统

（1）注射装置　使塑料均匀地塑化成熔融状态，并以足够的速度和压力将一定量的熔料注射进模具型腔的装置。

（2）合模装置　也称锁模装置。保证注射模具可靠地闭合，实现模具开、合动作以及顶出制件的装置。

（3）液压和电气控制系统　保证注射机按预定工艺过程的要求（如压力、温度、速度和时间）和动作程序准确有效工作的系统。

二、注射成型生产工艺过程

塑料注射成型是利用塑料的三种物理状态（玻璃态、高弹态和粘流态），在一定的工艺条件下，借助于注射成型机和模具，成型出所需要的制件。尽管所用的注射成型机的动作程序、所用模具和工艺参数不尽相同，但从所要实现的工艺内容即基本工序来看，其工作过程可大致表示成如图5-2所示的基本程序。

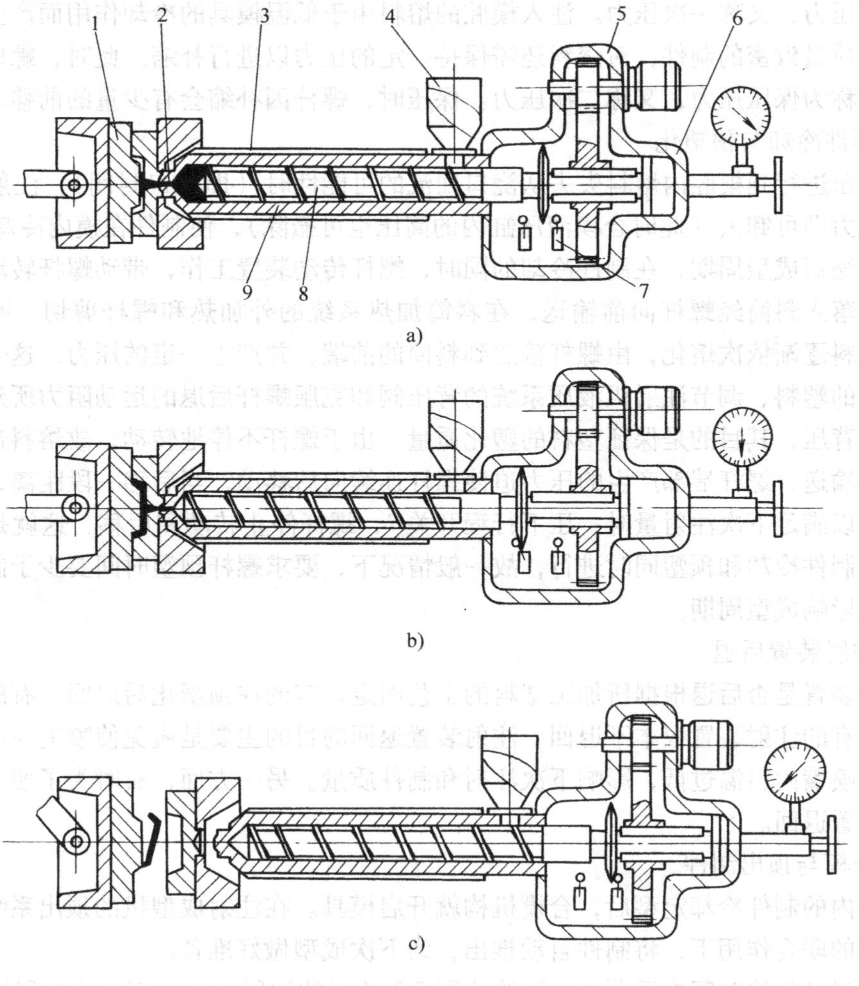

图5-2　注射成型生产工艺过程

a）合模注射　b）保压冷却硬化　c）预塑、开模顶出制件

1—模具　2—喷嘴　3—加热圈　4—料斗　5—螺杆传动装置　6—注射液压缸

7—行程开关　8—螺杆　9—料筒

1. 合模与锁紧

注射成型机的成型周期一般从模具开始闭合时算起。模具首先以低压快速进行闭合，当动模与定模很接近时，合模的动力系统自动切换成低压（即试合模压力）、低速状态，在确认模内无异物存在时，再切换成高压低速而将模具锁紧。

2. 注射装置前移

在确认模具达到所要求的锁紧程度后，注射装置整体移动液压缸工作，使注射装置前移，保证喷嘴与模具主浇套入口处以一定的压力贴合，为注射阶段做好准备。

3. 注射与保压

完成上述两个工作过程后，便可向注射液压缸接入压力油。于是压力油推动与液压缸活塞杆相接的螺杆，高压高速地将头部的熔料注入模腔。此时螺杆头部作用于熔料上的压力为注射压力，又称一次压力。注入模腔的熔料由于低温模具的冷却作用而产生收缩，为了生产出质量致密的制件，对熔料还需保持一定的压力以进行补缩。此时，螺杆作用于熔料的压力称为保压压力，又称二次压力。保压时，螺杆因补缩会有少量的前移。

4. 制件冷却与预塑化

当保压进行到模腔内熔料失去从浇口回流的可能性时（即浇口封闭），注射液压缸内的保压压力即可卸去（此时合模液压缸内的高压也可撤除），使制件在模内冷却定型。

为了缩短成型周期，在制件冷却的同时，螺杆传动装置工作，带动螺杆转动，使料斗内的塑料落入料筒经螺杆向前输送，在料筒加热系统的外加热和螺杆剪切、混炼的作用下，使塑料逐渐依次熔化，由螺杆输送到料筒的前端，并产生一定的压力。这个压力是根据所加工的塑料、调节注射机液压系统的背压阀和克服螺杆后退的运动阻力所建立的，统称为预塑背压，其目的是保证塑料的塑化质量。由于螺杆不停地转动，故熔料也不断地向料筒前端输送，螺杆端部产生的压力迫使螺杆连续向后移动，当后移一段距离，料筒端部的熔料足以满足下次注射量时，压下行程开关7，螺杆停止转动和后移，这就是常说的计量。由于制件冷却和预塑同时进行，故一般情况下，要求螺杆预塑时间要少于制件冷却时间，以免影响成型周期。

5. 注射装置后退

注射装置是否后退根据所加工塑料的工艺而定。有的在预塑化后退回，有的在预塑化前退回，有的注射装置根本不退回。注射装置退回的目的主要是避免使喷嘴与冷模长时间接触而使喷嘴内料温过低，影响下次注射和制件质量。另一方面，有时为了便于清料，常使注射装置退回。

6. 开模与顶出制件

模具内的制件冷却定型后，合模机构就开启模具。在注射成型机的顶出系统和模具的推出机构的联合作用下，将制件自动推出，为下次成型做好准备。

将上述动作按时间先后顺序，可绘成图5-3所示的注射成型生产工艺过程循环图。

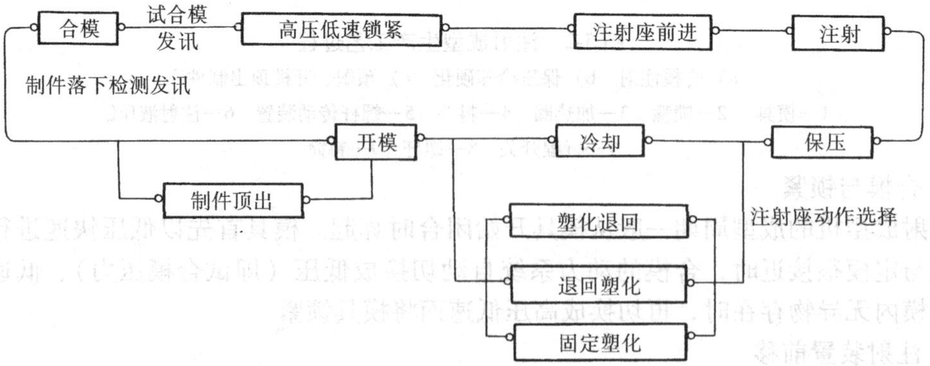

图5-3 注射成型生产工艺循环图

三、注射成型机的分类

近10多年来注射成型机发展很快，类型不断增加，注射成型机的分类方法较多。目前使用较多的分类方法为按注射成型机外形特征分类，这种分类法主要根据注射和合模装置的排列方式进行分类。

1. 立式注射成型机

立式注射成型机如图5-4所示。它的注射装置与合模装置的轴线呈一直线且铅垂排列。立式注射成型机一般具有以下优点：占地面积小，模具拆装方便。缺点是：制件顶出后常需要用手或其他方法取出，不易实现全自动化操作；因机身较高，机器的稳定性差，加料及机器维修不便。目前这种形式主要用于注射量在60cm³以下的小型注射成型机上。

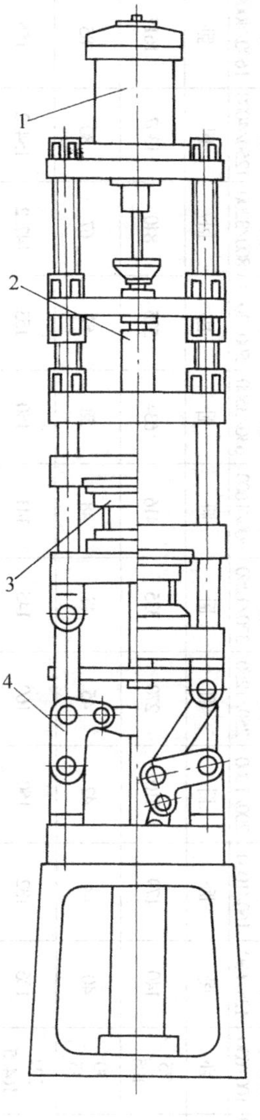

图5-4　立式注射成型机

1—注射缸　2—注射装置　3—调模装置　4—合模装置

2. 卧式注射成型机

卧式注射成型机的注射装置和合模装置的轴线呈一直线且水平排列（图5-5）。同立式注射成型机相比，卧式注射成型机具有如下优点：机身低，利于操作和维修；机器因重心较低，故较稳定；成型后的制件可利用其自重自动落下，容易实现全自动操作。所以卧式注射成型机应用广泛，对大、中、小型都适用，是目前国内外注射成型机中的最基本形式。

3. 角式注射成型机

角式注射成型机的注射装置和合模装置的轴线相互垂直排列（图5-6）。因此其优缺点介于立、卧两种注射成型机之间，使用也比较普遍，在大、中、小型注射成型机中都有应用。它特别适合于成型制品中心不允许留有浇口痕迹的制件，因为使用卧式或立式注射成型机成型制件时，模具必须设计成多型腔或偏至一边的型腔，这经常受到机器模板尺寸的限制；使用角式注射成型机成型这类制件时，由于熔料是沿着模具的分型面进入模腔，因此不存在上述问题。

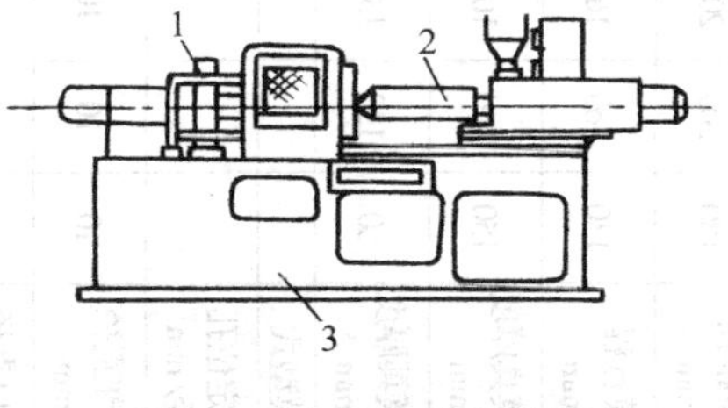

图5-5　卧式注射成型机

1—合模装置　2—注射装置　3—机身

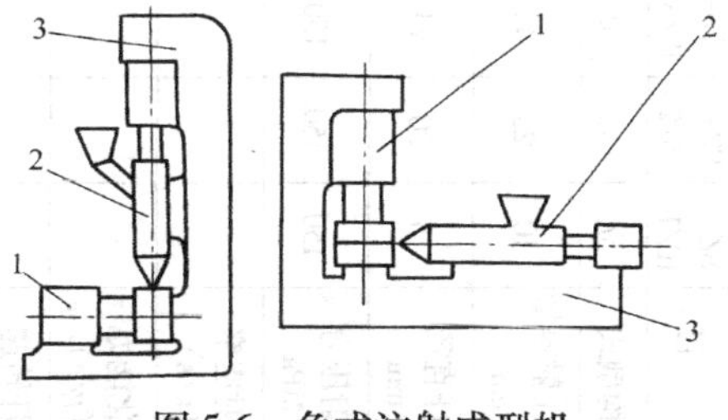

图5-6　角式注射成型机

1—合模装置　2—注射装置　3—机身

表 5-1　部分国产 SZ 系列塑料注射成型机的规格及主要技术参数

项　目	SZ—10/16	SZ—25/25	SZ—40/32	SZ—60/40	SZ—100/60	SZ—60/450	SZ—100/630	SZ—125/630	SZ—160/1000	SZ—200/1000	SZ—250/1250	SZ—320/1250	SZ—400/1600	SZ—630/3500	SZ—500/2000	SZ—800/3200	SZ—1250/4000	SZ—1600/4000
结构型式	立	立	立	立	立	卧	卧	卧	卧	卧	卧	卧	卧	卧	卧	卧	卧	卧
理论注射容量 /cm^3	10	25	40	60	100	78 106	75 105	140	179	210	270	335	416	634	525	840	1307	1617
螺杆直径 /mm	15	20	24	30	35	30 35	30 35	40	44	42	45	48	48	58	52	67	80	85
注射压力 /MPa	150	150	150	150	150	170 152	224 164. 5	126	132	150	160	145	141	150	153	142. 2	154. 2	155
注射速率 /(g/s)						60 75	60 80	110	10	110	110	140	160	220	200	260	410	410
塑化能力 /(g/s)						5. 6 10	7. 3 11. 8	16. 8	10. 5	14	18. 9	19	22. 2	24	28	34	65	70
螺杆转速 (r/min)						14 ~ 200	14 ~ 200	14 ~ 200	10 ~ 2150	10 ~ 250	10 ~ 200	10 ~ 200	10 ~ 200	10 ~ 125	10 ~ 160	10 ~ 125	10 ~ 170	10 ~ 150
锁模力/kN	160	250	320	400	600	450	630	630	1000	1000	1250	1250	1600	3500	2000	3200	4000	4000
拉杆内间距 /mm	180	205	205	295 × 185	440 × 340	280 × 250	370 × 320	370 × 320	360 × 260	315 × 315	415 × 415	415 × 415	410 × 410	545 × 485	460 × 460	600 × 600	750 × 750	750 × 750
移模行程 /mm	130	160	160	260 180	260	220	270	270	280	300	360	360	360	490	450	550	750	750
最大模具厚度 /mm	150	160	160	280	340	300	300	300	360	350	550	550	550	500	450	600	770	770
最小模具厚度 /mm	60	130	130	160	10	100	150	150	170	150	150	150	150	250	280	300	380	380
锁模型式						双曲肘	双曲肘	双曲肘		双曲肘	双曲肘	双曲肘	双曲肘	双曲肘	双曲肘	双曲肘		
模具定位孔直径/mm						Φ55	Φ125	Φ125	Φ120	Φ125	Φ160	Φ160	Φ150	Φ180 (深 20)	Φ160	Φ160	Φ200	Φ200 (深 25)
喷嘴球直径 /mm	10	10	10	15	12	20	15	15	10	15	*SR* 15	*SR* 15	*SR* 18	*SR* 18	*SR* 15	*SR* 20	*SR* 20	*SR* 20
喷嘴口直径 /mm			Φ3	Φ3. 5	Φ4													
生产厂家	常熟市塑料机械总厂					上海第一塑料机械厂												

四、注射成型机的型号规格

注射成型机型号规格的表示方法目前各国不尽相同，国内尚不统一，但主要有注射量、合模力、注射量与合模力同时表示等三种。

1. 注射量表示法

注射量表示法是用注射成型机的注射容量（单位 cm^3）表示注射机的规格，以标准螺杆注射时的 80% 理论注射量表示。我国早期的注射成型机较多采用注射量表示法，它比较直观，规定了注射成型机成型制件的体积范围。但注射容量与加工塑料性能和状态有着密切的关系，所以注射量表示法并不能全面反映机器规格的大小。如 XS—ZY—125，125 表示注射成型机的注射容量为 $125cm^3$，XS—ZY 中 X 表示成型、S 表示塑料、Z 表示注射、Y 表示预塑式。

2. 合模力表示法

合模力表示法是指以注射成型机的最大合模力来表示注射成型机的规格。此法表示直观且简单，可直接反映注射制件的最大投影面积。但是，合模力表示法并不直接反映注射制件体积大小，故用起来不方便。如 LY180，LY 为利源机械有限公司的缩写，180 指注射机的合模力为 $180 \times 10kN$。

3. 注射量与合模力表示法

注射量（单位 cm^3）与合模力（单位 kN）表示法是国际上通行的规格表示法。这种表示法是用合模力作为分母，注射量作为分子表示注射机的规格（注射量/合模力）。这种表示法比较全面地反映了注射机的加工能力。部分国产用注射量与合模力表示法系列（SZ 系列）注射机主要技术参数见表 5-1。如 SZ—63/50，其中 63 表示注射容量为 $63cm^3$，合模力为 $50 \times 10kN$，S 表示塑料机械，Z 表示注射成型机。

第二节　注 射 装 置

注射装置是注射成型机中直接对塑料加热和加压的部分，塑料的塑化和注射都在这里进行。因此，注射装置是注射成型机的重要组成部分之一。注射装置在注射成型工艺过程中，应能均匀加热和塑化一定数量的塑料；以一定的压力和速度将熔料注入模腔；保压一段时间以防止模内熔料的反流，且向模内补充一部分熔料，以补偿制件的冷却收缩。注射装置主要形式有柱塞式、螺杆预塑式和往复螺杆式（简称螺杆式）。目前采用最多的是往复螺杆式，其次是柱塞式。

一、常用注射装置

1. 柱塞式注射装置的组成和工作原理

柱塞式注射装置由定量加料装置、塑化部件、注射液压缸、注射座移动液压缸等组成。

图 5-7 为 XS—Z—60 柱塞式注射机的注射装置。其工作原理如下：粒料从料斗 6 落入加料装置 5 的计量室 7 中，当注射液压缸中的活塞 10 前进时，推动柱塞 8 前移，与之相连的传动臂 9 带动计量室 7 同时前移，从而将一定量的粒料推入料筒的加料口。当柱塞后

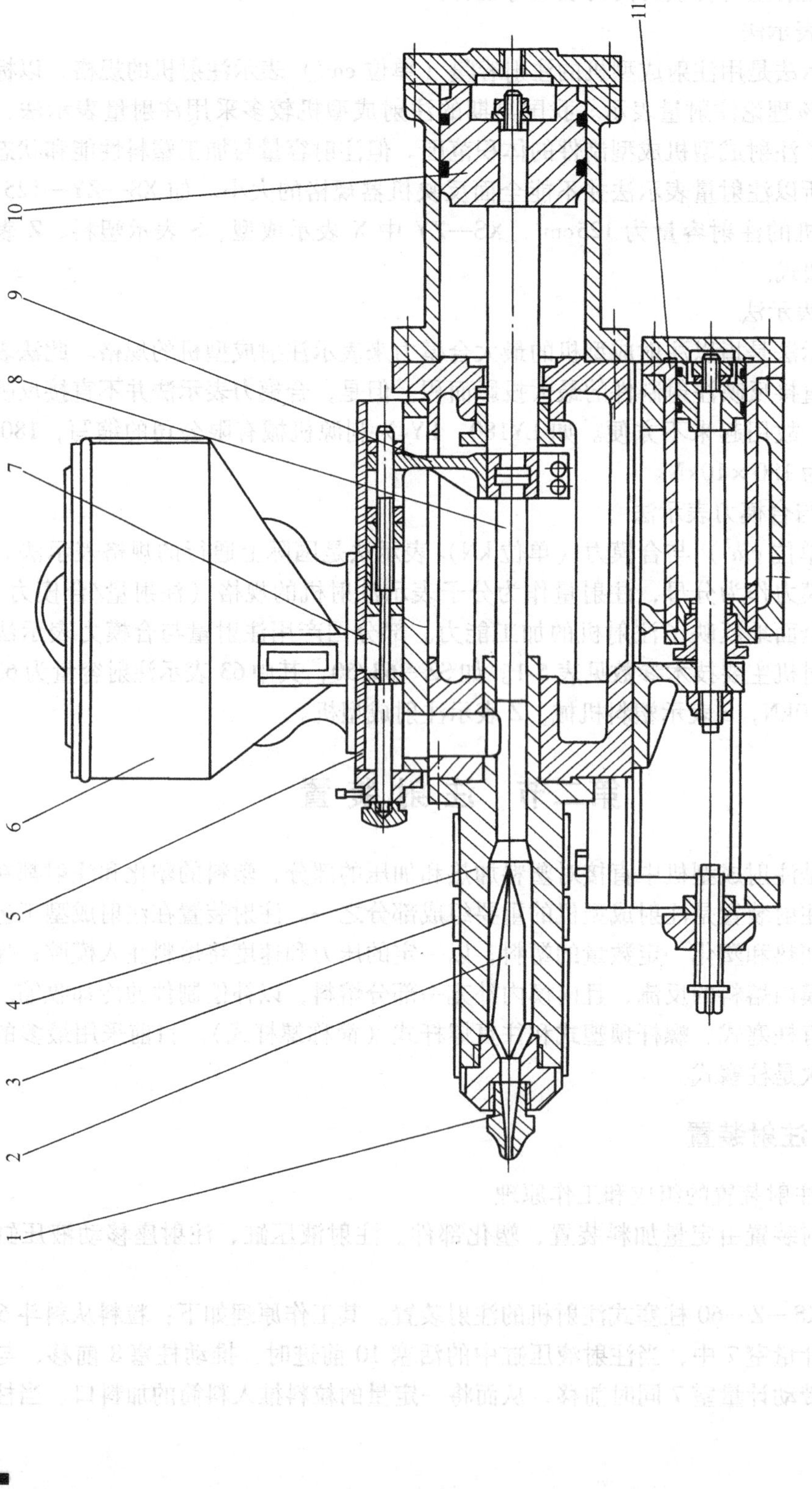

图 5-7 XS—Z—60 柱塞式注射装置

1—喷嘴 2—分流梭 3—加热器 4—料筒 5—加料装置 6—料斗 7—计量室
8—注射柱塞 9—传动臂 10—注射活塞 11—注射座移动液压缸

退时，加料口的粒料进入料筒，同时料斗中的第二份粒料又落入计量室7中。注射动作反复进行，粒料在料筒中不断前移，在前移的过程中，依靠料筒加热器3加热塑化，使粒料逐渐变为粘流态，通过分流梭2与料筒内壁间的窄缝，使熔料温度均匀，流动性进一步提高。最后，在柱塞的推动下，熔料通过喷嘴1注射到模腔中成型。

柱塞式注射装置的塑化方式是利用外加热的热传导方式使塑料熔融塑化，这就会使料筒内的塑料形成一定的温度梯度，而塑料的导热性能差，故塑料与料筒接触处的温度和塑料与分流梭接触处的温度是不同的，从而造成塑化不良和温度不均。

对于柱塞式注射装置，要提高塑化能力，主要依靠增加料筒直径和长度。因为这种注射装置的料筒分为加料室和塑化室两段（后面将介绍），提高塑化量意味着成倍增加料筒的长度或截面积，这对注射和热传导均不利，从而限制了塑化能力的提高。因此，这种塑化装置一般用于小型注射机上。

其次，柱塞式注射装置的注射压力损耗大。这是因为粒状塑料在柱塞推力的作用下，首先被压实成柱，然后被分流梭分开，物料进一步受到压缩，这自然要有一定的压力损失。另外，物料熔融前后流经料筒、分流梭、喷嘴时要克服一定的阻力，也要损失一部分压力。

2. 螺杆预塑式注射装置

螺杆预塑式注射装置的组成和工作原理如图5-8所示，它是由两个料筒组成的，一个是螺杆预塑料筒，另一个是注射料筒，两个料筒的连接处有单向阀。粒料通过螺杆预塑料筒而塑化，熔料经过单向阀进入注射料筒。当注射料筒中的熔料量达到预定量时，螺杆塑化停止，注射柱塞前进，并将熔料注入模腔。预塑料筒中的螺杆在转动过程中不仅输送塑料，更重要的是对塑料产生剪切摩擦热和搅拌混合作用。因此，这种注射装置的塑化质量和塑化效率比柱塞式注射装置有显著提高。另外，由于料筒内取消了分流梭，而且进入注

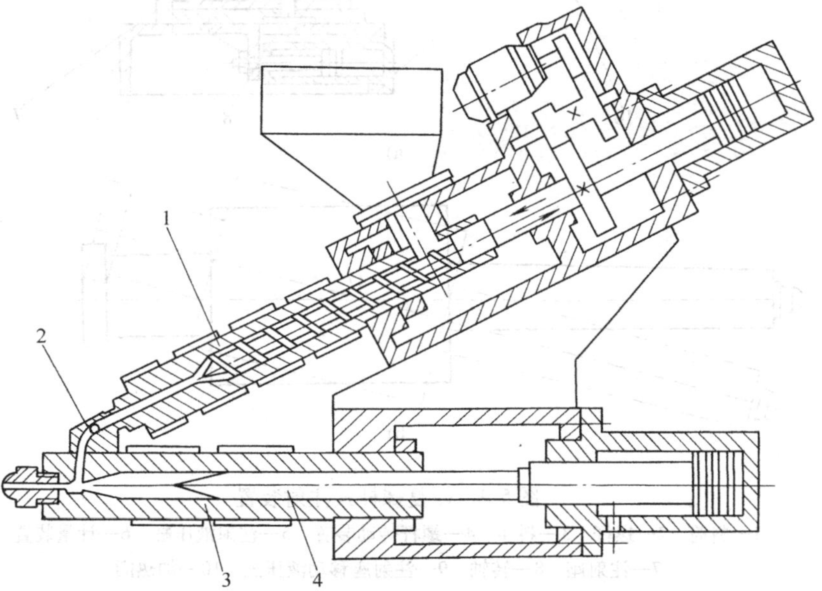

图5-8 螺杆预塑式注射装置

1—预塑料筒 2—单向阀 3—注射料筒 4—注射柱塞

射料筒的是已塑化的熔料，所以，注射时压力损失也大大减小，注射速率也比较稳定，故在连续注射或大型注射装置上应用较多。

螺杆预塑式注射装置虽然解决了柱塞式注射装置在工作过程中的缺陷，扩大了注射量，减小了注射时的压力损失，但由于增加了一个料筒，结构比较复杂且庞大，两个料筒的单向阀处容易引起塑料的停滞和分解。同时为了避免熔料泄漏，对注射料筒和柱塞间的配合要求较高。因此，给制造和使用带来了一定的困难。为了克服这些缺点，在结构上作了进一步改进，产生了往复螺杆式注射装置。

3. 往复螺杆式注射装置

往复螺杆式注射装置也叫螺杆一线式（简称螺杆式）注射装置，其结构和工作原理如图 5-9a 所示。它主要由塑化部件、料斗、螺杆传动装置、注射座、注射座移动液压缸、注射液压缸等组成。塑化部件和螺杆传动装置等装在注射座上，注射座借助注射座移动液压缸 9 可沿底座的导轨往复运动，使喷嘴撤离或贴紧模具。同时，为了便于拆换螺杆和清理料筒，在底座中部设有一个回转装置，使注射座能绕其转轴 8 旋转一定角度，如图 5-9b 所示。

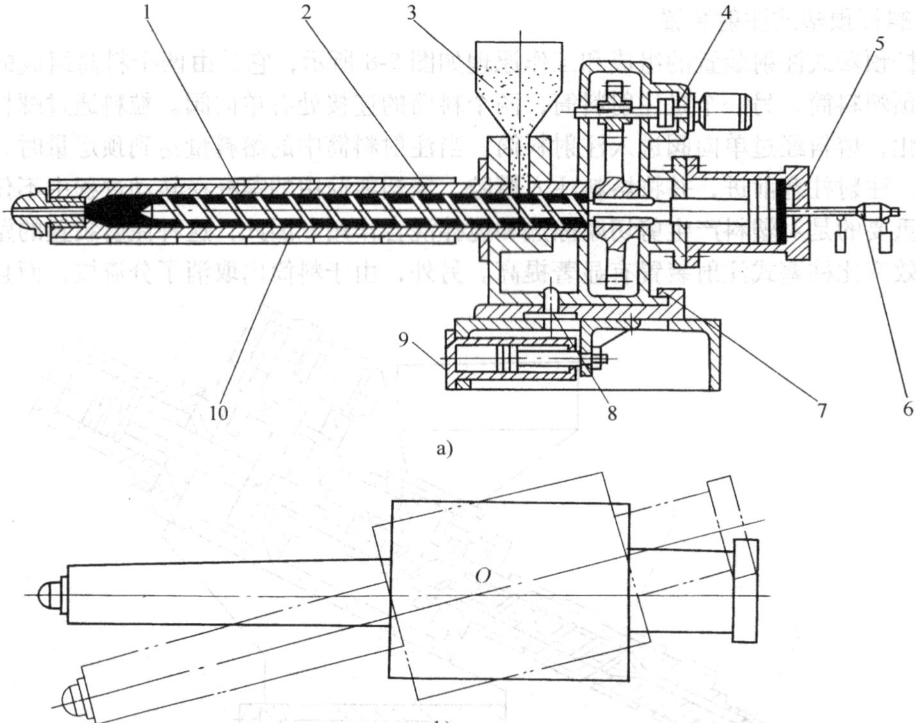

图 5-9　往复螺杆式注射装置

1—料筒　2—螺杆　3—料斗　4—螺杆传动装置　5—注射液压缸　6—计量装置

7—注射座　8—转轴　9—注射座移动液压缸　10—加热圈

螺杆式注射装置的工作原理如下：塑料从料斗 3 落入料筒 1 的加料口，依靠螺杆 2 的转动将其拽入并向前输送，同时，通过料筒的加热和螺杆的剪切摩擦作用逐渐塑化；塑化的熔料被输送到螺杆前端，随着螺杆的转动，塑料不断被塑化，塑化的熔料在喷嘴处越集越多，压力也越来越大，在熔料压力的作用下，螺杆边转边退，螺杆后退的背压可以根据塑料的品种和成型工艺的要求，通过背压阀进行调节；当螺杆前端的熔料达到所需注射量（即螺杆后退到一定距离）时，撞击行程开关（计量装置6），使螺杆停止转动；注射时压力油进入注射液压缸5的右腔推动活塞带动螺杆2以一定的速度和压力将熔料注入模腔，进行保压补料，开模取件，随后开始第二次循环。由于这种注射装置在加料塑化时，螺杆转动并且后退；在注射时，螺杆前进，故称为往复螺杆式注射装置。

往复螺杆式注射装置塑化质量好，速度快，注射压力损失小，预塑计量准确，螺杆的拆装和清理容易，广泛适用于各类注射机。

二、注射装置的主要零部件

1. 柱塞式注射装置部件

（1）料筒　它既要完成对塑料的塑化，又要完成对塑料的注射，因此对它的耐温、耐蚀、耐磨损、热惯性等方面的要求都比较高。根据料筒不同部位作用的不同，可将它分成加料室和塑化室，如图5-10所示。

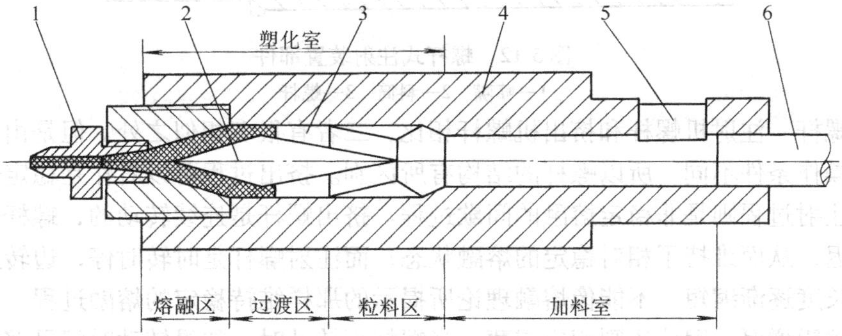

图5-10　柱塞式注射机料筒

1—喷嘴　2—分流梭　3—加热室　4—料筒　5—加料口　6—柱塞

1）加料室。柱塞在推料时所占据的料筒的运行空间。加料室应该具有足够的落料空间，使散状的塑料方便地加入。为保持良好的加料条件，加料口附近要设冷却装置。

2）塑化室。其为料筒前半部除分流梭以外的内部空间，是对塑料加热并实现其物态变化的重要部分。由于塑料受热塑化所需要的时间比注射成型的循环周期长几倍，因此塑化室的容积应比注射量大几倍。

（2）柱塞　柱塞的主要作用是传递注射液压缸压力，将定量熔料高速注入模腔。柱塞是一个表面硬度较高、表面粗糙度较小的圆柱体，其前端加工成内圆弧或大锥角的凹面，以减少熔料被挤入柱塞与料筒的间隙形成反流。其内部可开设冷却孔。柱塞的行程和直径是根据注射量确定的，柱塞行程与直径比约为3.5～6，柱塞与加料室的配合要保证柱塞的自由往复运动，且又不致漏料。一般选用H8/f9～H9/f9配合。

（3）分流梭　分流梭的结构如图5-11所示，它设置在塑化室的中央，形状似鱼雷，故又称鱼雷体。分流梭的表面与加热料筒内壁形成均匀分布的薄浅流道，分流梭上有数根翅翼（亦称肋），其与加热料筒的内径采用H7/h6配合，料筒的部分热量通过翅翼传给分流梭。所以，当塑料进入加热室时，就形成了一个较薄的塑料层，同时受到加热料筒和分流梭两方面的加热作用，从而提高了塑化能力，改善了塑化质量。

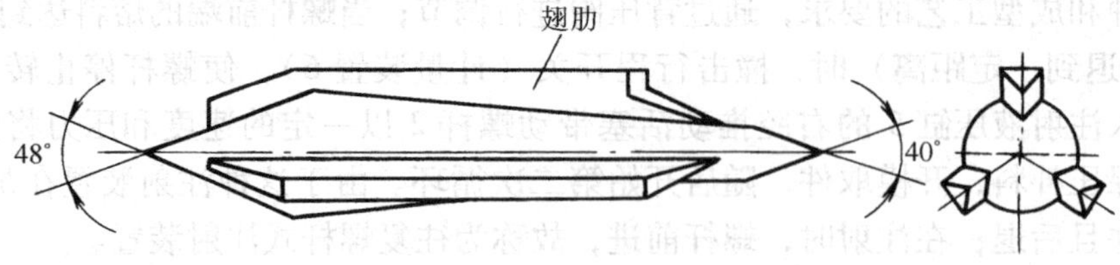

图 5-11　分流梭

2. 螺杆式注射装置部件

螺杆式注射装置部件如图 5-12 所示，主要由螺杆、料筒、喷嘴等组成。塑料在转动螺杆的连续推进过程中，实现物理状态的变化，最后呈熔融状态而被注入模腔。因此，注射装置部件是完成均匀塑化、定量注射的核心部件。

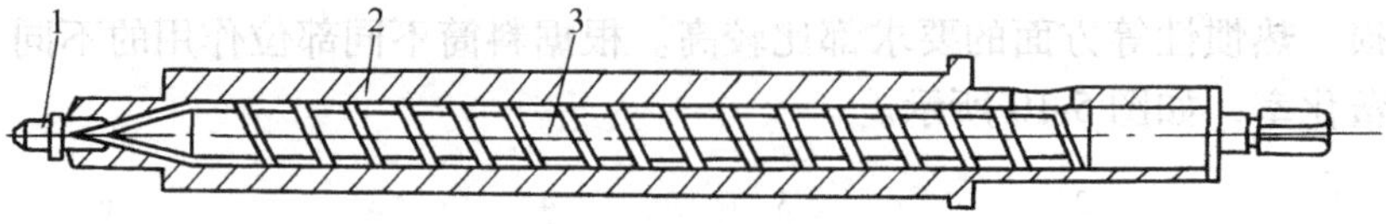

图 5-12　螺杆式注射装置部件

1—喷嘴　2—料筒　3—螺杆

（1）螺杆　注射机螺杆和挤出机螺杆相比，二者有很多相似之处。但是由于注射机和挤出机的操作条件不同，所以螺杆的结构有所区别。挤出过程可以看作是稳定熔融的连续过程，而注射过程则是非稳定熔融的间歇过程。挤出螺杆是连续转动的，螺杆较长，固体床破碎很迟，从而维持了相对稳定的熔融状态；而注射螺杆是时转时停，边转边退，使螺杆的有效长度逐渐缩短，不能像熔融理论所揭示的那样维持稳定的熔融过程。当螺杆停止转动时，熔膜增厚，固体床则相应减薄。当螺杆再转动时，如果转动时间足够长，则可达到原来的稳定熔融状态。然而，注射螺杆预塑加料的转动时间都较短，而且在注射时螺杆中要产生强烈的横流和压力流。强烈的横流将固体床从螺杆的背面推向推力面，这就使固体床更早解体。因而，注射机中物料的熔融过程比挤出机中更为复杂。

1）螺杆的结构形式。和挤出机螺杆一样，注射机螺杆的结构也有渐变螺杆和突变螺杆两大类。实现变化的方法有等距变深和等深变距两种。等深变距螺杆的制造比较复杂，同时因为均化后螺槽较深，搅拌混合作用较小，故较少采用。等距变深螺杆制造容易，搅拌混合作用大，所以一般采用这种结构。在注射成型中还采用一种通用螺杆，因为在注射成型中经常更换塑料品种，拆换螺杆比较频繁，既费力又费时。采用通用螺杆并通过调节工艺条件来满足不同塑料的成型加工是可行的。通用螺杆压缩段的结构介于渐变型和突变型之间，它兼有渐变型和突变型螺杆的特点，扩大了适用范围，但对某种塑料来说，可能会降低其塑化效率和质量，增加功率消耗量。

2）螺杆头。为了适应不同塑料的加工，螺杆头的结构形式也不一样。加工高粘度的非结晶塑料时，螺杆头部前端为圆锥形，圆锥角为 30°～40°左右。这种螺杆头部的锥角小，可防止熔料的停滞和分解，如图 5-13a 所示。加工结晶塑料时，由于熔料的粘度较低，在高压注射时，易造成回流，压力保持困难，影响实际注射量，所以，常在颈部加一止回环。预塑时，熔料顶开止回环而流向螺杆前端；注射时，因螺杆前端熔料的压力升高，使止回环后移，将流道关闭，防止回流，如图5-13c所示。通用类螺杆可用图5-13b所示的螺杆头。

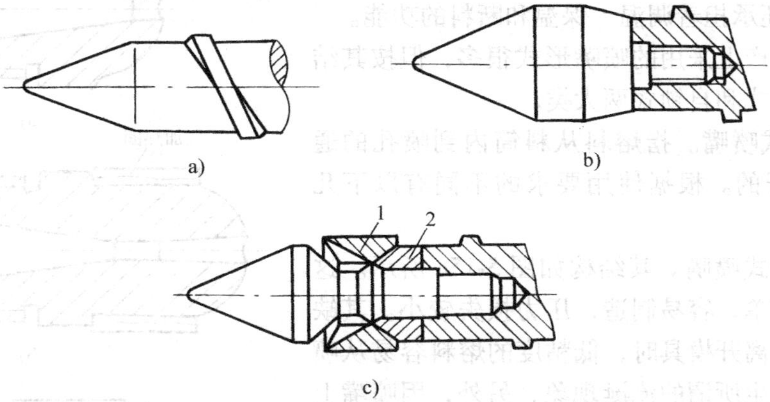

图5-13　螺杆头的结构形式

1—止回环　2—垫圈

注射螺杆及螺杆头的工作条件较为恶劣，它不仅承受预塑时的转矩，而且经受带负荷的频繁起动以及注射时的高温高压，受到的腐蚀和磨损也相当严重，因此必须选用优质材料加工制成。注射螺杆材料和挤出螺杆基本相同，一般采用40Cr和38CrMoAl经调质、成形、离子氮化、精磨、抛光等一系列工序制成。

（2）料筒　料筒是注射装置部件的另一重要零件，它和螺杆一起完成塑料的塑化和注射，其结构形式大多采用整体式，由于要求其耐温、耐压、耐磨及耐蚀，因此常采用含铬、钼、铝的特殊合金钢制造。

注射成型机大多采用自重加料。加料口的形状应尽可能地增强对塑料的输送能力。加料口的形式有对称和偏置两种（图5-14）。料筒加热应分段进行。加料口处设置冷却装置，防止粒料熔融。

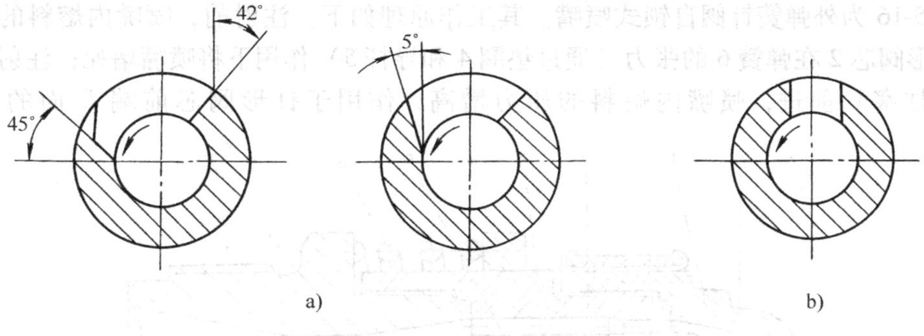

图5-14　加料口断面形状

a）偏置　b）对称

（3）喷嘴　喷嘴是连接料筒与模具的部件。它的主要功能如下：

1）预塑时，建立背压，排除气体，防止熔料流涎，提高塑化质量。

2）注射时，使喷嘴与模具主浇套良好接触，保证熔料在高压下不外溢。建立熔体压力，提高切应力，并将压力能转换为动能，提高注射速率和升温，加强混炼效果和均化作用。

3）保压时，便于向模腔补料；冷却定型时，可增加回流阻力，防止模腔中的熔料回流。

4）喷嘴还承担着调温、保温和断料的功能。

目前，生产上采用的喷嘴形式很多，但按其结构可分为直通式和自锁式两大类。

1）直通式喷嘴。指熔料从料筒内到喷孔的通道始终是敞开的。根据使用要求的不同有以下几种。

① 通用式喷嘴。其结构如图5-15a所示。这种喷嘴结构简单，容易制造，压力损失较小。其缺点是：当喷嘴离开模具时，低粘度的熔料容易从喷嘴流出，即产生所谓的流涎现象，另外，因喷嘴上无加热装置，熔料易冷却。因此，这种形式的喷嘴主要用于熔料粘度高的塑料。

② 延伸式喷嘴。其结构如图5-15b所示。它是通用式喷嘴的改型，结构简单，制造容易。这种形式的喷嘴由于增加了喷嘴体的长度和口径，并设有加热圈，所以，熔料不会冷却，补缩作用大，适用于厚壁制件的生产。

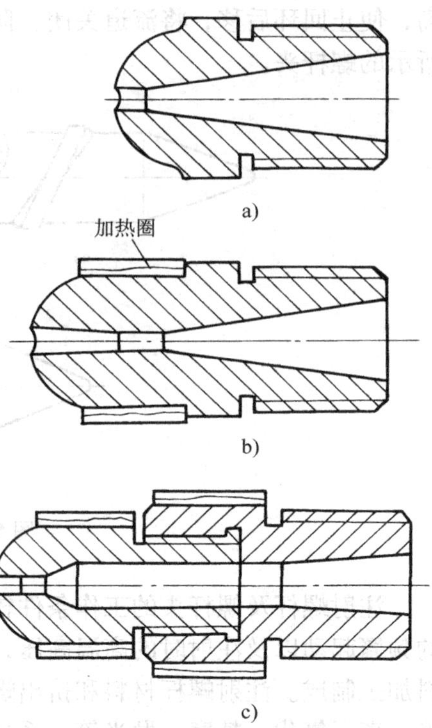

图5-15 直通式喷嘴

③ 远射程喷嘴。其结构如图5-15c所示。它除设有加热圈外，还扩大了喷嘴的贮料室，以防止熔料冷却。这种形式的喷嘴口径较小，射程较远，适用于形状复杂的薄壁制件生产。

2）自锁式喷嘴。自锁式喷嘴的喷孔，除了在注射和保压两个阶段打开外，其余时间一直是关闭的。

图5-16为外弹簧针阀自锁式喷嘴。其工作原理如下。注射前，喷嘴内熔料的压力较低，针形阀芯2在弹簧6的张力（通过垫圈4和导杆5）作用下将喷嘴堵死；注射时，螺杆（或柱塞）前进，喷嘴内熔料的压力增高，作用于针形阀芯前端D面的压力增

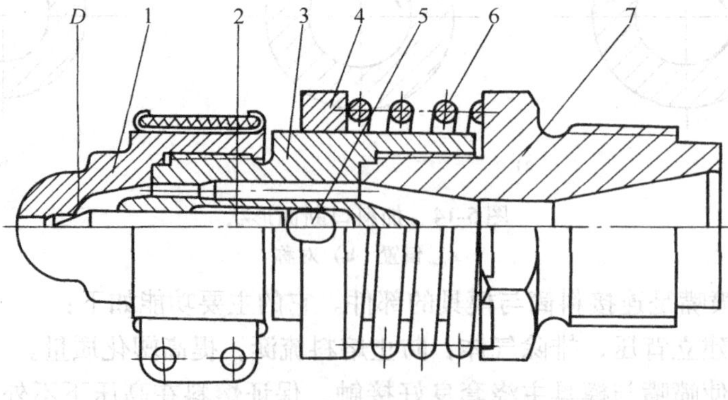

图5-16 外弹簧针阀自锁式喷嘴

1—喷嘴头 2—针形阀芯 3—阀体 4—垫圈 5—导杆 6—弹簧 7—后体

大，当其作用力大于弹簧的张力时，针形阀芯便压缩弹簧而后退，喷孔打开，熔料经过喷孔注入模腔。在保压阶段，喷孔一直保持打开状态。保压结束，螺杆后退，喷嘴内熔料的压力降低，针形阀芯在弹簧张力作用下前进，又将喷孔关闭。因此，采用自锁喷嘴可以杜绝熔料的流涎现象，这种喷嘴适用于加工粘度较低的塑料。

喷嘴与模具的尺寸关系如图 5-17 所示，喷嘴的有关尺寸见表 5-2。尺寸 A 是指喷嘴超越注射成型机固定模板模具安装面的位置尺寸的最大值，尺寸 B 是指喷嘴行程（注射座移动行程），尺寸 D 是指注射成型机固定模板定位孔孔径，模具通过定位环与注射成型机实现定位连接，定位孔与定位环之间取间隙配合 H10/d9 或 H11/d10，注射喷嘴球面半径 R 和内径 ϕ 要小于浇口套球面半径和内径（约小 0.5～1mm），这样既能防止漏流和死角，又易将注射时积存在喷嘴处的冷料同主流道的料柱一同拉出，如图 5-18 所示。喷嘴的常用材料为中碳钢，经淬火后其硬度高于模具浇口套硬度，以延长喷嘴的使用寿命。

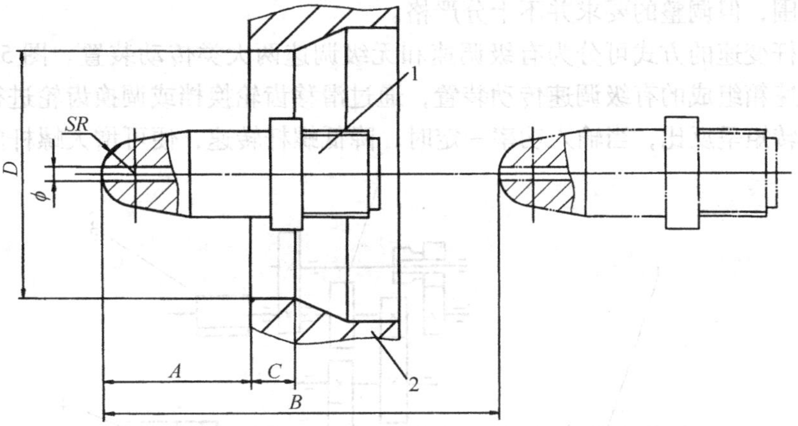

图 5-17　喷嘴的有关尺寸

1—喷嘴　2—注射成型机固定模板

表 5-2　喷嘴的有关尺寸

型　号	尺　寸/mm					
	A	B	C	D	SR	ϕ
SZ—63/500A	30	160	15	$\phi100^{+0.035}$	10	2
SZ—100/800	40	200	15	$\phi100^{+0.035}$	10	2
SZ—200/1200	40	250	15	$\phi100^{+0.054}$	10	3
SZ—320/1400	40	280	15	$\phi120^{+0.054}$	10	3
SZ—420/1800	40	310	15	$\phi120^{+0.054}$	10	3
SZ—560/2100	40	320	15	$\phi120^{+0.054}$	15	3.5
SZ—740/2500	40	350	15	$\phi150^{+0.054}$	15	3.5
SZ—1030/3300	40	410	15	$\phi150^{+0.054}$	15	3.5

3. 螺杆的传动装置

螺杆的传动装置是在加料预塑时给螺杆提供所需转矩和转速的工作部件。由螺杆式注射装置的工作原理可知，螺杆的加料预塑是间歇进行的，因此起动频繁，负荷较大，故传动装置必须首先满足这种要求。同时为了适应不同塑料的加工，螺杆的转矩和转速应有一

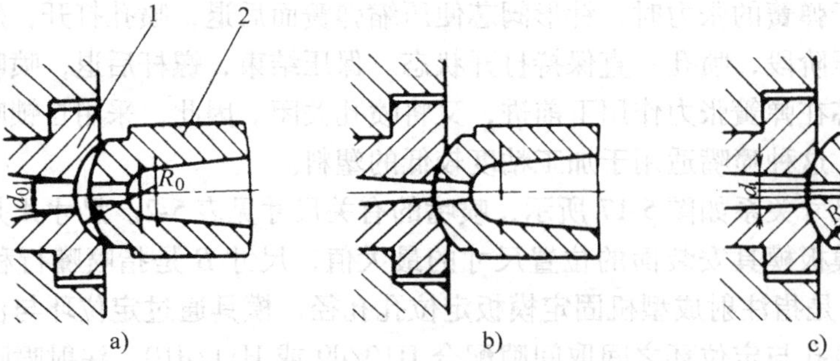

图 5-18　喷嘴与模具的尺寸关系

a)、b) 错误　c) 正确

1—模具主浇口套　2—喷嘴

定的调节范围，但调整的要求并不十分严格。

按照螺杆变速的方式可分为有级调速和无级调速两大类传动装置。图 5-19 所示是由电动机和变速箱组成的有级调速传动装置，通过滑移齿轮换档或调换齿轮进行变速。螺杆转速与所受转矩呈反比，当输入功率一定时，降低螺杆转速，便可增大螺杆的转矩。

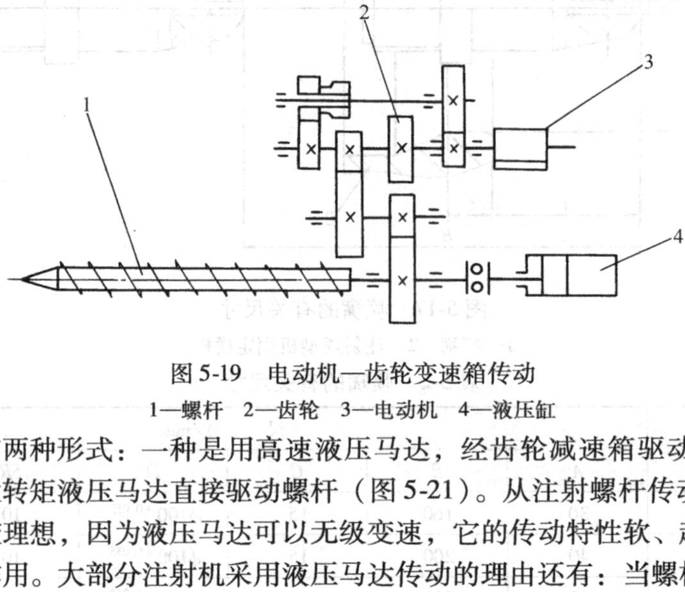

图 5-19　电动机—齿轮变速箱传动

1—螺杆　2—齿轮　3—电动机　4—液压缸

无级调速有两种形式：一种是用高速液压马达，经齿轮减速箱驱动螺杆（图 5-20）；另一种是低速大转矩液压马达直接驱动螺杆（图 5-21）。从注射螺杆传动的要求出发，使用液压马达比较理想，因为液压马达可以无级变速，它的传动特性软、起动惯性小，可以对螺杆起保护作用。大部分注射机采用液压马达传动的理由还有：当螺杆预塑时，机器正处冷却定型阶段，液压泵此时为无负荷状态，用液压马达可方便地取得动力来源。由于无级调速的上述长处，加上比有级调速噪声小，结构紧凑（其体积比同规格的电动机小得多）且简单，尤其是低速大转矩马达直接驱动螺杆的传动方式，使结构更加简单，因此越来越多地被采用。

4. 注射座

注射座是注射装置的安装基准。注射座结构如图 5-22 所示，图 5-22a 是整体式结构，螺杆的传动装置（减速箱）、液压缸、料筒均安装在注射座上，图 5-22b 是以螺杆传动装置的减速箱为安装基体，液压缸和料筒分别通过法兰盘与减速箱连接。

整个注射座可以沿导轨（或导杆）前后往复移动使喷嘴撤离或贴紧模具，以实现固定加料、加料退回、退回加料等工作方式。图 5-9 所示注射座移动液压缸 9 可带动整个注

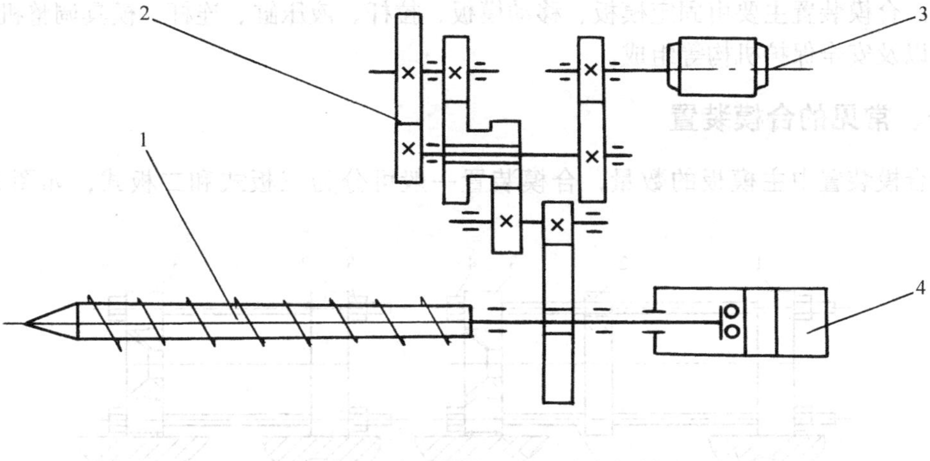

图 5-20　高速液压马达经齿轮变速箱传动

1—螺杆　2—齿轮　3—液压马达　4—液压缸

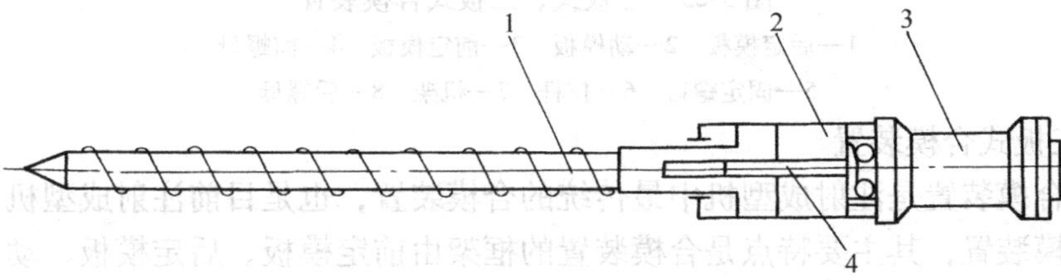

图 5-21　低速大转矩液压马达直接传动

1—螺杆　2—液压缸　3—液压马达　4—花键轴

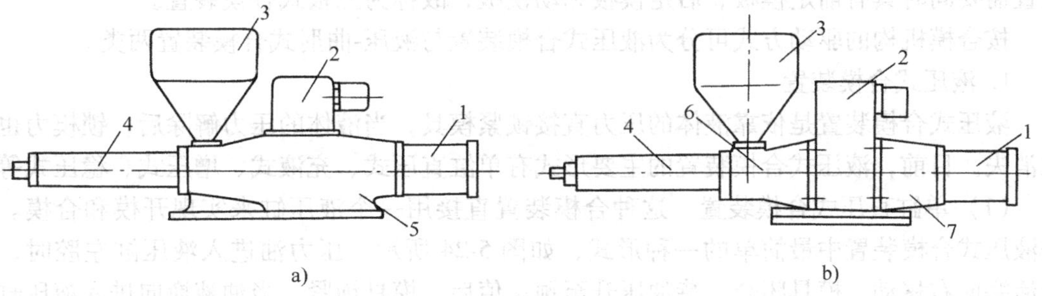

图 5-22　注射座结构

a）整体式　b）组合式

1—注射液压缸　2—减速箱　3—加料斗　4—料筒　5—注射座　6—加料座　7—支承座

射座移动。另外在更换螺杆或修理螺杆时，经常需要拆卸螺杆。由于料筒前端装有模板，给装拆螺杆带来不便；因此，在较多的注射成型机上将注射装置设计成可转动的结构，松开锁紧装置，整个注射装置可绕转轴 8 偏转一个角度，以便抽出螺杆。

第三节　合模装置

合模装置的作用主要有三个方面：其一，实现模具的可靠开合动作和必要的行程；其二，在注射和保压时，提供足够的锁模力；其三，开模时，提供顶出制件的顶出力及相应的行程。合模装置主要由固定模板、移动模板、拉杆、液压缸、连杆、模具调整机构、顶出机构以及安全保护机构等组成。

一、常见的合模装置

按合模装置中主模板的数量，合模装置一般可分为三板式和二板式，如图 5-23 所示。

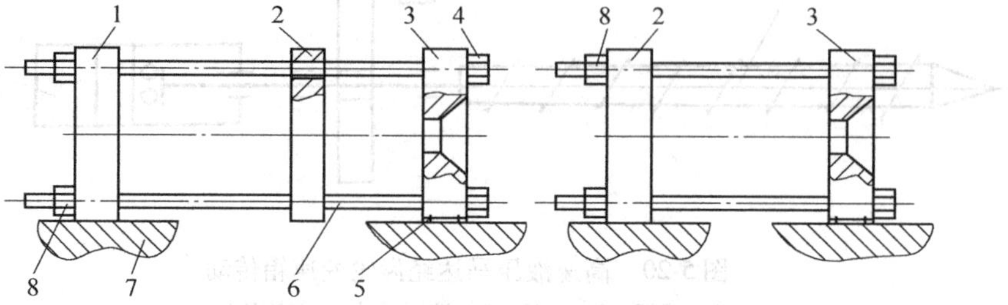

图 5-23 三板式、二板式合模装置

1—后定模板 2—动模板 3—前定模板 4—前螺母

5—固定螺钉 6—拉杆 7—机架 8—后螺母

(一) 三板式合模装置

三板式合模装置是注射成型机中最传统的合模装置，也是目前注射成型机生产中使用量最多的合模装置，其主要特点是合模装置的框架由前定模板、后定模板、动模板和四根拉杆组成类似梁柱式液压机的封闭框架，用以承受锁模和注射、保压过程中作用于模具上的负载，合模装置一般安装在后定模板与动模板之间以实现模具的开合与锁紧。由于合模装置需要同时具有前定模板、后定模板和动模板，故称为三板式合模装置。

按合模机构的驱动方式可分为液压式合模装置与液压-曲肘式合模装置两类。

1. 液压式合模装置

液压式合模装置是依靠液体的压力直接锁紧模具，当液体的压力解除后，锁模力也随之消失。目前，液压式合模装置的主要形式有单缸直压式、充液式、增压式、稳压式等。

(1) 单缸直压式合模装置 这种合模装置直接用一个液压缸来实现开模和合模。它是液压式合模装置中最简单的一种形式，如图 5-24 所示。压力油进入液压缸左腔时，推动活塞向右移动，模具闭合。待油压升至预定值后，模具锁紧。当油液换向进入液压缸右腔时，模具打开。

单缸直压式合模装置的锁模力 F 和闭模速度 v 分别用以下公式计算：

$$F=\frac{\pi}{4}D^2p$$

$$v=\frac{4Q}{\pi D^2}$$

式中，D 为液压缸内径；p 为油压；Q 为液压泵流量。

如前所述，对合模装置的要求是在满足锁模力的情况下应有较高的模板运

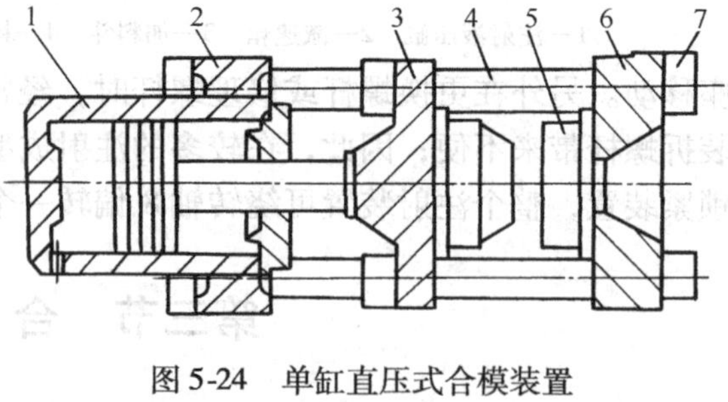

图 5-24 单缸直压式合模装置

1—合模液压缸 2—后固定模板 3—移动模板

4—拉杆 5—模具 6—前固定模板 7—拉杆螺母

行速度，以提高生产效率。但是，从上述两式可以看出，当液压泵流量和油压一定时，要提高模板的运行速度，应该用小直径液压缸；要增大锁模力则应该用大直径液压缸。显然，增大锁模力和快速运行对单缸直压式合模装置结构的要求是矛盾的。由于这一矛盾，限制了它在生产上的应用，从而也要求液压式合模装置进一步发展。

（2）充液式合模装置　由前面公式可知，增大锁模力主要有两个途径，即增高油压或加大液压缸直径。但是，油压的增加总是有限的，因而，增大锁模力主要依靠增大液压缸直径的办法来解决。为了在液压缸直径加大以后不影响移模速度，于是就出现了充液式合模装置，如图5-25所示。这种合模装置是用直径不同的两个液压缸，分别满足增大锁模力和快速合模的要求。合模时，压力油进入小直径的合模液压缸，推动小合模液压缸运动，进行快速合模。与此同时，大合模液压缸内部形成负压，使充液阀打开，于是，充液油箱中的油液在大气压的作用下，经充液阀充入大合模液压缸。当模板运行终了时，大合模液压缸已充满油液，然后再通入压力油，油压便很快上升。由于合模液压缸的直径较大，因而能够保证锁模力的要求。充液式合模装置的充液油箱可以装在机身上部或下部，对于大型注射机一般都装在上部，以便利用油液的重力进行充液。

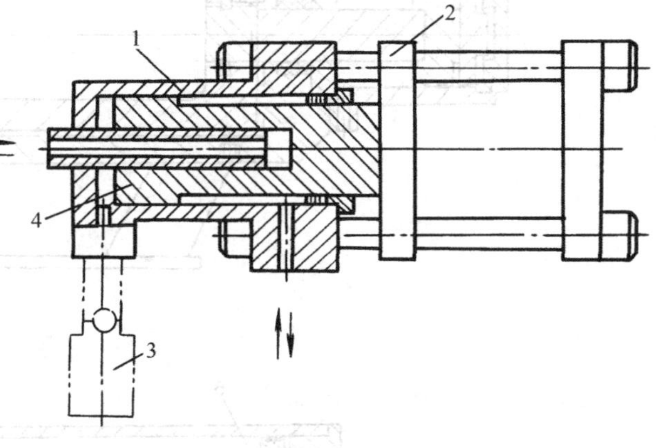

图5-25　充液式合模装置
1、4—合模液压缸　2—动模板　3—充液阀

（3）增压式合模装置　图5-26为增压式合模装置。它是用增加液压缸内的油压来增大锁模力的。合模时压力油进入合模液压缸2的左腔，因为液压缸直径较小，故可以保证模板具有一定的运行速度。待模板靠拢后，再使压力油进入增压液压缸1的左腔。由于增压活塞直径 D_0 和活塞杆直径 d 之差的作用，增压活塞向右移动，使合模液压缸中的压力油进一步压缩，油压升高，锁紧模具。

（4）充液增压式合模装置　为了满足大吨位注射成型机锁模力的要求，可采用充液式和增压式组合的液压合模装置，如图5-27所示。合模时，压力油进入两旁的小直径长行程的移模液压缸6的左腔，带动动模板和合模液压缸3的活塞右移。同时，合模液压缸3内形成负压，充液阀2打开，合模液压缸充油。当模具闭合后，压力油进入增压液压缸1左腔，使合模液压缸内的油增压。由于合模液压缸的直径大，并且是在高压油的作用之下，从而可得到很大的锁模力。

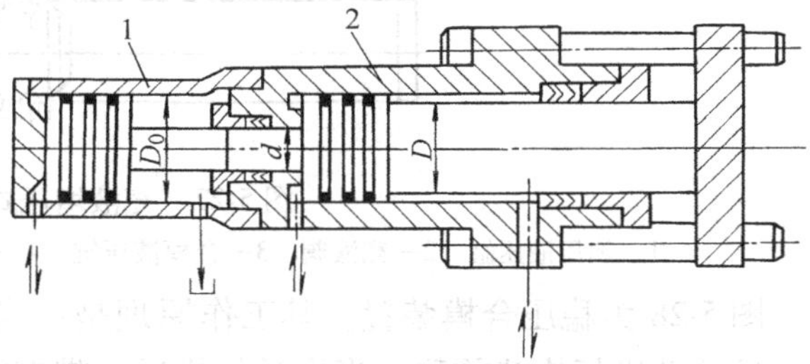

图5-26　增压式合模装置
1—增压液压缸　2—合模液压缸

（5）稳压式合模装置　目前，在大型注射成型机上多采用稳压式合模装置。这种装置的特点是使用了小直径快速移模液压缸和大直径短行程的稳压合模液压缸。

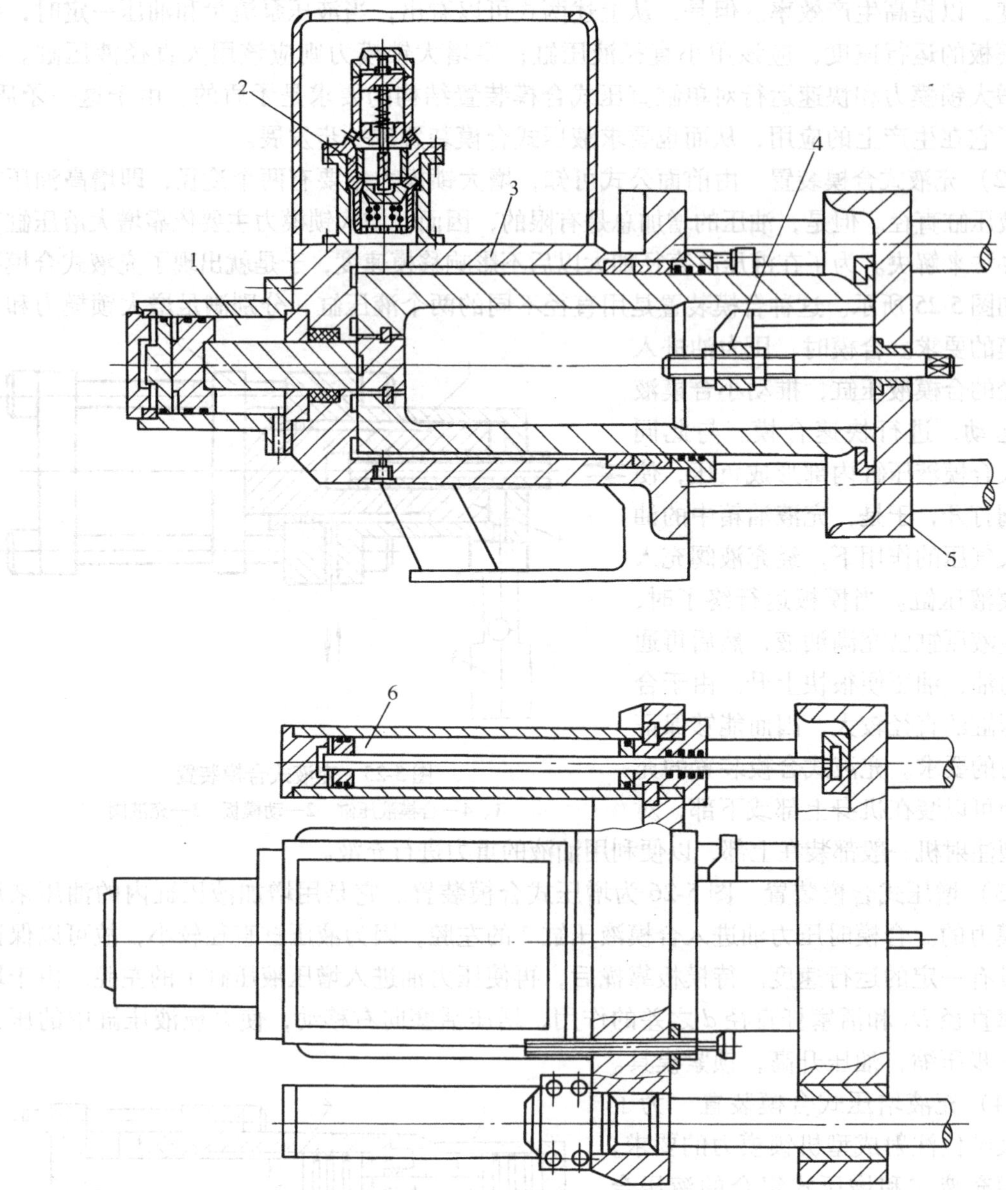

图 5-27　充液增压式合模装置

1—增压液压缸　2—充液阀　3—合模液压缸　4—顶出装置　5—动模板　6—移模液压缸

图 5-28 为稳压合模装置。其工作原理是：当快速合模时，压力油进入移模液压缸 *D* 室，推动动模板快速前移；当模具靠拢后，带有螺纹的两块闸板 3 将带有外螺纹的移模液压缸抱合住，然后向合模液压缸的 *B* 室通入压力油，由于合模液压缸直径较大，产生了很大的锁模力，它通过合模活塞 2、闸板 3 和移模液压缸传递到动模板 4 上，使模具可靠锁紧。开模时，*B* 室和 *D* 室与回油接通，闸板和移模液压缸脱离，压力油进入移模液压缸的 *A* 室，动模板便迅速后移。可见，合模活塞的作用就是产生足够的锁模力。由于合模液压缸的活塞行程很短，所以，可以减轻注射成型机的质量，缩短升压时间。因而，这种结构普遍用于锁模力在 3000～5000kN 以上的合模装置。

2. 液压—曲肘式合模装置

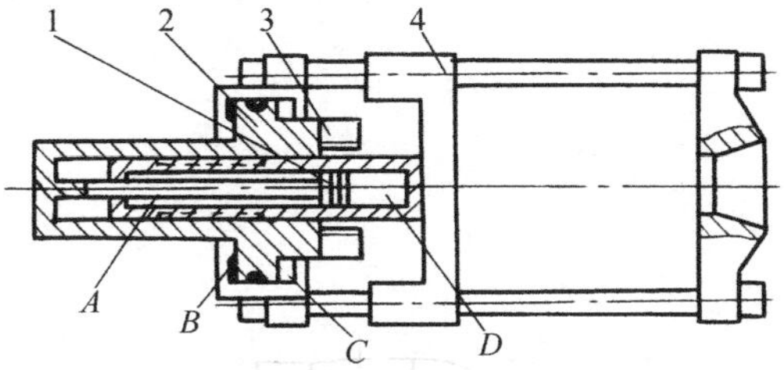

图 5-28 稳压合模装置
1—移模活塞 2—合模活塞
3—闸板（抱合螺母） 4—动模板

（1）单肘式合模装置 如图 5-29 所示，当压力油从合模液压缸 1 的上部进入时，推动活塞向下，迫使两根连杆伸展为一条直线，从而锁紧模具。开模时，压力油从液压缸下部进入，使连杆屈曲。液压缸用铰链与机架相连，开、合模过程中，液压缸可以摆动。

这种合模装置的液压缸小，装在机身内部，使机身长度减少。由于是单臂，易使模板受力不均，只适于模板面积小的小型注射成型机。

（2）双肘式合模装置 图 5-30 和图 5-31 是双肘式合模装置的两个例子。在图 5-30 中，压力油从合模液压缸 1 左腔进入，活塞右移，曲肘 3 和调距肘杆 4 伸直，使模具锁紧。由于是双臂，可以适应较大的模板面积，因此中、小型注射成型机都有采用。

为了扩大注射成型机的开合模行程，又出现了如图 5-31 所示的双肘撑板式合模装置。它利用了肘杆和楔块的增力和自锁作用，使模具可靠锁紧。合模时，合模液压缸推动肘杆座，由十字导向板带动肘杆和撑板沿着后固定模板滑道右移，当撑板行至后固定模板滑道的末端，因受肘杆向外的分力作用，使其沿楔面向外撑开，从而锁紧模具。由于使用了楔块而非固定的铰链，因此，得到了较大的模板行程。

液压—曲肘式合模装置的结构形式还有许多，此处不再列举。这种合模装置有以下特点：

1）具有增力作用。经力学分析和推导计算可知，图 5-29 所示单肘式合模装置的增力可达十几倍，图 5-30 所示双肘式合模装置的增力可达数十倍。增力倍数的大小与肘杆机构的形式、各肘杆的尺寸以及相互位置有关。

2）具有自锁作用。以图 5-29 为例，当动模板右移至动、定模分型面刚刚靠拢时，肘杆尚未伸展成一线排列，肘杆、模板和模具也未受到压缩变形，这时肘杆和水平面的夹角由 α 和 β 变为 α_0 和 β_0（称为临界角）。随着合模液压缸油压的升高，迫使肘杆机构伸直成线排列，整个合模系统发生弹性变形，拉杆受拉伸，而肘杆等受压，从而产生预应力而可靠地锁紧模具。在这个过程中，肘杆与水平面的夹角由 α_0、β_0 逐渐减小到 0，由于各铰链处存在摩擦，此时，即便撤去液压缸油压，合模系统仍然处于锁紧状态。

3）运动特性好。模板的运动速度从合模开始到终了是变化的，如图 5-32 所示。从合模开始，速度由零很快到最高速度，以后又逐渐减慢，锁紧时速度为零，这正好符合合模装置的要求。开模过程中模板的锁模力也是变化的，但与上述情况相反。

4）模板间距、锁模力、合模速度的调节困难，必须设置专门的调模机构，因此不如液压式合模装置的适应性强和使用方便，此外，曲肘机构容易磨损，加工精度要求高。

综上所述，液压式合模装置、液压—曲肘式合模装置都具有各自的特点，但这些特点都是相对的。例如液压式合模装置结构简单，适于中大型注射成型机，但对液压系统的设计和液压元件的要求比较高，否则难以保证注射成型机的正常工作。液压—曲肘式合模装置虽有增力作用，易于实现高速，但如果没有合理的结构设计和制造精度的保证，上述特点也难以发挥，它的形式多样，目前发展较快，适于中小型注射成型机。液压式和液压—

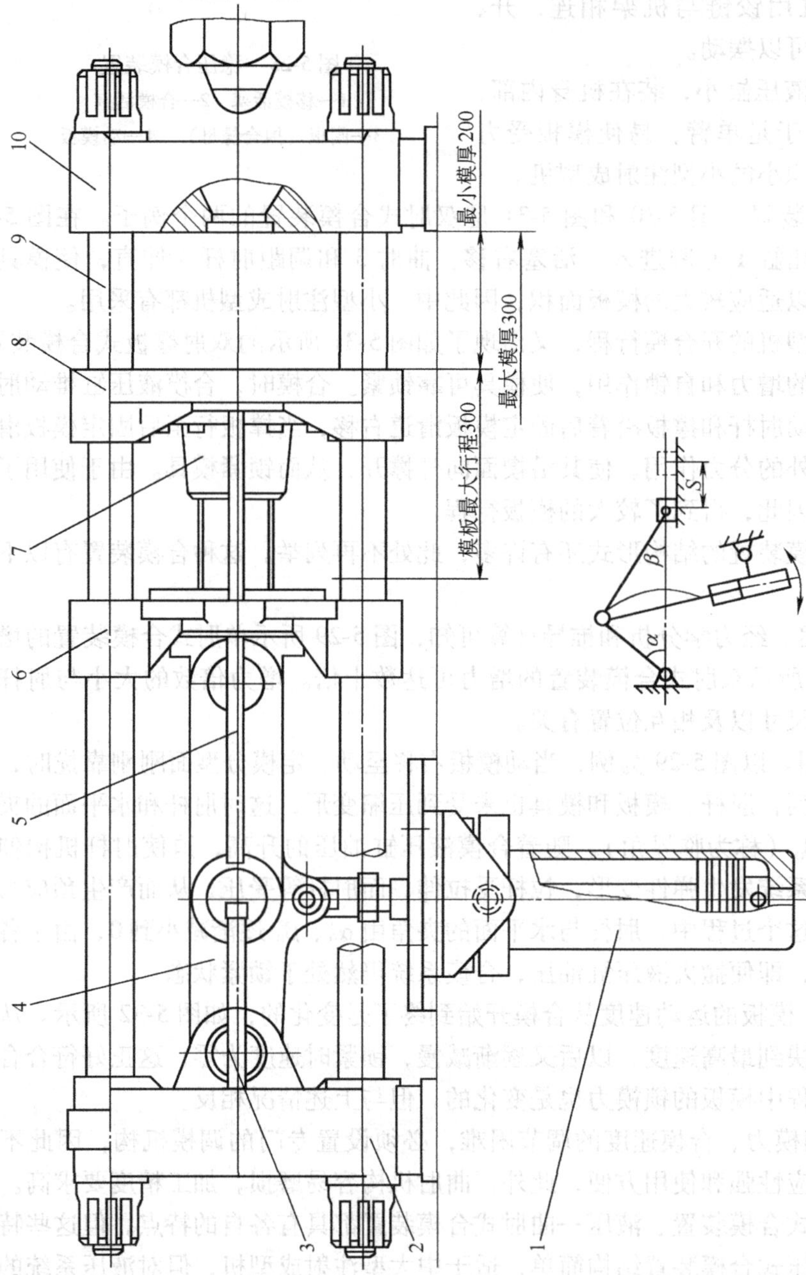

图 5-29　单肘式合模装置

1—合模液压缸　2—后固定模板　3—调节螺钉　4—单曲肘连杆机构　5—顶出杆　6—后移动模板
7—调节螺母　8—前移动模板　9—拉杆　10—前固定模板

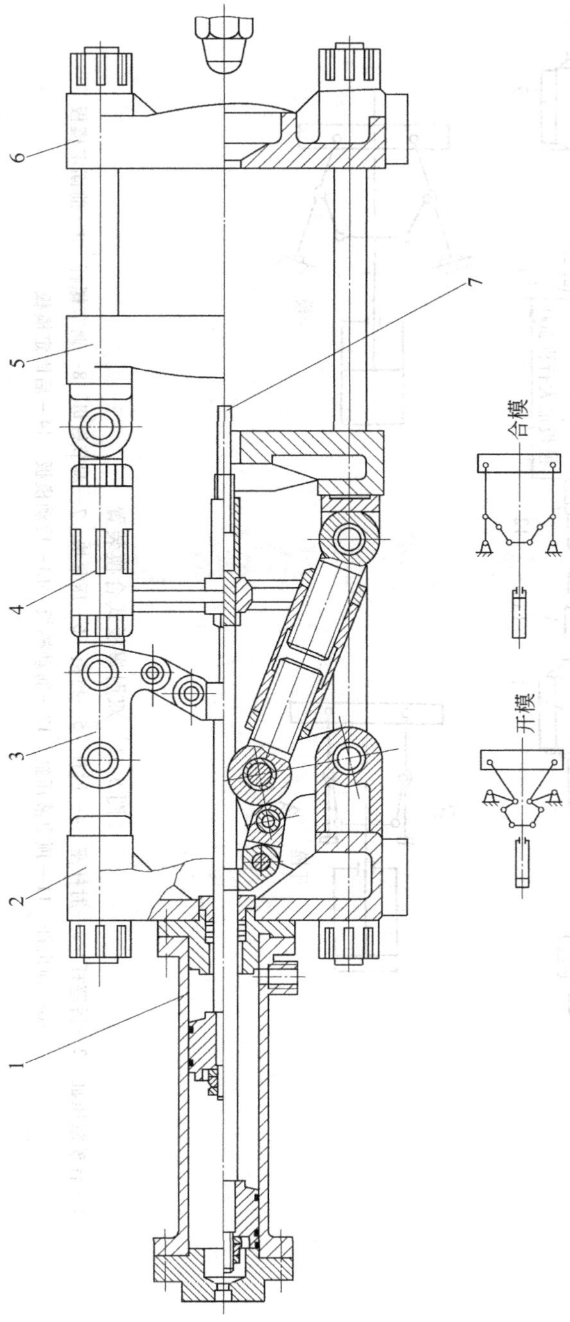

图 5-30　双肘式合模装置

1—合模液压缸　2—后固定模板　3—曲肘　4—调距肘杆　5—移动模板　6—前固定模板　7—顶杆

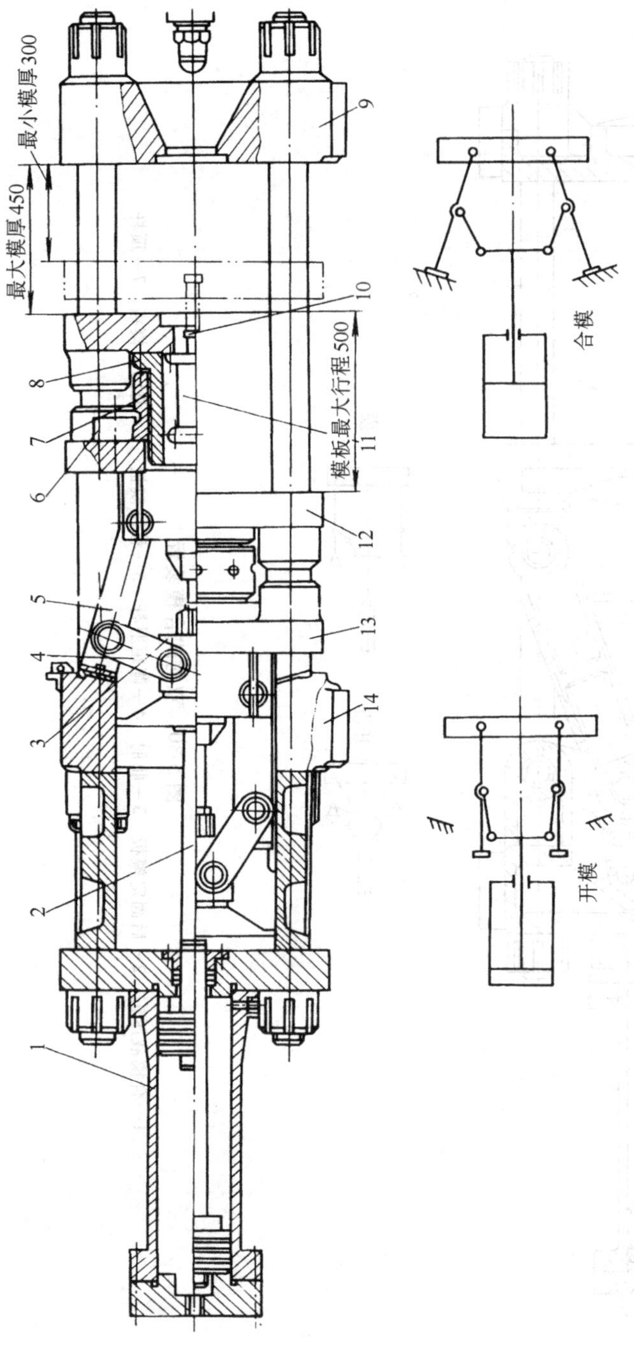

图 5-31 双肘撑板式合模装置

1—合模液压缸 2—活塞杆 3—肘杆座 4—肘杆 5—撑板 6—压紧块 7—调节螺母 8—调节螺杆 9—前固定模板 10—顶出杆 11—顶出液压缸 12—前动模板 13—后动模板 14—后固定模板

曲肘式合模装置的特点比较见表5-3。

表5-3　合模机构比较

项　目	液　压　式	液压—曲肘式
移模速度	近似为常数，速度较慢	在移模行程中是变化的，速度较快
模板行程	较大，易调节	小，一般为定值
调　模	模具厚度在规定范围内随意变化，无需调模装置	需要设置专门的调模装置
合　模　力	调节容易，显示方便，但不能自锁	合模力调节困难，具有自锁性能
润　滑	具有自润滑作用，磨损零件少	需设润滑系统，磨损零件多
模具安装	容易	比较困难
循环周期	长	短
噪　声	很小	较大
动力费用	大	小

3. 调模装置

调模装置是为适应模具厚度变化而设置的，调模行程决定了模具的最大和最小厚度。对不同的合模装置，其调模装置和调模方式也不同。

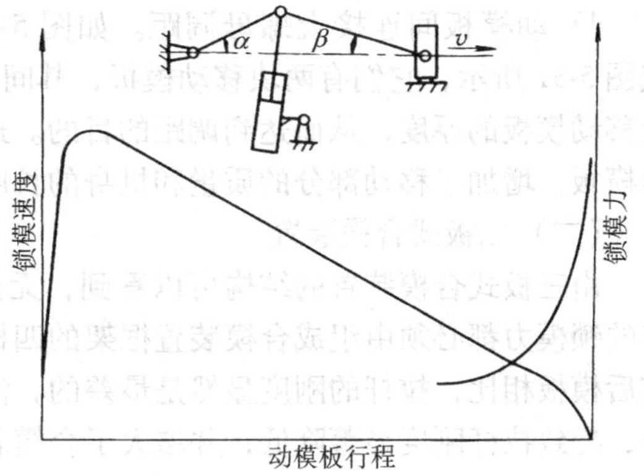

图5-32　模板运动速度与锁模力曲线

（1）液压式合模装置的调模装置　液压式合模装置的动模板是直接固定在活塞杆或缸体上的。因此，动模板的行程是由合模液压缸的行程决定的。调模是利用合模液压缸来实现的，调模行程包含在动模板行程内，为动模板行程的一部分。故该类合模装置一般仅规定动、定模板间的最大开距，而不明确给出调模行程。为防止合模液压缸超越工作行程，必须限制模具的最小厚度，严禁注射成型机在无模情况下进行合模操作。

（2）液压—曲肘式合模装置的调模装置　对于液压—曲肘式合模装置来说，调模装置也是调整锁模力的装置。因为液压—曲肘式合模装置是由固定的尺寸链组成，调节锁模系统的变形量即可达到调整锁模力的目的。目前使用的调模装置的形式很多，下面介绍常用的几种。

1）螺纹肘杆调距。如图5-30所示，松开调距肘杆4两端的锁紧螺母，转动调节螺母套（其内螺纹一端为左旋，另一端为右旋），使肘杆的两段发生轴向位移，改变肘杆的长度，从而达到调节模板距离的目的。需手动调节，多用于小型注射成型机。

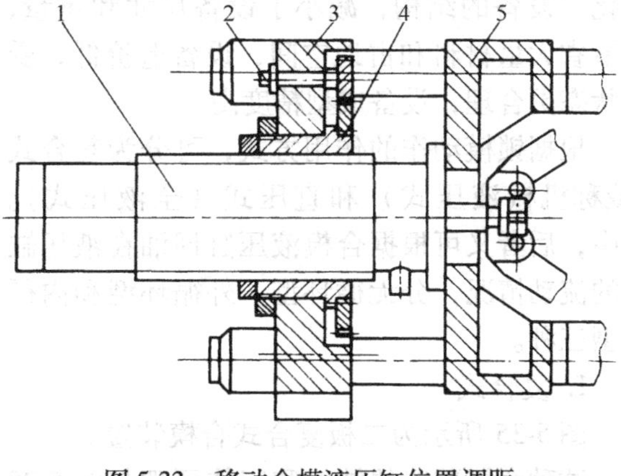

图5-33　移动合模液压缸位置调距

1—带外螺纹的合模液压缸　2—调节螺柱
3—后固定模板　4—调节螺母　5—移动模板

2）移动合模液压缸位置调距。如图5-33所示，合模液压缸外径上有螺纹，并与后固定模板相连接。转动调节螺柱2，经一对齿轮啮合，使调节螺母4转动，合模液压缸1发生轴向位移，从而使合模机构沿拉杆移动，达到调距的目的。这种结构一般也只用在中小型注射成型机上。

3）拉杆螺母调距。如图5-34所示，合模液压缸装在后模板上，通过调节四根拉杆上的螺母2，便可调节合模液压缸的位置。四个螺母调节量必须一致，否则模板会发生歪斜，小型注射成型机采用手动调节，大型注射成型机设有联动机构，由电动机带动。

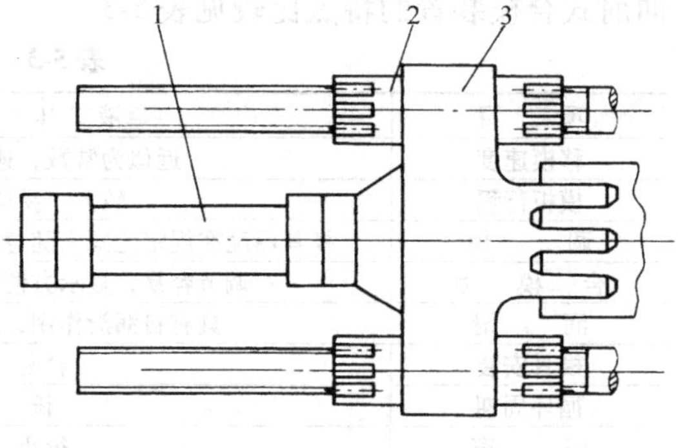

图5-34 拉杆螺母调距
1—合模液压缸 2—调节螺母 3—后模板

4）动模板间连接大螺母调距。如图5-29或图5-31所示，它们有两块移动模板，其间用螺纹联接起来。转动调节螺母7，便可以改变移动模板的厚度，从而达到调距的目的。这种形式调节方便，使用较多，但多了一块移动模板，增加了移动部分的质量和机身的长度。

（二）二板式合模装置

由三板式合模装置的结构可以看到，无论采用液压式合模还是液压-曲肘式合模，所有的锁模力都必须由组成合模装置框架的四根拉杆来承受，由液压机的结构分析可知，与前后模板相比，拉杆的刚度显然是最差的，注射成型机规格越大，模具厚度越大，拉杆越长，导致拉杆刚度显著降低，并增大了合模装置的结构尺寸和设备占地空间，提高了设备的造价。另一方面，近年来液压技术及测控技术发展迅速，新技术不断推出，测控元器件的性能日臻完善实用，价格也越来越低，给设备的动作设计与参数控制开辟了新的空间，在此基础上，出现了二板式合模装置，以其结构简单、紧凑、高效精密等许多优越性能吸引了越来越多厂家的关注，并获得了快速的发展。

所谓二板式合模装置是相对于传统的三板式而言，省去了合模装置中的后定模板，将锁模力直接作用在固定模具的两块模板（前定模板和动模板）上。二板式合模装置采用液压直接驱动的方式，取消了肘杆机构，大幅简化了设备的结构，减小了设备尺寸和重量，可节省大量材料和占地空间，设备造价低，受力状态更合理，设备成型精度高。

根据锁模动作的作用方式，可分为复合式（或称机械液压式）和直压式（全液压式）。其中，后者又可根据合模液压缸回油在液压缸中的流动情况，分无循环型、外循环型和内循环型三种。

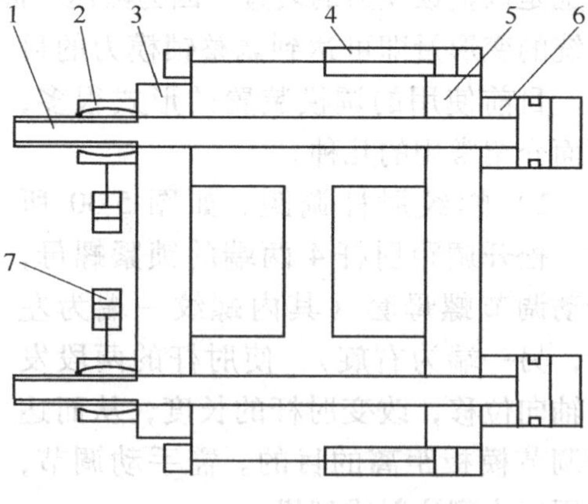

图5-35 二板复合式合模装置
1—拉杆 2—抱杆装置 3—动模板 4—快速移模液压缸 5—前定模板 6—稳压液压缸 7—小液压缸

1. 复合式

图5-35所示为二板复合式合模装置。

这种合模装置的结构和工作原理与图5-28所示的三板式稳压式合模装置很相似。其工作原理如下：合模时，小液压缸7活塞杆腔进液，使抱杆装置2松开拉杆1，然后使快速移模液压缸4的活塞杆腔进液，拉动动模板3快速前移合模，至动模接近定模时停止，小液压缸7的活塞腔进液，抱杆装置2抱紧拉杆1，随后，稳压液压缸6的杆腔进液，经低压低速合模后转为高压锁模，在注射和保压期间，小液压缸7的活塞腔和稳压缸6的杆腔始终作用有高压液体，保持模具可靠锁紧。开模时，首先使小液压缸7的杆腔进液，松开抱杆装置2，随后，使快速移模缸4和稳压缸6的活塞腔进液，推动动模板3快速回程。

由于这种结构的合模装置必须通过机械转换即抱杆装置2抱紧拉杆1后，锁模稳压缸6二次动作，才能锁模，故称为复合式（或机械液压式）合模装置。

这种合模装置的供液靠液压泵直接供油，移模速度受液压泵排量制约，移模速度不宜太高，且合模动作多，但锁模时用油少，升压快，合模性能稳定可靠。适用于小型精密注射成型机。

2. 直压式（全液压式）

（1）无循环型　图5-36所示为二板式四缸式无循环型合模装置。其结构特点是4个合模液压缸2固定在动模板3上，通过拉杆与前定模板固定，在两对角拉杆内，分别布置移模液压缸7和增压液压缸4。

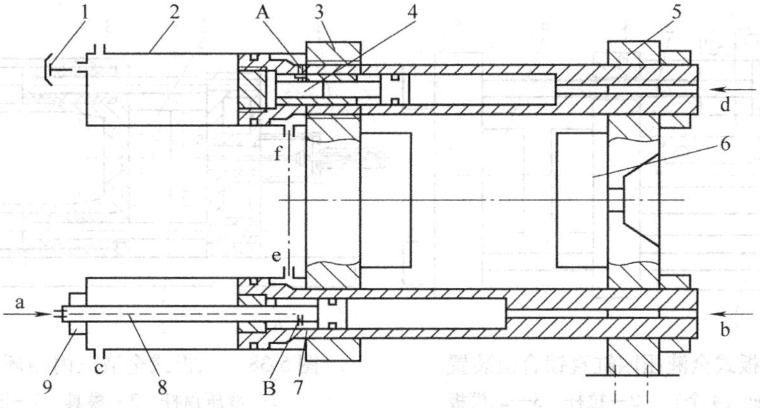

图5-36　二板式四缸无循环型合模装置

1—空气过滤　2—合模液压缸　3—动模板　4—增压液压缸　5—前定模板　6—模具　7—移模液压缸　8—移模液压缸活塞杆　9—锁紧螺母　a、b、c、d、e、f、A、B—进出油口

工作原理如下：合模时，移模液压缸活塞杆8上的进油口a进油，油液经出油口B进入移模液压缸7的左腔，通过活塞8、合模液压缸2推动动模板3快速合模。锁模时，d口进油，通过增压液压缸4的活塞实现增压，增压后的高压油经A口流入合模液压缸2的右腔，推动动模板形成锁模。由于合模液压缸高压腔上开设的e口、f口是相通的，可以保证4个合模液压缸内的增压作用完全一致。开模时，b口进油，推动活塞快速退回，实现高速开模。

这种结构中，合模液压缸两侧的油液在开合模过程中无相互流动循环，故称之为无循环型。

无循环型合模装置的移模和锁模都依靠合模液压缸，移模速度受液压泵排量制约而不宜太高，合模液压缸依靠液压泵直接供油且其直径较大，因此不能很好地解决力与速度的关系。若要实现快速开合模，必须要大功率的液压泵，液压油循环量大、能耗高，但合模性能稳定可靠。适用于小型精密注射成型机。

(2) 外循环型　图 5-37 所示为二板式外循环型全液压四缸直锁合模装置。其结构特点是 4 个合模液压缸均固定在动模板上，而活塞固定在拉杆上，拉杆相当于活塞杆。尾板仅承受移模力而不承受锁模力。

合模时，双移模液压缸 6 的右腔 a 口进油，左腔 b 口排油，4 个合模液压缸 1 左右两腔的液压油，由外部管路用液控单向阀将 c、d 两口联通，构成外循环回路。此时，合模速度仅取决于液压泵供液的流量和移模液压缸 6 内的活塞面积。锁模时，向 4 个合模液压缸 1 的右腔 c 口送入高压油，使模具锁紧。开模时，双移模液压缸 6 的左腔 b 口进油，左腔 a 口排油，同样使合模液压缸 1 的左右两腔联通，以获得较高的开模速度。

由于这种结构在开合模时，合模液压缸左右两腔的油液能够通过外部油路流动循环，故称之为外循环型。

外循环型二板式合模装置，其结构紧凑，液压缸内部结构也较简单。移模通过移模液压缸来进行，移模液压缸直径小，能极大地提高开合模速度；锁模则通过直径较大的锁模液压缸来进行。在移模过程中，合模液压缸活塞要随移模液压缸随动，因而合模液压缸两油腔中会出现大量的油液循环，消耗能量大。

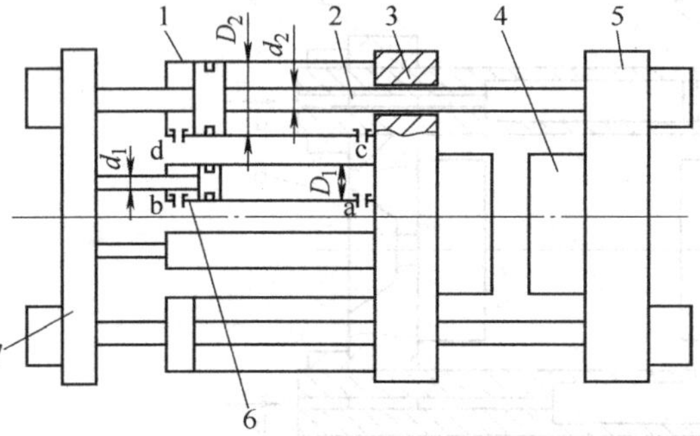

图 5-37　二板式全液压四缸直锁合模装置

1—合模液压缸（4 个）　2—拉杆　3—动模板

4—模具　5—前定模板　6—移模液压缸

7—尾板　a、b、c、d—进出油口

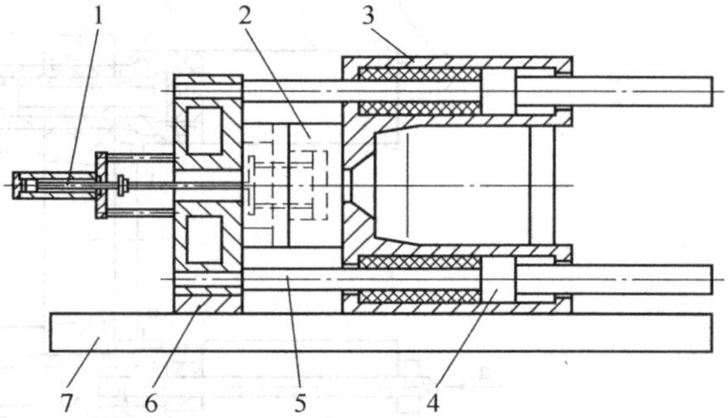

图 5-38　二板式全液压内循环合模装置

1—液压顶杆　2—模具　3—液压缸

4—活塞　5—拉杆　6—动模板

7—底座

(3) 内循环型　图 5-38 所示为二板式全液压内循环合模装置。4 个合模液压缸均固定在动模板上，而活塞固定在拉杆上，拉杆相当于活塞杆。但其活塞采用特殊设计，其内循环液压缸结构如图 5-39 所示。

其工作原理如下：合模时，液压缸左腔进液的同时，活塞杆上 b 进液，阀芯 4 打开，使液压缸的左右腔联通，由于右腔活塞杆直径大于左腔活塞杆，使得液压缸总的受力仍是向左移动（活塞杆不动），这样，液压缸右腔的液体经活塞的开口直接进入左腔，实现快速合模。锁模时，活塞

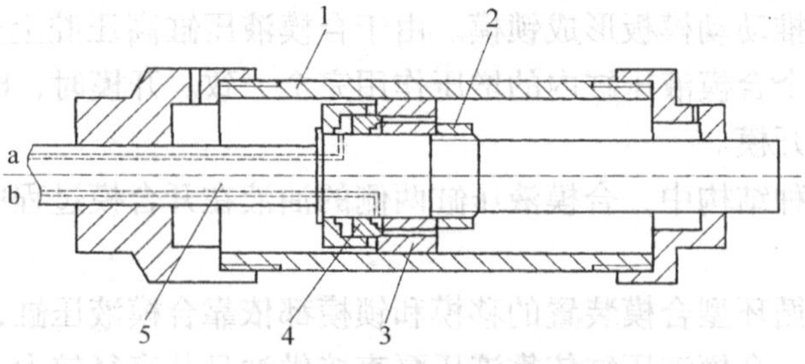

图 5-39　内循环液压缸结构图

1—缸筒　2—螺母　3—活塞　4—阀芯　5—拉杆

杆上 a 口进液，阀芯 4 闭合，仅液压缸的左腔通液压油，实现高压锁模。开模时，液压缸右腔进液的同时，活塞杆上 a 口进液，阀芯 4 闭合，由于右腔的活塞杆直径大，所以能获得较高的回程速度。

由于该结构将液压油在液压缸外部的大循环改为活塞内部的小循环，故称之为内循环型。内循环型较外循环型具有很高的节能效果。

二、顶出装置

顶出装置是为顶出模内制件而设置的。各种合模装置均设有顶出装置，分机械顶出、液压顶出和气动顶出三种。

（1）机械顶出　如图 5-30 所示，顶杆 7 固定在机架上，它本身不移动，开模时移动模板后退，顶杆穿过移动模板上的孔而到达模具推板，阻止模具推出机构随动模后移，将制件顶出。顶杆长度可以根据模具的厚薄及型腔深度通过螺纹调节。顶杆的数目、位置随合模装置的特点、制件的大小而定。机械顶出结构简单，顶出力大，工作可靠，但顶出是在开模终了时进行的，对制品的冲击较大，模具内推板的复位要在闭模时进行。

（2）液压顶出　如图 5-31 所示，利用装在注射成型机内的小型顶出液压缸 11 和顶出杆 10 来实现制品顶出，顶出力、速度、位置、行程和顶出次数可由液压系统、控制系统进行调节。液压顶出有如下优点：

1）顶出的动作时间（动作位置）与注射成型机的开、合模行程没有直接关系，能在开模过程中以及开模后顶出制件。

2）顶出力、顶出速度可调，因此，即使是薄壁的产品，也不易使产品变形或损坏，可以顺利地进行脱模。

3）顶杆可以多次反复地进行冲击动作，因此可以使产品可靠地自动掉落。

4）在成型有嵌件的产品时，能够使顶杆在合模之前自行复位，插入嵌件比较方便，液压顶出装置有利于缩短注射成型机循环周期和实现自动化生产，目前应用十分广泛。

（3）气动顶出　利用压缩空气为动力，通过模具上设置的气道和微小的顶出气孔，直接把制件吹出。这种顶出方法比较简单，在制件表面不留痕迹，对大而薄的盒、壳等制件的顶出十分有利。但此法需要增设气源和气路等辅助设备，应用受到限制，目前采用较少。

第四节　注射成型机的控制系统

为了保证注射成型机按工艺过程设定的工艺参数（压力、速度、温度、时间等）要求和动作（合模、注射、保压、预塑、冷却、开模、顶出制品等）循环顺序准确有效地工作，注射成型机除机械本体部分外，还有动力和控制部分。以下举例说明注射成型机的液压和电气控制系统。

一、普通继电器控制注射成型机的液压系统

以 XS—ZY—125A 型注射成型机为例，其液压系统图如图 5-40 所示。

1. 液压系统的主要组成和作用

（1）液压泵　采用一个双联叶片泵，工作压力为 6.5MPa，大泵流量为 100L/min，小

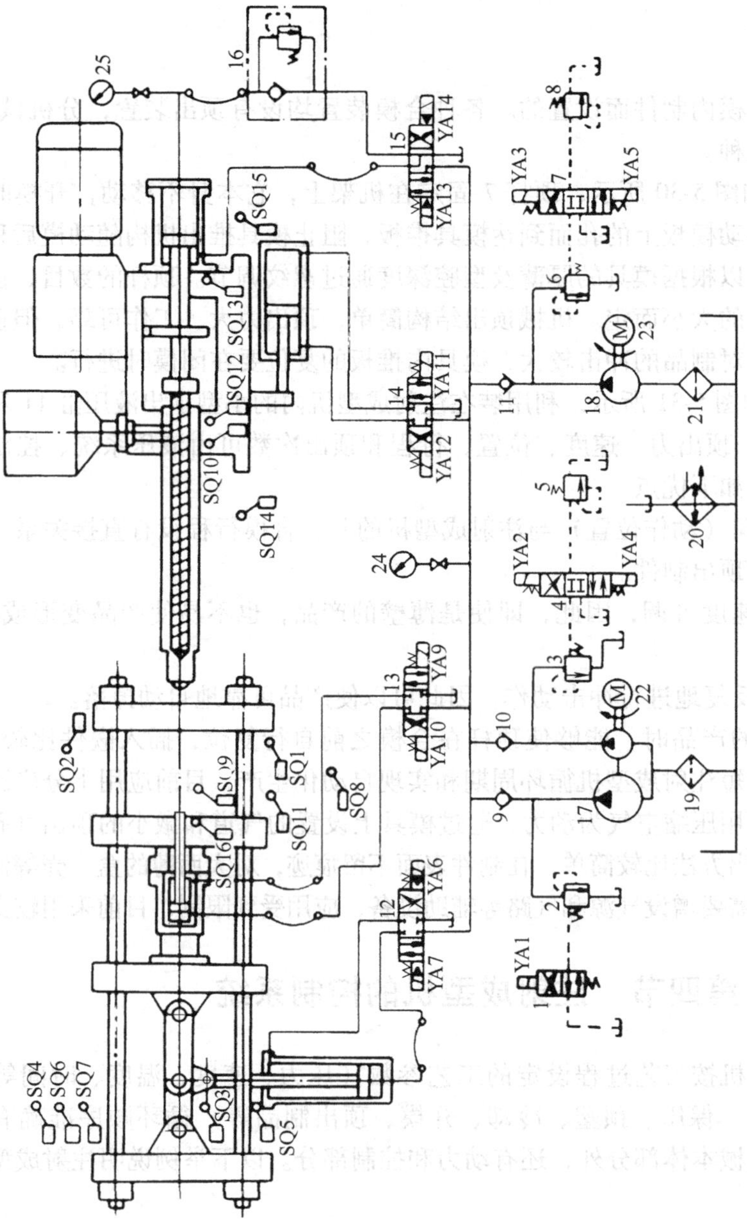

图 5-40 XS—ZY—125A 注射成型机液压系统

泵流量为12L/min；另一个为单叶片泵，流量为48L/min；大、中、小泵可以同时或单独对主油路供油，以满足液压系统工作部件在动作过程中对速度和力两方面的要求。

(2) 溢流阀 阀2、3、6分别为大、小、中泵的溢流阀，用以调节系统的工作压力，并分别作为大、小、中泵的安全阀和卸荷阀。

(3) 电磁（液）换向阀 阀1、4、7、12、13、14、15分别为电磁（液）换向阀。

阀1为二位四通电磁换向阀，用以控制阀2。当电磁铁YA1通电时，大泵供油工作；YA1断电时，阀2的遥控口接通油箱，大泵卸荷。

阀4为三位四通电磁换向阀，用以控制阀3。当电磁铁YA2通电时，小泵供油工作，油压由阀3控制；电磁阀处于中位时，阀3的遥控口接通油箱，小泵卸荷。当电磁铁YA4通电时，小泵油压由阀5控制，实现小泵远程调压控制。

阀7为三位四通电磁换向阀，用以控制阀6。当电磁铁YA3通电时，中泵供油工作，油压由阀6控制；电磁阀处于中位时，阀6的遥控口接通油箱，中泵卸荷。当电磁铁YA5通电时，中泵油压由阀8控制，实现中泵远程调压控制。

阀12为三位四通电液换向阀，用以变换合模液压缸油的流动方向，以实现合模或开模的动作。

阀13为三位四通电磁换向阀，用以变换顶出液压缸油的流动方向，实现制品的顶出和顶出机构的退回。

阀14为三位四通电磁换向阀，用以变换注射座整体移动液压缸油的流动方向，从而控制注射座前进或后退。

阀15为三位四通电液换向阀，用以变换注射液压缸油的流动方向以控制螺杆的注射和退回动作。

(4) 止回阀 阀9、10、11为止回阀。

阀9为止回阀，当大泵卸荷时，防止小、中泵压力油反向流动。

阀10为止回阀，当小泵卸荷时，防止大、中泵压力油反向流动。

阀11为止回阀，当中泵卸荷时，防止大、小泵压力油反向流动。

(5) 调压阀 阀5、8、16为调压阀。

阀5为远程调压阀，在阀3的调定压力值范围以内，实现注射压力的远程调节。

阀8为远程调压阀，在阀6的调定压力值范围以内，实现注射压力的远程调节。

阀16为单向背压阀，用以调节预塑时螺杆后退的背压。

2. 液压系统工作原理

(1) 合模 可以实现慢—快—慢变速。

1) 中（慢）速合模。电磁铁YA3、YA6通电。因为是中速合模，不需要大流量压力油，所以大、小泵卸荷。中泵输出的压力油经阀11→阀12→合模液压缸上腔，推动活塞下降，实现中速合模。与此同时，合模液压缸下腔油液经阀12→冷却器→油箱。

2) 快速合模一。电磁铁YA1、YA2、YA3、YA6通电。此时需要大流量压力油，大、中、小泵输出的压力油分别经阀9、阀10、阀11汇合后→阀12→合模液压缸上腔，推动活塞实现快速合模。回油路线同上。

3) 快速合模二。电磁铁YA2、YA3、YA6通电，大泵卸荷。此时中、小泵输出的压力油分别经阀10和阀11汇合后→阀12→合模液压缸上腔，推动活塞实现较快速合模。

回油路线同上。在快速合模过程中，当YA2断电时又转为中（慢）速合模。

（2）开模　可以实现慢—快—慢变速。

1）慢速开模。电磁铁YA2、YA7通电。慢速开模不需要大流量，此时大、中泵卸荷，小泵输出的压力油经阀10→阀12→合模液压缸下腔，推动活塞实现慢速开模。液压缸上腔的油液经阀12→冷却器→油箱。

2）快速开模一。YA1、YA2、YA3、YA7通电。此时需要大流量压力油，大、中、小泵同时工作，输出的压力油分别经阀9、阀10与阀11汇合→阀12→合模液压缸下腔，实现快速开模。回油路线同前。

3）快速开模二。YA2、YA3、YA7通电，大泵卸荷。中、小泵同时供油，输出压力油经阀10和阀11→阀12→移模液压缸下腔，实现较快速开模。回油路线同前。为使动作平稳，在开模后期又转为慢速开模，为此在快速开模过程中使YA3断电，只由小泵供油，流量减小，速度转慢。

（3）注射座前移与后退

1）注射座前移。电磁铁YA4、YA12通电。注射座前移速度不需要很快，所以大、中泵卸荷，只要小泵供油。小泵输出的压力油经阀10→阀14→注射座移动液压缸右腔，推动活塞，带动注射座前移。液压缸左腔的油液经阀14→冷却器→油箱。

2）注射座退回。电磁铁YA2、YA11通电。大、中泵仍然卸荷，小泵输出的压力油经阀10→阀14→注射座移动液压缸左腔，推动活塞，带动注射座后退。液压缸右腔的油液经阀14→冷却器→油箱。

（4）注射　电磁铁YA1、YA4、YA5、YA12、YA14均通电。注射时要求大流量压力油，快速完成注射，为此大、中、小泵输出的压力油分别经阀9、阀10和阀11汇合后→阀15→注射液压缸右腔，注射活塞前进，推动螺杆向前运动，实现注射动作。注射液压缸左腔油液→阀15→冷却器→油箱。

注射时必须保证注射座处于前移位置，使喷嘴压紧模具，所以电磁铁YA12需得电，由于滑板式变速装置随注射螺杆移动，控制大、中泵卸荷，以调节注射过程的速度。又因阀4和阀7采用“H”形阀，阀5和阀8构成一个旁路，用来调整注射、保压的压力。

（5）保压　电磁铁YA4、YA12、YA14通电，大、中泵卸荷。保压时不需要大流量压力油，小泵工作情况与注射时相同。

（6）预塑　预塑时螺杆迫使注射活塞后退，注射液压缸右腔油液经背压阀16→冷却器→油箱。调节背压阀16可以控制注射液压缸右腔油液压力，以产生预塑所需要的背压，从而控制塑料塑化质量。螺杆后退至计量预定位置时，压下限位开关，预塑停止。

注射成型机在生产工作循环中是没有单独的螺杆后退动作的。主要是拆卸螺杆和清洗料筒时，要使螺杆后退，这时可使YA2、YA13通电，大、中泵卸荷。小泵输出的压力油经阀10→阀15→注射液压缸左腔，实现螺杆后退。液压缸右腔的油液经阀16→冷却器→油箱。

以上介绍的是该注射成型机液压系统工作原理（未按动作循环顺序），各动作的进行或结束由相应的行程开关或由其他电气器件发出信号来控制。各行程开关的代号与作用，见表5-4，有关动作与电磁铁通、断电情况，见表5-5。

表 5-4　行程开关代号与作用

代　　号	作　　用
SQ1，SQ2，SQ11	起安全作用，安全门打开启模，安全门关上才能有闭模动作
SQ3	压住行程开关，表明闭模闭足，发出注射座整体前进信号
SQ4	压住行程开关，快速开模变慢速开模，脱开行程开关，慢速变快速闭模
SQ5	脱开行程开关，慢速开模变快速开模，压住行程开关，快速变慢速闭模
SQ6	压住行程开关，中心顶出开始，当顶出杆压住行程开关 SQ9 时，阀动作换向，中心顶出退回
SQ7	开模停止
SQ8	全自动用，制品落下，碰着行程开关，下一个循环开始
SQ9，SQ16	中心顶出退回及多次顶出（靠 SA6 选择）
SQ10	注射动作中，压住行程开关，大泵卸荷
SQ12	注射动作中，压住行程开关，中泵卸荷
SQ13	压住行程开关，预塑停止
SQ14	压住行程开关，表明注射座整体前进停止，发出注射信号
SQ15	压住行程开关，注射座整体后退停止

表 5-5　电磁铁线圈通电情况

动　　作	YA1	YA2	YA3	YA4	YA5	YA6	YA7	YA9	YA10	YA11	YA12	YA13	YA14
中速合模			+			+							
快速合模Ⅰ	+	+	+			+							
快速合模Ⅱ		+	+		+	+							
注射座前进				+							+		
注射	+			+	+						+		+
保压				+							+		+
预塑													
注射座后退		+								+			
慢速开模		+					+						
快速开模Ⅰ	+	+	+				+						
快速开模Ⅱ		+	+				+						
液压顶出		+						+					
顶出退回		+							+				
螺杆退回		+										+	
螺杆前进		+											+

注：“+”表示电磁铁线圈通电。

二、普通继电器控制注射成型机的电气系统

仍以 XS—ZY—125A 型注射成型机为例加以说明。其电气控制系统由电动机控制、料筒和喷嘴加热、信号显示电路和动作顺序控制电路所组成，如图 5-41 和图 5-42 所示。

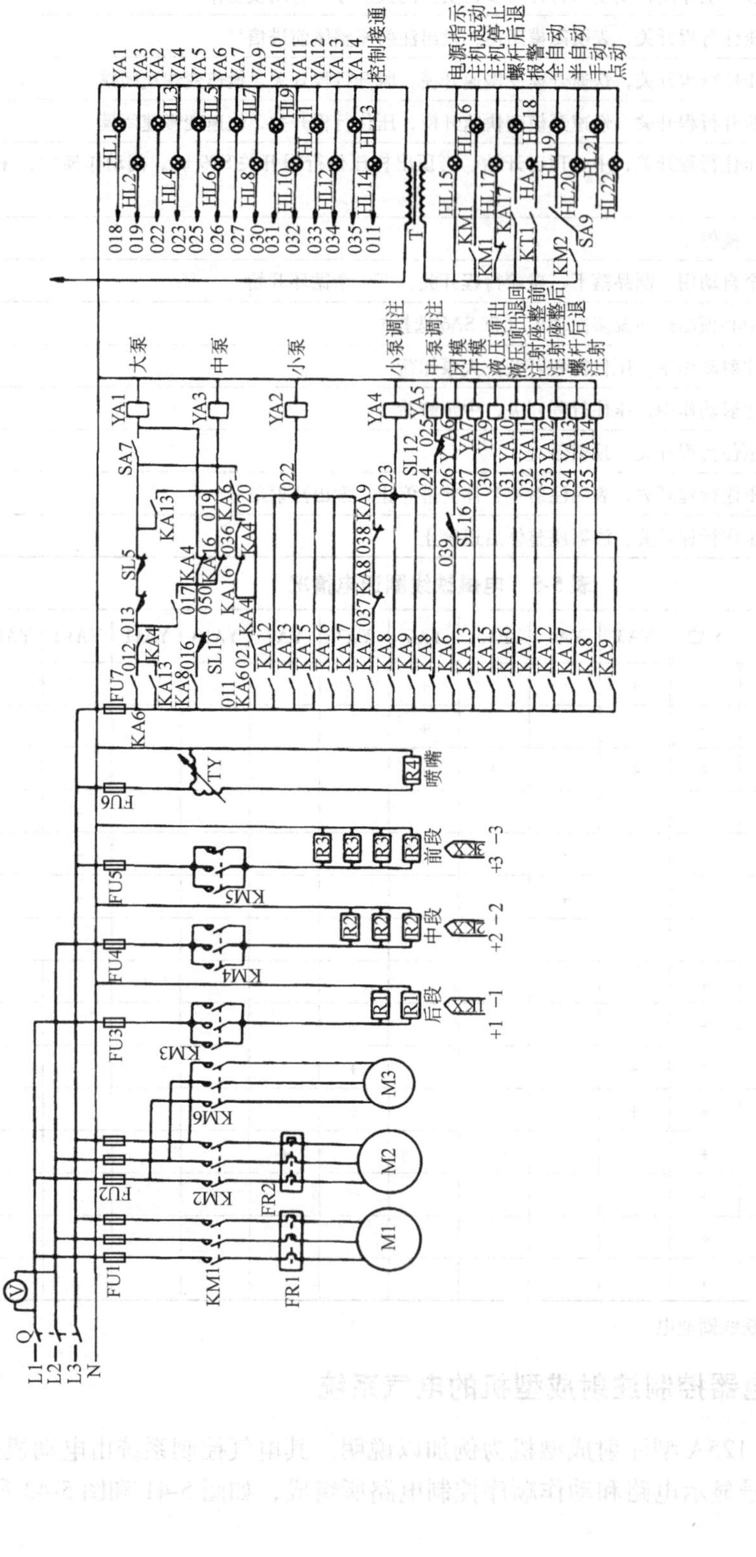

图 5-41 XS—ZY—125A 注射成型机电气原理图(一)

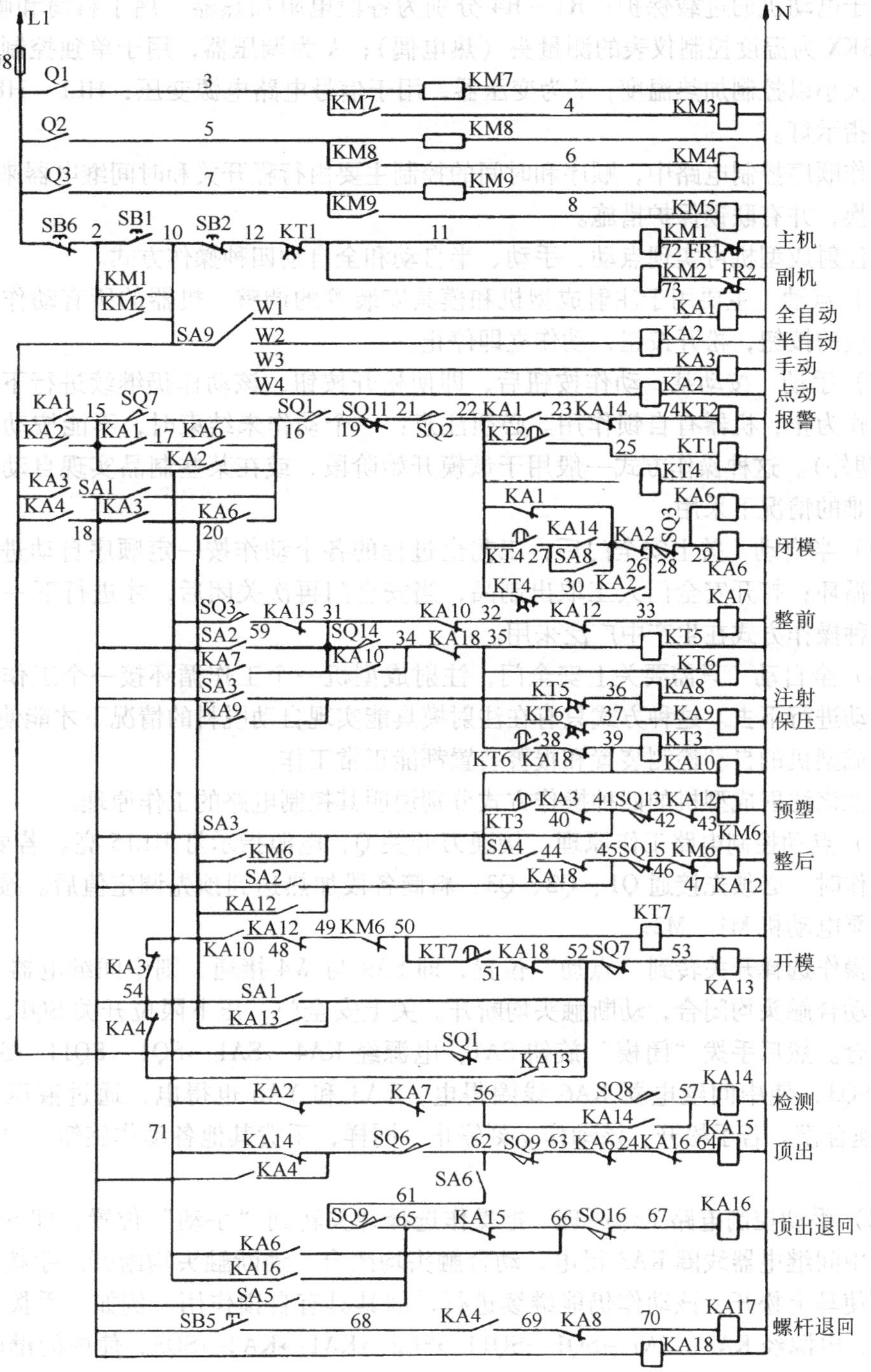

图 5-42　XS—ZY—125A 注射成型机电气原理图（二）

液压泵和预塑电动机控制电路中，Q 为总电源刀开关，M1、M2 为液压泵驱动电动机，M3 为预塑电动机；KM1 ~ KM6 为各支路电源接触器触头，用于线路的失压保护；FU1 ~ FU7 为各支路的熔断器，用于线路的短路保护；FR1、FR2 为电动机的热继电保护器，用于电动机的过载保护；R1～R4 分别为各段电阻加热器，用于料筒和喷嘴的加热，1KX～3KX 为温度控制仪表的测量头（热电偶）；A 为调压器，用于单独控制喷嘴加热圈的电压大小以控制加热温度；T 为变压器，用于信号电路电源变压；HL1～HL7 为各状态的信号指示灯。

动作顺序控制电路中，顺序和时间的控制主要由行程开关和时间继电器来实现动作的自动转换，并有联锁保护措施。

该注射成型机可实现点动、手动、半自动和全自动四种操作方式。

（1）点动　主要用于注射成型机和模具安装等的调整。机器的所有动作过程都必须按住相应的按钮，松开按钮，动作立即停止。

（2）手动　按动某一动作按钮后，即使松开按钮，该动作仍继续进行下去，直到完成该动作为止，机器有自锁作用。必须注意：一个动作未结束时，不能按动另一个按钮（除预塑外）。这种操作方式一般用于试模开始阶段，或在某些制品实现自动循环控制生产有困难的情况下采用。

（3）半自动　关上安全门后，工艺全过程的各个动作按一定顺序自动进行，完成一个工作循环；打开安全门人工取出制品，当安全门再次关闭后，才进行下一次的工作循环。这种操作方式在生产中广泛采用。

（4）全自动　只需要关上安全门，注射成型机一个工作循环接一个工作循环周而复始地自动进行下去。这种方式只有在注射模具能实现自动脱料的情况下才能使用，同时要求注射成型机的自动检测装置和报警装置都能正常工作。

现就该注射成型机的四种操作方式分别说明其控制电路的工作原理。

（1）点动控制电路工作原理　接通刀开关 Q，电源指示灯 HL15 亮。若要进行预塑、注射操作时，必须先接通 Q1、Q2、Q3，料筒各段加热达到预先调定值后。按下 SB1，起动液压泵电动机 M1、M2。

把操作选择开关转到“点动”位置，即 SA9 与 W4 接通，则中间继电器 KA4 线圈得电，其动合触头均闭合，动断触头均断开。关上安全门，压下限位开关 SQ1、SQ2，则其触头闭合。然后手拨“闭模”旋钮 SA1，电源经 KA4→SA1→SQ1→SQ11→SQ2→KA1→KA2→SQ3，使中间继电器 KA6 线圈得电，YA3 和 YA6 也得电，通过液压系统进行中（慢）速合模。若手松开，该动作立刻停止。同样，手拨其他各动作旋钮，也将得到相应的动作。

（2）手动控制电路工作原理　把操作选择开关转到“手动”位置，即 SA9 与 W3 接通，则中间继电器线圈 KA3 得电，动合触头均闭合，动断触头均断开。手拨某一动作旋钮后即使马上松开，该动作仍能继续进行，因其具有自锁作用。例如：手拨“闭模”旋钮 SA1，电源经 KA3→SA1→SQ1→SQ11→SQ2→KA1→KA2→SQ3，使中间继电器 KA6 线圈得电，移动模板合模，直至模板充分闭合，碰到限位开关 SQ3 后，触头打开，KA6 线圈失电时闭模才停止。在各动作进行时均有指示灯亮显示。

点动和手动时，KA18 线圈带电，动断触头均断开，切断半自动回路。

（3）半自动控制电路工作原理　把 SA9 转到“半自动”位置，即 SA9 与 W2 接通，则接触器 KA2 线圈得电，其动合触头均闭合，动断触头均断开。关上安全门，压下限位开关 SQ1、SQ2，触头闭合。电源经 KA2→SQ1→SQ11→SQ2→KT4→KA2→SQ3，使 KA6

线圈得电，其动合触头均闭合，使 YA3、YA6 通电，实现中速合模。在合模过程中，当撞杆脱开限位开关 SQ4 时，触头闭合，开关 SA7 又在闭合位置，电磁铁 YA1、YA2、YA3、YA6 通电，转入快速合模Ⅰ（如果 SA7 在打开位置，只有 YA2、YA3、YA6 通电，进行快速合模Ⅱ），当曲肘压住 SQ5 时，YA1、YA2 失电，由快速合模又转为中速合模。模具合紧后，压下限位开关 SQ3，触头打开，KA6 断电，合模结束。同时 SQ3 动合触头闭合，电源经 SQ3→KA15→KA10→KA12→KA7，KA7 线圈得电，动合触头闭合，YA12、YA4 通电，注射座前移。注射座前移碰到限位开关 SQ14 时，常开触头闭合，电源经 SQ3→KA15→SQ14→KA18→KT5→KT6，使 KA8、KA9 线圈得电，其动合触头都闭合，电磁铁 YA1、YA4、YA5、YA12、YA14 通电，进行注射。注射过程可以变速，当滑块压住 SQ10 时，YA1 失电；当滑块压住 SQ12 时，YA5 失电，由三只泵组合工作使注射速度可以实现变速。

注射时间（即 KT5 预调时间）到，动断触头 KT5 打开，KA8 断电，YA1、YA5 也断电，大、中泵卸荷，由小泵供油进行保压。当保压时间到，动断触头 KT6 打开，KA9 断电，KA9 动合触头复原，YA4、YA14 失电，KA10 得电，KA7 断电，YA12 断电，保压结束。

保压结束后，动合触头 KT6 闭合，电源经 KT6→KA3→SQ13→KA12 使 KM6 线圈通电，KM6 动合触头闭合，进行预塑。当撞块随螺杆后退碰到 SQ13 时，KM6 失电，预塑结束，这是固定加料方式。若是后加料方式，将主令开关 SA4 转向后加料位置，保压结束后，电源经 SA4→KA18→SQ15→KM6，使 KA12 线圈得电，KA12 动合触头闭合，电磁铁 YA2、YA12 得电，注射座整体后退，碰到 SQ15，KA12 失电整体后退停止。同时电源经 KT3→KA3→SQ13→KA12→KM6，KM6 线圈通电，动合触头闭合，进行预塑。碰到 SQ13 时，触头 SQ13 打开，预塑停止。

当预塑结束后，电源经 KA10→KA12→KM6→KT7，开始制品冷却计时，冷却时间一到，触头 KT7 闭合，KA13 线圈通电，动合触头闭合，YA2、YA7 通电，慢速开模，当曲肘脱开 SQ5 时，YA1、YA3 也通电，进行快速开模Ⅰ。当主令开关 SA7 打开时，电磁铁 YA1 失电，进行快速开模Ⅱ，当撞杆压住 SQ4 时，触头 SQ4 打开，YA1、YA3 断电，大、中泵卸荷，进行慢速开模，碰到限位开关 SQ7 时，触头 SQ7 打开，KA13 断电，YA2、YA7 断电，开模结束。

开模结束时，撞杆同时压住 SQ6，中心液压顶出开始；打开安全门，取出制品；当顶出撞杆压住 SQ9 时中心顶出退回，即完成生产制品的一个工作循环。再关上安全门，进行第二次动作循环。

（4）全自动控制电路工作原理 把 SA1 转到“全自动”位置，即 SA9 与 W1 接通，则接触器 KA1 线圈得电，其动合触头均闭合，动断触头均断开。关上安全门，压下限位开关 SQ1、SQ2、SQ11，触头闭合。开始第一次工作循环时必须手动一下冲击式检测装置（压一下撞板，让 SQ8 发出信号）。电源经 KA1→SQ7→SQ1→SQ11→SQ2 再分两路：

一路经 KA1→KA14→KT2 线圈得电开始计时，到了一定时间（预先调定）触头 KT2 闭合，KT1 通电其动合触头闭合，讯响器 HA 发出警报。如长时间故障无人排除，由于 KT1 线圈得电开始计时，达到预定时间（最长时间为 1min），动断触头打开，二次控制电源断电，电动机停止，起安全保护作用。

另一路电源使KT4得电计时，到一定时间（预先调定），触头KT4闭合，首次用手碰检测装置，SQ8闭合，KA14得电。电源经KT4→KA14→KA2→SQ3→KA6，使KA6线圈得电开始闭模，其余动作原理与“半自动”相同。在开模结束液压顶出使制品自动落下，冲击检测装置，SQ8触头闭合，KA14得电，由于KA14有自动保持作用，KA6线圈得电，又自动闭模，进行第二次工作循环。KA14在KA7得电时，动断触头打开，KA14失电，检测装置复原。

在半自动和全自动中，液压顶出有单次顶出和多次顶出两种方式，由主令开关SA6选择。当SA6拨到多次顶出位置时，开模结束，撞杆压住SQ6，电源经KA14→SQ6→SQ9→KA6→KA16，KA15线圈得电，电磁铁YA2、YA9通电，液压顶出前进，当顶出撞柱碰到SQ9时，KA15失电，顶出停止，电源又经SQ6→SQ9→KA15→SQ16，KA16线圈得电，电磁铁YA2、YA10通电，液压顶出退回。由于撞杆脱开SQ9而压住SQ16，KA16失电，SQ9、KA16触头复原，电源通过KA14→SQ6→SQ9→KA16，KA15线圈又得电，再次顶出，如此进行多次顶出循环。

如果SA6在单次顶出位置，电源经KA14→SQ6→SQ9→KA6→KA16，KA15线圈得电，液压顶出前进。当撞杆压住SQ9时，液压顶出停止，闭模时KA6得电，液压顶出退回，系统应能保证闭模动作结束之前完成液压顶出杆退回。

三、PLC控制注射成型机的液压系统

如图5-43所示为SZ—400型注射成型机的液压系统原理图。该注射成型机采用的是螺杆预塑，液压—机械双曲肘合模装置，具有液压顶出机构和拉杆螺母同步旋转调模机构。预塑螺杆的旋转、调模动作等均采用液压马达来驱动，顶出装置可进行多次顶出，并在系统中采用了电液比例控制技术，工作过程中，系统的液体压力及流量均可连续、准确地调节，能进行无级调速，可实现二级注射和一级保压，并可进行快速合模和低压护模，较好地满足了注射成型工艺的要求。表5-6给出了相应的电磁铁动作顺序。现将其主要动

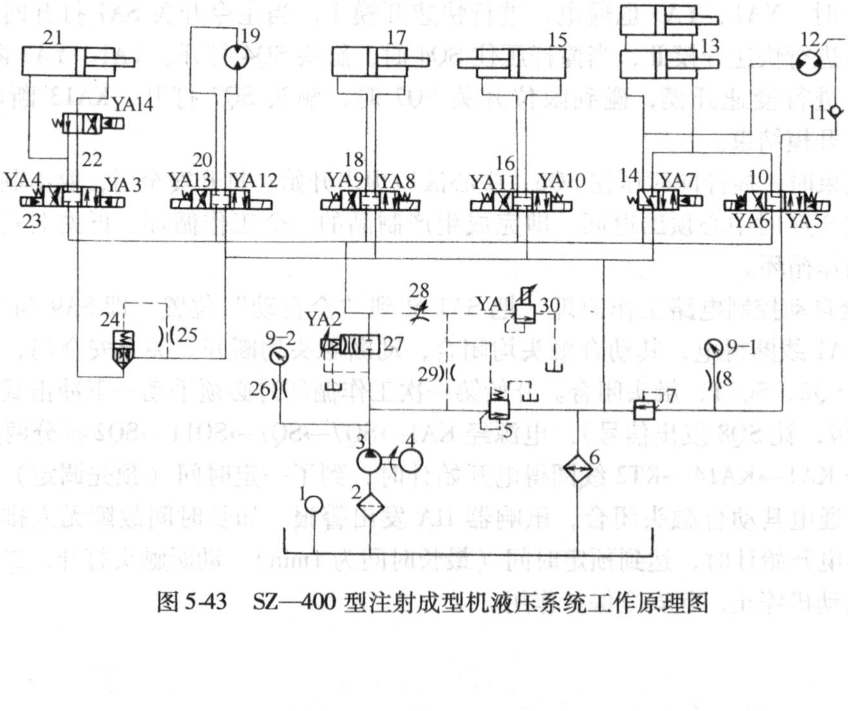

图5-43　SZ—400型注射成型机液压系统工作原理图

作原理介绍如下：

（1）液压泵起动　液压泵电动机 M 起动，此时所有电磁铁均断电，比例溢流阀 30 处于常通卸荷状态，溢流阀 5 的控制油口处于极低的压力下，故溢流阀 5 打开，液压泵输出的油液经溢流阀 5 和冷却器 6 流回油箱。液压泵空载起动。

表 5-6　电磁铁动作顺序表

动作名称		电磁铁动作													
		YA1	YA2	YA3	YA4	YA5	YA6	YA7	YA8	YA9	YA10	YA11	YA12	YA13	YA14
合模	慢速合模	+	+	+											
	快速合模	+	+	+											+
	低压慢速合模	+	+	+											
	高压慢速合模	+	+	+											
注射座前移		+	+								+				
注射	注射速度Ⅰ	+	+			+					+				
	注射速度Ⅱ	+	+								+				
	注射速度Ⅲ	+	+			+					+				
保压		+	+			+					+				
预塑		+	+				+								
防涎		+	+					+							
注射座后退		+	+									+			
开模	高压慢速开模	+	+		+										
	快速开模	+	+		+										
	慢速开模	+	+		+										
顶针顶出		+	+						+						
顶针退回		+	+							+					
向前调模		+	+										+		
向后调模		+	+											+	
螺杆后退		+	+					+							

注：“+”表示电磁铁通电。

（2）合模　合模过程可分为如下几个步骤：首先使比例电磁铁 YA1、YA2 和电磁铁 YA3 得电，使溢流阀 5 关闭，比例换向阀 27 换左位，电液换向阀 23 换右位，液压泵输出的压力油经阀 27、阀 23 进入合模液压缸 21 的左腔，实现慢速合模。合模液压缸右腔的油经阀 22→阀 23→阀 24→冷却器 6 流回油箱。延时（约 0.4s）后，使 YA14 通电，阀 22 换至右位，合模液压缸的左、右腔接通，形成差动回路，使合模液压缸快速前进，转入快速合模。当模板移至接近锁模位置时，使 YA14 断电，并使阀 30 的调定压力降低到仅能推动合模液压缸前进，这时若模具间有异物不能顺利合拢，超过预定时间后，机器自动换向并发出报警信号（这就是低压护模功能）；若无障碍，模板顺利合模，使阀 30 的设定压力升高，合模机构转入高压锁模。

（3）注射座前移　合模动作完成后，YA3 断电，阀 23 复位，合模机构依靠合模液压缸左腔液体的弹性和肘杆机构的弹性锁模。YA10 得电，电磁换向阀 16 换至右位，液压泵输出的压力油经阀 27、阀 16 进入注射座移动缸 15 的左腔，推动缸体前移（该缸活塞固定不动），右腔的油液经阀 16 和冷却器 6 排回油箱。当注射座前进至喷嘴贴紧模具时停止前进。

（4）注射　电磁铁 YA5 和 YA10 通电，阀 16 保持右位不变，阀 10 换至右位，压力油进入注射液压缸 13 的右腔推动螺杆进行注射，注射液压缸 13 左腔的油液经阀 14 和冷却器 6 排回油箱，此时，由于 YA10 仍处于通电状态，故压力油可经阀 16 进入注射座移动缸 15 的左腔，使其保持喷嘴和模具间的压力，防止熔料漏出。该机可用三种压力和速度进行注射，各级压力和速度的转换位置由行程开关调定，即行程开关压合后，通过电控系统改变阀 30 和阀 27 的设定压力和流量而使注射压力和速度转入下一级。

（5）保压　注射动作开始后，注射定时器开始计时，注射结束，各阀的位置不变，注射液压缸 13 右腔始终作用有液体压力，通过螺杆对模腔内的熔料进行保压，直到定时器计时完毕。

（6）预塑　电磁铁 YA5、YA10 断电，YA6 通电，阀 10 换至左位，压力油经阀 27、阀 10、阀 11 驱动液压马达 12，油经阀 14 和冷却器 6 排回油箱。在液压马达 12 的驱动下，螺杆旋转开始塑化，此时，螺杆的背压由溢流阀 7 调整，并由压力表 9-1 显示，当背压达到阀 7 的调定压力后，压力油打开阀 7 经冷却器 6 排回油箱，螺杆后退，直至螺杆后退至预定位置压下限位开关，预塑停止。

预塑时可根据塑料种类的不同和工艺要求的不同，通过比例阀 27 来调整螺杆的转速，从而调整塑化情况。为了防止低粘度塑料的“流涎”现象，在该机中设有防涎动作，可根据需要选用。若选择此动作，则在螺杆停止后 YA6 断电，YA7 通电，压力油驱动螺杆再后退一段距离，以降低料筒中熔料的压力。然后 YA7 断电，YA11 通电，压力油经阀 27 和阀 16 进入注射座液压缸 15 的右腔使注射座后移。

为满足不同加料方式的需求，注射座后移的动作可按工艺需要来选择其有无和动作的先后。选择固定加料时，注射座始终处于前端位置，喷嘴一直同模具接触；选择加料退回时，注射座可在螺杆预塑完成后后退；选择退回加料时，预塑在注射座退回之后才开始，以便使料筒内的少许残留熔料被挤出，防止热敏性塑料在高温下停留过久而分解。

（7）开模　当注射座后退至预定位置时（如果有选择此动作时），电磁铁 YA11 断电，YA4 通电，压力油进入合模液压缸 21 右腔，推动合模活塞后退，使模具打开，合模液压缸左腔的油液经阀 23、阀 24 和冷却器排回油箱。开模过程分慢速开模—快速开模—慢速开模三个阶段，各阶段的开模速度由比例换向阀 27 来调定，各阶段的转换由相应行程开关的位置来确定。模具打开后，电磁铁 YA4 断电，阀 23 复位，开模动作结束。

（8）顶出　电磁铁 YA8 通电，压力油经阀 27 和阀 18 进入顶出缸 17 的左腔，顶出缸右腔的油液经阀 18 和冷却器排回油箱，顶出活塞前进以顶出制品。顶出活塞的返回同样由阀 18 控制。

（9）调模　当需要更换新的模具或原来的动、定模板间距不合适时，就需要调整拉杆螺母的位置。向前调模时，电磁铁 YA12 通电，阀 20 换至右位，液压泵输出的压力油经阀 27 和阀 20 驱动调模液压马达 19 旋转，回油经阀 20 和冷却器排回油箱，液压马达 19 带动调模装置驱动四根拉杆上的螺母同步旋转，将后定模板前移。向后调模时，电磁铁 YA13 通电，使液压马达 19 的转向与前相反，则可使后定模板后移。

（10）螺杆后退　使电磁铁 YA7 得电，将电液换向阀 14 换至右位，则压力油进入注射缸 13 的左腔，推动活塞带动螺杆后退。这一动作主要用于防涎和在更换螺杆时从料筒中取出螺杆。

另外，系统中单向阀 11 的作用是控制流过液压马达 12 的液体流向，防止其反转的。

阀24实际上是背压阀，使合模液压缸运动时有一定的背压，以防止开、合模动作产生冲击而导致制品和模具的损坏。

四、PLC控制的注射成型机电气控制系统

SZ—400型塑料注射成型机采用了可编程序控制器（PLC）控制来代替常规的继电器控制，注射成型机的各个动作由程序集中控制，动作更加准确可靠，并可根据生产和工艺的需要方便地修改程序和工艺参数。系统中还设有报警系统和故障显示指示灯，大大方便了设备的使用和维护。

图5-44所示为SZ—400型注射成型机的电气控制系统原理图。系统主要由主电路（电动机驱动和加热）和PLC控制电路（机器的动作与状态控制）两部分组成，图中手动操作开关和行程开关分别接到PLC的输入端，电磁换向阀的信号线接到PLC的输出端，可实现手动、半自动和全自动操作。现将其动作原理介绍如下：

（1）开机　打开电源开关QS6，按下按钮SB5，KA1通电自锁，变压器通电接通电控柜电源和PC电源。按工艺规范要求在温度控制器上将各段加热温度设定好，调好各时间继电器的动作时间，并按工艺要求将系统的压力、速度等参数在拨码盘上设置好，将工作方式选择按钮按下（SB6、SB7分别为半自动和全自动的位置），系统准备完毕。

（2）加热　按下开关SB3，继电器KA2通电自锁，其动合触头闭合，信号送入PLC的510端，温控仪P1、P2、P3、P4通电，其对应触头闭合，接触器KM4、KM5、KM6、KM7通电，信号送入PLC的505端，PLC开始检测加热情况。按工艺要求合上各加热段开关QS1、QS2、QS3、QS4，则对应的加热圈开始加热，加热电流由各电路上的电流表指示。当加热温度达到调定温度时，温控仪使其控制触头断开，对应的接触器失电，而使加热电路断电。当温度下降至规定温度以下时，温控仪又使加热电路通电，继续加热。

（3）液压泵电动机起动　按下开关SB1，接触器KM3和时间继电器KT0通电，使KM3的动合触头闭合，动断触头断开，使KM1通电工作并自锁。这时，电动机定子绕组接为星形（Y形），实现低速起动，经过一段时间（由KT0调定），电动机转速接近额定转速时，KT0的动断触头断开，KM3断电，其触头复原，使KM2通电，将电动机的定子绕组改接为三角形，电动机正常运转。热继电器FR起电动机过载保护作用。

（4）合模　关闭安全门，压合行程开关SQ1和SQ2，使PC发出锁模信号，通过比例板将比例溢流阀30（图5-43）的调定压力升高，使比例换向阀27换向，并经功放电路使电磁铁YA3得电，开始合模。延时0.4s（由PLC实现延时）后，再使YA14得电，转入快速合模。当动模板压合行程开关SQ3，通过PLC的控制使YA14断电，并使比例板P点输出降低，亦即使阀30的调定压力降低，开始低压护模。若模具间无障碍，模板将SQ4压合，此信号输入PLC的402端经PLC控制电路将阀30的调定压力升高，进入高压锁模状态。若在低压护模时，模具间有异物，待超过程序设定的护模时间（由PLC计时）后，PLC从433端输出信号，蜂鸣器HA报警并使YA3断电，YA4得电，开模等待处理。低压护模的工作液压力及快速合模、低压护模的速度均可在拨码盘上预先设定。

（5）注射座前移　模具锁紧后，SQ5发出信号，送入PLC的403端使YA3断电，YA10得电，注射座前进，当喷嘴贴紧模具时压合SQ6，注射座停止前进。

（6）注射及保压　PC检测到SQ6被压合信号后，即输出信号使YA5通电工作，同时

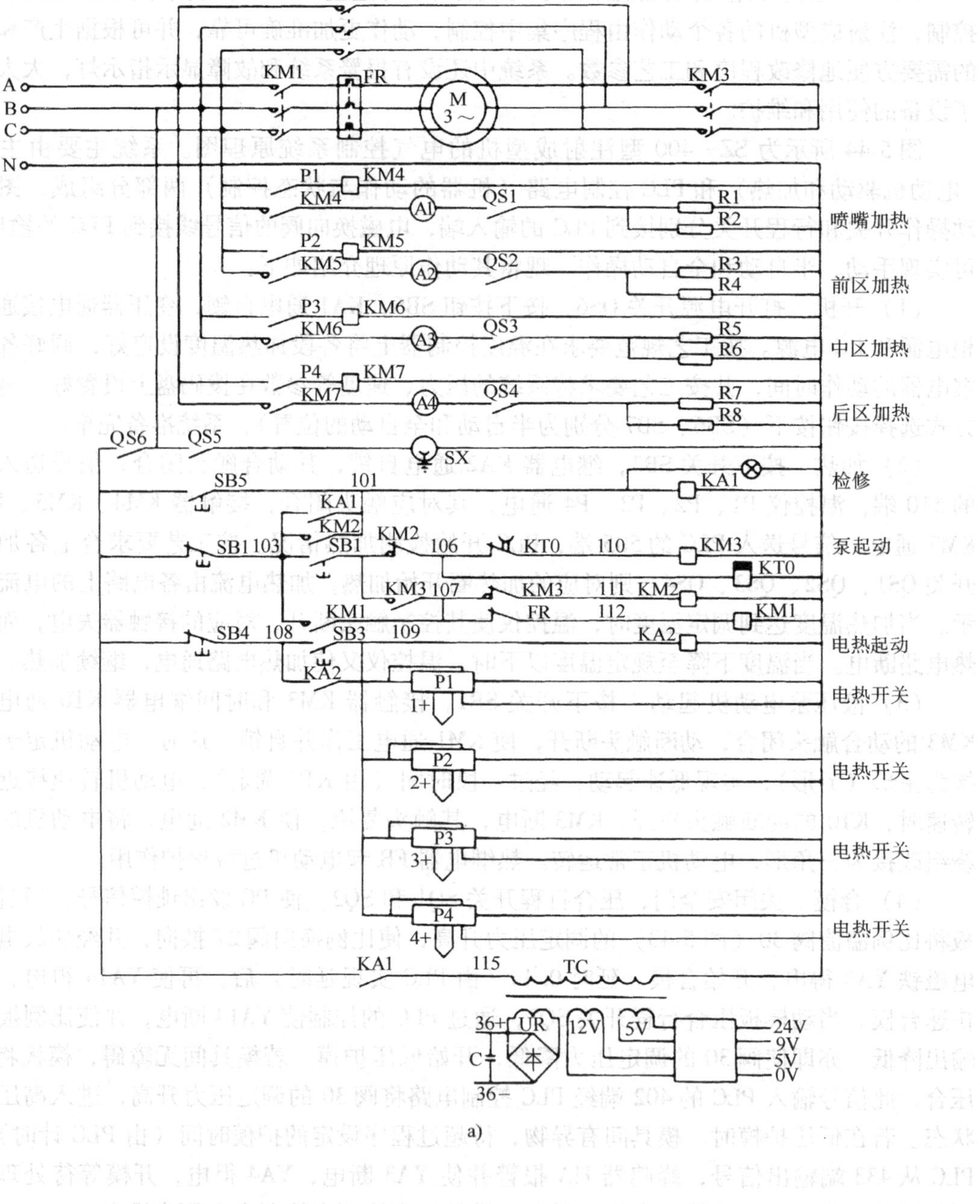

a)

图 5-44 SZ—400 型注射成型机的

a）动力控制原理图

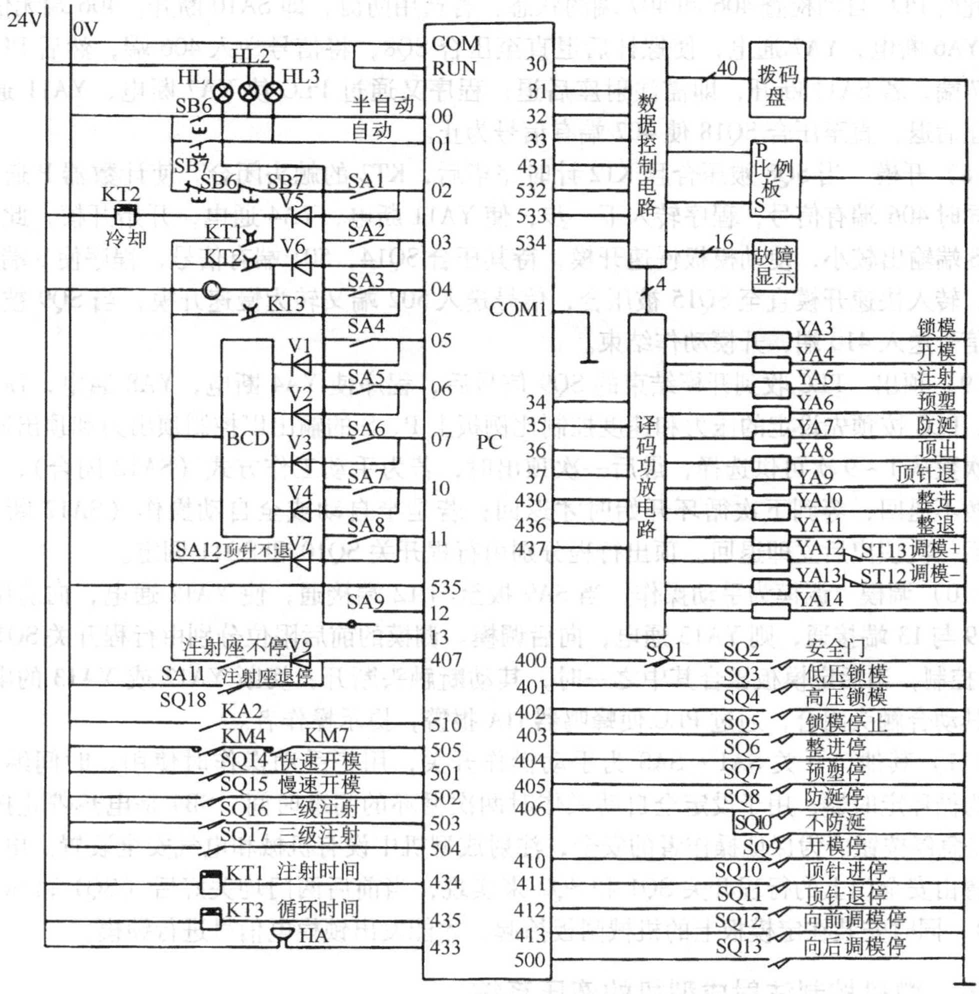

b)

电气控制系统工作原理图

b）PLC 控制原理图

使KT1通电计时（YA10仍通电），并按照设定的第一级压力和速度向比例板输出相应的信号，系统处于一级注射。当螺杆前进至SQ16设定的位置时，信号由503端输入，经PLC程序控制，按设定的二级注射参数值改变P、S的输出，使系统转入二级注射。再前进至SQ17被压合，信号从504端输入，由PLC控制实现三级注射，即进入保压阶段，直到定时器KT1计时完毕。

（7）预塑　KT1计时结束，冷却定时器KT2通电开始计时，同时PLC输出信号使YA5、YA10断电，YA6通电，螺杆旋转预塑，螺杆的转速由PLC控制程序设定的数值控制比例板S的输出来得到。当螺杆后退到预定计量位置时，压合SQ7，信号由405端输入，PLC切断YA6的电源，预塑停止。

此时PLC自动检查406和407端的状态，若选用防涎，即SA10断开，406端无信号，则使YA6断电，YA7通电，使螺杆后退直至压合SQ8，将信号送入406端，然后PLC检查407端，若SA11断开，即需注射座后退，程序又通过PLC使YA7断电，YA11通电，注射座后退，直至压合SQ18使407端有信号为止。

（8）开模　当SQ8被压合且KT2计时完毕后，KT2的触头闭合，使计数器P通电进位，同时406端有信号，程序转入下一步，使YA11断电，YA4通电，开始开模，此时比例板S端输出较小，使动模板慢速开模，待其压合SQ14，501端有信号，程序使S端输出升高，转入快速开模直至SQ15被压合，信号送入502端又转为慢速开模，当SQ9被压合时，信号送入410端，开模动作结束。

（9）顶出　PLC收到开模结束的SQ9信号后，程序使YA4断电，YA8通电，顶出缸顶料，PLC按预先设定的压力和速度控制比例板上P、S的输出以控制顶出力和顶出速度。顶出次数从1～9次可供选择，最后一次顶出时，若为手动工作方式（SA12闭合），则顶出后暂不退回，等到下次循环开始时才返回；若是半自动或全自动操作（SA12断开），则最后一次顶出后立即退回。顶出行程分别由行程开关SQ10和SQ11调定。

（10）调模　调模为手动操作，当SA9扳至与12端接通，使YA12通电，向前调模。若SA9与13端接通，则YA13通电，向后调模。调模的前后限位分别由行程开关SQ13和SQ12控制，当后定模板压合其中之一时，其动断触头断开，切断YA12或YA13的电源，同时其动合触头闭合，通过PLC使蜂鸣器HA报警，提示操作者。

（11）其他　开关SA1～SA8为手动操作开关，用于手动操作时使用。时间继电器KT3为循环定时器，用于设定全自动操作时两次循环的间歇时间。SB4是电热停止按钮，SB2是急停按钮。为保证操作者的安全，注射成型机中设有机械和电气安全装置。电气安全装置由安全门上的行程开关SQ1和SQ2来实现，当前后两门均关好后（SQ1和SQ2均压合），同时安装在定模板上的机械闸板抬起，才能发出锁模电信号进行锁模。

五、微机控制注射成型机的液压系统

近年来随着计算机控制技术的应用，注射成型机的控制系统也普遍采用计算机控制，实现了注射成型机动作和注射成型工艺的数字控制，对提高注射成型工艺参数的准确性和注射制品的精度有很大作用。现以东华机械有限公司的TTI系列全自动注射成型机为例加以说明。如图5-45所示为TTI—95G系列注射机的液压系统原理图。液压系统主要由动力液压泵、比例压力阀（控制压力变化）、比例流量阀（控制速度变化）、方向阀、管路、油箱等组成。图中各阀的作用见表 5-7。液压系统的工作原理与其他类型注射机相似，这里不再重述。

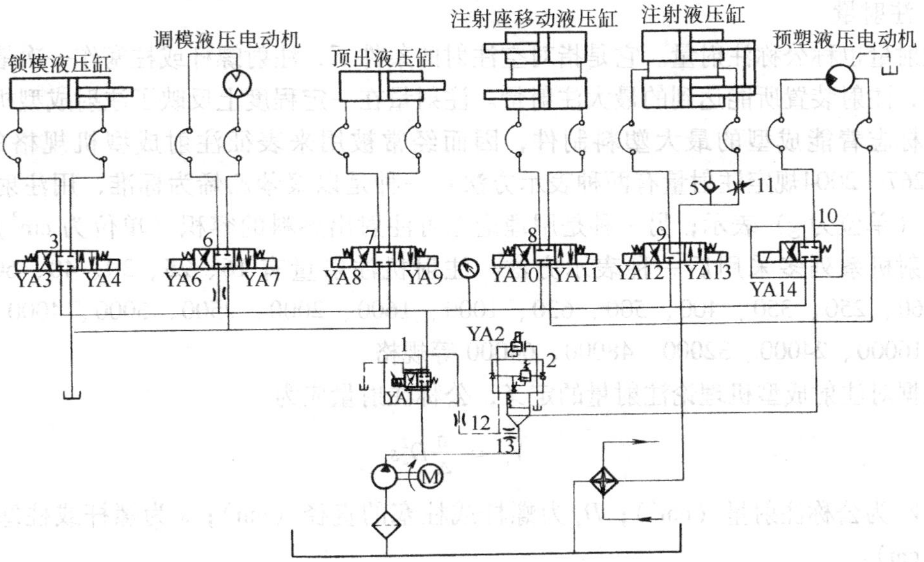

图 5-45 TTI—95G 系列注射成型机的液压系统工作原理图

表 5-7 液压阀的功用

序号	名称与作用	序号	名称与作用
阀 1	比例流量阀	阀 7	顶针方向控制阀
阀 2	比例压力阀	阀 8	射移方向控制阀
阀 3	锁模/开模方向控制阀	阀 9	射胶/抽胶方向控制阀
阀 5	单向阀	阀 10	熔胶方向控制阀
阀 6	调模方向控制阀	阀 11	背压阀

六、微机控制注射成型机的控制系统

微机控制注射成型机的控制系统主要由 CPU 板、I/O 板、射移及锁模编码板、按键板、D/A 转换板、显示控制板以及电源板等部分组成。其控制原理是整个注射成型周期中各参数（温度、时间、压力及速度等）的设定值由控制面板上的按键输入，经数据处理后送给计算机（CPU），计算机按注射成型周期的顺序将各参数转换为指令经 D/A 转换及 I/O 输入板传给各执行元件，实现注射参数的数字控制。各动作的位移信号经 I/O 板反馈给计算机，用于动作顺序的控制。其控制系统原理图可参阅有关生产厂家产品使用说明书，此处从略。

第五节 注射成型机的技术参数与使用维护

注射成型机的技术参数有注射量、注射压力、注射速率、注射速度、注射时间、塑化能力、锁模力、合模装置的基本尺寸、开合模速度及空循环时间等。这些参数是设计、制造、购置和使用注射成型机的依据。

一、注射成型机主要技术参数

1. 注射量

注射量也称公称注射量。它是指对空注射的条件下，注射螺杆或柱塞作一次最大注射行程时，注射装置所能达到的最大注射量。注射量在一定程度上反映了注射成型机的加工能力，标志着能成型的最大塑料制件，因而经常被用来表征注射成型机规格的参数。JB/T 7267—2004规定注射量有两种表示方法：一种是以聚苯乙烯为标准，用注射出熔料的质量（单位为g）表示；另一种是用理论上可注射出熔料的容积（单位为cm^3）表示。我国注射机系列多采用后一种表示方法。注射机注射量有16、25、30、40、60、100、125、160、250、350、400、500、630、1000、1600、2000、2500、3000、4000、6000、8000、16000、24000、32000、48000、64000等规格。

根据对注射成型机理论注射量的定义，公称注射量应为

$$V_c = \frac{\pi}{4}D_s^2 s$$

式中，V_c为公称注射量（cm^3）；D_s为螺杆或柱塞的直径（cm）；s为螺杆或柱塞的最大行程（cm）。

该式说明，理论上直径为D_s的螺杆移动s距离，应当射出V_c的注射量。但是在注射时有少部分熔料在压力作用下回流，以及为了保证塑化质量和在注射完毕后保压时补缩的需要，故实际注射量要小于理论注射量。为描述二者的差别，引入射出系数α：

$$V = \alpha V_c = \alpha \frac{\pi}{4}D_s^2 s$$

式中，V为实际注射量（cm^3）；α为射出系数。

影响射出系数的因素很多，如螺杆的结构和参数、注射压力和注射速度、背压的大小、模具的结构和制件的形状以及塑料的特性等。所以在实际使用中，射出系数并非是一个恒定的数值，通常在0.7～0.9之间变化。

选择设备时，实际注射量应为注射成型机理论注射量的25%～70%为宜。

2. 注射压力

注射时为了克服熔料流经喷嘴、流道和型腔时的流动阻力，螺杆（或柱塞）对熔料必须施加足够的压力，此压力称为注射压力。注射压力的大小与流动阻力、制件的形状、塑料的性能、塑化方式、塑化温度、模具温度及制件精度要求等因素有关。

注射压力的选取很重要。注射压力过高，制件可能产生毛边，脱模困难，影响制件的表面粗糙度，使制件产生较大的内应力，甚至成为废品，同时还会影响注射成型机的使用寿命。若注射压力过低，则易产生物料充不满型腔，甚至根本不能成型等现象。目前国产注射成型机的注射压力一般为105～150MPa。由于注射制件大量用于工程结构零件，并且这类制件结构复杂、形状多样、精度要求较高，所选材料多为中、高粘度，所以注射压力有提高的趋势。

注射压力的理论计算式为

$$p_1 = (D_0/D_s)^2 p_0$$

式中，p_1为注射压力；D_0为注射缸内径；D_s为注射螺杆直径；p_0为注射缸的油压。

根据塑料的性能，目前对注射压力的使用情况可大致分为以下几类：

1）注射压力小于70MPa，用于加工流动性好的塑料，且制件形状简单，壁厚较大。

2）注射压力为70～100MPa，用于加工塑料粘度较低，形状、精度要求一般的制件。

3）注射压力为100～140MPa，用于加工中、高粘度的塑料，且制件的形状、精度要求一般。

4）注射压力为140～180MPa，用于加工较高粘度的塑料，且制件壁薄或不均匀、流程长、精度要求较高。对于一些精密塑料制件的注射成型，注射压力可用到230～250MPa。

选择设备时，要考虑塑料成型所需的注射压力是否在注射成型机的理论注射压力范围以内。

3. 注射速度、注射速率与注射时间

注射时，为了使熔料及时充满型腔，除了必须有足够的注射压力外，熔料还必须有一定的流动速度。描述这一参数的量为注射速率、注射时间或注射速度。

注射速度 v 与注射时间的关系为

$$v = \frac{s}{\tau}$$

式中，v 为注射速度（m/s）；s 为注射行程（m）；τ 为注射时间（s）。

也可用注射速率 q，即单位时间内所射出的最大体积表示。

$$q = \frac{V_c}{\tau}$$

式中，q 为注射速率（cm^3/s）；V_c 为公称注射量（cm^3）。

可见，注射速率是指将公称注射量的熔料在注射时间内注射出去，其在单位时间内所能达到的体积流率；注射速度是指螺杆或柱塞的移动速度；而注射时间则是指螺杆（或柱塞）射出一次注射量所需要的时间。

注射速率、注射速度或注射时间的选定很重要，将直接影响到制件的质量和生产率。注射速率过低（即注射时间过长），制件易形成冷接缝，不易充满复杂的模腔。合理地提高注射速率，能缩短生产周期，降低制件的尺寸公差，能在较低的模温下顺利地获得优良的制件，特别是在成型壁薄、长流程制件及低发泡制件时，采用高的注射速率能获得优良的制件，因此目前有提高注射速率的趋势。$1000cm^3$ 以下的中小型螺杆式注射成型机的注射时间通常在3～5s，大型或超大型注射成型机也很少超过10s。但是，注射速率也不可能过高，否则塑料高速流经喷嘴时易产生大量的摩擦热，使物料发生热解和变色，模腔中的空气由于被急剧压缩而产生热量，在排气口上有可能出现制件烧伤现象。一般说来，注射速率应根据工艺要求、塑料的性能、制件的形状及壁厚、浇口设计以及模具的冷却情况来选定。

为了提高注射制件的质量，尤其对形状复杂制件的成型，近年来发展了变速注射，即注射速度是变化的，其变化规律由制件的结构形状和塑料的性能确定。

4. 塑化能力

塑化能力是指单位时间内所能塑化的物料量。显然，注射成型机的塑化装置应该在规定的时间内保证能够提供足够的、塑化均匀的熔料。塑化能力应与注射成型机的整个成型周期配合协调，若塑化能力高而机器的空循环时间太长，则不能发挥塑化装置的能力，反之，则会加长成型周期。目前注射成型机的塑化能力有了较大的提高。

5. 锁模力

如前所述，注射时熔料进入模腔时仍有较大的压力，它促使模具从分型面处涨开。锁模力与平均模腔压力、成型制品投影面积的关系如图5-46所示。为了平衡熔料的压力，夹紧模具，保证制件的精度，注射成型机合模机构必须有足够的锁模力。锁模力同注射量一样，也在一定程度上反映出注射成型机所能塑制制件的大小，是一个重要参数，所以有的国家采用最大锁模力作为注射成型机的规格标称。

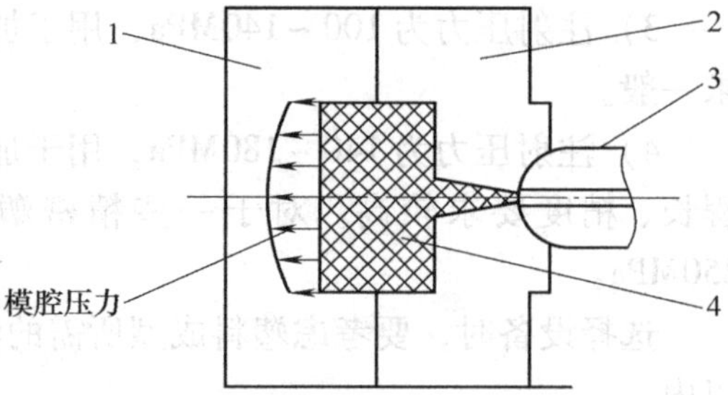

图5-46 模腔压力分布示意图

1—动模 2—定模 3—喷嘴 4—模腔

模腔压力由注射压力传递而来，它在模腔内不是均匀分布的。模腔压力约为注射压力的25%～50%。对于塑料流动性差、形状复杂、精度要求高的制件，需要较高的模腔压力。但是过高的模腔压力将对锁模力和模具强度提出较高的要求，且使制件脱模困难，残余应力增大，故一般不用过高的模腔压力。对于一般熔料粘度的制件，模腔压力为20～30MPa；对于熔料粘度较高、制件精度要求高的情况，模腔压力为30～40MPa。

最大成型面积的确定是从实际需要出发的，对于一般制件，由于塑料性能以及对制件强度或刚度的要求，其最大成型面积A可用如下经验公式计算

$$A = KV^{2/3} \times 10^{-4}$$

式中，A为最大成型面积（m^2）；V为注射量（cm^3）；K为经验系数，约为12～15，注射量大则取大值。

模腔压力和最大成型面积确定后，锁模力则可由下式计算：

$$F = cp_mA$$

式中，F为锁模力（N）；p_m为模腔平均压力（Pa）；A为最大成型面积（m^2）；c为安全系数，一般为1.1～1.2。

6. 合模装置的基本尺寸

合模装置的基本尺寸参数主要包括模板尺寸、拉杆空间、模板最大开距、动模板行程、模具最大厚度和最小厚度等。这些参数规定了所用模具的尺寸范围、定位要求、相对运动程度及其安装条件。

（1）模板尺寸 图5-47为模具与模板及拉杆间距的尺寸关系。模板尺寸为$L \times H$，拉杆间距为$L_0 \times H_0$，这两个尺寸参数表示了模具安装面积的大小，模具模板尺寸必须在模板尺寸及拉杆间距尺寸规定范围之内，模板面积大约为注射成型机最大成型面积的4～10倍。

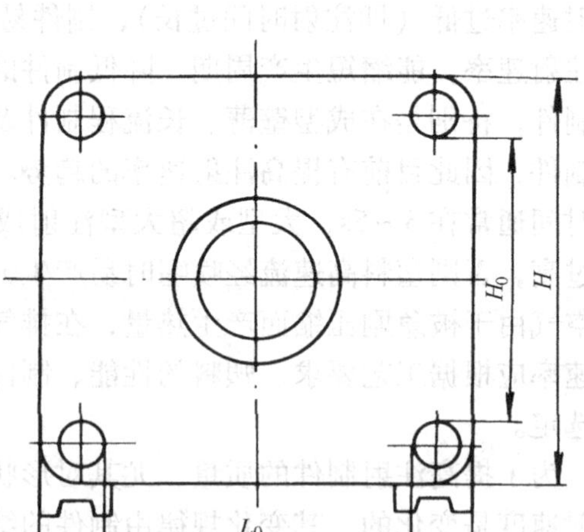

图5-47 模具与模板及拉杆间距的尺寸关系

（2）模板最大开距　模板最大开距是指动模开启时移动模板与固定模板之间的最大距离（包括调模行程在内），如图5-48所示。

$$L_k = s + H_{max}$$

式中，L_k为模板最大开距（mm）；s为移动模板行程（mm）；H_{max}为模具最大厚度（mm）。

为了使成型制件便于取出，一般最大开距L_k为成型制件最大高度的3～4倍。

（3）移动模板行程　移动模板行程是指动模能够移动的最大值。对曲肘式合模机构，其动模板行程是一定的；而液压式合模机构的动模板行程是可变的，它与所安装的模具厚度有关，当所安装的模具厚度为最小值时，动模板行程为最大值，反之为最小值。为便于取出制件，一般动模板行程要大于制件高度的2倍。

（4）模具最大厚度H_{max}和最小厚度H_{min}　模具最大厚度和最小厚度是指移动模板闭合后达到规定锁模力时，移动模板与固定模板间所达到的最大和最小距离，这两值之差就是调模机构的调模行程。这两个基本尺寸对模具安装尺寸的设计十分重要。若模具实际厚度小于注射机的模具最小厚度，则必须设置模厚调整块，使模具厚度尺寸大于H_{min}，否则就不能实现正常合模；若实际模具厚度大于模具最大厚度，则模具也不能正常合模，达不到规定的锁模力。这一点对曲肘式合模机构尤为突出。一般要求模具厚度设定在H_{max}和H_{min}之间。

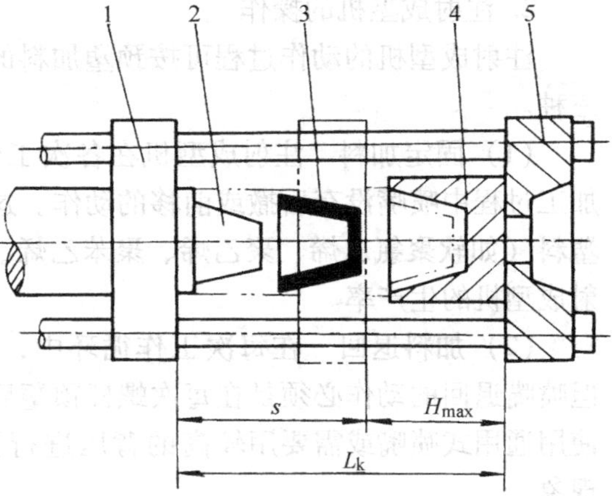

图5-48　模板间的尺寸
1—移动模板　2—动模　3—制件
4—定模　5—固定模板

7. 开合模速度

为使模具平稳闭合以及开模、顶出制件时不会使塑料制件损坏，要求模板慢行，但模板又不能在全行程中都慢速运行，这样会降低生产率。因此，在每一个成型周期中，模板的运行速度是变化的，一般注射成型机动模板运行速度是按慢—快—慢的节奏设计的。

从注射成型机发展过程来看，开合模速度有提高的趋势。过去一般为10～20m/min，而现在大部分注射成型机的快速移模速度为30～35m/min，有的甚至达到70m/min。慢速移模速度一般在0.24～3m/min的范围内。

二、注射成型机的使用

注射成型机的使用包括注射成型机开机前的准备工作和终了时的结束工作，注射成型机的操作，注射成型机工艺条件的调整以及注射成型机的安全措施等。

1. 开机前的准备和终了时的结束工作

注射成型机在开车之前，一般需要做好下列几项工作：

1）检查机器各运动部件（拉杆、导轨、导杆、液压缸等）表面是否清洁，以免有异物磨损运动件表面。

2）检查运动部件的润滑情况。一些注射成型机是采用手动润滑或油脂润滑的，所以开车前应加强润滑，以防开车或运动过程中出现咬死现象。

3）检查各紧固件是否有松动现象，电路、油路、水管的连接是否可靠，各行程开关的螺钉是否松动，各电器元件和仪表是否有明显损坏。

4）检查加热装置是否有松动现象，热电偶与料筒的接触是否良好。

5）检查液压系统的工作油量是否满足要求，若油量不足，应立即将油加到要求的指示位置。

6）打开注射成型机冷却系统，以免开车后疏忽遗忘而导致事故。

每次加工终了时，应首先关闭料斗落料口的插板（人工操作）。在注射座退回后，反复进行预塑和对空注射，使料筒内的剩料尽量排空。其次，采用点动调整操作方式，使模具闭于自由状态，然后切断电源，关闭液压泵电动机、总电源和冷却水管。

2. 注射成型机的操作

注射成型机的动作过程可按预塑加料的先后次序分为固定加料、退回加料、加料退回三种。

（1）固定加料　注射成型机在各次工作循环中，喷嘴始终同模具相接触，也就是在加工过程中喷嘴没有后撤或前移的动作。这种方式比较适用于加工温度范围较宽的一般性塑料（如软聚氯乙烯、聚乙烯、聚苯乙烯、ABS 等），其特点是可缩短循环周期，提高注射成型机的生产率。

（2）加料退回　在每次工作循环中，注射部件的喷嘴都需作一次撤离模具的动作。但喷嘴退回的动作必须是在每次螺杆预塑后进行，故称之为加料退回。这种程序主要用在使用通用式喷嘴或需要用较高的背压进行预塑的场合，因为它可以减少喷嘴的“垂涎”现象。

（3）退回加料　如每次工作循环中螺杆预塑是在喷嘴退回之后进行的，则称为退回加料。因为这种程序安排可使喷嘴同温度较低的冷模具的接触时间最短，所以适于加工温度范围较窄的结晶型塑料。

目前注射成型机常用的操作方式有点动、手动、半自动、全自动四种：点动适合于装拆模具、螺杆和检修调整注射成型机时使用；手动多用在试模和生产开始阶段，或组织自动生产有困难的一些制件上；半自动主要用于组织全自动化生产尚不具备条件的一些制件的加工上，例如必须由人工取出制件或放入嵌件的生产过程，这也是注射成型机经常采用的操作方式；全自动可以减轻工人的劳动强度，是实现一人多机或全车间机台集中管理，进行自动化生产的必备条件。

3. 塑化装置的使用

塑化装置是注射成型机的关键装置之一，是注射成型机的心脏。塑化装置的使用是否正确直接影响到塑化质量和机器的使用寿命。

1）螺杆起动。注射成型机料筒从室温加热到所需的温度大约需要 30min，大型机稍长一些。如果料筒内有剩余冷料，则需再保温一段时间（一般为 15min 左右）才能起动螺杆，以保证残余料充分熔融，避免损伤螺杆和造成传动装置因过载而损坏。

2）螺杆空转。预塑加料初期，在螺杆和料筒尚未加料时，不宜采用高的螺杆转速，一般空转转速在 50r/min 以下。待物料充满螺槽（熔料由喷嘴口挤出时），再将螺杆转速升到需要的数值，以免因空转速度过高或时间过长而损伤螺杆或料筒。

3）塑化部件的装拆。注射成型机塑化部件一般设置整体转动机构。在装拆料筒和螺杆时，首先将料筒（注射座）与原来位置偏转一个角度，使料筒避开模板（图 5-9）。如果料筒内有剩料，应先加热到塑化温度方能拆除喷嘴，然后将螺杆从传动装置上卸下，将其从料筒前端顶出。

4）在拆卸螺杆头时，应注意螺杆头连接螺纹的旋向，一般为左螺纹。在发生咬紧时，不可硬扳，要施加对称力矩以利于转动。在组装时，螺纹连接要涂耐热脂（红丹或二硫化钼）。

5）加热装置的紧固。塑化装置的加热常采用电热圈，虽然注射成型机在出厂或调整时已装紧，但在使用过程中因热膨胀可能会松动，影响加热效果，因此需经常检查。

4. 合模装置的使用

合模装置常处于受力、运动的工作状态。正确调节、合理使用合模机构，对延长注射成型机寿命十分有利。

（1）锁模力的调节　在注射成型过程中，由于所用原料的品种、规格不同，制件的形状、成型面积不同，工艺条件不同，溢料飞边值不同，溢料所需的最低锁模力也不相同。调模时，要按实际需要的最低锁模力，从小到大进行调节，以正常工艺条件下不产生溢料为准。这样不但可节约功率，而且可确保或延长机器的使用寿命。

（2）相对运动部件间的润滑　动模板处于高速运动状态，因此，对导杆、拉杆要经常润滑。对曲肘式合模机构，肘杆之间的铰接处在运动过程中应始终保持良好的润滑，以免咬死或损伤。在装有模具的情况下，在加工停顿或加工结束时，不要使模具长期处于锁紧状态，以免造成肘杆铰接处断油，使模具难以打开。

（3）模板安装面的精度　模板安装面应具有较高的加工精度，模具安装面也应具有相应的加工精度，以免安装后损伤模板和影响安装精度。要经常检测动模板往复直线运动的直线度误差以及动、定模板间的平行度误差。安装螺钉的规格、尺寸必须与模板上螺孔的规格和尺寸相适应，不可用滑牙或尺寸不适合的螺钉，以免拉伤或损坏模板上的安装螺孔。

5. 注射成型机液压、电气装置的使用

注射成型机的液压、电气装置是为注射成型机提供动力和实现注射成型机各种循环程序而设置的，也是注射成型机易出毛病的部位，使用时应十分谨慎。

（1）工作压力的调节　注射成型机工作过程中，各个动作所需液压系统的工作压力是不一样的。在保证正常动作的情况下，不必将压力调得过高，否则，不但消耗功率大，还会产生其他不良后果。如果保压压力调得过高，不但会引起制件飞边和较大的内应力，甚至会造成胀模而使模具打不开。

（2）系统压力的调节　注射成型机液压系统的压力在注射成型机出厂时已调好，在注射成型机使用过程中，没有特殊需要，一般不必更改（如图 5-40 中的阀 2、阀 3、阀 6）。目前国产注射成型机液压系统压力有 65MPa 和 140MPa 等规格。

（3）油液和油温控制　注射成型机液压系统的工作介质对其性能影响很大。常用 N32 或 N46 机油或液压油。在夏季宜采用粘度较高的油液，冬季则宜采用粘度较低的油液。油液必须保持清洁，油量要符合要求。同时要注意油液在工作过程中的温度变化，一般注射成型机的油液工作温度应控制在 50℃ 以下，这可通过调节油冷却器的冷却水量来实现。

(4) 电气元件的使用　电气元件在工作过程中，由于注射成型机振动和工作环境的影响易松动或造成接触不良，所以要经常检查、紧固和修复。

6. 注射成型机的安全措施

注射成型机的安全措施包括人身、机器、模具和电气及液压元件的安全保护四个方面。

(1) 人身安全保护　在注射成型机的操作过程中，例如取出制件、安放嵌件、安装调试或修理模具等，操作人员的手或部分身体要进入到注射成型机工作部位。为了确保安全，设置了安全门。当安全门打开时，移动模板即行开启或停止运动。合模动作必须在安全门关闭之后进行。多人操作时，必须互相配合，防止喷嘴喷料伤人。

(2) 注射成型机安全保护　注射成型机的安全一般由注射成型机本身的安全装置保证。例如合模装置的曲肘运动部分应有防护罩。一般注射成型机还设有紧急停车按钮或安全踏板，以备紧急情况发生时可起迅速停车之用。

(3) 模具的保护　模具一般都较精密，制造模具很费工时，在自动化生产中要充分注意模具的保护。模具在启闭过程中，不仅速度要有变化，并且当模具内有制件或残留物以及嵌件安放位置不正确时，模具不允许闭合。

(4) 电气及液压元件保护　注射成型机的事故中，较多的是由电气或液压元件方面的故障引起的。因此要经常检查、紧固和修复电气及液压元件。

除了以上四个方面外，注射成型机的保护包括：防止液压式合模装置的超行程保护、螺杆的过载保护等。

三、注射成型机的维护

注射成型机只有在维护良好的条件下才能保持正常工作和寿命。对注射成型机的清洁程度、紧固部件的松紧程度、相对运动部件的润滑、温控部件的变化情况、液压和电气元件的运行情况等都要作定期检查。

每天检查的内容包括：①加热圈装置是否工作正常，热电偶是否接触良好；②温度控制仪是否在零位；③各电器开关，特别是安全门和紧急停车开关的情况；④模具安装固定螺钉的情况；⑤冷却水循环供应情况；⑥仪表，如压力表、功率表、转速表等；⑦油箱内的油量、油温；⑧运动部件的润滑情况。

定期检查的内容包括：①工作油液的质量；②螺杆、料筒的磨损情况；③电气元件的工作情况，电源箱内所有电线接头是否漏电，接地是否可靠；④吸油、滤油装置及油冷却器的工作情况；⑤液压泵、电动机、液压马达等的工作情况，清理其外壳上的尘埃，以利散热。

第六节　新型专用注射成型机

随着塑料工业的发展，塑料成型机械也得到较大的发展。为适应不同塑料性能、制品要求和注射成型新工艺的需要，出现了许多新型专用注射成型机，这些专用注射成型机在生产上已有较广泛的使用。以下对部分专用注射成型机作一简介。

一、多模注射成型机

多模注射成型机是一种多工位操作的特殊注射成型机。它的注射装置和合模装置的结构形式与一般注射成型机相似，但合模装置有多个，如图 5-49 所示。多模转盘式为多个合模装置围绕同一回转轴均匀排列，工作时，一副模具与注射装置的喷嘴接触，注射保压后随转盘的转动而离开，在另一工位上冷却定型，同时，另一副模具转入注射工位，然后再转过一个工位进行开模取出制品。其他工位可进行安放嵌件、喷脱模剂、合模等工序。该注射成型机结构的优点是充分发挥了注射装置的塑化能力，提高了生产效率，故特别适合于冷却时间长或辅助时间多的制品的大批量生产。其缺点是合模系统复杂而庞大，锁模力有限。

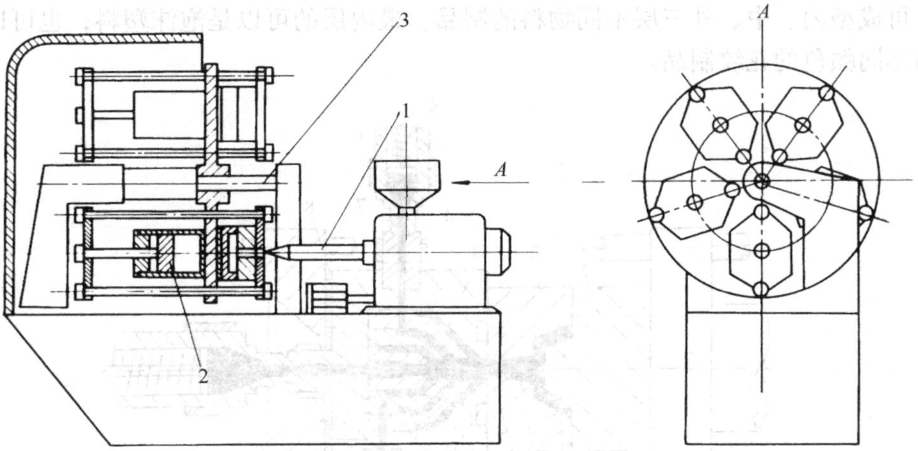

图 5-49　多模注射成型机
1—注射装置　2—合模装置　3—转盘轴

二、多色注射成型机

为了生产多色或不同品种塑料的复合制品，如键码、棋子、日用品等，发展了多色注射成型机。

1. 双色注射成型机

双色注射有“双混色”注射和“双清色”注射两种。双混色注射成型装置是由两个料筒和一个公用喷嘴组成，每个料筒分别预塑不同颜色的塑料，注射时通过液压系统和控制系统调整两个注射成型装置注射时的先后次序和注射塑料的比率，这样可得到不同混色情况、具有自然过渡色彩的双色塑料制品。

双清色注射成型机是由两个具有独立喷嘴的注射成型装置和一个带回转机构的公用合模装置组成，可以生产没有过渡色彩、颜色有明显界限的双清色制品。图 5-50 所示为双清色

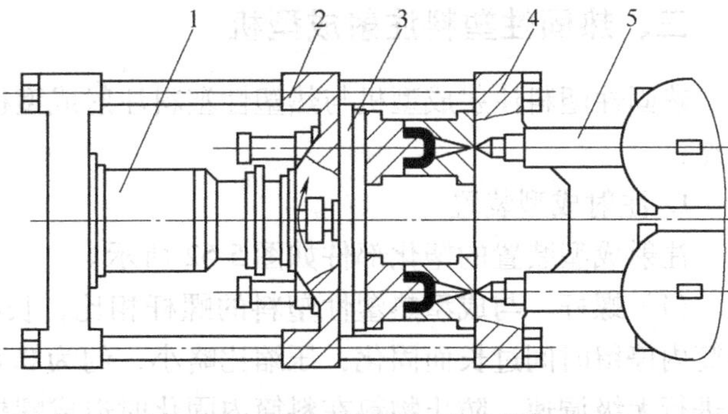

图 5-50　双清色注射成型机
1—合模液压缸　2—移动模板　3—模具回转机构
4—固定模板　5—注射成型装置

注射成型机的结构简图。在该注射成型机上使用的注射成型模为动模型芯部分完全相同而定模型腔部分不同的两副模具。注射成型时，动模安装于具有回转机构的注射成型机动模板上，定模安装于注射成型机定模板上，合模注射，冷却后开模，处于第二种颜色塑料注射位置的动模部分进行顶出制品；接着回转机构带着动模和第一种颜色的制品一同回转180°，实现两副模具动模部分换位，合模后，两个注射装置同时进行注射，经冷却开模，双清色制品顶出，接着模具再换位，进行第二个工作循环。如此循环往复，便可获得两种颜色分界清晰的双色制品。

2. 三色注射成型机

图5-51为一种带有三个注射头的单模位注射成型机，在三个料筒中可盛三种不同的物料，可成型内、中、外三层不同物料的制品。最内层的可以是泡沫塑料，也可以成型同种物料不同颜色的花纹制品。

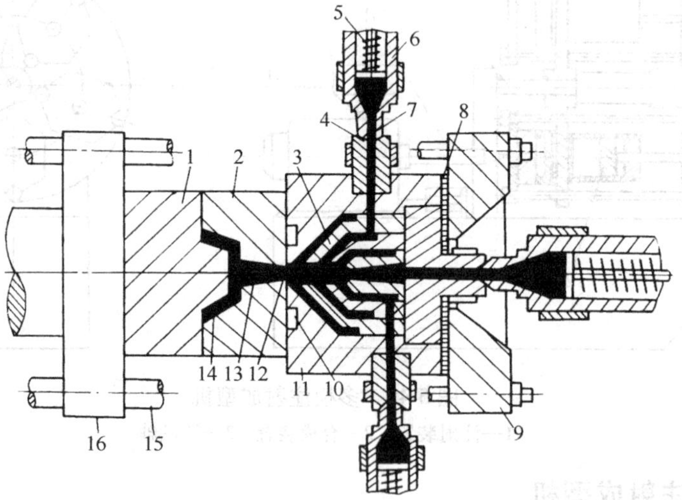

图5-51 三个注射头的单模位注射成型机

1—动模 2—定模 3—分配模 4—浇口套 5—塑化螺杆 6—塑化料筒 7—注射喷嘴 8—隔板 9—固定模板 10—冷却槽 11—主浇套 12—浇口 13—主浇道 14—制件 15—拉杆 16—移动模板

三、热固性塑料注射成型机

热固性塑料注射成型机与热塑性塑料注射成型机的结构大致相同，主要不同点有以下几点：

1. 注射成型装置

注射成型装置的塑化部件如图5-52所示。

（1）螺杆 与成型热塑性塑料的螺杆相比，长径比略小，约为14～18，避免物料在料筒内停留时间过长而固化；压缩比略小，约为0.8～1.2；螺杆传动通常采用液压马达，可进行无级调速，防止物料在料筒内固化时造成螺杆扭断；螺杆前端不设止逆环，螺杆头为锥形与料筒和喷嘴内轮廓配合，防止熔料回流；喷嘴形式为直通式，孔径为2～3mm；在保压阶段，由于模具温度较高，喷嘴必须离开模具，以免物料固化堵塞。

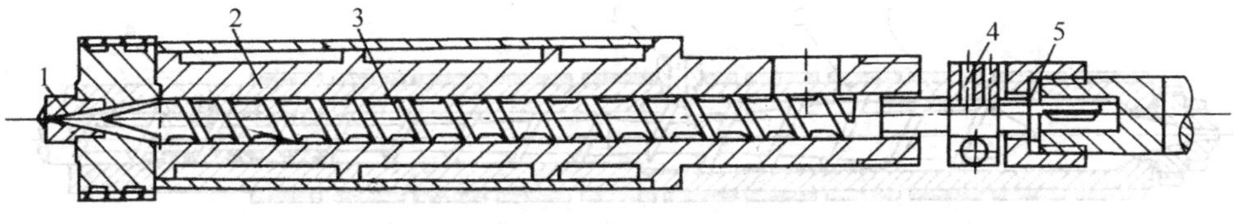

图 5-52　热固性塑化部件

1—喷嘴　2—夹套式料筒　3—螺杆　4—旋转接头　5—连接套

（2）料筒的加热与冷却　熔料通过喷嘴时的温度为 110～140℃左右，温度必须控制适当，使熔料呈现出最好的流动特性，接近于固化的临界塑性状态，一般采用恒温控制的水加热系统，以满足成型工艺要求，保持料温恒定。由于对热固性塑料成型温度的要求非常严格，且在发生紧急情况时，需急速冷却料筒，故在料筒上还要设置冷却水套。

2. 合模装置

热固性塑料注射成型机的合模装置一般采用充液式或稳压式，可进行排气动作。

3. 模具

模具设有加热装置，用电阻加热器加热，模具上开设排气槽。根据原料和制件不同，实际模具温度在 140～160℃之间。

四、排气式注射成型机

在注射成型充填塑料时，塑料中因有较多的 $CaCO_3$ 和木粉等带入大量气体，成型时需将料筒内的气体排出；或是注射成型对水分及挥发物含量要求较高的塑料，如聚碳酸酯、聚酰胺、聚甲基丙烯酸甲酯、醋酸纤维素、ABS、AS 等，加工前需进行干燥处理，以减少水分对成型的影响。使用排气式注射成型机，塑料塑化时，料筒内的气体可以自动排出，对注射成型极为有利，故排气式注射成型机获得较普遍的应用。

排气式注射成型机与普通注射成型机的区别主要在塑化部件上，其他部分均和普通注射成型机相同。排气式塑化部件一般采用双阶四段螺杆（图 5-53），即由加料段、第一均化段、排气段和第二均化段组成。熔料由第一均化段进入排气段时，因螺槽深度突然增大，其压力迅速下降，促使熔料内所含气体溢出，已去除水分的熔料进入第二均化段聚集，建立起熔料所需的压力。

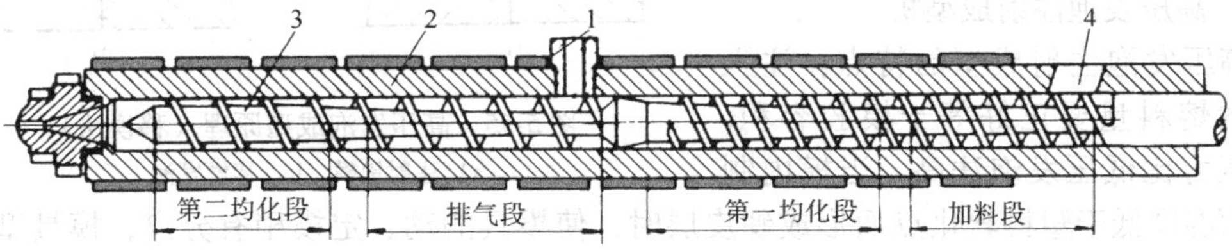

图 5-53　四段螺杆排气结构

1—排气口　2—料筒　3—螺杆　4—加料口

排气式注射成型机的注射装置应能保证生产时排气口不冒料和产量稳定两个基本条件，结构除采用如图 5-53 所示的四段螺杆外，还有采用异径螺杆的排气结构，如图 5-54 所示。

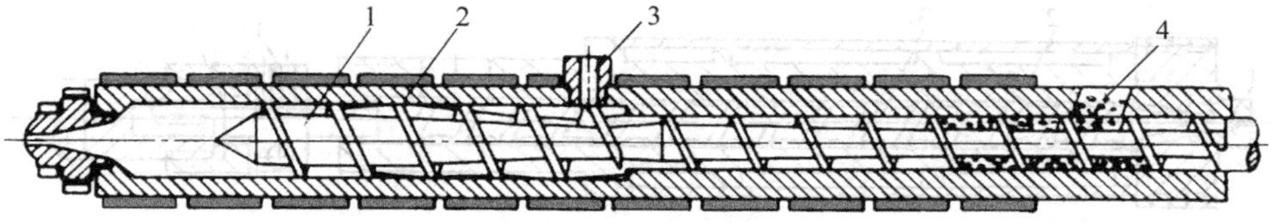

图 5-54　异径螺杆排气结构

1—异径螺杆　2—异径料筒　3—排气口　4—加料口

五、发泡注射成型机

发泡注射成型按发泡原理分为物理发泡法和化学发泡法；按注射模腔压力的大小分为低压法、中压法、高压法和夹芯结构发泡法。以下对普遍使用的化学发泡低压、高压成型法所用注射成型机作一简介。

1. 低压发泡注射成型机

低压法发泡是按 80% 左右制品体积的熔料注入模腔，由其自身的发泡压力使熔料发泡并填满模腔，其模腔压力仅约为普通注射成型模腔压力的 1/10 ~ 1/15，故所需的合模力较低，对注射成型机和模具的使用要求也降低了。

低发泡注射成型机主要用于成型壁厚大于 4mm 的低发泡（密度为 0. 3 ~ 0. 8g/cm^3）制品。因制品的导热性差，所需的冷却时间较长。为提高机器的生产效率，发泡注射成型机广泛采用多工位合模装置。而注射装置对塑化能力要求较低，可采用螺杆预塑式或螺杆—柱塞式，但从计量精度（误差一般不超过 1%）、塑化均匀度、机器功率等方面考虑，后者使用较多。为获得高发泡率和发泡均匀的制品，机器必须具有高的注射速率（注射时间大约 0. 4 ~ 1s）和精确的注射量，所以注射装置普遍使用有蓄能器的高速注射装置或低压大流量液压泵直接对注射液压缸供油的装置。喷嘴宜用自锁式结构，以防含有发泡剂的熔料流涎。为控制熔料在料筒内的发泡速度并保证计量准确，需采用背压调整装置及带止逆环的螺杆头。

因低压法发泡注射所需锁模力较小，与普通注射成型机相比，在锁模力相同的情况下，具有较大的注射量和较大的模板尺寸及模板间距。

2. 高压发泡注射成型机

高压发泡注射成型的特点：注入模腔的熔料量要正好等于模腔容积，模腔压力比低压发泡法高，当模内制件表面温度低于塑料软化点而形成硬皮层时，使模具的动、定模稍有分离，模具型腔扩大，于是模内塑料熔体开始发泡膨胀，如图 5-55 所示，用此法获得的制件表面精细，发泡率高而且发泡孔隙均匀。

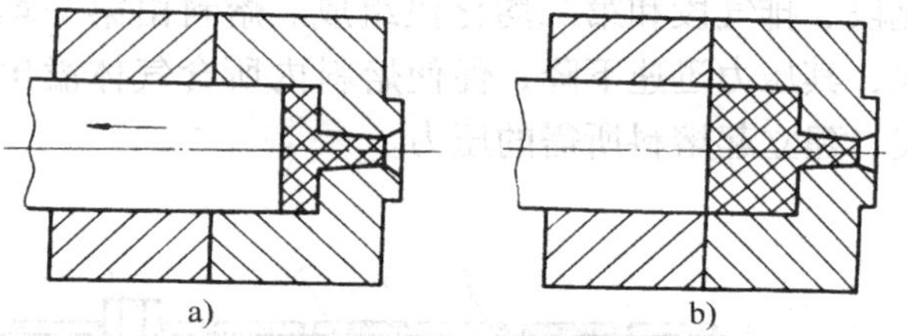

图 5-55　高压发泡成型原理（移模法）

a）注射锁模　b）移模发泡

高压发泡注射成型机的合模装置必须有二次锁模保压功能。操作时，直接以动模板的后移量来控制制件的发泡倍数。

六、精密塑料注射成型机

随着塑料制品使用范围的扩大和使用要求的提高，对尺寸精度、外观质量要求较高的制品，为满足降低成本的需要，发展了精密塑料注射成型机。精密注射成型机主要结构与普通注射成型机相似，但精密注射成型工艺要求注射压力高（约180～250MPa，最高达415MPa），注射速度快（达0.3～0.5m/s），温度控制严格等，为此要求精密注射成型机应具备大注射功率、控制精度高、液压系统反应速度快、合模装置刚度大等特点。以下加以简要介绍。

1. 注射成型装置

注射成型装置具有相当高的注射压力和注射速度。使用高压高速注射成型，塑料的收缩极小，有利于控制制品精度，保证熔料快速充模，增加熔料流程，但制品易产生内应力。为在结构上确保上述要求，加大了螺杆的长径比，提高了螺杆转速、背压的控制；采用带混炼效果的螺杆，提高塑化效率和塑化质量；螺杆头部设有止逆结构，防止高压下熔料的回泄，实现精确计量。

2. 合模装置

精密注射成型机一般采用全液压合模装置，动、定模板及拉杆结构需耐高压、耐冲击，并且具有较高精度和刚性。设计合模装置时应使模板具有若干自由度，在施加合模力的状态下，其平行度可随模具的情况而变化。动、定模板的平行度在0.05～0.08mm之间，合模装置还安装了低压试合模保护装置，保护高精度模具。

3. 液压系统

为提高必要的重复精度和增大从高速到低速的调整幅度，精密注射成型机通常采用复式泵和大容量蓄能器作动力源。注射和合模油路分别控制，有利于减少油路之间的相互干扰，提高液压系统刚性，保证油流动的速度和压力稳定。液压元件普遍使用带有比例压力阀、比例流量阀、伺服变量泵的比例系统，可以节省能源和提高控制精度与灵敏度。另外，为了使工作油温变化适应粘度变化，工作油设有专门的油温控制器，避免因油温的变化引起液压系统的压力与流量的变化，影响工作的稳定性。

4. 控制系统

采用计算机系统或微处理器的闭环控制系统，保证工艺参数稳定的再现性，实现对工艺参数多级反馈控制与调节。对料筒、喷嘴的温度采用PID控制，使温控精度保持在±0.5℃。

由于塑料新材料、新工艺的不断发展，塑料注射成型机也将不断更新和发展。除以上介绍的几种新型专用注射成型机外，还有注射吹塑成型机、注射压缩成型机、伸缩型动态注射成型机、全电动式注射成型机（注射、计量、开合模、顶出等动作全部由交流伺服电动机驱动）等，在此不一一介绍。

思　考　题

5-1　注射成型机由哪几部分组成？各部分的功用如何？

5-2　试述注射成型循环过程。

5-3　分析比较卧式注射成型机与立式注射成型机的优缺点。

5-4 注射成型机的基本参数有哪些？与注射模具有何关系？
5-5 怎样表示注射成型机的型号？常见的注射成型机型号表示方法有几种？
5-6 简述柱塞式和螺杆式注射成型装置的结构组成和工作原理，并比较二者的优缺点。
5-7 柱塞式注射成型装置中分流梭的作用是什么？
5-8 注射螺杆有哪些基本形式？螺杆各参数对注射成型有何影响？
5-9 注射螺杆与挤出螺杆有何区别，为什么？
5-10 螺杆头有哪些形式？如何选用？
5-11 喷嘴有哪些类型和特点，如何选用？
5-12 什么情况下注射成型选用固定加料、加料退回和退回加料的方式？
5-13 试述液压—曲肘式合模装置的工作原理和特点。
5-14 液压式合模装置为何多采用组合液压缸结构？各种液压合模装置的适用范围有何不同？
5-15 二板式合模与三板式合模分别有何特点？导致这些区别的原因是什么？
5-16 注射成型机的液压系统通常由哪几部分组成？如何调整系统压力和注射压力？
5-17 注射成型机设计时采用了哪些安全保护措施？
5-18 专用注射成型机与普通注射成型机的主要区别有哪些？为什么？

第六章 压 铸 机

第一节 压铸机的工作原理与分类

一、压铸成形特点

压力铸造简称压铸，它是将熔融合金在高压、高速条件下充型并在高压下冷却凝固成形的一种精密铸造方法，是一种发展较快的少、无切削加工制造金属制品的成形工艺。高压和高速是压铸区别于其他铸造方法的重要特征。

压铸有以下主要特点：

1）压铸件尺寸精度和表面质量高。尺寸精度一般可达 IT11 ~ IT13，最高可达 IT9；表面粗糙度 Ra 可达 3.2 ~ 0.4μm。制品可不经机械加工或少量表面机械加工就可直接使用，并且可以压铸成形薄壁（最小壁厚约 0.3mm）、形状复杂、轮廓清晰的铸件。

2）压铸件组织致密，硬度和强度较高。因熔融合金在压力下结晶，冷却速度快，故表层金属组织致密，强度高，表面耐磨性好。

3）可采用镶铸法简化装配和制造工艺。压铸时将不同的零件或嵌件先放入压铸模内，一次压铸将其连接在一起，可代替部分装配工作量，又可改善制品局部的性能。

4）生产率高，易实现机械化和自动化。

5）压铸件易出现气孔和缩松，除充氧压铸件外一般不宜进行热处理。因压铸速度极快，模腔内的气体难以完全排除，金属液凝固后残留在铸件内部，形成细小的气孔；而厚壁处难以补缩易形成缩松。

6）压铸模具结构复杂、对材料及加工的要求高，模具制造费用高，适于大批量生产的制品。

二、压铸机的分类、型号

1. 压铸机的分类

压铸机的分类主要按熔炼炉的设置、压射装置和锁模装置的布局等情况进行分类。具体类型有：

（1）热压室压铸机　指金属熔炼和保温与压射装置连为一体的压铸机。

（2）卧式冷压室压铸机　指金属熔炼部分与压射装置分开单独设置，压射冲头水平方向运动，锁模装置呈水平分布的压铸机。

（3）立式冷压室压铸机　指金属熔炼部分与压射装置分开单独设置，压射冲头垂直方向运动，锁模装置呈水平分布的压铸机。

（4）全立式冷压室压铸机　指金属熔炼部分与压射装置分开单独设置，压射冲头垂直方向运动，锁模装置呈垂直分布的压铸机。其中按压射冲头运动方向的不同，还可分为上压式和下压式两种。上压式为压射冲头由下往上压射的压铸机；下压式为压射冲头自上而下压射的压铸机。

不同类型的压铸机对模具的结构形式和安装、使用要求均有不同，生产上应注意合理选用。

2. 压铸机型号表示

目前，国产压铸机已经标准化，其型号主要反映压铸机类型和锁模力大小等基本参数。压铸机型号表示方法为“J×××”。其中“J”表示“金属型铸造设备”，J后第一位阿拉伯数字表示压铸机所属“列”，压铸机有两大列，分别用“1”和“2”表示，“1”表示“冷压室”，“2”表示“热压室”；J后第二位阿拉伯数字表示压铸机所属“组”，共分9组，“1”表示“卧式”，“5”表示“立式”；第二位以后的数字表示锁模力的1/100kN；在型号后加有A、B、C、D…字母时，表示第几次改型设计。例如：

J　1　1　13　B

- B：结构性能改进设计代号(属第二次改型设计)
- 13：锁模力为1300kN
- 1：组别:属卧式压铸机
- 1：列别:属冷压室压铸机
- J：金属型铸造设备:“压铸机”代号

三、压铸机的工作原理

1. 热压室压铸机

热压室压铸机的压射部分与金属熔化部分连为一体，并浸在金属液中，如图6-1所示。装有金属液的坩埚6内放置一个压室5，压室与模具之间用鹅颈管相通。金属液从压室侧壁的通道a进入压室内腔和鹅颈通道c，鹅颈嘴b的高度应比坩埚内金属液最高液面略高，使金属液不会自行流入模具模腔。压射前，压射冲头4处于通道a的上方；压射时，压射冲头向下运动，当压射冲头封住通道a时，压室、鹅颈通道及模腔构成密闭的系统。压射冲头以一定的推力和速度将金属液压入模腔，充满型腔并保压适当时间后，压射冲头提升复位。鹅颈通道内未凝固的金属液流回压室，坩埚内的金属液又向压室补充，直至鹅颈通道内的金属液面与坩埚内液面呈水平，待下一循环压射。压铸机锁模部分的结构与工作过程同塑料注射成型机相似，不再多述。

2. 立式冷压室压铸机

图6-2所示为立式冷压室压铸机工作原理图，锁模部分呈水平设置，负责模具的开、合模及压铸件的顶出工作；压射部分呈垂直设置，压射冲头3与反料冲头5可上下垂直运动。压室4与金属熔炉分开设置，不像热压室压铸机那样连成一体。

压铸时，模具闭合，从熔炉或金属液保温炉中舀取一定量金属液倒入压室内，此时反料冲头应上升堵住浇道b，以防金属液自行流入模具模腔（图6-2a所示状态）。当压射冲

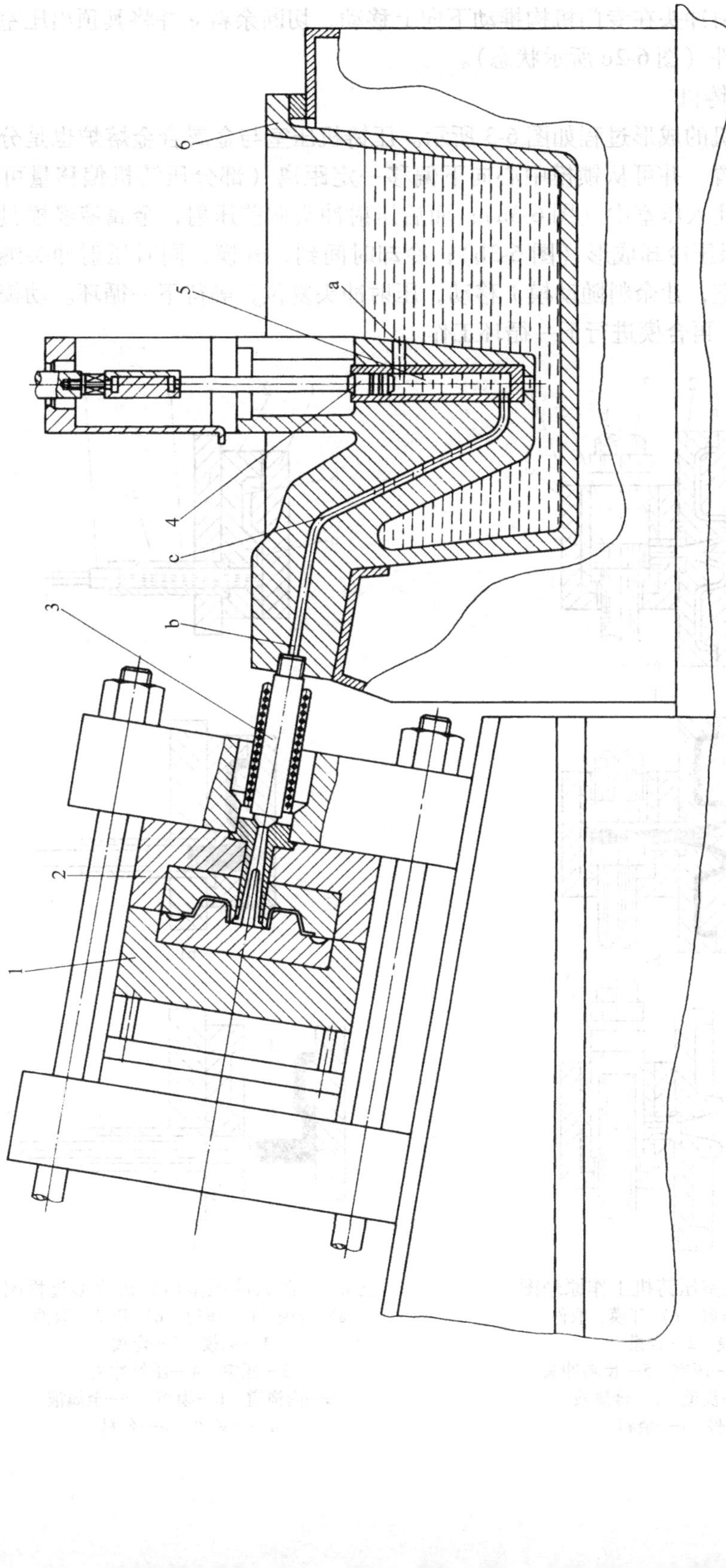

图 6-1 热压室压铸机工作原理图

1—动模 2—定模 3—喷嘴 4—压射冲头 5—压室 6—坩埚

a—压室通道 b—鹅颈嘴 c—鹅颈通道

头下降接触金属液时，反料冲头随压射冲头向下移动，使压室与模具浇道相通，金属液在压射冲头高压作用下，迅速充满模腔 a 成形（图 6-2b 所示状态）。压铸件冷却成形后，压射冲头上升复位，反料冲头在专门机构推动下向上移动，切断余料 e 并将其顶出压室，接着进行开模顶出压铸件（图 6-2c 所示状态）。

3. 卧式冷压室压铸机

卧式冷压室压铸机的成形过程如图 6-3 所示。压铸机压室与金属合金熔炉也是分开设置的，压室呈水平布置，并可从锁模中心向下偏移一定距离（部分压铸机偏移量可调）。压铸时，将金属液 c 注入压室中（图 6-3a）；而后压射冲头向前压射，金属液经模具内浇道 a 压射入模腔 b，保压冷却成形（图 6-3b）；冷却时间到，开模，同时压射冲头继续前推，将余料 e 推出压室，让余料随动模 1 移动，压射冲头复位，等待下一循环。动模开模结束，顶出压铸件 d，再合模进行下一循环工作。

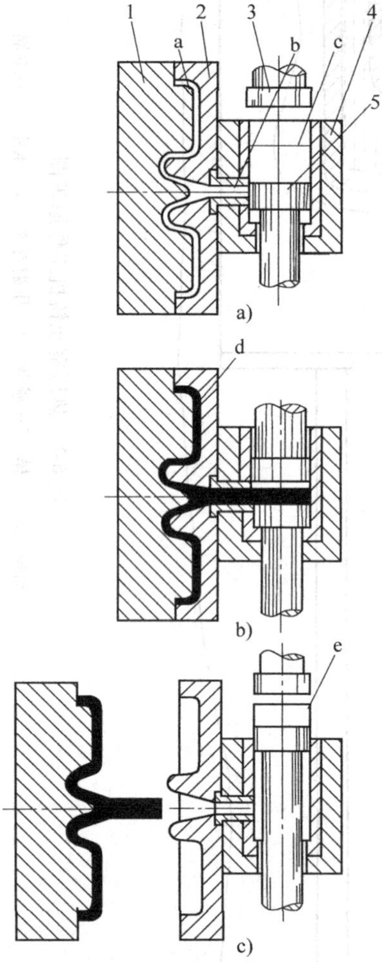

图 6-2　立式冷压室压铸机工作原理图
a）合模　b）压射　c）开模、取件
1—动模　2—定模
3—压射冲头　4—压室　5—反料冲头
a—模腔　b—浇道　c—金属液
d—压铸件　e—余料

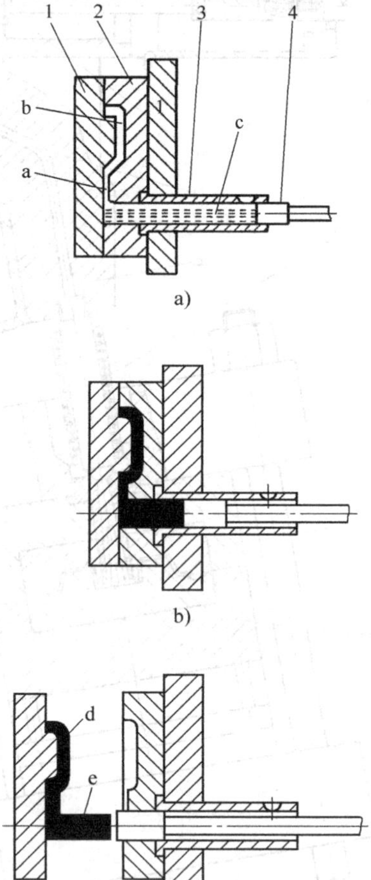

图 6-3　卧式冷压室压铸机成形过程图
a）合模　b）压射　c）开模、取件
1—动模　2—定模
3—压室　4—压射冲头
a—内浇道　b—模腔　c—金属液
d—压铸件　e—余料

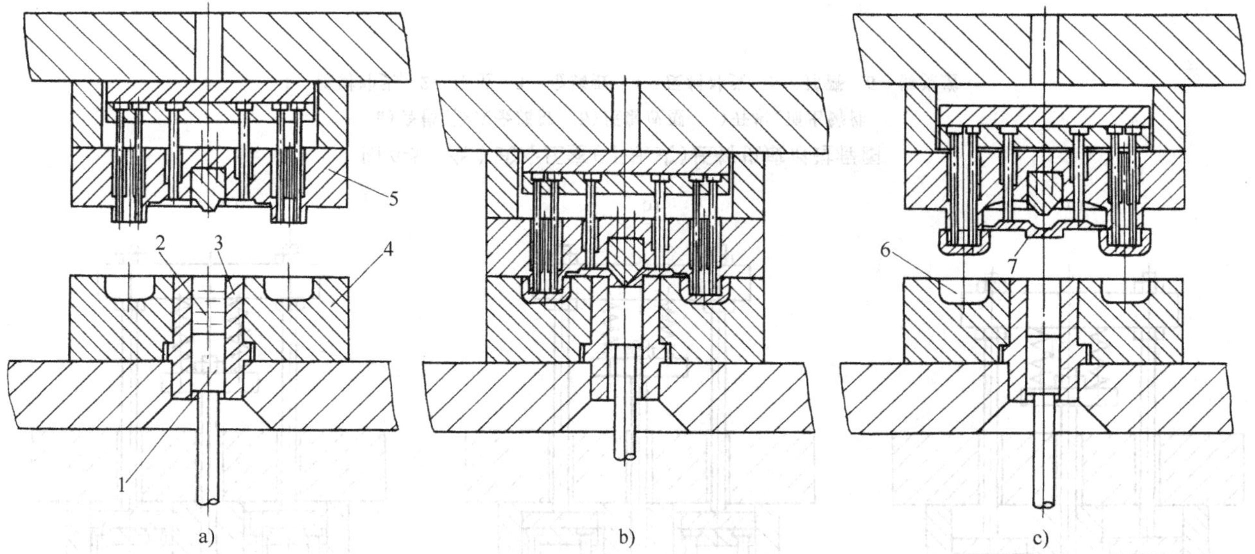

图6-4 全立式冷压室(上压式)压铸机成形过程图

a)浇注金属液 b)合模、压射 c)开模、顶出铸件

1—压射冲头 2—金属液 3—压室 4—定模 5—动模 6—模腔 7—余料

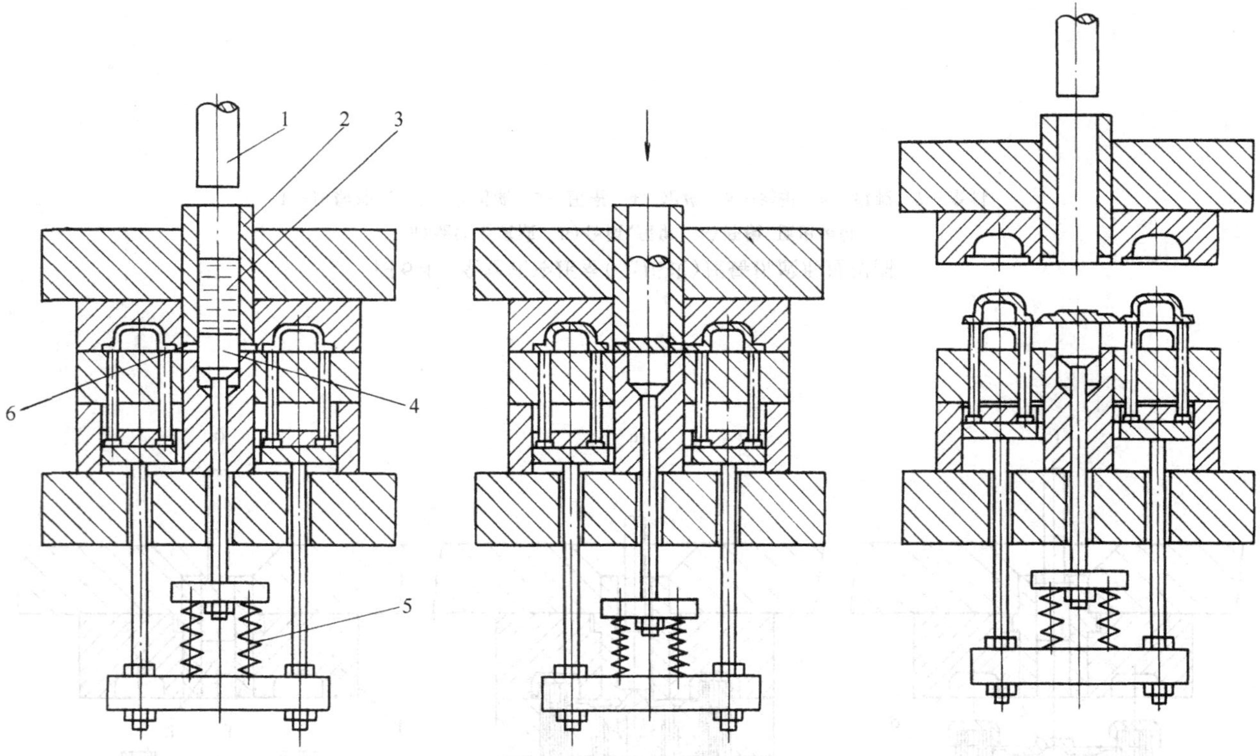

图 6-5　全立式冷压室(下压式)压铸机成形过程图

a)合模、浇入金属液　b)压射成型　c)开模、顶出铸件

1—压射冲头　2—压室　3—金属液　4—反料冲头　5—弹簧　6—横浇道

4. 全立式冷压室压铸机

（1）压射冲头上压式压铸机　图6-4所示为压射冲头上压式压铸机成形过程图。其压铸过程：金属液2倒入压室3后，模具闭合，压射冲头1上压，使金属液经过浇注系统进入模腔6，冷却成形后开模，压射冲头继续上升，推动余料7随铸件移动，通过模具顶出机构即可顶出压铸件及浇注系统，同时压射冲头复位。

（2）压射冲头下压式压铸机　压射冲头下压式压铸机的成形过程如图6-5所示。模具闭合后，将金属液3浇入压室2内，此时反料冲头在弹簧5的作用下处于上位封住横浇道6，当压射冲头1下压时，迫使反料冲头后退，金属液经浇道进入模腔，冷却定形后开模，压射冲头复位，顶出机构顶出铸件及浇注系统凝料。推出机构复位后，反料冲头在弹簧作用下复位。

第二节　压铸机的本体结构

一、压铸机的结构形式及特点

压铸机的基本结构由以下几个部分组成：合模机构、压射机构、机座、动力部分、液压与电气控制系统及其他辅助装置。此外，还需配备合金熔炉和保温炉。以下分别讨论不同类型压铸机的结构形式与特点。

1. 热压室压铸机

该类压铸机的金属熔炼、保温部分与压射装置构成机床的铸料系统，压射装置直接浸没于金属液中，结构紧凑。锁模装置类似于塑料注射成型机。图6-6为PLC控制的热压室压铸机的外形图。该系列压铸机具有低压合模保护装置，带有自动喷雾装置、数字式温度控制及可编程序控制系统，并可选配自动取件机械手和抽芯装置等附加装置。

热压室压铸机多为中小型机，它容易实现生产过程自动化，且生产率高，金属消耗量少。但压室长时间浸没在高温的金属液中易被侵蚀，这不但影响压射构件的使用寿命，而且将增加合金中的杂质成分，导致压铸合金成分不纯。此外，这种压铸机的压射比压较小。目前多用于铅、锡、锌等低熔点合金铸件的生产。

2. 卧式冷压室压铸机

该类压铸机不带金属熔炼和保温装置，压射装置和锁模装置呈水平分布，压射装置由压室和压射冲头组成，并根据模具浇注系统需要可向下偏移一定距离，机床上常配有自动加料装置。锁模装置与卧式塑料注射成型机相似。图6-7为J1116型卧式冷压室压铸机外形图。该机采用PLC程序控制系统，配有分罐式压射增压装置，具有很高的压射速度（5m/s以上）和极短的建压时间（0.03s以下），能更好地适应不同压铸工艺的要求。

卧式冷压室压铸机压室的工作条件比热压室好，同时可以采用大吨位的卧式压射缸，适合中大型压铸机。目前这类压铸机最大锁模力已超过36000kN，压铸铝合金件最大已达60kg。该类压铸机可用于铝合金、镁合金、铜合金及黑色金属的压铸成形。

3. 立式冷压室压铸机

该类压铸机也不带金属熔炼装置，压射装置呈垂直分布，由压室、压射冲头与反料冲头组成，进料口在机床模板中心处。而锁模装置呈水平分布，其结构与卧式冷压室压铸机

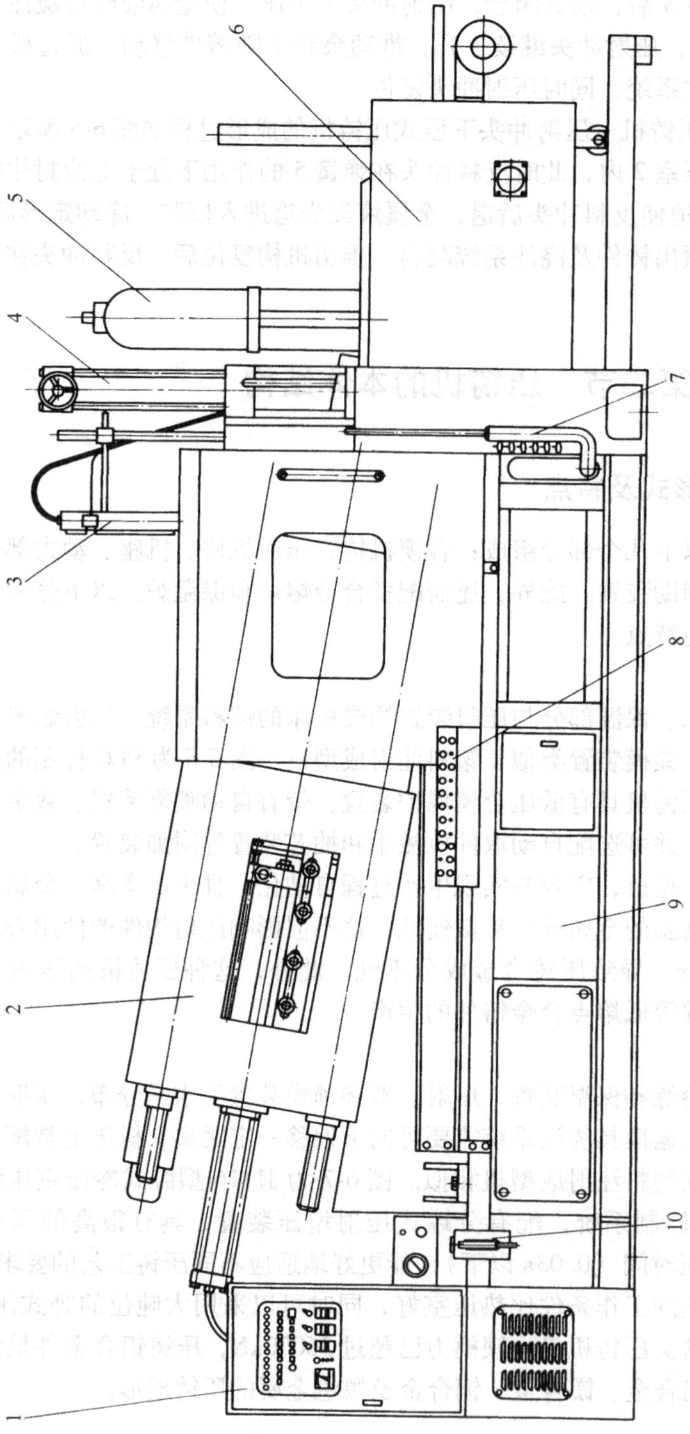

图 6-6 PLC 控制热压室压铸机

1—电气控制柜 2—合模部分 3—取件机械手 4—压射装置 5—增压蓄能器
6—合金熔炉 7—集中冷却装置 8—操作面板 9—床身 10—手动润滑泵

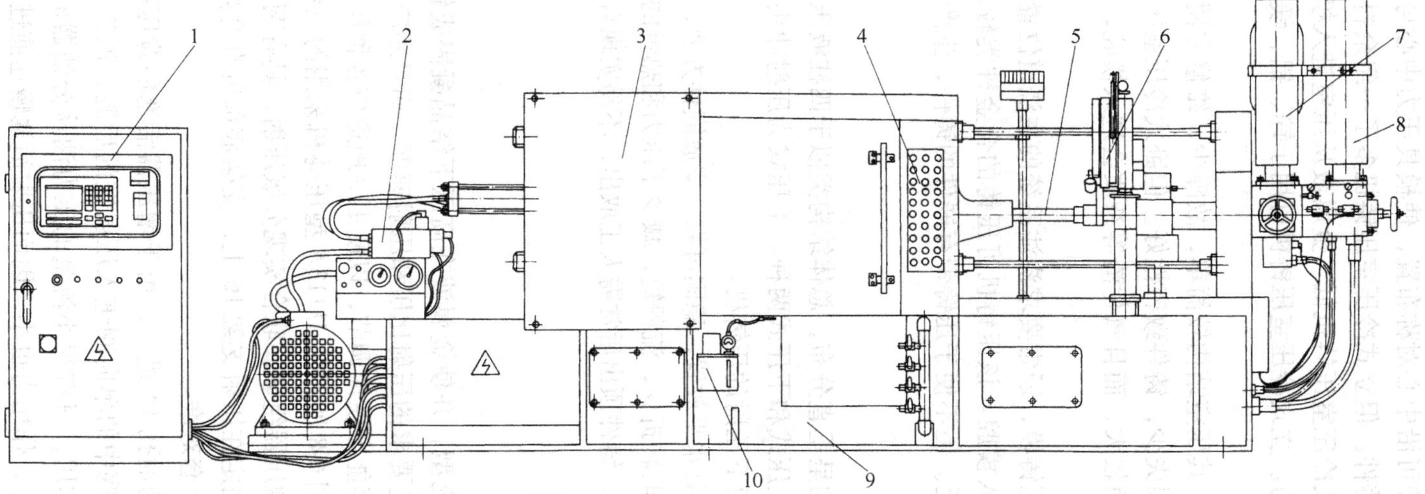

图 6-7 J1116 型卧式冷压室压铸机

1—电气控制柜 2—液压系统 3—锁模装置 4—操作面板 5—压射装置
6—取料机械手 7—快速压射蓄能器 8—增压蓄能器 9—床身 10—自动润滑系统

相同。

立式冷压室压铸机占地面积较卧式压铸机小，金属液杂质上浮压射时不易进入模腔，有利于提高铸件质量。而且模具模腔可沿中心对称布置，使模具压力中心与压铸机锁模中心重合，便于压铸具有中心浇口的铸件。但立式冷压室压铸机多了一组余料切除装置，使机器复杂化，生产率较热压室和卧式冷压室压铸机低。金属液从压室进入模腔需经90°转折，压力损失大，故要较大的压射力。立式冷压室压铸机可用于锌、铝、镁和铜合金压铸件的生产。

卧式与立式冷压室压铸机相比，其压室结构较简单，故障少，维修方便，易于实现自动化；金属液流程短，压力和热量损失少，铸件致密性好。但卧式冷压室压铸机压室内的金属液会与空气接触，产生氧化表面较大，而且氧化渣等杂质会进入模腔，影响压铸件质量。

在卧式冷压室压铸机上使用的压铸模，通常要求浇注系统的主浇道位置向下偏置，以防压射冲头在加压前金属液自行流入模腔。该压铸机可压铸的合金种类较多，适应性较强，特别是压铸铝合金方面应用广泛。但不便于压铸带有嵌件的铸件，生产中心浇口压铸件的压铸模结构复杂。

4. 全立式冷压室压铸机

该类机床压射装置和锁模装置均呈垂直分布，总体结构类似于四柱液压机，其中按压射冲头运动方向的不同，还可分为上压式和下压式两种。上压式为压射冲头由下往上压射的压铸机；下压式为压射冲头自上而下压射的压铸机。

全立式冷压室压铸机的特点：模具水平放置，稳固可靠，安放嵌件方便，广泛用于压铸电动机转子类零件；金属液进入模腔时转折少，流程短，减少了压力和热量的损失；设备占地面积小，但设备高度大，不够稳定，铸件顶出后常需人工取出，不易实现自动化生产。

二、压铸机的主要机构示例

1. 压射装置

压射装置是实现液态金属高速充型，并使金属液在高压下结晶凝固成铸件的重要机构。压射装置不仅要能达到压铸工艺要求的压射比压和压射速度，而且还应使压射过程的压射速度、压射力、压力建立时间等能方便地调节，以便更好地适应各种压铸工艺要求。

（1）增压缸有背压压射装置　图6-8所示为J1113A型压铸机采用的三级压射增压机构。它由带缓冲器的普通液压缸和增压器组成，联合实现分级压射，具有两种速度和一次增压压射机构。压室1和压射缸6固定在压射支架16上，支架底部装有升降器17，以便调节压射机构位置，使之与模具浇口套对准。

第一级压射：压力油经增压器的油孔14进入，由于增压器活塞的背压腔11有背压，增压活塞12不能前移，压力油经活塞中的单向阀进入压射缸的后腔，汇集在缓冲杆周围的分油器8中，由于节流阀杆9的作用，只有很小流量的压力油从分油器的中心孔进入，作用在压射活塞的缓冲杆端部截面上，作用力也小，因而压射活塞慢速前进，进行慢速压射，压射冲头2缓缓地封闭压室1的注液口，以免金属液溢出，同时以利于压室中空气的排出和减少气体卷入。

第二级压射：当压射冲头越过注液口（即缓冲杆脱开分油器8时），大流量压力油进

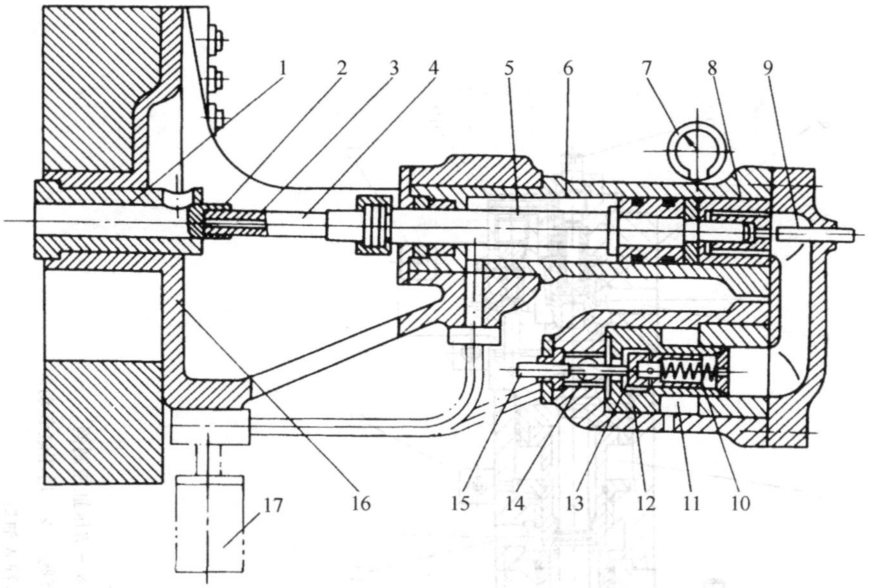

图 6-8 压射增压机构

1—压室 2—压射冲头 3—冷却水通道 4—压射杆 5—活塞杆 6—压射缸 7—压力表 8—分油器 9—节流阀杆 10—弹簧 11—背压腔 12—增压活塞 13—单向阀阀芯 14—油孔 15—调节螺杆 16—压射支架 17—升降器

入压射缸，推动压射活塞快速前进，实现快速压射充模。

第三级压射：金属液充满模腔，压射活塞停止前进的瞬间，增压活塞及单向阀阀芯 13 前后压力不平衡，增压活塞因压差作用而前移，单向阀阀芯在弹簧 10 的作用下自行关闭，实现压射增压。

压射结束后，只要压射缸前腔进入压力油，同时增压器的油孔 14 回油即实现压射冲头回程。回程后期由于缓冲杆重新插入分油器中，回程速度降低起缓冲作用。这种压射机构的压射速度和压射力均可按工艺要求进行调节。

压射力的调节：从上述分析可以看出，当压射活塞面积一定时，压射力决定于增压压力，而增压压力的大小又决定于背压腔压力的大小。背压力越大增压力越小，反之亦然。背压力可通过接通背压腔油路上的单向顺序阀与单向节流阀配合调整。J1113A 型压铸机的压射增压压力最高可达 20MPa，相应的最大压射力达 140kN（无级调节范围是 70 ~ 140kN）。

压射速度的调节：第一级低速压射速度，可通过节流阀杆 9 调节；第二级高速压射速度，由油口 14 的调节螺杆 15 调整。

（2）增压缸无背压压射装置 图 6-9 所示为 J1116 型 PLC 控制压铸机的压射装置，它采用分罐式压射增压结构，是近年来发展和改进的一种压射增压新结构。它用两个蓄能器分别对压射缸和增压缸进行快速增压，完全取消了增压活塞的背压，增压压力通过调整蓄能器压力来改变，压射速度、压射力和压力建立时间都能分别单独调节，互不影响。

其工作过程如下：合模结束信号发讯后压射开始，压力油由油口 13 进入压射缸 4 进行慢速压射，当随动杆 3 离开行程感应开关 5 时，切换为快速压射，此时快速压射蓄能器的压力油通过油口 13 进入压射缸进行快速压射，快速压射工作油同时进入增压缸起动

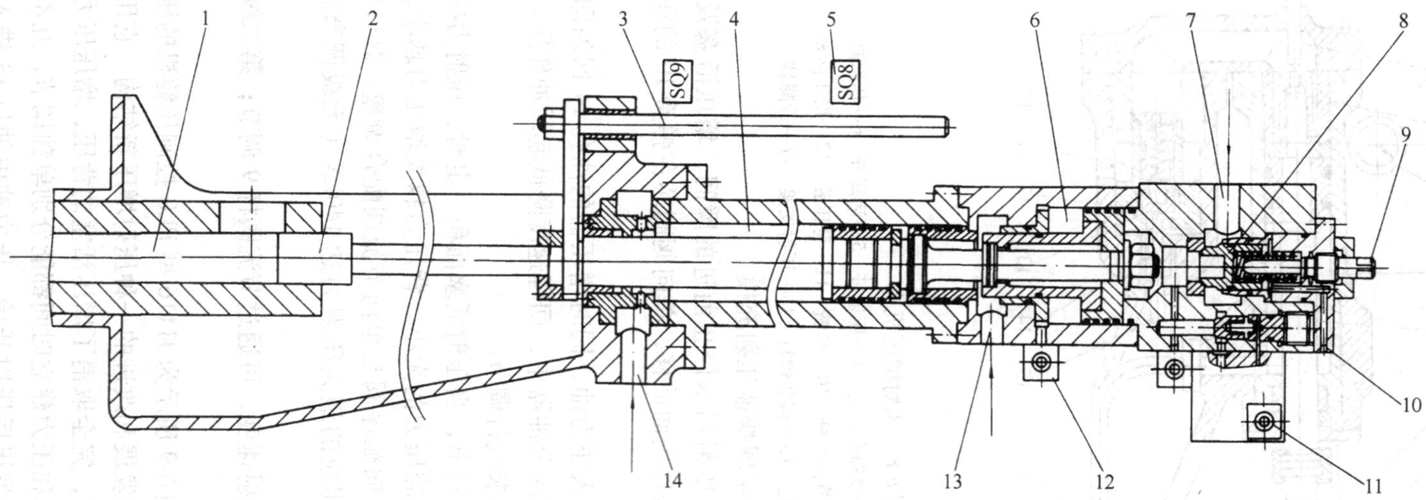

图 6-9　分罐式压射增压结构

1—压室　2—压射冲头　3—随动杆　4—压射缸
5—快速压射行程感应开关　6—增压缸　7—增压蓄能器入油口　8—增压缸控制阀
9—增压速度调节螺栓　10—增压起始时间调节入油口　11—压射力调节阀　12—增压缸起动阀
13—慢速压射与快速压射蓄能器入油口　14—压射冲头回程入油口

阀 12，当模腔内金属液充满，快速压射突然停止，而引起压力冲击使阀 12 换向，受阀 12 控制的增压缸控制阀 8 打开，增压蓄能器的压力油进入增压缸，推动增压活塞产生压射增压，这一系列动作是在极短时间内完成的。

这种压射增压系统具有如下优点：①压射速度高，反应与升压时间短；②反应与升压时间可单独调节；③压力稳定不受压射速度影响；④增压压力可通过增压蓄能器上的减压阀直接进行调整；⑤压射与增压蓄能器分开，互不干扰。

因此，该压射增压装置允许在很大范围内调整压铸工艺参数，对不同的铸件压铸成形，可以选择较佳的压铸工艺。

2. 合模装置

压铸机的合模机构主要完成模具的开、合动作及压铸件的顶出等工作，是压铸机的重要组成部分。合模机构的优劣直接影响到压铸件的精度、模具的使用寿命以及操作安全性等，因此要求它动作既平稳又迅速，锁紧可靠，便于压铸模的装卸和模具的清理，压铸件的取出方便可靠。压铸机的合模机构与塑料注射成型机相似，也有全液压锁模和液压—机械联合锁模两大类。

图 6-10 所示为 J1113A 型压铸机采用的全液压合模机构。整个机构由合模缸组、活塞组、动模板 5、充液箱 2、填充阀 3 和增压器 7 等组成。V_3 为开模腔，V_1 为内合模腔，V_2 为外合模腔，活塞组中的差动活塞 1 和外活塞及动模板相连接。合模时，V_1 通入压力油，这时虽然 V_3 也通入压力油，但差动活塞两边受力不同而向右移动，带着动模快速右移。随着动模板 5 的移动过程，V_2 腔容积不断增大形成较大的真空度，自动打开填充阀 3（填充阀见图 6-11，此时阀 a 孔通压力油），使大量油液从充液箱向 V_2 合模缸充液进行快速合模，当模具将要闭紧时，由于动模板 5 拖动着拉杆凸块打开凸轮阀（详见图 6-13），压力油进入 V_2 腔，V_2 腔内压力升高，填充阀的阀门关闭，转为慢速合模，直至模具闭

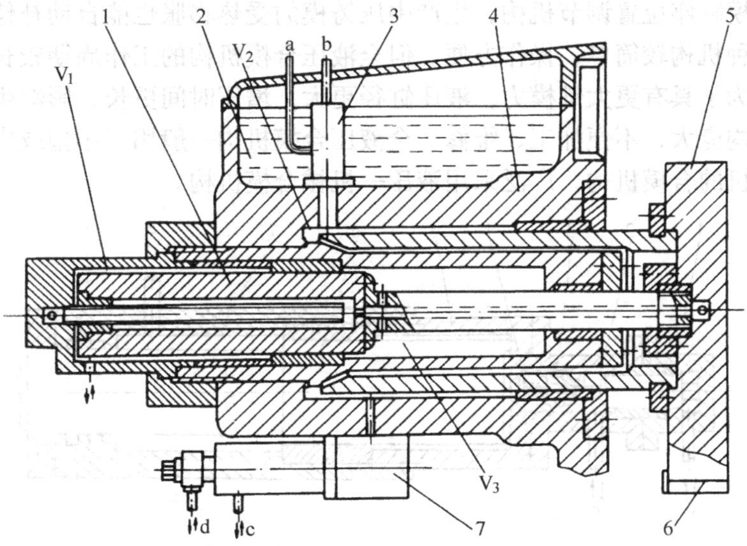

图 6-10 全液压式合模机构

1—差动活塞 2—充液箱 3—填充阀 4—合模缸座 5—动模板 6—凸块 7—增压器

合，此时 V_2 腔内压力升高到与管路中压力一致（约 10MPa），但尚未达到压射时所需要的最大合模力，因为增压器未起作用。

图 6-12 所示为增压器结构简图，图中增压器通道 e 与 V_2 腔相通，压射时压力油从孔 c 进入增压器，克服弹簧 4 的弹力，顶开单向阀芯 3，进入增压器液压缸的左腔，推动活塞右移，使 V_2 腔内压力增高，实现增压，使 V_2 腔压力达 23MPa，锁模力达 1250kN。

开模时，V_1 腔和增压器从孔 c 回油，压力撤消，合模机构的差动活塞在 V_3 腔常压压力油作用下，带着动模回位开模。此时 V_2 腔内的油液必须迅速排回充液箱，为此压力油从填充阀的上端 b 孔通入，让先导推杆 6 首先推开填充阀内的先导阀芯 4，进而打开主阀芯 2，使 V_2 腔中油液先慢后快地排回充液箱，以实现开模先慢后快的目的，如图 6-11 所示。

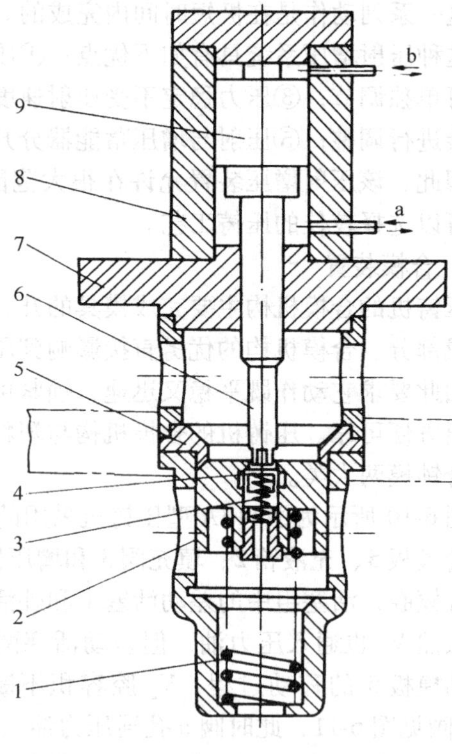

图 6-11　填充阀

1、3—弹簧　2—主阀芯　4—先导阀芯　5—阀座　6—先导推杆　7—缸座　8—活塞缸　9—活塞

全液压合模机构以油液为工作介质，又应用组合缸结构，所以工作平稳，推力大，效率高，可以获得比动力源大好几倍的输出力（达 10～20 倍）。对于不同厚度的压铸模，安装时无需调整合模缸座的位置便可使用，省去了合模缸座位置调节机构，生产中压铸模的受热膨胀也能自动补偿而不影响合模力的大小。这种机构较简单，操作方便。但全液压合模机构的工作周期较长，尤其是大规格的压铸机，为了具有更大锁模力，液压缸径更大，增压时间更长，影响生产率和增加动力消耗，且机构庞大，不便加工、维修。全液压合模机构一般用于小型或中型压铸机。对于大中型压铸机的合模机构，广泛采用液压—机械合模机构。

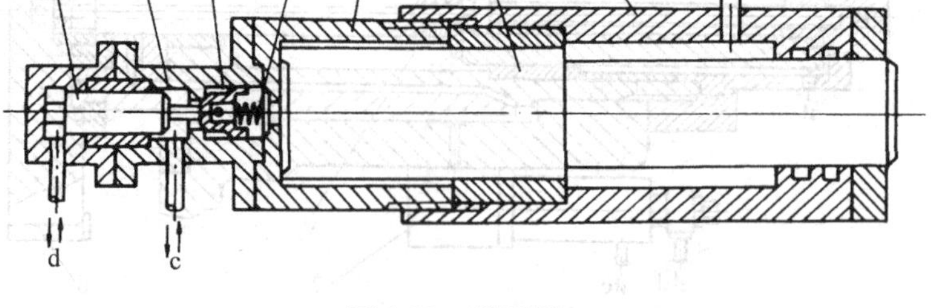

图 6-12　增压器

1—活塞　2—单向阀体　3—阀芯

4—弹簧　5—活塞缸　6—活塞　7—增压缸

3. 液压系统

液压系统是完成压铸工艺过程的动力和驱动部分。早期的压铸机大多采用电气元件和液压元件联合的控制系统，这类机型在生产中仍在使用。随着现代科技的发展，可编程序控制技术等的应用日益普遍，许多新的液压阀和电气元器件得到应用。以下对不同控制方式的压铸机液压系统加以介绍。

（1）J1113A 型压铸机的液压系统　如图 6-13 所示，该系统压射与增压共用一个蓄能器，液压控制系统较为简单。其液压控制原理如下：

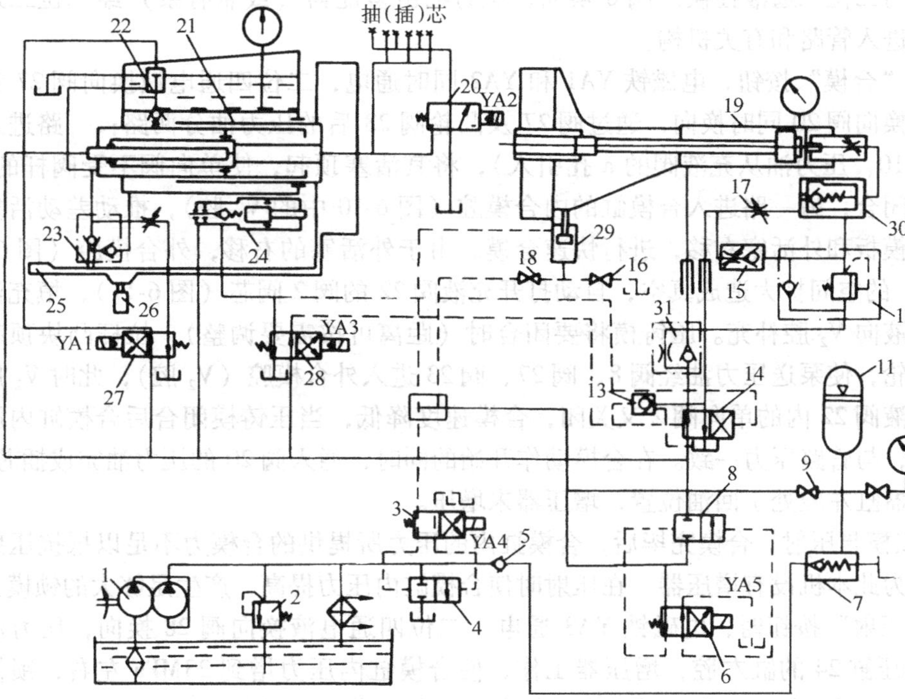

图 6-13　J1113A 型压铸机液压原理图

1—液压泵　2—溢流阀　3、6—二位四通电磁换向阀　4、8—二位二通液控换向阀　5—单向阀　7—背压阀　9、16、18—截止阀　10—压力表　11—蓄能器　12—单向顺序阀　13—液控单向阀　14—二位四通液控换向阀　15—节流单向阀　17—可调节流阀　19—压射缸　20—二位三通电液换向阀　21—合模缸　22—充液缸及充液阀　23—凸轮阀　24—增压缸　25—拉杆凸块　26—行程开关　27、28—二位四通电液换电阀　29—升降液压缸　30—压射增压缸　31—单向节流阀

1）液压系统的压力控制和液压泵自动卸载原理。液压系统的工作油压为 9～10MPa，每次开动液压泵之前先打开背压阀 7 和两个截止阀 9。为使液压泵先无载起动，在起动液压泵的同时，使电磁铁 YA4 接通，二位四通电磁换向阀 3 工作，由于二位二通液控换向阀 4 的换向（此时控制压力油由蓄能器提供），回路卸压，液压泵 1 无载起动。经过约 0.5min 后，使电磁铁 YA4 断电，二位四通电磁换向阀 3 复位时，二位二通液控换向阀 4 也复位，则实现液压泵负载运转。液压泵输出的压力油经单向阀 5，推开背压阀 7 充入蓄能器 11（为防止蓄能器内氮气外溢，通过调整背压阀弹簧力，当罐内压力下降到 7MPa 时能自动关闭，液压泵输出压力只有大于此值时才能打开背压阀向罐内充液）。罐内压力达

到10MPa上限时，压力表上限触点接通，二位四通电磁换向阀3工作，液压泵又卸载运转，此时机器动作所需的工作液全部由蓄能器供给。当压力降到9MPa下限时，压力表下限触点接通，电磁铁YA4断电，阀3及阀4又复位，液压泵重新负载运转。如此，机器正常工作期间，液压泵则反复自动作负载与卸载运转，保证提供机器9～10MPa的压力油。液压泵输出的压力，由溢流阀2限制在11～12MPa，防止压力过高，负载过大，造成泵损坏。

2）合模与插芯。当蓄能器内压力达到工作压力后，接通电磁铁YA5，二位四通电磁换向阀6与二位二通液控换向阀8换向，压力油由蓄能器（或兼有泵）经二位二通液控换向阀8进入管路和有关机构。

按动“合模”按钮，电磁铁YA1和YA2同时通电，二位四通电液换向阀27和二位三通电液换向阀20同时换向，通过阀27及凸轮阀23后的压力油分两路：一路进入充液阀（图6-10，压力油从充液阀的a孔引入），将其活塞顶起，使单向阀不受阀杆的限制，靠弹簧力闭合，另一路进入合模缸的内合模腔（图6-10中的V_1腔），推动差动活塞及其连接的动模板和外活塞右移，进行快速合模。由于外活塞的右移，外合模腔（图6-10中的V_2腔）的空间扩大造成真空，自动打开充液阀22的阀2阀芯（图6-11），填充油箱中的大量油液向V_2腔补充。压铸模将要闭合时（距离可按需要调整），拉杆凸块顶起凸轮阀中的凸轮，使泵送压力油经阀8、阀27、阀23进入外合模腔（V_2腔），此时V_2腔压力增高，充液阀22内的单向阀2又关闭，合模速度降低，当压铸模闭合后合模缸内压力升到10MPa，与管路压力一致。在合模动作开始的同时，通入阀20的压力油完成插芯动作，此时增压器缸左腔处于回油位置，增压器未增压。

3）锁模与压射。合模完毕后，合模缸内的压力所提供的合模力不足以抵抗压射时的胀模力。为此本机设有增压器，在压射时使合模缸内压力提高，产生足够大的锁模力。

按“压射”按钮时，电磁铁YA3通电，二位四通电液换向阀28换向，压力油经阀28进入增压缸24的缸左腔，增压器工作，使合模缸内压力增到23MPa左右，锁模力达1250kN左右。同时，经阀28的压力油控制油路使二位四通液控换向阀14换向，经过阀14的压力油分两路：一路经可调节流阀17进入压射增压缸30，推开增压缸内的单向阀到压射缸进行压射（图6-12）；另一路经单向节流阀15进入增压缸的背压腔，压射速度先慢后快（第一、二级压射速度均可调整），压射增压缸背压腔压力的大小可由单向顺序阀12和单向节流阀15调整，改变背压力的大小即改变压射力的大小，压射活塞停止前进的瞬间，压射增压活塞前移，实现增压压射。

4）开模与抽芯。压铸件冷却结束，电磁铁YA1和YA2断电，阀27和阀20复位，内合模缸卸压，充液阀缸下腔也回油卸压，压力油经阀27进入充液阀缸上腔，推动活塞下移，推开单向阀阀门，外合模腔油液回流充液缸22。这样，合模缸和抽芯缸内的压力油分别从阀27与阀20回油撤除。在常压压力作用下，机器同时进行开模与抽芯。

5）压射冲头回程。开模、抽芯完毕，拉杆下部凸块压住行程开关26，电磁铁YA3断电，阀28复位，合模增压缸卸压，合模增压活塞复位，阀14换向，压力油经阀14、单向节流阀31进入压射缸前腔，后腔油液经压射增压缸30、节流阀17、阀14流回油箱，实现压射冲头回程。增压活塞的背压腔仍进压力油，增压活塞复位。

6）机器中途停止。机器工作过程中，若遇突发事故，为保护机器、模具和操作者的安全，必须设置使机器中途停止的安全措施。

从液压系统原理图中可以看出，由蓄能器或液压泵输出的压力油，必须经过二位二通液控换向阀 8 驱动机器运转，如果阀 8 被关闭，机器工作的能源也就被切断，各机构无法动作。而阀 8 受二位四通电磁换向阀 6 控制，阀 6 的换向是由电磁铁 YA5 通电与否来实现的，因此在操作过程中，如遇突然事故应立即按下急停开关使 YA5 断电，使阀 6 复位，控制压力油使阀 8 也复位，切断动力源，机器停止运转。

（2）J1116 型 PLC 控制压铸机液压系统　图 6-14 所示为 J1116 型 PLC 控制压铸机的液压系统图。该液压系统大部分采用插装式锥阀或组合阀，压射部分采用分罐式压射增压装置，能实现三级压射控制，具有手动调整和自动循环两种工作模式。其液压控制原理如下：

1）系统工作压力的控制和自动卸压。双联叶片泵 42 的两个输出口都受到压力控制阀控制，泵 PF2 工作压力为 3MPa，受阀 37 控制；泵 PF1 工作压力为 12MPa，受阀 34 控制。当管内压力小于 3MPa 时，两泵输出的工作油分别经阀 31、40 进入压力管同时供油；管内压力超过 3MPa 时，阀 37 导通回油管，阀 39 打开，阀 40 关闭，PF2 泵输出油经阀 39 流回油箱，自动卸压，此后 PF1 泵单独供压。

每次起动电动机的同时，电磁阀 YA1、YA2 得电吸合，内部延时继电器计时，阀 32、39 背部的压力油经阀 35、36 回油，阀 32、39 开启，泵的输出油经阀 32、39 回油，泵卸压起动。延时 5s，YA1、YA2 断开，阀 32、39 关闭，液压泵升压。

自动工作状态时，当顶出回程动作完成后，控制液压泵限时卸压的延时器计时，计时到液压泵自动卸压（原理与起动卸压相同）结束。

2）不带液压抽、插芯动作的工作循环。

①　合模。关闭安全门压合 SQ1 行程开关，同时按下两个合模按钮，YA1 得电吸合，使泵 PF2 卸压，泵 PF1 单独供油。YA3 得电吸合使阀 28 关闭，阀 29 打开，压力油经阀 31→阀 29→合模缸后腔推动活塞慢速合模。合模缸前腔油经阀 26 回油。当随动杆脱开 SQ7 开关，YA1 断电，泵 PF2 升压，两泵同时供油，转为快速合模。模具完全闭合，曲肘撑直，SQ6 行程开关脱开，发讯允许压射。合模速度可由阀 29 带的节流阀调节。

②　压射。SQ6 发讯后操作压射才有效。浇注后操作压射按钮，冷却延时器计时，YA7 得电吸合，使阀 54 关闭，阀 55 打开，压力油经阀 56→阀 55→压射缸后腔推动活塞作慢速压射，慢速压射速度可由阀 55 带的节流阀调节。压射缸前腔油经升降液压缸管路→阀 51 回油箱。压射活塞的随动杆脱开 SQ8 行程开关，YA9 得电吸合，使快速压射阀 58 和液控单向阀 16 打开，快速压射蓄能器 10 的压力油经阀 58、滑管去压射缸后腔作快速压射，前腔油经阀 16 大量排出。

③　压射增压和调整。驱动快速压射的压力油另一路经阀 17→阀 15 进入增压，起动阀 14，当金属液充满模腔时，快速压射突然停止引起压力冲击，使阀 14 因压差作用而换向，受阀 14 控制的阀 13 因关闭压力撤消而换向，增压蓄能器 8 的压力油通过阀 13 进入增压缸后腔，推动增压活塞产生压射增压。调节减压阀 12 可改变增压蓄能器 8 的贮存压力，即可改变压射力的大小。调节单向节流阀 15，可改变增压起始时间。调节阀 13 的开口大小，可改变增压速度。

④　开模和压射跟踪。铸件冷却计时器 KT1 延时时间到，YA3 断电，YA4 得电吸合，压力油经阀 27 进入合模缸前腔推动活塞开模，合模缸后腔油经阀 28→阀 30 回油箱，开

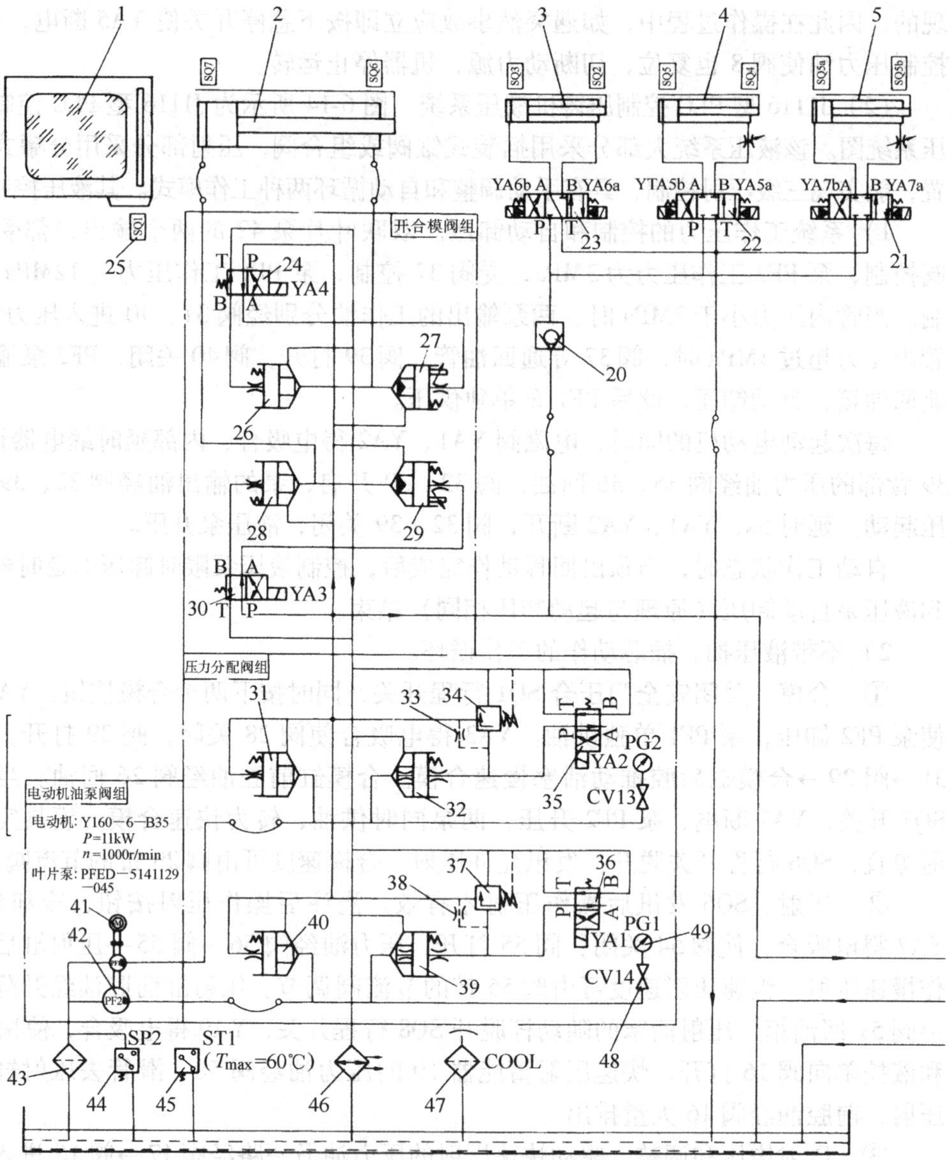

图 6-14　J1116 型 PLC 控制压铸

1—安全门　2—合模缸　3—顶出缸　4、5—抽芯缸
11—升降缸　12—减压阀　13、58—二位二通液动换向阀
17、24、30、35、36、52、53、57—二位四通电磁换向阀
25—行程开关　26、27、28、29、31、32、39、40、50、51、54、55—插装阀
43—过滤器　44、59—压力继电器　45—温度继电器　46—油冷却器

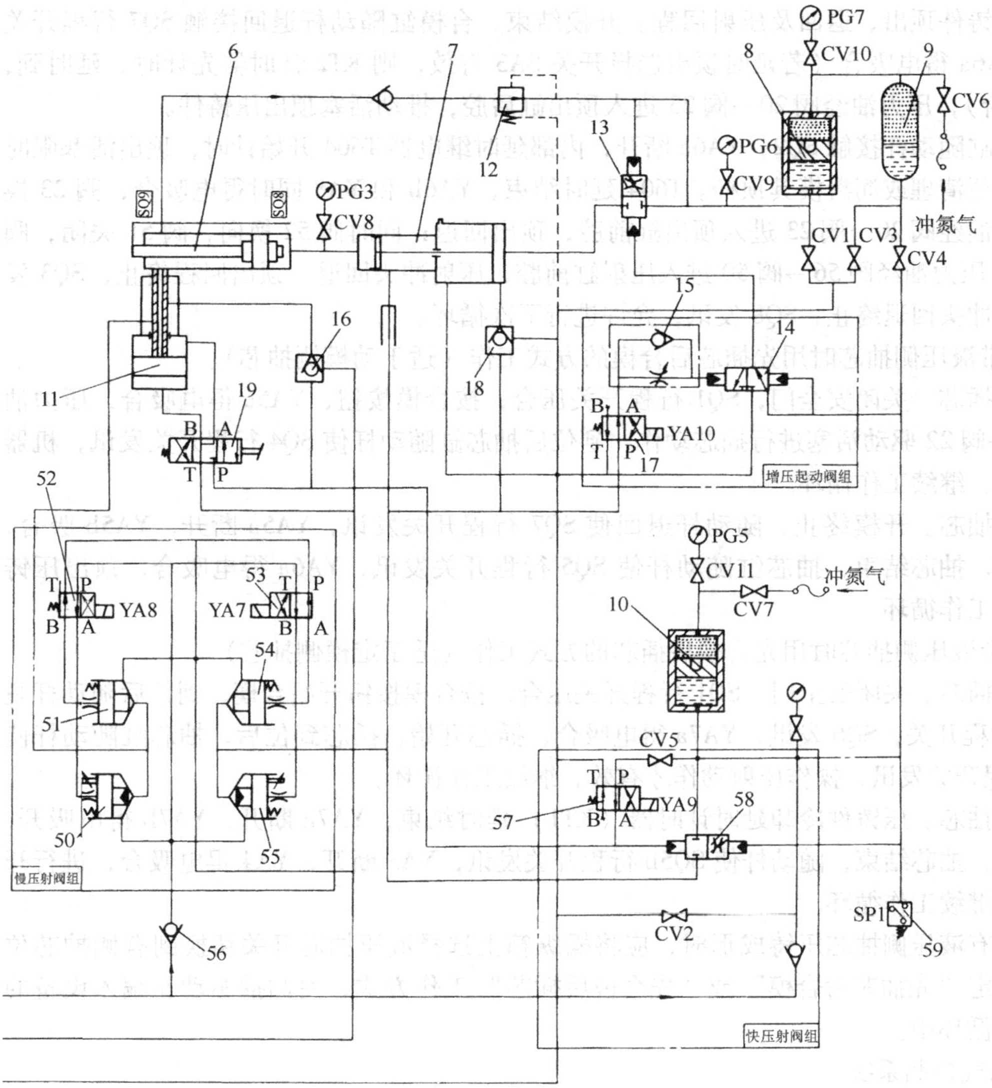

机的液压系统图

6—压射缸 7—增压缸 8—增压蓄能器 9—增压氮气瓶 10—快速压射蓄能器

14—二位三通液动换向阀 15—单向节流阀 16、18—液控单向阀

19—三位四通手动换向阀 20、56—单向阀 21、22、23—三位四通电液换向阀

33、38—节流阀 34、37—可调压力阀 41—电动机 42—双联叶片泵

47—空气过滤器 48—截止阀 49—压力表

模速度可由阀27的节流阀调节。压射活塞因模具开启仍以快速跟踪顶出余料，当压射缸随动杆脱开SQ9行程开关，YA7和YA9同时断电，切断压射缸后腔进油，跟踪停止，开模动作仍继续。

⑤ 铸件顶出、退回及压射回程。开模结束，合模缸随动杆退回接触SQ7行程开关发讯，YA6a得电吸合（若延时顶出选择开关SA3有效，则KT2计时器先计时，延时到，YA6a吸合），压力油经阀20→阀23进入顶出缸后腔，推动活塞顶出压铸件。

顶出缸随动杆接触SQ2，YA6a断开，内部延时继电器T604开始计时，顶出活塞限时停止，以便清理或润滑模具顶杆。T604延时结束，YA6b和YA8同时得电吸合，阀23换向，压力油经阀20→阀23进入顶出缸前腔，顶出回退；同时阀52换向，阀51关闭，阀50打开，压力油经阀56→阀50进入压射缸前腔，压射冲头回退。顶出回程终止，SQ3发讯，压射冲头回退终止，SQ8发讯，允许进行下次循环。

3）带液压侧抽芯时用先插芯后合模的方式工作（适于动模侧抽芯）。

① 插芯。关闭安全门，SQ1行程开关压合，按合模按钮，YA5a得电吸合，压力油经阀20→阀22驱动活塞进行插芯动作，到位后抽芯缸随动杆使SQ4行程开关发讯，机器自动合模，继续工作循环。

② 抽芯。开模终止，随动杆退回使SQ7行程开关发讯，YA5a断开，YA5b吸合，进行抽芯，抽芯结束，抽芯缸随动杆使SQ5行程开关发讯，YA6a得电吸合，顶出压铸件，继续工作循环。

4）带液压侧抽芯时用先合模后插芯的方式工作（适于定模侧抽芯）

① 插芯。关闭安全门，SQ1行程开关压合，按合模按钮开始合模，到位后随动杆脱开SQ6行程开关，SQ6发讯，YA7a得电吸合，插芯开始，插芯到位后，抽芯缸随动杆使SQ5b行程开关发讯，操作压射动作才有效，继续工作循环。

② 抽芯。压铸件冷却延时计时器（KT1）延时结束，YA7a断开，YA7b得电吸开，进行抽芯，抽芯结束，随动杆使SQ5b行程开关发讯，YA3断开，YA4得电吸合，进行开模动作，继续工作循环。

在带有液压侧抽芯压铸成形时，应将操纵箱上选择液压抽芯开关切换到有侧抽芯位置，并选定“先插芯后合模”或“先合模后插芯”工作方式，使侧抽芯动作编入设备的整个动作循环中。

4. 电气控制系统

为了增强压铸机的控制稳定性和可靠性，提高生产效率和节约能源，便于操作和维护，目前许多厂家生产的压铸机都采用可编程序控制。图6-15、图6-16为J1116型压铸机的电气控制原理图，该压铸机采用日本松下公司的FP1系列PC机进行主机的可编程控制，具有较好的可靠性和灵活性。图中的电气元件及相关操作说明如下：

图中QF1～QF8为空气开关，TC1、TC2为变压器，FR1为热继电器，KM1～KM3为接触器，KM4为交流接触器，KT1～KT3为延时继电器，V1～V22为发光二极管，V23～V34为二极管，HL1～HL4为信号灯，KA1～KA17为中间继电器，SQ1～SQ5为行程开关，SQ6～SQ11为接近行程开关，SA1～SA6为选择转换开关，SB1～SB14为按钮，SBK为钥匙钮。

（1）液压系统工作压力调整　该机可单独调节高压泵和低压泵的工作压力，调节时，

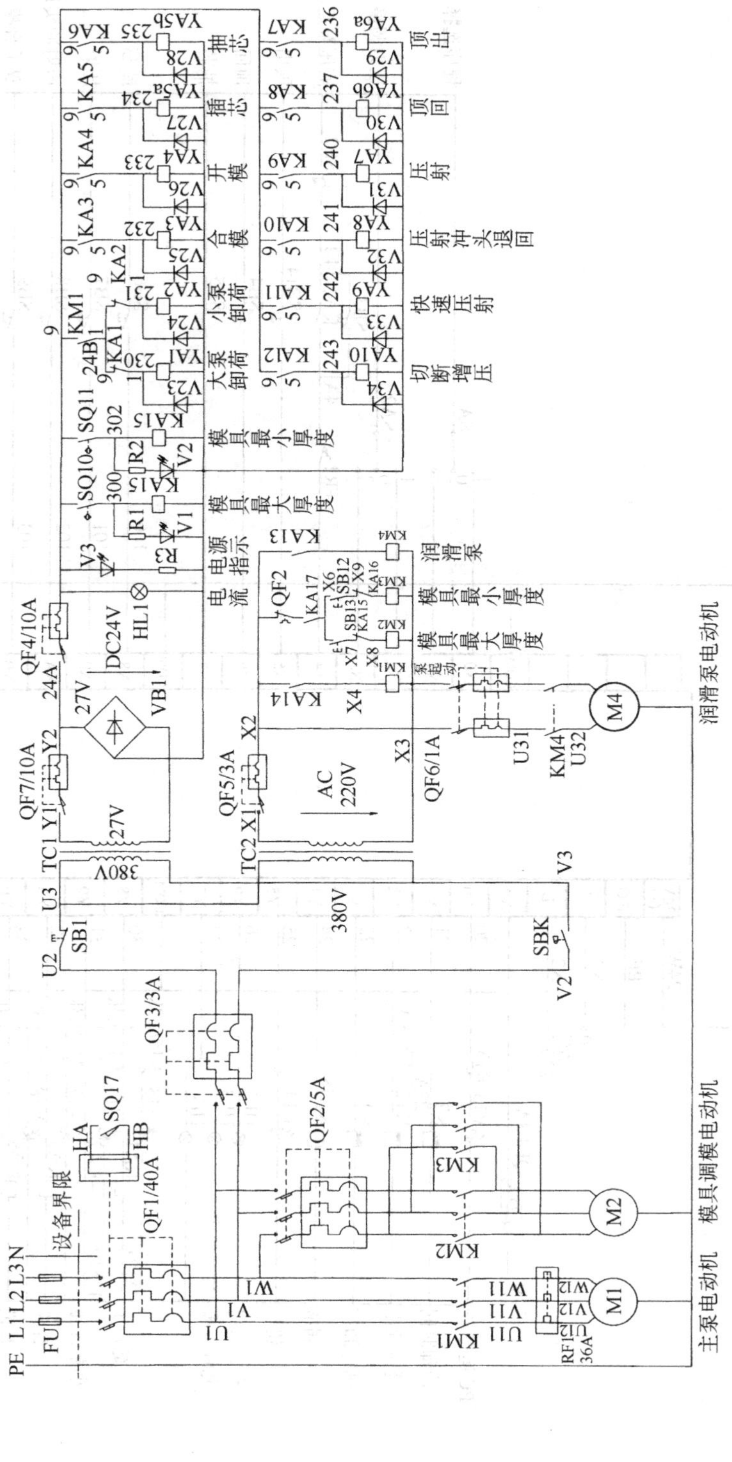

图 6-15 J1116 型压铸机电气控制原理图（一）

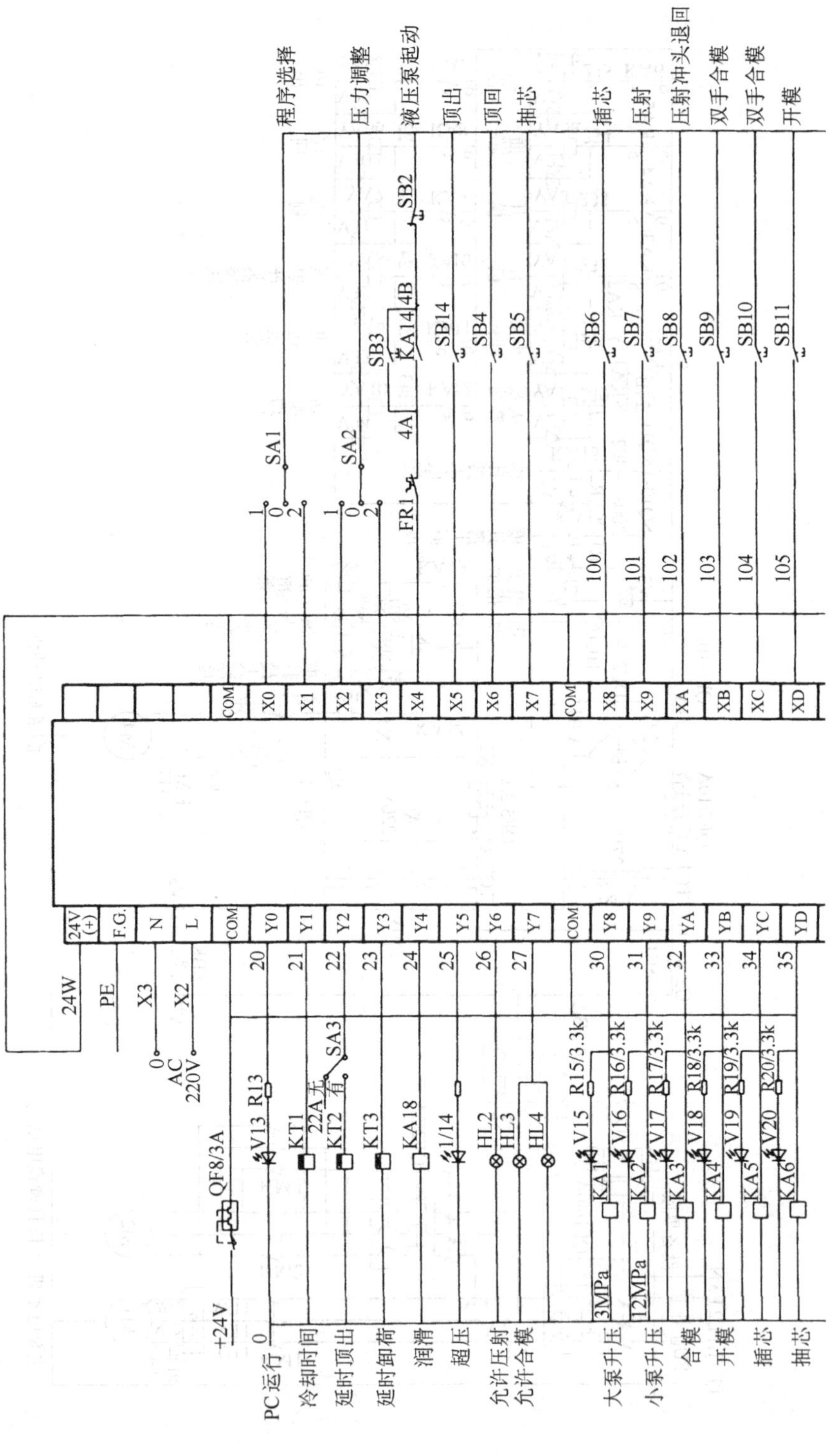
程序选择
压力调整
液压泵起动
顶出
顶回
抽芯
插芯
压射
压射冲头退回
双手合模
双手合模
开模
SA1
SA2
FR1
SB2
SB3
KA14
4A
4B
SB14
SB4
SB5
SB6
SB7
SB8
SB9
SB10
SB11
100
101
102
103
104
105
COM
X0
X1
X2
X3
X4
X5
X6
X7
COM
X8
X9
XA
XB
XC
XD
24V (+)
F.G.
N
L
COM
Y0
Y1
Y2
Y3
Y4
Y5
Y6
Y7
COM
Y8
Y9
YA
YB
YC
YD
24W
PE
X3
X2
0
AC
220V
20
21
22
23
24
25
26
27
30
31
32
33
34
35
+24V
QF8/3A
V13
R13
KT1
22A
KT2
SA3
KT3
KA18
1/14
HL2
HL3
HL4
V15
V16
V17
V18
V19
V20
R15/3.3k
R16/3.3k
R17/3.3k
R18/3.3k
R19/3.3k
R20/3.3k
KA1
KA2
KA3
KA4
KA5
KA6
3MPa
12MPa
PC运行
冷却时间
延时顶出
延时卸荷
润滑
超压
允许压射
允许合模
大泵升压
小泵升压
合模
开模
插芯
抽芯

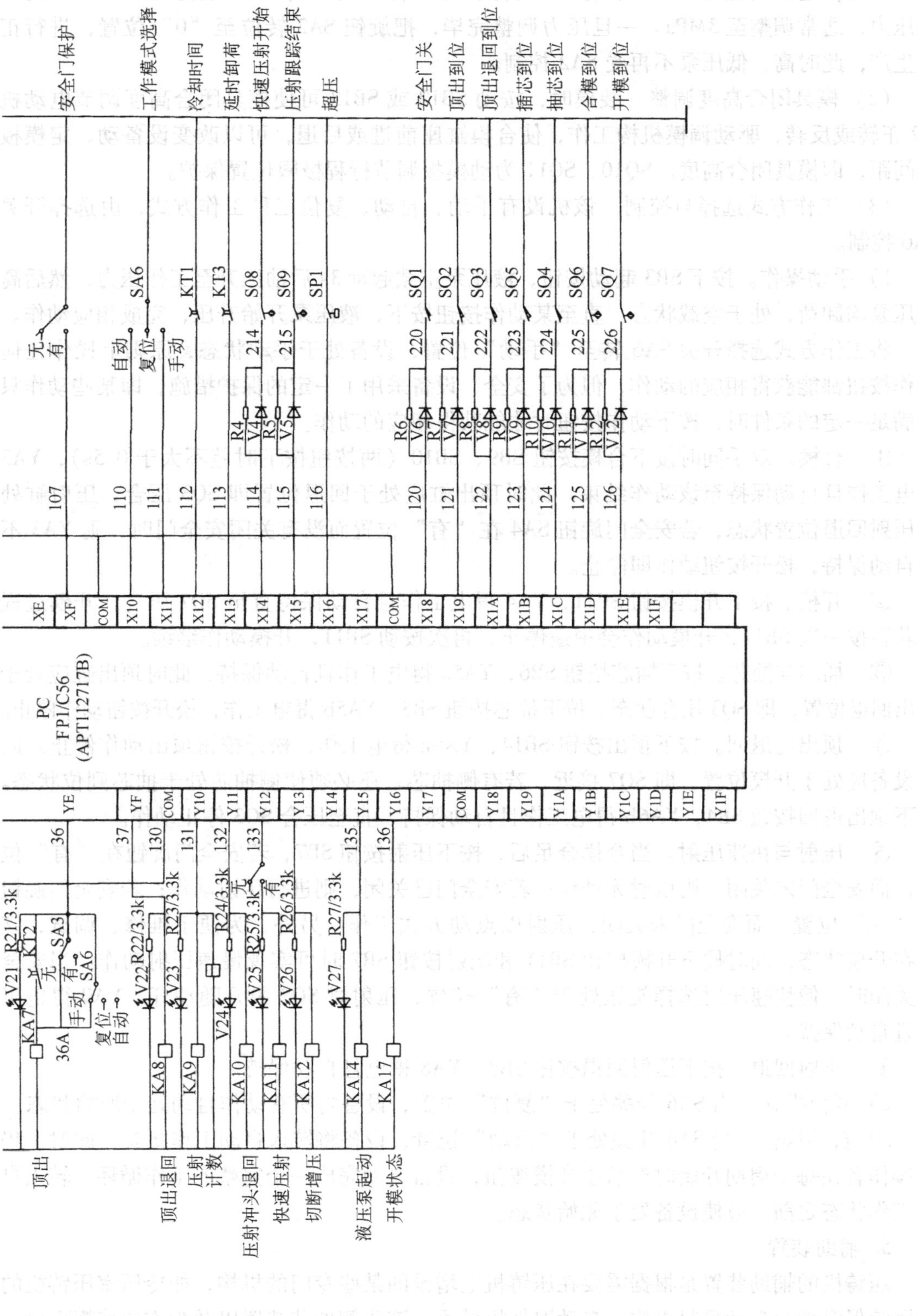

图 6-16 J1116 型压铸机电气控制原理图(二)

将电气控制箱面板上的压力调整旋钮 SA2 转到“1”位，调节阀 34 可改变高压泵 PF1 的工作压力，通常调整至 12MPa；将 SA2 转到“2”位，调节阀 37 可改变低压泵 PF2 的工作压力，通常调整至 3MPa。一旦压力调整完毕，把旋钮 SA2 转位至“0”位置，进行正常生产，此时高、低压泵不再受 SA2 控制。

（2）模具闭合高度调整　装模时，按动 SB12 或 SB13 可使模具闭合高度调节电动机 M2 正转或反转，驱动调模机构工作，使合模缸座前进或后退，可以改变设备动、定模板的间距，即模具闭合高度。SQ10、SQ11 为动模板调节行程极限位置保护。

（3）工作方式选择与控制　该机设有手动、自动、复位三种工作方式，由选择开关 SA6 控制。

1）手动操作。按下 SB3 起动按钮，液压泵空载起动 3s 后油压升至工作压力，然后高低压泵均卸荷，处于空载状态。直至某动作按钮按下，液压泵开始升压，完成相应动作。

将工作方式选择开关 SA6 转至“手动”位置，设备处于手动状态，原则上操作任何动作按钮都能获得相应的动作，但为了安全，设备采用了一定的保护措施，即某些动作只有满足一定的条件时，按下动作按钮时才能获得相应的动作。

① 合模。双手同时按下合模按钮 SB9、SB10（两按钮按下时差不大于 0.5s），YA3 得电工作且自动保持至该动作结束。此时顶出缸应处于回退位置即 SQ3 压合，压射缸处于压射回退位置状态，若安全门旋钮 SA4 在“有”位置而没有关闭安全门时，则 YA3 不能自动保持，松开按钮动作即停止。

② 开模。按下开模按钮 SB11，YA4 得电工作且自动保持直至 SQ7 压合。开模过程中若再按一次 SB11，开模动作会中途停止，再次按动 SB11，开模动作继续。

③ 插芯与抽芯。按下插芯按钮 SB6，YA5a 得电工作且自动保持，此时顶出缸应处于顶出回退位置，即 SQ3 压合状态。按下抽芯按钮 SB5，YA5b 得电工作，松开按钮动作停止。

④ 顶出与退回。按下顶出按钮 SB14，YA6a 得电工作，松开按钮顶出动作停止。此时设备应处于开模位置，即 SQ7 接近，若有侧抽芯，还必须使侧抽芯处于抽芯到位状态。按下顶出退回按钮 SB4，YA6b 得电工作且自动保持，直至压合 SQ3 停止动作。

⑤ 压射与快速压射。当合模合足后，按下压射按钮 SB7，若安全门旋钮在“有”位置，而安全门未关闭，则压射无动作；若安全门已关闭，则进行压射动作；若安全门旋钮在“无”位置，而安全门未关闭，压射以点动方式工作。另外，为便于维修、调试，该机在开模状态，同时按下开模按钮 SB11 和压射按钮 SB7 时可实现慢速压射动作。当安全门关闭时，使快速压射选择旋钮处于“有”位置，压射时 SQ8 脱开随动杆，YA9 得电工作且自动保持。

⑥ 压射回退。按下压射回退按钮 SB8，YA8 得电且自动保持。

2）复位操作。当 SA6 开关处于“复位”位置，设备将所有动作自动处于原始状态。

3）自动操作。当 SA6 开关处于“自动”位置，设备将转入自动工作状态，此时，仍需操作者在每个周期开始时按双手合模按钮，设备自动完成一个完整的工作循环。转入自动工作状态之前，应使设备处于原始状态。

5. 辅助装置

压铸机的辅助装置是根据需要在压铸机上增设的某些专门的机构，如冷压室压铸机的金属液保温炉及自动舀料机构、自动取件机械手、液压侧抽芯装置以及为方便装模而设的合模部分拉杆与定模板自动分离操纵机构等。以下对该辅助装置作简要介绍。

冷压室压铸机均需要把金属液从保温炉输送到压室。早期多为人工操作，目前多用自动浇注装置。这类装置常用的有三大类，即气压注料装置、取料机械手以及电磁泵。电磁泵按线性马达的原理工作，它没有运动部件，金属流动速度可以在非常精密的范围内进行调节。但因电磁泵是由特殊陶瓷材料制造的，主体需要经常更换，费用很高，故应用不多。

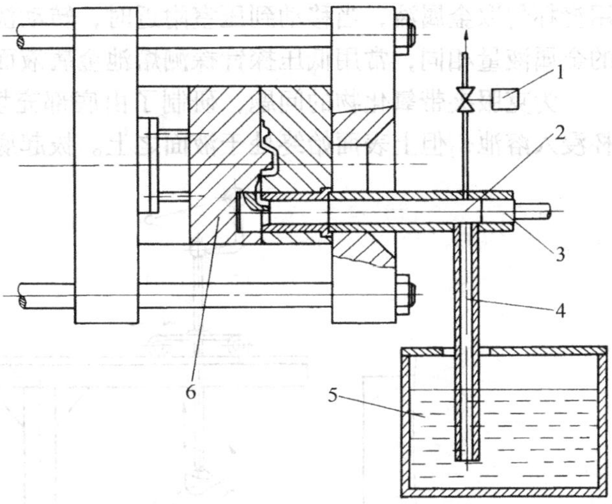

图 6-17 真空型注料装置

1—电磁阀 2—压室 3—压射冲头 4—供液管 5—保温炉 6—压铸模

（1）气压注料装置 该类装置又有真空型和低压型两种。图 6-17 为真空型注料装置示意图，它是用一台与压室连通的真空泵把金属液吸入压室。合模后打开真空泵阀门，金属液沿供液管吸入压室，当延时时间到，压射冲头慢速压射。压射冲头自动切断真空泵及金属液供应，电磁阀关闭，等待下一个循环。

低压型注料装置是把低压空气加在保温炉内熔池液面上，迫使金属液沿管道上升进入压室，该装置比真空系统简单，供液管不必与压室直接相连。为保证每次供给的金属液量相同，必须改变空气压力来补偿液面的变动。

（2）取料机械手 常见形式有“潜水鸭”式、直线滑道式和转臂式等。图 6-18 为“潜水鸭”式取料机械手示意图。装在转轴上的浇杯与金属流槽做成一体，浇杯浸没在液面下勺取金属液。调整浇杯的高低可以改变勺取金属液的量。其优点是结构简单，特别适于压射较大铸件的情况。缺点是金属流槽短，保温炉必须紧靠压铸机安装。

为克服“潜水鸭”式取料机械手的缺点，研制了直线滑道式和转臂式取料机械手。图 6-19 为直线滑道式取料机械手简图。滑道上挂一浇杯，取料时浇杯下降到熔池预定深度后上升，然后沿滑道移到压射室，倾倒浇杯，金属液就注入压室。图 6-20 为转臂式取料机械手示意图。转臂绕熔炉和压室之间的转轴转动，

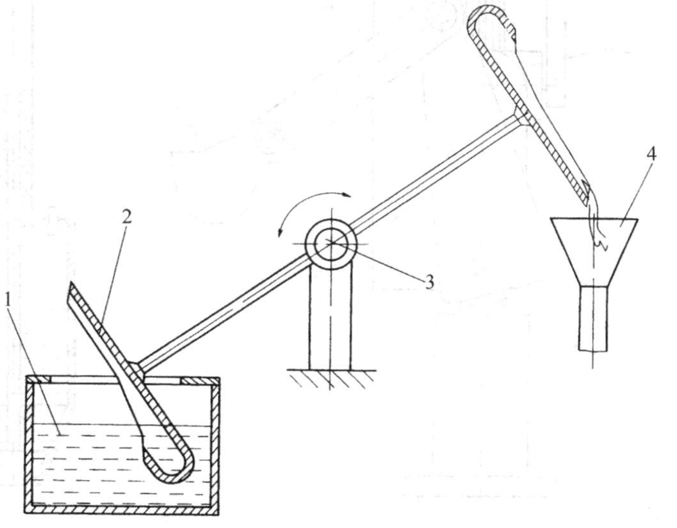

图 6-18 “潜水鸭”式取料机械手

1—保温炉 2—浇杯 3—转轴 4—通至压室的漏斗

用浇杯勺取金属液，当移动到压室附近时，转动浇杯将金属液倒入压室。为保证每次勺取的金属液量相同，常用低压探针探测熔池金属液面的位置，以确定浇杯下降的深度。

为克服夹带氧化物的问题，研制了由底部充填金属液的浇杯，如图6-21所示。该浇杯浸入溶池，但上表面始终处于液面之上。拔起底部锥塞后，金属液充入浇杯，重新塞上

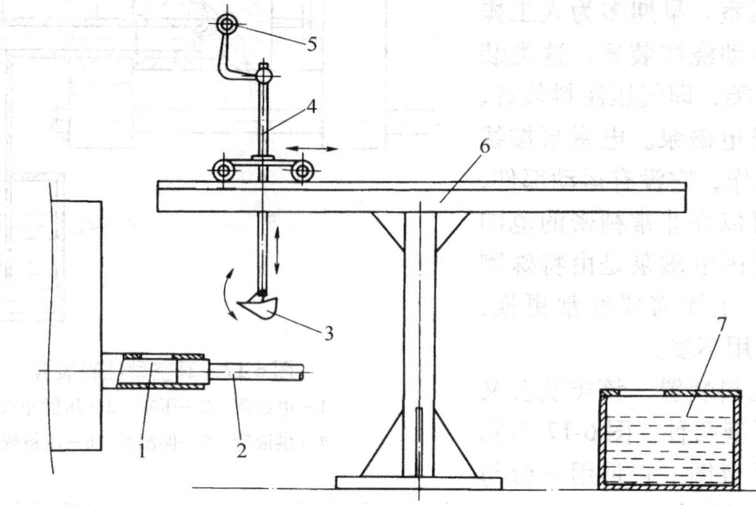

图6-19　直线滑道式取料机械手

1—压室　2—压射冲头　3—浇杯　4—移动及升降机构　5—平衡块　6—直线滑道　7—保温炉

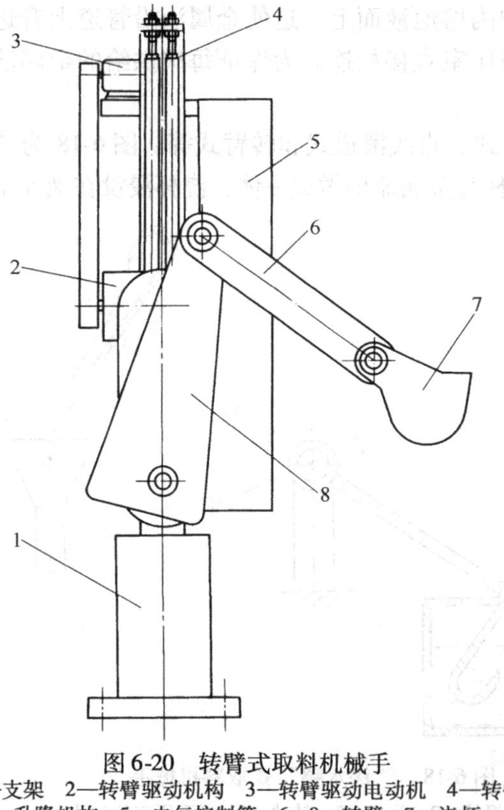

图6-20　转臂式取料机械手

1—支架　2—转臂驱动机构　3—转臂驱动电动机　4—转臂升降机构　5—电气控制箱　6、8—转臂　7—浇杯

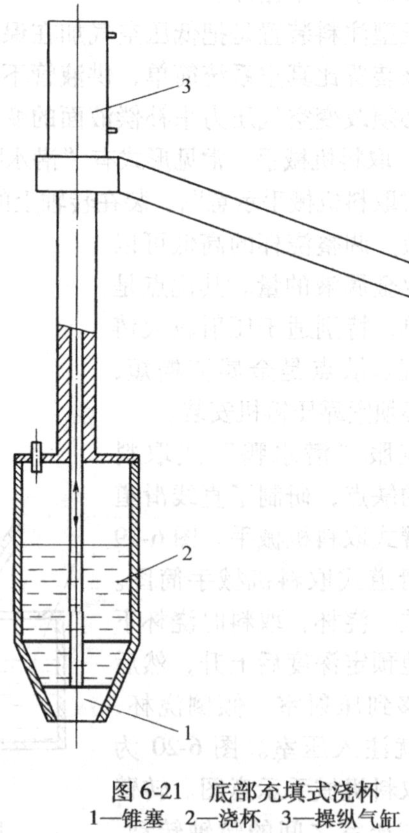

图6-21　底部充填式浇杯

1—锥塞　2—浇杯　3—操纵气缸

锥塞，将浇杯移至压室注入孔正上方位置后，拔起锥塞浇注金属液。为了防止锥塞泄漏金属液，设计了锥塞转动塞紧结构，可有效防止塞孔处泄漏问题的发生。

第三节 压铸机主要技术参数与选用

一、压铸机主要技术参数

压铸机的性能特征常用一些性能参数来表示，它们包含压射、合模及设备技术经济指标三个部分的内容。具体参数的定义如下：

1. 合模力

它是指压铸机的合模装置对模具所能施加的最大夹紧力，单位常用 kN。它限制了设备所能成形制品的最大投影面积。合模力是压铸机生产能力的一个重要参数，所以，压铸机型号规格中的主参数常用合模力大小来表示。

2. 压射力

它是指压射冲头作用于金属液的最大力，单位常用 kN。压射过程中设备作用于金属液的压射力不是恒定不变的，它的大小随不同的压射阶段而改变，在金属液充满模腔的瞬间升至最大值。

3. 压射比压

它是压射冲头作用于单位面积金属液表面上的压力，单位常用 MPa。压射比压是确保制品致密性和金属液充填能力的重要参数，其大小受压铸机的规格和压室直径的影响，它们之间的关系为

$$p=\frac{F}{A}=\frac{4F}{\pi d^2}$$

式中，p 为压射比压(Pa)；F 为压射力(N)；d 为压室直径(m)；A 为压射冲头截面积(m^2)。

4. 压室容量

它指压铸机压室每次浇注能够容纳金属液的最大质量，单位常用 kg，其大小与压室直径及压铸合金的种类有关，反映了设备能够成形制品的最大质量。

5. 工作循环次数

它指压铸机每小时最高的循环周期数。它与设备的压射装置性能、合模装置性能、压铸合金的种类、压铸工艺参数、制品结构形状、模具结构等有关。因此，一般以设备的空循环时间来表示。

空循环时间是在没有浇注、压射、保压、冷却及取出制品等动作的情况下，完成一次循环所需要的时间，它由合模、压射、压射退回、开模、顶出、顶出回退等动作过程组成。

6. 合模部分基本尺寸

它包括模板尺寸和拉杆有效间距，模板间距与模具最大、最小厚度等，这些参数决定了设备所用模具尺寸的大小和它们之间的安装关系。

此外，压铸机的基本参数还有开模力、开模行程、顶出力和顶出行程、浇注中心偏距、设备动力和外形尺寸大小等，它们从不同的角度反映出了设备的性能和特征。压铸机的主要技术参数见表 6-1。

表 6-1 国产部分压铸机

序号	型号	类型特征	合模机构形式	合模力/kN	开模力/kN	合模行程/mm	拉杆内间距/mm	模具尺寸长×宽/mm×mm	压铸模厚度/mm	压射力/kN	压射回程力/kN	压射行程/mm	压射比压/MPa 1	2	3	4	压室直径/mm 1	2	3	4
1	J113	卧式冷压室	全液压	250	30	250	340	240×330		40	15	220	82	57	42		25	30	35	
2	J116	卧式冷压室	全液压	630	70	320	500	360×450		50~90	20~50		56.5~127				30	40	45	
3	J116A	卧式冷压室	液压-机械	630		250	350×350		150~350	46~100		270	48~104	37~80			35	40		
4	J1113 J1113A	卧式冷压室	全液压	1250	125	450	650	450×450	最小350	140	40	320	112	72	50	37	40	50	60	70
5	J1113B	卧式冷压室	液压-机械	1250		350	420×420		250~500	85~150		300	33~115				40	50	60	
6	J1125	卧式冷压室	液压-机械	2500		400	420×520		300~650	125~250			32~127				50	60	70	
7	J1125A	卧式冷压室	全液压	2500	200	500	420×520			114~250		385	128				50	60	70	
8	J1140	卧式冷压室	液压-机械	4000		450	770×670		400~750	400			120	71	51		65	85	100	
										200			60	35	25		65	85	100	
9	J1163	卧式冷压室	全液压	6300	450	800	900×800			280~500		340	88	64	27		85	100	130	
10	J1512	立式冷压室	全液压	1150	102	450		400×550		55 220 340	76	270	43~86				80	100		
11	J1513	立式冷压室	液压-机械	1250		350			250~500	135~340	83	260	40~100	27~68			65	80		
12	JZ213	热压室自动	液压-机械	250		100	265×265		120~240	30		95					45			
13	J2113	热压室	液压-机械	1250		350	420×420		250~500	85			17				80			
14	J2213A	热压室	液压-机械	250		200	240×240		120~320	30		105	19				45			

型号及技术参数

压铸件最大投影面积/cm^2				压铸件最大质量/kg				模板最大间距/mm	压室偏心距/mm	切料力/kN	铸件顶出力/kN	铸件顶出行程/mm	管路工作压力/MPa	工作循环次数/次·h^{-1}	液压泵流量(L/min)	电动机功率/kW	机器质量/t	主机外形尺寸(长×宽×高)/mm×mm×mm
1	2	3	4	1	2	3	4											
26	37	51		铝 0.18	铝 0.26	铝 0.35		450	50				6.5	240		7.5	2.5	3000×800×1560
95				铝 0.6				570	60				10	150~180		11	3	3430×1200×1360
60~131	78~170			铝 0.46	铝 0.6				60		50	50	12	280		11		
95	150	215	210	铝 2				800	0~125		125		10	180		13 15	5	4370×2160 4010×1815
110~380				铝 1.5					0~100		100	80	12	180	50,25	10	5	4500×1100×1400
380				铝 2.5					0~150		120	120	12	50~70		15	10	5600×1100×1600
320				铝 2.5				400~900	0~150		120	100	12	40~80	70	17	10	5000×1100×1600
280 560	480 960	670 1340		铝 2.4 锌 6	铝 4 锌 10.5	铝 5.6 锌 14.5		850~1200	0 110 220		180	120	12	30~70		22	20	7270×2420×1840
610	850	1412		铝 5.37	铝 7.36	铝 12.4		600~1400	250			100	12	45	100	26	30	7000×2750×3910
160(铜、锌)、250(铝)				4(铜、锌)、1.8(铝)				550~1100	45	80			12	20~70	60	22	4.6	2600×1700
310~125	460~180			4.3(铜)、2.9(锌)、1.3(铝)						135	10	80	12		75	11	5	3500×1300×2500
138				锌 0.5					40		20		6.3	600		7.5	2.5	3300×1110×1860
735				锌 3					0~60		100		12	300		11	5.5	4700×1100×2100
132				锌 0.6					0~40		25	50	7	600	52.5	7.5	2.5	3350×1760×1230

二、压铸机的选用

压铸机的结构类型和规格有许多，实际生产中应根据产品的需要和具体情况来选择压铸机。通常按压铸成形合金种类可大致确定压铸机的类型，如镁、锌合金及其他低熔点合金压铸成形通常选用热压室压铸机，而铝、铜合金及黑色金属压铸通常选用冷压室压铸机。其中冷压室压铸机又可根据压铸件的不同结构加以选择，如用中心浇口的制品比较适合于立式冷压室压铸机成形，而用侧浇口的制品较适合于卧式冷压室压铸机成形，带嵌件（如电动机转子）压铸件则较适合于全立式压铸机压铸成形。

选定了压铸机类型之后，具体规格的确定需要对相关参数加以校核才能最终选定。以下对参数校核逐个介绍。

1. 锁模力校核

为保证压铸成形时不因胀模力在模具分型面上产生溢料，必须使设备提供的锁模力大于模具的胀模力，所需锁模力的大小与压射比压、压铸制品（含浇注与排溢系统）在开模方向上总的投影面积及胀模合力中心偏移情况有关。即

$$F_{锁} \geqslant KF_{胀} \tag{6-1}$$

式中，$F_{锁}$ 为锁模力（kN）；$F_{胀}$ 为胀模力（kN）；K 为安全系数，一般为 1～1.3，小型薄壁铸件取小值，大型铸件取大值。

胀模力 $F_{胀}$ 的大小可用下式计算

$$F_{胀} = pA \times 10^3 \tag{6-2}$$

式中，p 为增压时作用在金属液上的压力（MPa）；A 为压铸件、浇注系统及排溢系统在分型面上的投影面积（m^2）。

如图 6-22 所示，当模具带有侧抽芯机构时，其楔紧块的法向分力与胀模力是叠加在一起的，因此计算胀模力时应加上这个力。另外总胀模力中心偏离压铸机合模中心时，将使所需的锁模力进一步加大，所以校核锁模力时还应将其计算在内。具体计算方法如下：

侧抽芯楔紧块法向分力为

$$F_1 = pA_1 \tan\alpha \times 10^3 \tag{6-3}$$

式中，F_1 为楔紧块斜面的法向分力（kN）；A_1 为侧抽形芯成形部分沿抽芯方向的投影面积（m^2）；α 为楔紧块斜角。

此时，使模具打开趋势的合力 $F_{合}$ 为

$$F_{合} = F_{胀} + F_1 = p\,(A + A_1 \tan\alpha) \times 10^3 \tag{6-4}$$

所需的锁模力为

$$F_{锁} \geqslant KF_{合} \tag{6-5}$$

考虑 $F_{合}$ 中心与锁模力中心偏离因素影响，锁模力应满足下式要求：

$$F_{锁} \geqslant KF_{合}\,(l_1 + l_0)\,/l_1 \tag{6-6}$$

式中，l_1 为模具边缘至压铸机锁模中心的距离（mm）；l_0 为模具打开趋势合力至压铸机锁模中心的距离（mm）。

2. 压室容量的校核

选定压铸机规格后，压射比压、压室直径以及压室额定容量均可确定。因此，每次压铸的金属液总量不得超过压室可容纳的金属液总量 G，即

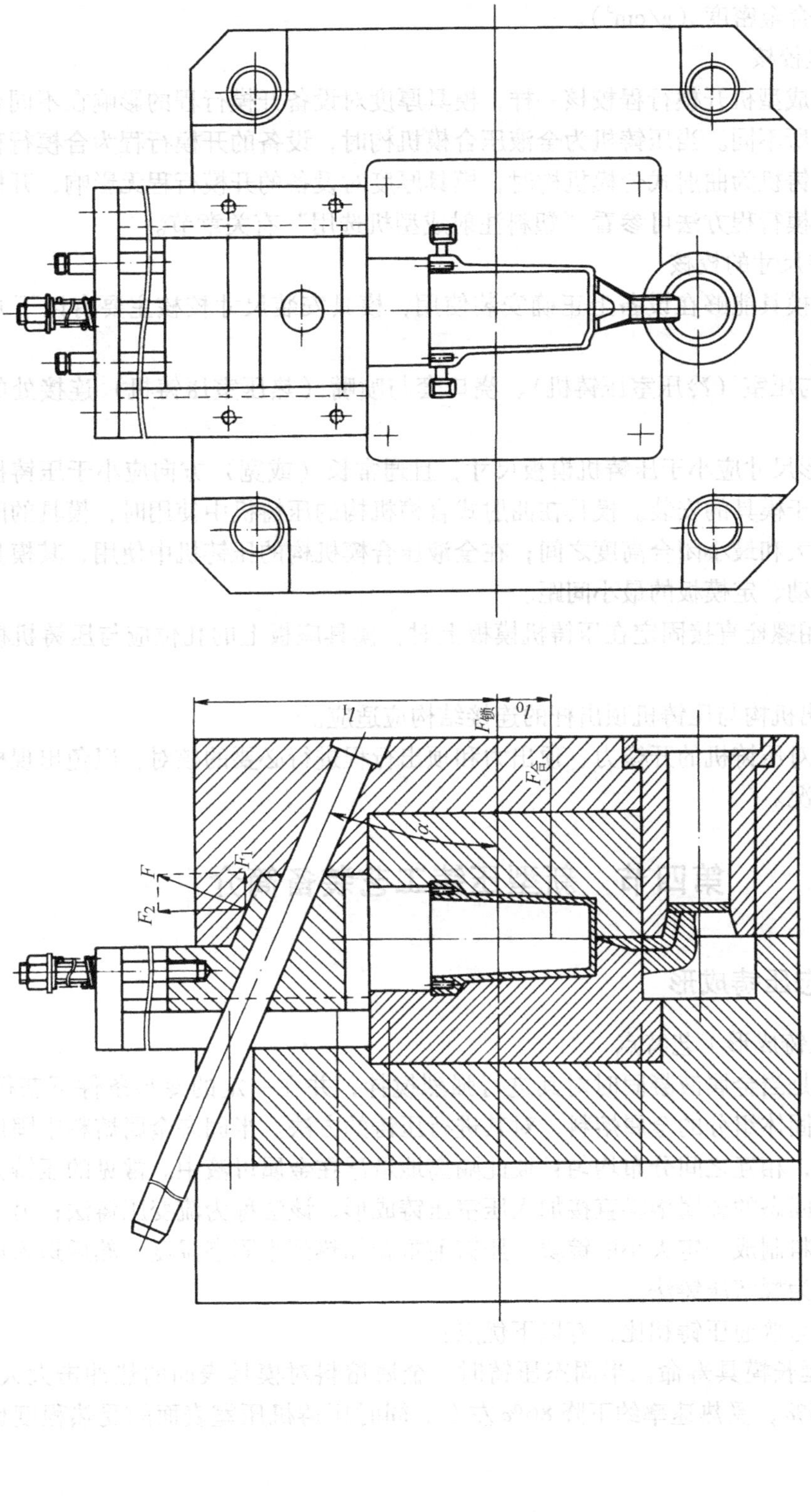

图 6-22　锁模力校核计算示意图

$$G_0 > G = (V_1 + V_2 + V_3)\ \rho/1000 \tag{6-7}$$

式中，G_0 为压铸机压室额定容量（kg）；G 为每次压铸所需的金属液总量（kg）；V_1 为压铸件的体积（cm^3）；V_2 为压铸件浇注系统的总体积（cm^3）；V_3 为压铸件排溢系统的总体积（cm^3）；ρ 为合金密度（g/cm^3）。

3. 开模行程校核

与塑料注射成型机开模行程校核一样，模具厚度对设备开模行程的影响在不同合模机构的压铸机中有所不同。当压铸机为全液压合模机构时，设备的开模行程为合模行程减去模具厚度；当压铸机为曲肘式合模机构时，模具厚度对设备的开模行程无影响，开模行程为定值。校核开模行程方法可参看“塑料注射成型机选用”有关章节。

4. 模具安装尺寸的校核

为保证压铸模具能够在设备上正确安装使用，模具安装尺寸校核主要有以下几个方面：

1）浇口套与压室（冷压室压铸机）、浇口套与喷嘴（热压室压铸机）连接处的配合要正确。

2）模具外形尺寸应小于压铸机模板尺寸，且通常长（或宽）方向应小于压铸机拉杆有效间距，以便于模具的安装。模具在曲肘式合模机构的压铸机中使用时，模具的闭合高度应在设备的最大和最小闭合高度之间；在全液压合模机构的压铸机中使用，其模具闭合高度应大于设备动、定模板的最小间距。

3）当模具用螺栓直接固定在压铸机模板上时，模具座板上的孔位应与压铸机模板上的安装螺孔对应。

4）模具顶出机构与压铸机顶出杆的连接结构应适应。

此外，还应对压铸机的开模力、顶出力和顶出行程进行必要的核对，以免出现模具无法正常工作的情况。

第四节　新型压铸工艺装备简介

一、半固态压铸成形

1. 半固态压铸成形工艺特点

半固态压铸是当金属液凝固时对其进行强烈搅拌，并在一定的冷却条件下获得50%左右甚至更高的固体组分的金属熔料，对其进行压铸的方法。半固态金属熔料中固体质点为球状或等轴状，相互之间分布均匀且彼此隔离地悬浮在金属母液中。常见的压铸方法有两种：一是将半固态的金属熔料直接加入压室压铸成形，该法称为流变压铸法；另一种是将半固态金属熔料制成一定大小的锭块，压铸前重新加热到半固态温度，然后送入压室进行压铸，该法称为搅溶压铸法。

半固态压铸与普通压铸相比，有以下优点：

1）有利于延长模具寿命。半固态压铸时，金属熔料对模具表面的热冲击大大减小，据测约降低了75%，受热速率约下降86%左右。同时压铸机压室表面的受热程度也降低了许多。

2）半固态熔料粘度大，充型时无涡流，较平稳，不会卷入空气，成形收缩率较小，压铸件不易出现疏松、缩孔等缺陷，提高了压铸件质量。

3）半固态熔料输送方便简单，便于实现机械化与自动化。

4）金属半固态浆料的流变性能受温度影响较大且浆料粘度大，半固态压铸时要求设备能提供更快的压射速度和更大的压射力。

因而，半固态压铸工艺的出现，为高温合金的压铸开辟了新的道路。

2. 半固态压铸成形设备

半固态压铸成形设备除原有的冷压室压铸机之外，还必须配备半固态金属熔料制备装置，若采用搅溶压铸法成形，还要配置对锭料重新加热到半固态温度的重温炉。图6-23为半固态压铸成形辅助设备示意图。

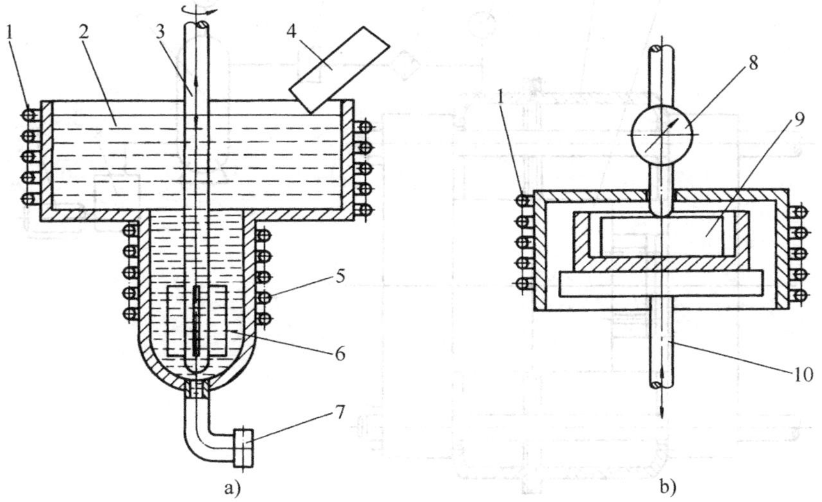

图6-23 半固态压铸成形辅助设备示意图

a）半固态金属熔料连续制备器 b）加热半固态锭料的重温炉

1—感应加热器 2—金属液 3—搅拌器 4—供液槽 5—冷却装置

6—半固态金属液 7—出液口 8—软度计 9—半固态锭料 10—锭料加热托架

二、真空压铸成形

1. 真空压铸成形工艺特点

真空压铸是用真空泵装置将模具模腔中的空气抽出，达到一定的真空度后再注入金属液进行压铸的工艺方法。真空压铸有以下特点：

1）消除或减少了压铸件内部的气孔，提高了压铸件的强度和质量，可进行适当的热处理。

2）改善了金属液充填能力，压铸件壁厚可以更薄，形状复杂的压铸件也不易出现充不满现象。

3）减少了压铸时模腔的反压力，因此可以采用较低的压射比压和用于压铸性能较差的合金，扩大了压铸机允许压铸的零件尺寸，提高设备的成形能力。反压力的减小，使结晶速度加快，缩短了成形时间，一般可提高生产率10%~20%。

4）真空压铸密封结构复杂，还需配备快速抽真空系统，控制不当则效果不明显。

2. 真空压铸成形设备

真空压铸工艺要求在很短时间内使模腔达到预定的真空度，故真空系统应根据抽真空容积的大小确定真空罐的容积和足够大的真空泵。获得真空常见的方法有以下两种：

（1）利用真空罩密封压铸模　如图6-24所示，在压铸机动、定模板之间加真空密封罩，将压铸模整体密封在罩内。压铸时，金属液注入压室，压射冲头慢速移动，当压射冲头密封注料口时，起动抽真空系统把密封区域内的空气全部抽出，达到预定的真空度后，压射冲头切换为快速压射，保压冷却后，真空阀换向使密封罩与大气连通，进行开模取件。这种方法每次抽气量大，抽真空系统要求高。为了尽可能地减少抽气量，压铸模结构零件不应使真空罩尺寸过大，带液压抽芯的模具受到了限制。

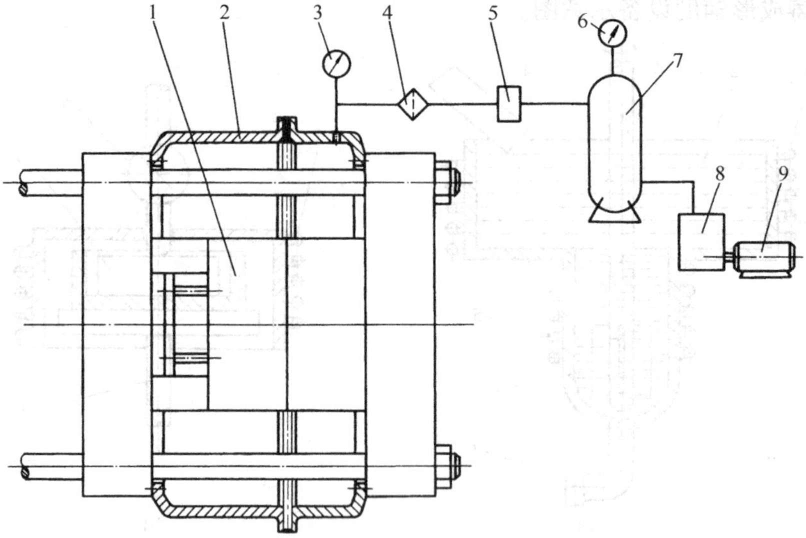

图6-24　利用真空罩抽真空示意图

1—压铸模　2—真空罩　3—真空表　4—过滤器

5—真空阀　6—电真空表　7—真空罐　8—真空泵　9—电动机

（2）模腔直接抽真空　如图6-25所示，压铸模分型面上总排气槽与抽真空系统连通。压铸时，金属液注入压室，压射冲头密封注料口后开始抽真空，达到一定的真空度后，压力继电器使液压装置关闭总排气槽，以防止压射时金属液进入真空系统，此时压射冲头转为快速压射，完成压铸成形。此种方法抽气量少，对抽真空系统要求较低，容易实现，但对模具分型面的密封要求提高了。

上述两种方法在抽真空时压室与模腔通过浇注系统相通，为了防止金属液因真空度的提高被吸入模腔，因此真空度不宜太高，压室内的空气难以完全抽出，影响了真空压铸的效果。目前国外开发了一种新型的真空压铸装置，如图6-26所示。该装置通过控制阀使抽真空时压室内的金属液与模具模腔隔离开，并通过专门通道同时将压室内的气体抽出，压射时阀芯换位，使压室与模腔连通，同时切断抽真空通道，完成压铸成形。采用此法可以提高模腔的真空度，且压室内的空气完全被抽出，提高了压铸件的质量。其工作过程如下：

开始压铸时，缓冲装置使阀芯处于图6-26a所示位置，阀芯的左端将阀体与大气隔开，阀芯的右端将模腔与压室隔开，而使抽真空回路与模腔相通。在注料孔中浇入定量的金属液，压射冲头密封注液口后转入慢速移动，同时起动真空泵，对模腔进行抽真空，由

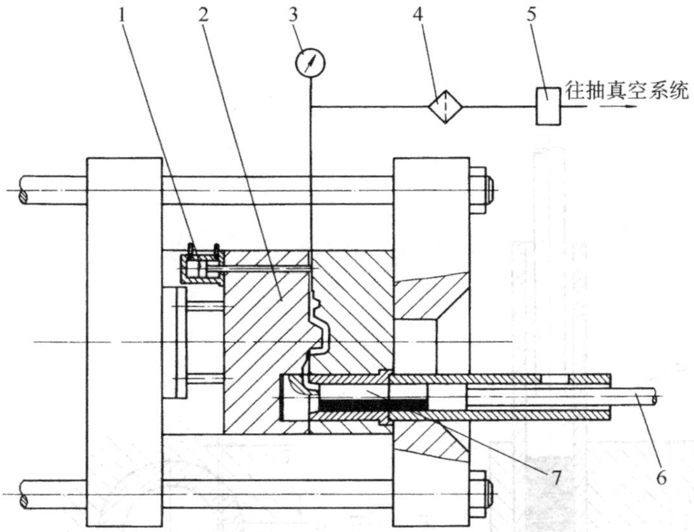

图6-25　分型面直接抽真空示意图

1—排气槽开闭液压缸　2—压铸模　3—电真空表

4—过滤器　5—真空阀　6—压射冲头　7—压室

于压室与抽真空回路有专设的通道相连，所以对模腔抽真空的同时也能对压室抽真空。当模腔内真空度达到要求时（一般为0.04MPa），此时随着压射冲头的不断前进，金属液充满压室（图6-26b所示状态），压力升高，阀芯受压，克服了缓冲装置的阻力，阀芯换位至图6-26c所示位置，使模腔与压室连通，同时切断抽真空通道与模腔的通路，此刻压射冲头由慢速迅速转为快速压射状态，将金属液快速充填模腔，完成压铸成形。值得注意的是，抽真空的速率应根据不同的模腔和压室容积认真选定；压射冲头由慢速转为快速的间隔时间应尽可能短，几乎与阀芯换向同时动作，以确保真空压铸效果。图6-26d所示为压室的抽真空专用通道，它位于压室内壁的正上方，宽度为20mm，深度为0.2mm。

三、充氧压铸

充氧压铸是将干燥的氧气充入压室和压铸模模腔，以取代其中的空气。当铝（或锌）金属液压入压室和模具模腔时，与氧气发生氧化反应，形成均匀分布的三氧化二铝（或氧化锌）小颗粒，从而减少或消除了气孔，提高压铸件的致密性。此类压铸件可进行热处理以改善零件力学性能，目前该压铸方法主要用于铝、锌合金压铸。

图6-27为充氧压铸装置示意图，图6-27a为氧气从模具上开设的通道加入，尽快取代模腔和压室中的空气。图6-27b为氧气从压射装置的反料冲头中加入，此法用于立式冷压室压铸机中，结构简单，密封可靠，易保证质量。

四、精速密压铸

精速密压铸是精确、快速、密实压铸方法的简称，它采用两个套在一起的内外压射冲头进行压射，故又称套筒双冲头压铸法。压射开始时，内外冲头同时压射，当模腔填充结束，压铸件外壁部分凝固后，延时装置使内压射冲头继续前进，推动压室内未凝固金属液补缩压实压铸件。由于内压射冲头动作在压铸件部分凝固的情况下进行，因此，不会增大

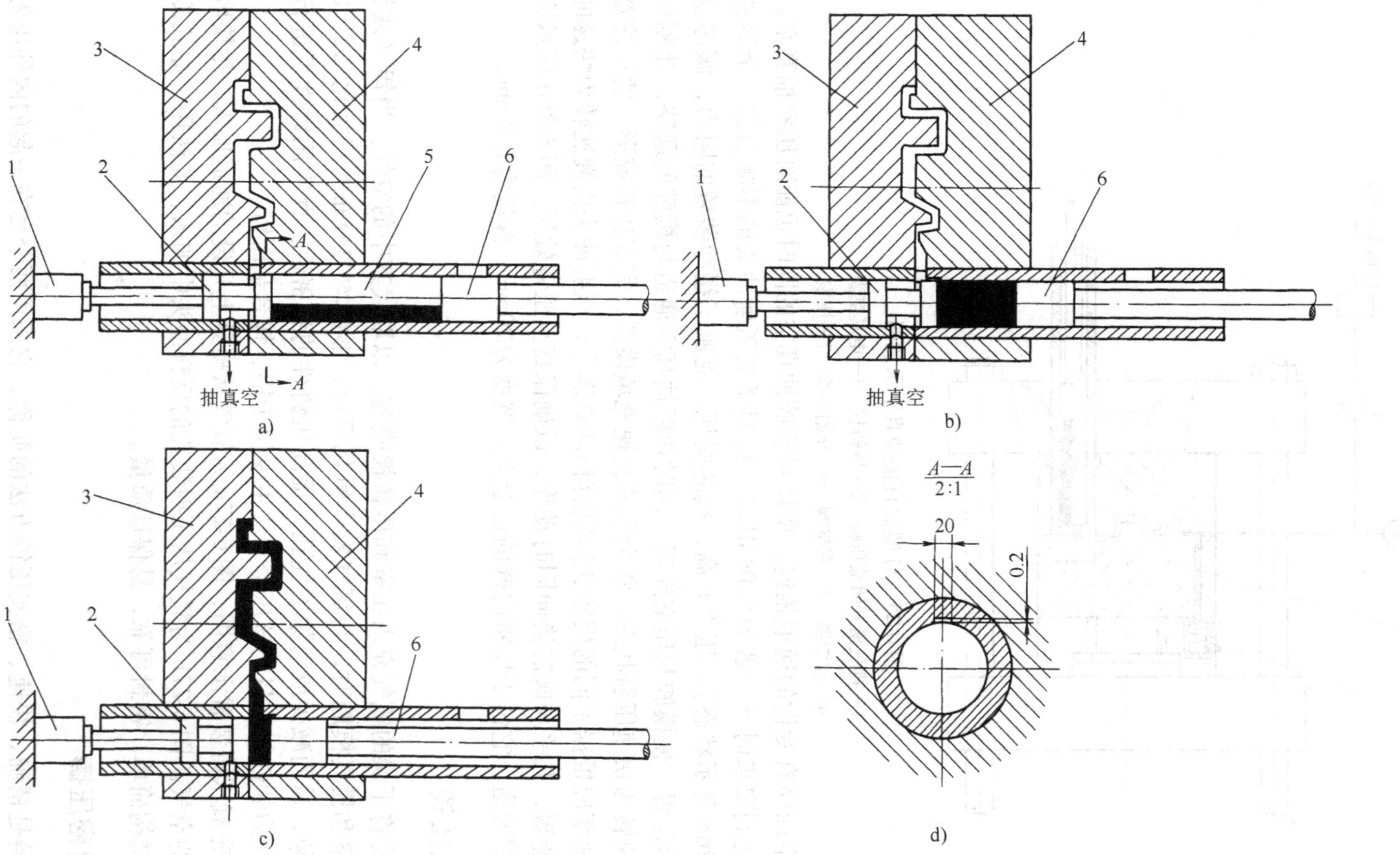

图 6-26　新型真空压铸装置示意图

a）压铸开始状态　b）压射冲头慢—快切换瞬间状态　c）压射—保压状态　d）压室抽真空通道结构

1—缓冲装置　2—阀芯　3—动模部分　4—定模部分　5—压室　6—压射冲头

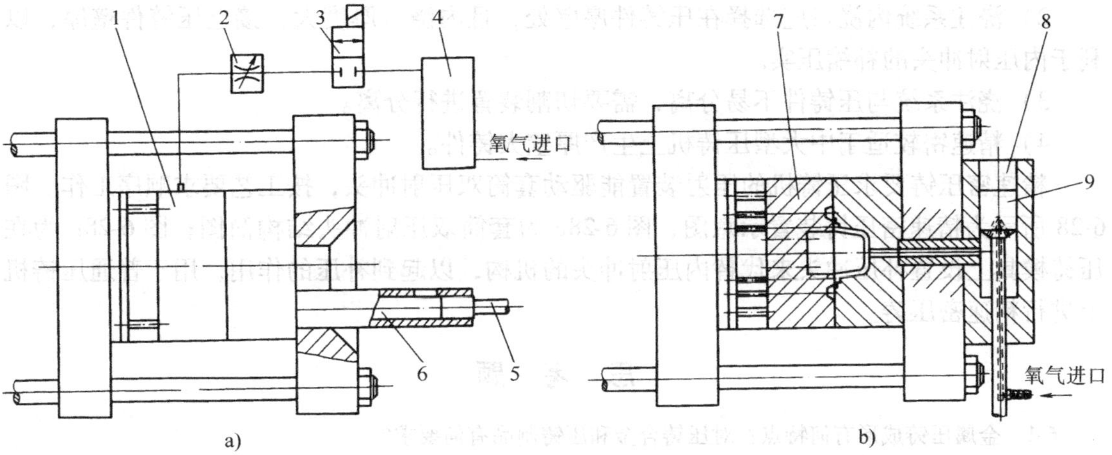

图 6-27 充氧压铸装置示意图
a）氧气从模具中加入 b）氧气从反料冲头中加入
1、7—压铸模 2—节流阀 3—电磁换向阀
4—氧气干燥箱 5—压射冲头 6、8—压室 9—反料冲头

胀模力而造成飞边的出现。精速密压铸的特点有：

1）充模平稳，压射、充填速度低，不易形成涡流和喷溅现象，减少压铸件的气孔数量。

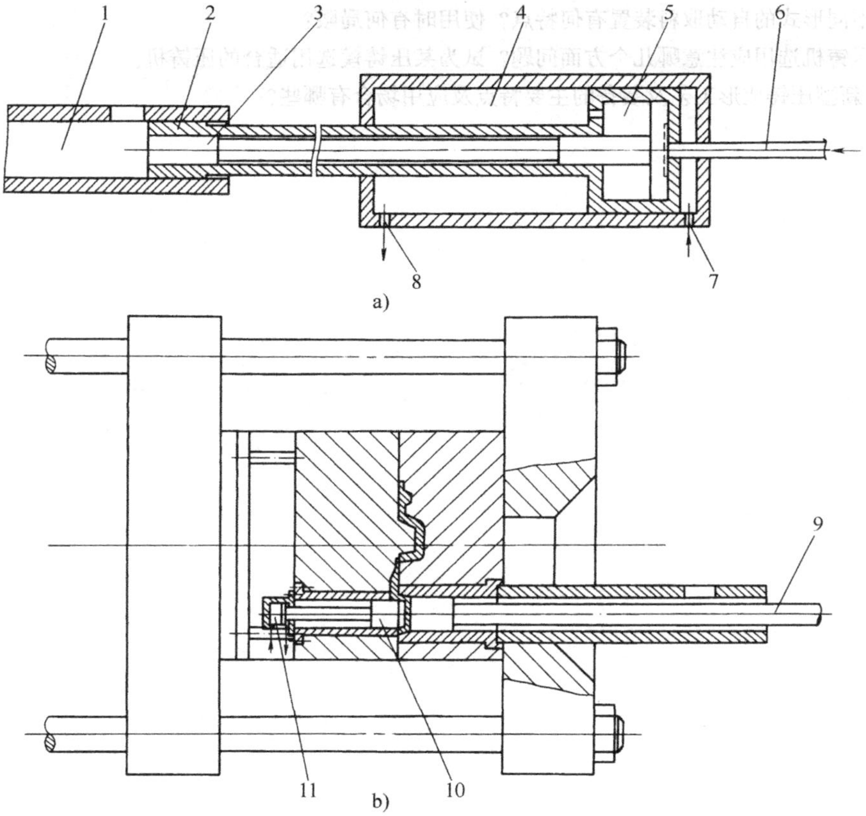

图 6-28 精速密压铸装置结构示意图
a）套筒双压射冲头结构 b）模具带补压冲头的结构
1—压室 2—外冲头 3—内冲头 4—外压射缸 5—内压射缸 6—内压射缸进油管
7—外压射缸进油口 8—出油口 9—压射冲头 10—补压冲头 11—补压液压缸

2）浇注系统内浇口应选择在压铸件厚壁处，且内浇口厚度大，接近压铸件壁厚，以利于内压射冲头的补缩压实。

3）浇注系统与压铸件不易分离，需要切割装置进行分离。

4）精速密较适于中大型压铸机上生产厚壁大铸件。

精速密压铸要求压铸机的压射装置能驱动套筒双压射冲头，按工艺要求顺序工作。图6-28所示为精速密压铸装置示意图，图6-28a为套筒双压射冲头结构简图；图6-28b为在压铸模具上设置补压冲头来代替内压射冲头的机构，以起到补压的作用，用于普通压铸机上进行精速密压铸。

思 考 题

6-1 金属压铸成形有何特点？对压铸合金和压铸制品有何要求？

6-2 压铸机的类型有哪些？各有何特点？

6-3 压铸机与塑料注射成型机相比，有何异同点？

6-4 压铸机如何实现金属液的高速、高压成形？

6-5 何谓三级压射？简述J1113A压铸机三级压射的工作原理。

6-6 分罐式压射增压装置较传统的增压系统有何优点？

6-7 压铸机全液压合模装置与曲肘式合模装置有何区别？

6-8 不同形式的自动取料装置有何特点？使用时有何局限？

6-9 压铸机选用应注意哪几个方面问题？试为某压铸模选用适合的压铸机。

6-10 新型压铸成形工艺及装备的主要特点及应用场合有哪些？

第七章　其他成形设备

第一节　螺旋压力机

一、螺旋压力机的工作原理、特性、分类和参数表示

1. 螺旋压力机的工作原理

螺旋压力机是采用螺旋副作为工作机构的锻压机械。下面以惯性螺旋压力机为例说明螺旋压力机的工作原理。惯性螺旋压力机结构的工作原理如图 7-1 所示。惯性螺旋压力机的共同特征是采用一个惯性飞轮。打击前，传动系统输送的能量以动能形式暂时存放在打击部分（包括飞轮和直线运动部分质量），飞轮处于惯性运动状态；打击过程中，飞轮的惯性力矩经螺旋副转化成打击力使毛坯产生变形，对毛坯做变形功，打击部件受到毛坯的变形抗力阻抗，速度下降，释放动能，直到动能全部释放停止运动，打击过程结束。惯性螺旋压力机每次打击，都需要重新积累动能，打击后所积累的动能完全释放。每次打击的能量是固定的，工作特性与锻锤相近，这是惯性螺旋压力机的基本工作特征。

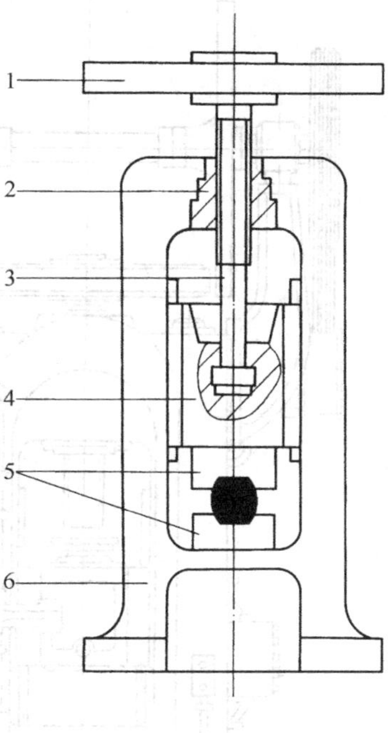

图 7-1　惯性螺旋压力机工作原理

1—飞轮　2—螺母　3—螺杆

4—滑块　5—上、下模　6—机身

2. 螺旋压力机的特性

1）工艺适应性好，模锻同样的工件可以选用公称压力比热模锻压力机小 25% ~50% 的螺旋压力机。大多数螺旋压力机的允许压力为公称压力的 1.6 倍，如果有摩擦超载保险装置，则允许在这个压力下长期工作。

2）螺旋压力机的滑块位移不受运动学上的限制，因此终锻可以一直进行到模具靠合为止，压力机和模具的弹性变形可由螺杆的附加转角自动补偿，锻件在垂直方向上的尺寸精度比在热模锻曲柄压力机上模锻要高 1 ~2 级。

3）模具容易安装调整，不需要调整封闭高度或导轨间隙。

4）螺旋压力机滑块的最大线速度为 0.6 ~1.5m/s，最适合各种钢和合金的模锻，模具所受应力小。

3. 螺旋压力机的分类和参数表示

螺旋压力机按照传动原理可分为惯性螺旋压力机和高能螺旋压力机。其中惯性螺旋压力机按动力形式又可分为摩擦压力机、电动螺旋压力机、液压螺旋压力机、复合传动螺旋压力机。

螺旋压力机用文字和数字表示型号，用公称压力表示规格。例如：J53—400 表示 4MN 双盘摩擦压力机。某些国外公司采用螺杆大径表示规格，如哈森公司 HSPRZ—630 型，螺杆直径为 630mm。

二、螺旋压力机的典型结构

1. 摩擦压力机的结构

采用摩擦传动机构传动的螺旋压力机称摩擦螺旋压力机。图 7-2 是双盘摩擦压力机的结构。整个传动链由电动机经一级 V 带传动、摩擦盘与飞轮构成的正交摩擦传动机构组成。横轴上装有两个摩擦盘，总朝一个方向旋转。飞轮边缘覆盖有摩擦材料。通过左右摩擦盘交替压紧飞轮，可改变飞轮的旋转方向，起到驱动、离合和换向多重作用。螺旋副通

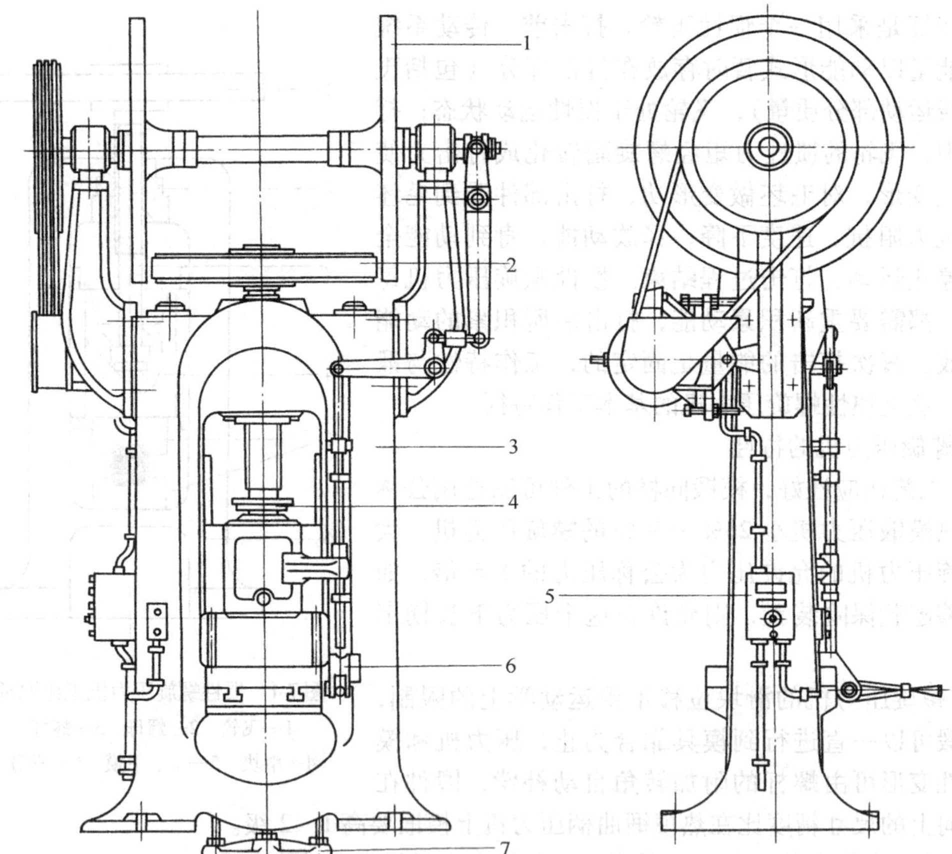

图 7-2　J53 型双盘摩擦螺旋压力机结构

1—横轴部件　2—飞轮　3—机身　4—制动器　5—电气系统　6—控制系统　7—顶出器

常采用右旋螺纹。当操作传动盘向右移动左盘压紧飞轮时，通过传动盘与飞轮之间摩擦作用使飞轮从静止开始加速转动。由于受到螺旋副的约束，飞轮和螺杆产生螺旋运动，其直线运动分量驱使滑块产生向下行程。在向下运动过程中，当运动部分积累的能量达到规定值时，操纵系统使传动盘与飞轮脱开，运动部分靠惯性继续下行。当上模与毛坯接触时开始打击。打击过程结束后操纵系统换向，飞轮带动滑块回程。一次往复行程组成一个工作循环。

这种正交圆盘传动机构常用作无级变速机构。传动中存在宏观滑动和几何滑动，影响传动效率。飞轮在最上位置时，飞轮与摩擦盘的接触半径较小，线速度较小。飞轮起步后随滑块行程量的增加，接触半径增大，线速度增加，宏观滑动较小，这种接触特性刚好满足加速飞轮的需要。回程的接触从最大半径开始，伴有剧烈的打滑损失，摩擦螺旋压力机常有回程困难的现象，因此大型摩擦螺旋压力机多配备平衡缸。

2. 电动螺旋压力机

电动螺旋压力机是利用可逆式电动机不断作正反方向的换向转动，带动飞轮和螺杆旋转，使滑块作上下运动。按其传动特征分为两类。

（1）电动机直接传动式

这种电动螺旋压力机没有单独的电动机，电动机的转子就是压力机的飞轮或飞轮的一部分，利用定子的旋转磁场，在转子（飞轮）外缘表面产生感应电动势和电流，由此产生电磁力矩，驱动飞轮、螺杆转动。这种电动螺旋压力机传动环节少，结构简单，打击能量恒定，操作维修方便。

（2）电动机机械传动式

特殊电动机造价高，当电动螺旋压力机公称压力大于40MN 后，采用电动机—齿轮传动，由一台或几台异步电动机通过小齿轮带动有大齿圈的飞轮旋转，飞轮只起传动和蓄能作用，飞轮和螺杆只作旋转运动，通过装在滑块上的螺母，使滑块作上下直线运动。

图 7-3 为 JD58—100 型电动螺旋压力机结构图。

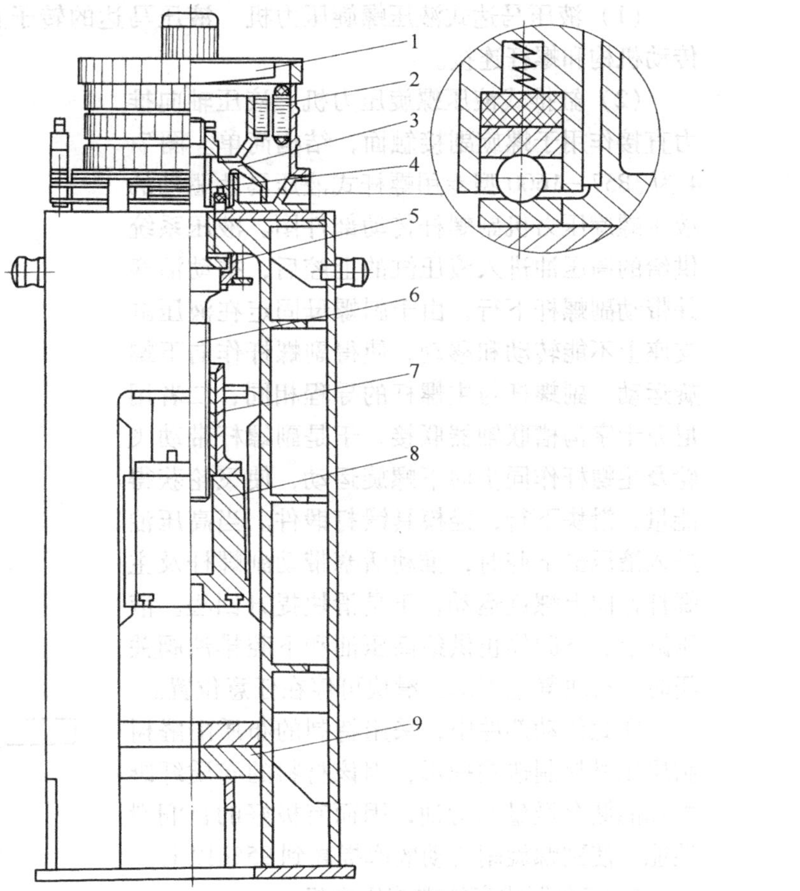

图 7-3　JD58—100 型电动螺旋压力机

1—风扇　2—电动机　3—飞轮　4—制动器
5—踵块　6—主螺杆　7—主螺母　8—滑块　9—机身

为使特殊设计的多极低速电动机具有高起动性能，转子采用双笼型结构，起动时转子的电阻较大，起动电流小，仅为额定电流的2.5倍，并增大了最初起动转矩，因而，起动速度快，转子只旋转1.5~2转即达到额定速度，能满足电动机在非稳定状态下工作的性能要求，当滑块空程上下时，飞轮、螺旋副、滑块以其自重悬挂支承在机身顶部的推力滚动轴承上；当滑块接触锻件时，锻击力推动螺杆向上，使螺杆中段的环形轴肩上的支承面与踵块接触，在其间产生高比压的相对摩擦滑动，并将锻击力传至机身的上横梁。为了使电动机能良好地通风和散热，在转子—飞轮上加工出多种形式的通风孔，组成合理的风道，并设置抽风式冷却风扇，使电动机温升保持在允许的范围内。

3. 液压螺旋压力机

由于采用液压传动，相对于摩擦和电动螺旋压力机，液压螺旋压力机具有高效节能的特点，又因液压部件是由很多标准的液压元件构成，有利于设备工作能力的大型化。随着航空和电力工业的发展，大型叶片等零件的精锻，要求发展大规格的螺旋压力机，因而使液压螺旋压力机在公称压力40~140MN的范围内得到了广泛的发展。

液压螺旋压力机可分为两大类：

（1）液压马达式液压螺旋压力机　液压马达的转子直接和螺杆连接，也可通过齿轮传动机构和螺杆连接。

（2）缸推式液压螺旋压力机　液压轴向推力直接作用于螺旋副接触面，结构简单。图7-4为JB57—1600型专用螺杆式液压马达驱动的液压螺旋压力机副螺杆传动部件图。液压系统供给的高压油进入液压缸的上腔后，推动活塞并带动副螺杆下行，由于副螺母固定在液压缸支座上不能转动和移动，使得副螺杆作向下螺旋运动。副螺杆与主螺杆的导程相同，二者用尼龙十字沟槽联轴器联接，于是副螺杆带动飞轮及主螺杆作同步向下螺旋运动，使飞轮获得能量，滑块下行，经模具锻打锻件。当高压油进入液压缸下腔时，推动活塞带动副螺杆及主螺杆作向上螺旋运动，于是滑块提升回程。液压缸上、下腔停止供给高压油和下腔排油阀关闭时，滑块静止不动，滑块可停在任意位置。

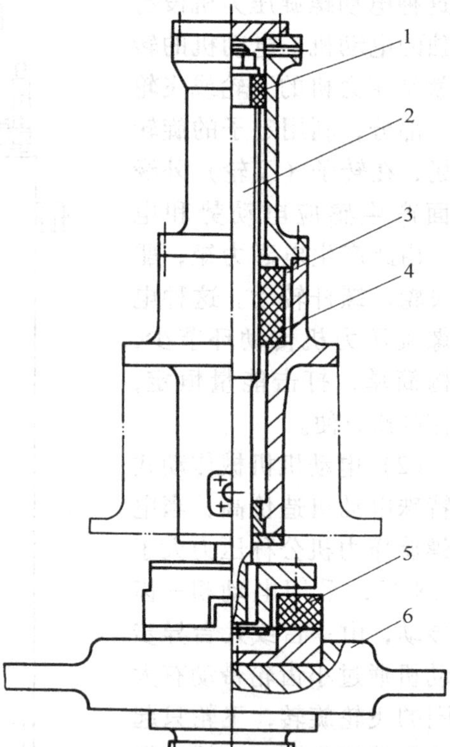

图7-4　副螺杆传动部件

1—活塞　2—副螺杆　3—玻璃钢销
4—胶木副螺母　5—尼龙联轴器
6—飞轮　7—主螺杆

在此传动部件中，采用特制的布质酚醛树脂层压材料制造副螺母，因该材料的布质纤维微孔能储存微量润滑油，因而有极好的自润滑性能，使副螺旋副传动效率提高到95%以上。

4. 离合器式高能螺旋压力机

这种螺旋压力机与惯性螺旋压力机的区别在于飞轮的工作方式完全变了。图7-5为NPS型离合器式螺旋压力机结构和工作原理图。主电动机通过V带驱动飞轮3，使它单向自由旋转。工作时由液压推动离合器活塞2，使与螺杆连成一体的离合器从动盘与飞轮3结合，带动螺杆作旋转运动，通过固定连接在滑块上的螺母，使滑块向下运动，并进行锻击。飞轮的转速降低到一定数值时，控制离合器系统的脱开机构将起作用，通过控制顶杆顶开液压控制阀使离合器脱开，飞轮继续沿原方向旋转，恢复速度。与此同时，利用固定在机身上的液压回程缸5，使滑块上行，完成一个工作循环。

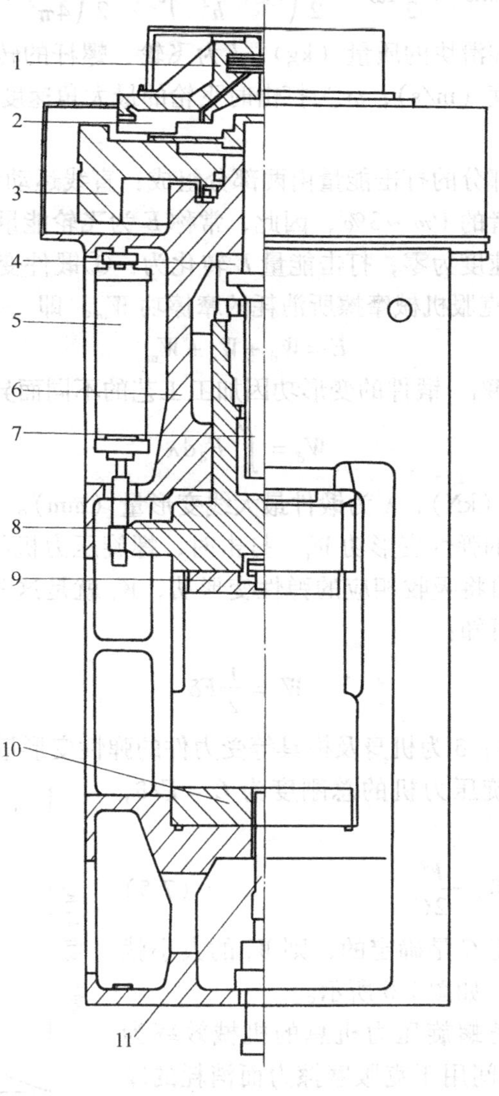

图7-5　NPS型离合器式螺旋压力机结构和工作原理图

1—离合器液压缸　2—离合器活塞　3—飞轮　4—推力轴承　5—回程缸
6—机身　7—主螺杆　8—滑块　9—滑块垫板　10—台面垫板　11—下模顶出器

离合器式螺旋压力机属于压力限定型设备，一次打击能量不是飞轮的全部动能，通常为飞轮降速12.5%时所释放的能量。在冷击时不会产生惯性螺旋压力机那样的冷击力。这种螺旋压力机具有高的打击能量，保证在任意位置的能量发挥，具有闷模时间短、节能、基础工作条件好等特点。

三、螺旋压力机的力能关系

1. 螺旋压力机工作时的能量转化

螺旋压力机的运动部分（包括飞轮、螺杆和滑块）在传动系统驱动下，经过规定的向下行程所储存的能量 E 为

$$E=\frac{1}{2}mv^2+\frac{1}{2}I\omega^2=\frac{1}{2}\left(m+\frac{4\pi^2}{h^2}I\right)v^2=\frac{1}{2}\left(\frac{h^2}{4\pi^2}m+I\right)\omega^2 \tag{7-1}$$

式中，m 为飞轮、螺杆和滑块的质量（kg）；I 为飞轮、螺杆的转动惯量（$kg\cdot m^2$）；v 为打击时滑块的最大线速度（m/s）；ω 为打击时飞轮的最大角速度（rad/s）；h 为螺杆螺纹的导程（m）。

由此式可知，运动部分的打击能量由两部分组成：直线运动动能和旋转运动动能。一般情况下，前者仅为后者的1% ~3%，因此，常称 E 为飞轮能量。

打击终了时，滑块速度为零，打击能量 E 转化为：①锻件变形功 W_d；②机身及模具等的弹性变形功 W_t；③克服机械摩擦所消耗的摩擦功 W_m。即

$$E=W_d+W_t+W_m \tag{7-2}$$

（1）锻件的变形功 W_d　锻件的变形功因加工工艺的不同而异，一般可表示为

$$W_d=\int_0^{\lambda}F_d\mathrm{d}\lambda \tag{7-3}$$

式中，F_d 为锻件变形力（kN）；λ 为锻件最大线变形量（mm）。

（2）机身及模具等的弹性变形功 W_t　打击时，螺旋压力机的各受力部件和模具因受力而产生弹性变形，各自将吸收相应的弹性变形功，W_t 就是这些受力件所消耗的弹性变形功之和。由材料力学可知：

$$W_t=\frac{1}{2}F\delta \tag{7-4}$$

式中，F 为打击力（kN）；δ 为机身及模具等受力件的弹性变形量（mm）。

在弹性范围内，螺旋压力机的总刚度为 $C=F/\delta$，代入式（7-4）中，有

$$W_t=\frac{F^2}{2C} \tag{7-5}$$

由于压力机的总刚度 C 是确定的，则 W_t 的大小就取决于打击力 F 的大小，如图 7-6 所示。

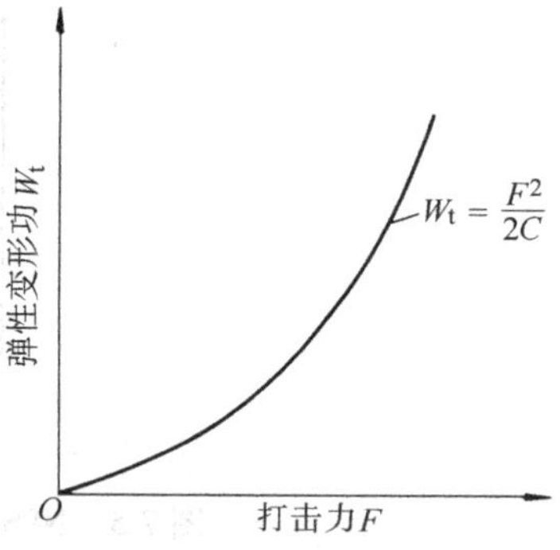

图 7-6　螺旋压力机的打击力和弹性变形功之间的关系

（3）摩擦功 W_m　若螺旋压力机总的机械效率为 η，则打击时各运动副之间用于克服摩擦力而消耗的摩擦功可用下式近似计算：

$$W_m=(1-\eta)E \tag{7-6}$$

一般取 $\eta=0.8\sim0.85$，所以

$$W_m=(0.2\sim0.15)E$$

2. 飞轮的力能关系

由上述分析可知，螺旋压力机在一次滑块行程中，储存的动能只有部分用于锻件的成形，可将式（7-2）改写为

$$W_d = E - (W_t + W_m) \tag{7-7}$$

结合式（7-5）、式（7-6）可建立如图7-7所示的螺旋压力机力能关系曲线。由图可见：

1）在螺旋压力机上，可以完成不同的锻压工艺。对变形量大、需要压力小的锻件，压力机能给出较大的塑性变形能（即有效能量），产生较小的打击力；而对于变形量小、壁薄的锻件（如叶片），压力机能给出的有效能量较小，但能产生较大的打击力。这说明螺旋压力机具有较强的工艺力能特性。

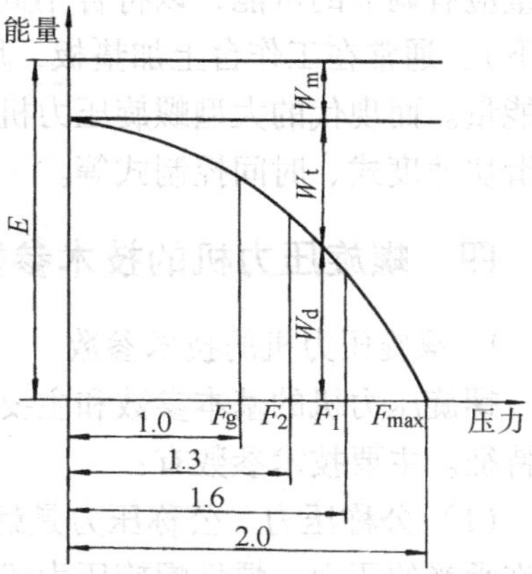

图7-7　螺旋压力机的力能关系曲线

2）螺旋压力机是能量限定设备，而能量的分配关系与不同的打击力相对应。滑块压力越大，用于锻件变形的能量越小，机身及模具吸收的弹性变形能就越大。如果在模具里没有毛坯的情况下进行打击（即冷击），滑块的压力将达到最大值 F_{max}，此时飞轮的能量除克服一小部分摩擦功外，几乎全部被压力机的弹性变形所吸收，因而压力机的负荷最重，甚至将造成设备的损坏。所以，螺旋压力机绝对禁止在全能量下进行冷击。

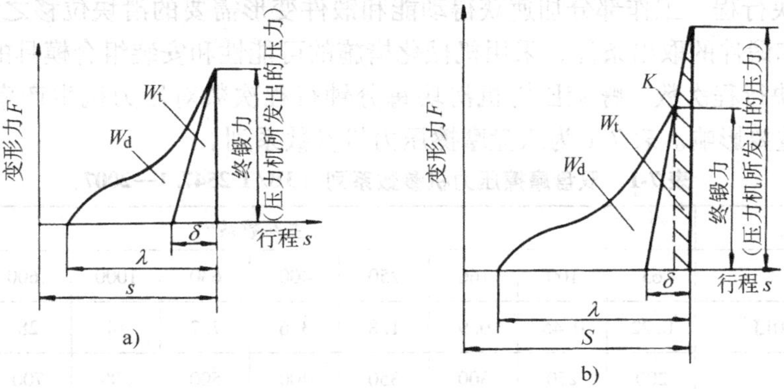

图7-8　螺旋压力机模锻时的负荷图

a）飞轮能量正好　b）飞轮能量过大

δ—机器及锻模的弹性变形行程　λ—锻件的塑性变形行程　s—滑块行程

3．螺旋压力机的能量调节

由上述分析可知，为节约能量和保护设备，总希望锻打时设备给出的能量刚好满足工艺要求。螺旋压力机打击时，只有当飞轮所储存的能量全部释放（即滑块速度变为零）后才能回程。当上下模打靠时，若飞轮释放出的能量正好消耗完（无剩余动能），此时压力机发出的压力正好等于工艺所需的终锻力，如图7-8a所示，显然这时的 W_d 和 W_t 等的比例最为合理。当飞轮能量过大（即螺旋压力机的规格选得过大）时，如图7-8b所示，在 K 点工件变形已完成，但飞轮能量还没有消耗完，这些多余的能量（阴影部分面积）在变形结束后将被机身和模具等受力部件吸收而转化为弹性变形功，此时，压力机所发出的压力远大于锻件的终锻力，显然，有一部分能量被浪费掉了。这提高了动力的费用，而且设备所承受的负荷也加大了，从而导致某些零件的磨损加剧。因此，螺旋压力机的打击能量应有调节的可能，以符合不同锻件变形功的需要。对于中小型螺旋压力机（3000kN以下），通常在工作台上加垫板，用减小滑块行程（亦即减小飞轮转速）的方法来减小打击能量。而现代的大型螺旋压力机上一般都设有能量调节装置，包括控制滑块位移式、控制滑块速度式、时间控制式等。

四、螺旋压力机的技术参数及使用

1. 螺旋压力机的技术参数

螺旋压力机的基本参数和主要尺寸表示该种型号设备的力能特性、操作尺寸、生产率等特征。主要技术参数有：

（1）公称压力　公称压力是螺旋压力机的名义压力，它是在允许过载的条件下螺杆允许承受的压力。惯性螺旋压力机的打击力是不固定的，打击力的大小与有无打滑飞轮及锻击状态有关。现代螺旋压力机的公称压力范围为0.4～140MN。

（2）运动部分能量　运动部分总动能包括飞轮、螺杆、滑块的总动能。大、中型压力机有时也考虑上模的质量。在螺旋压力机上完成较薄锻件的压印和精压工序时，这种工序要求很大的力，但是要求的能量较小。完成厚锻件的镦粗工序，需要消耗很大的能量。在公称压力相同时，压印-精压、镦粗和体积模锻的能量之比为1:2:3。

（3）滑块行程　工作部分加速获得动能和锻件变形需要的滑块位移之和为最大行程，它影响装料和锻件的取出条件、采用机械化措施的可能性和安装组合模具的可能性。

（4）滑块行程次数　螺旋压力机滑块每分钟行程次数对压力机生产率、模具寿命和传动功率有重要影响。表7-1为双盘摩擦压力机参数系列。

表7-1　双盘摩擦压力机参数系列（JB/T 2547.1—2007）

基本参数		主参数系列									
公称压力/10kN		63	100	160	250	400	630	1000	1600	2500	4000
运动部分能量/10kJ		0.22	0.45	0.9	1.8	3.6	7.2	14	28	50	100
滑块行程/mm		200	250	300	350	400	500	600	700	800	900
理论行程次数/(次/min)		35	30	27	24	20	16	13	11	9	7
最小封闭高度/mm		315	355	400	450	530	630	710	800	1000	1250
垫板厚度/mm		80	90	100	120	150	180	200	220	250	280
工作台尺寸/mm	左右	250	315	400	500	600	720	800	1050	1250	1400
	前后	315	400	500	600	720	800	1050	1250	1500	1800

2. 螺旋压力机的使用

现代螺旋压力机公称压力为0.4～140MN，生产的锻件质量从几十克到250kg。锻件投影面积达到5000cm^2，螺旋压力机大多数结构允许以1.25～1.6倍公称压力下长期工作，允许以2倍公称压力短期工作。在公称压力使用时，有效能量不低于60%。在工作能力方面已超过热模锻压力机。由于螺旋压力机行程次数低，不适于作拔长和滚挤。在模具上增加具有单独动力的分模机构，可在螺旋压力机上进行分模模锻。利用工作台的中间孔和可倾式工作台，可锻长杆的法兰，例如汽车半轴。螺旋压力机没有固定下死点，用作无飞边模锻和精整的工序也比较适合。

在螺旋压力机上模锻，模具打靠是唯一的正确方法。在表面粗糙度相同的情况下，用模具打靠的方法容易得到比模锻锤高2~3级精度、比热模锻压力机高1~2级精度的锻件。

螺旋压力机不适合于预锻工序，预锻工序可以在其他设备上进行。为了提高精度，在螺旋压力机上也可以进行热切边后的锻件热精整。高精度模锻时，精度由嵌入模具中的撞块来保证。为排除滑块导轨间隙和机身角变形对模具错移的影响，可采用导柱和设在模具周边的导向锁扣。

第二节　锻　　锤

一、锻锤的工作原理、分类和参数表示

1. 锻锤的工作原理

锻锤是各种锻压机器的先驱，已经有100多年的历史。锻锤以其结构简单、制造容易、操纵方便、设备投资少（仅为热模锻压力机的1/3~1/5），而且能进行多膛模锻、不必配备预锻设备、万能性强的优点，至今仍然起着重要作用。锻锤与液压机和机械压力机的工作原理不同，压力机靠压力一次加压成形，如果压力机压力小于锻件变形力，则不能成形。而锻锤是靠落下部分动能的瞬时释放而使锻件成形的，完成锻件变形的能力受最大有效能量的限制，如果锻锤的有效能量小于锻件变形所需的能量，仍可通过多次打击，完成锻件变形任务。

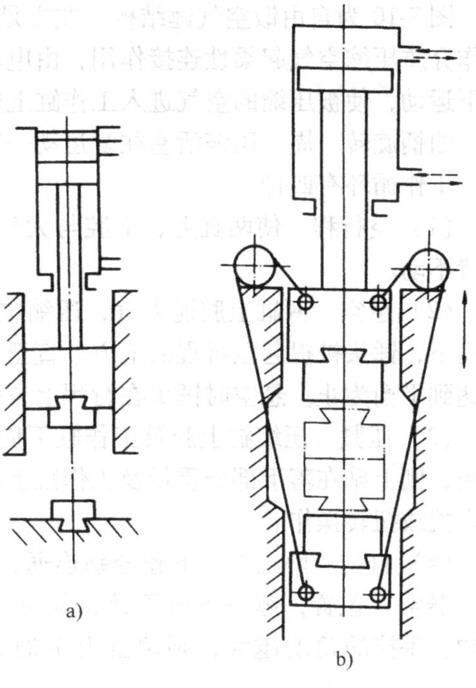

图7-9　锻锤工作原理
a）砧座固定的有砧座锤　b）对击锤

锻锤利用蒸汽或液压等传动机构使落下部分（活塞、锤杆、锤头、上砧（模块））产生运动并积累动能，将此动能施加到锻件上去，使锻件获得塑性变形能，以完成各种锻压工艺。工作原理如图7-9所示。图7-9a为砧座固定的有砧座锤，这种锻锤利用压力为0.7~0.9 MPa的蒸汽或0.5~0.7 MPa的压缩空气作为工作介质经过管路送至锻锤本体的进气管，再经过气阀进入气缸的上腔或下腔，驱动落下部分下降以进行打击或向上回程。图7-9b为上下锤头对击的对击锤。对击锤的主要特点是没有固定的砧座，上下锤头通过联动构件相互联动。上锤头在气缸上腔气体的压力作用下加速运动的同时，由于联动构件的带动，下锤头向上作加速运动，使两个锤头对击。回程时，气体进入气缸下腔，推动上锤头上升，而下锤头则靠自重下落。锻锤以很大的砧座或可动的下锤头作为打击的支

承面。在工作行程时，锤头的打击速度瞬时（千分之几秒）下降至零，工作是冲击性的，能产生很大的打击力，通常引起很大的振动和噪声。

2. 锻锤的分类

锻锤按打击特性可分为对击锤和有砧座锤；按工艺用途分为自由锻锤、模锻锤和板料冲压锤；按驱动形式分为蒸汽—空气锤、空气锤、蒸汽—空气对击锤、液压锤等。

3. 锻锤的参数表示

锻锤都是靠打击能量使锻件变形的，应该以打击能量标志其锻造能力的大小，所不同的是对击锤直接用打击能量表示其锻造能力，这个打击能量等于上、下锤头在对击时的动能和。有砧座锤习惯上用落下部分质量表示其锻造能力，但在技术参数中都必须同时给出打击能量。

二、锻锤的典型结构

（一）空气锤

空气锤用于自由锻和胎模锻，是中小型锻压车间使用最广泛的设备。常用的规格有65kg、150kg、250kg、400kg、560kg和750kg。

图7-10为自由锻空气锤结构。左方是工作缸，右方是压缩缸，两缸之间由旋阀连通。工作介质压缩空气起柔性连接作用，由电动机通过减速机构带动曲柄旋转，驱动压缩活塞上下运动，使被压缩的空气进入工作缸上腔或下腔，驱动落下部分上下运动进行打击或回程。曲柄旋转一周，压缩活塞往复运动一次，则锤头打击一次。

工作循环有四种：

（1）空行程　使两缸上、下腔与大气相通。锤头在自重的作用下下落，并在下砧面保持不动。

（2）悬空　两缸上腔通大气，压缩缸下腔的气体进入工作缸的下腔。在压缩空气的作用下，锤头被提起至行程的上方，直至工作活塞进入顶部的缓冲腔，在缓冲腔气压作用下达到平衡为止。悬空时锤头在行程上方往复颤动。此时可放置工具或锻件。

（3）压紧　压缩缸上腔及工作缸下腔与大气相通，压缩缸下腔的气体进入工作缸的上腔，则上砧在落下部分重量及工作缸上腔气体压力的作用下压紧工件。此时可对工件进行弯曲或扭转操作。

（4）打击　两缸上、下腔分别连通，则连续打击。当锤头打击一次后立即把手柄移至“悬空”位置，锤头不再下落，就可得到单次打击。打击的轻重是靠操纵手柄来实现的。手拉的角度越大，则两缸上下通道的开口越大，打击就越重；反之，打击就较轻。

（二）蒸汽—空气锤

1. 蒸汽—空气锤简介

蒸汽—空气自由锻锤是生产中小型自由锻件的主要设备。它的落下部分质量一般为5 ~50kN（0.5 ~5t）⊖。按结构形式，蒸汽—空气自由锻锤分为单柱式、双柱式和桥式自由锻锤。常用的为双柱拱式蒸汽—空气锤，锤身两个立柱组成拱形形状，刚性好，在锻造中

⊖ 按标准，重量单位应为牛顿，本节中为兼顾行业习惯，在多处使用吨。

的应用极为普遍，其吨位在 1 ~ 5t 之间。

蒸汽—空气模锻锤是常用的模锻设备之一，图 7-11 为蒸汽—空气模锻锤结构，与自由锻锤相比有以下主要特点：

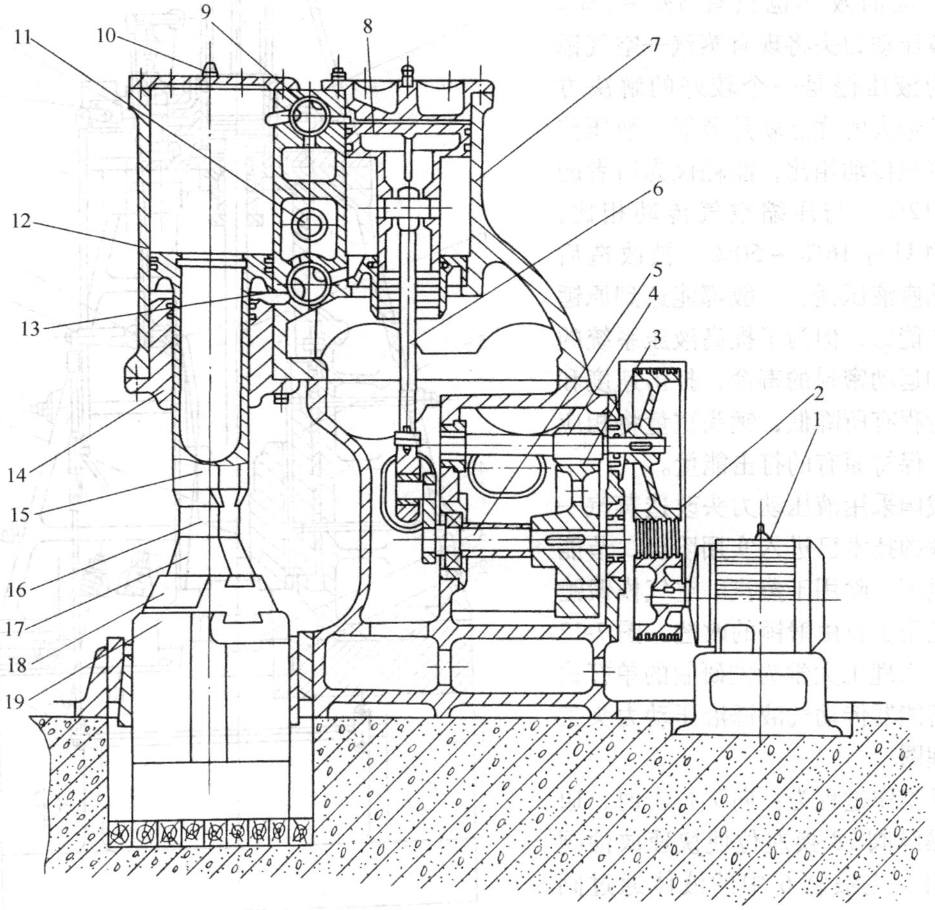

图 7-10 空气锤结构图

1—电动机 2—带轮 3—大齿轮 4—小齿轮 5—曲柄轴 6—连杆 7—压缩缸 8—活塞 9—上旋阀 10—顶盖 11—中旋阀 12—工作缸 13—下旋阀 14—锤杆导套 15—锤杆 16—锤头（上砧） 17—下砧 18—砧垫 19—砧座

1）立柱直接安放在砧座上，用 8 根带弹簧的强力拉紧螺栓联接在一起，与气缸底板构成一个封闭框架，保证上下模对中，提高了锻锤的刚性。

2）为了提高打击刚性，模锻锤砧座重量为落下部分重量的 20 ~ 30 倍。

3）模锻锤立柱采用较长的导轨，以提高锤头运动的导向精度。

4）用脚踏板进行操纵。为操作协调，由模锻工一个人操纵。

5）在工作循环中以摆动循环代替悬空，松开脚踏板时，锤头就在行程上方往复摆动。模锻时，踩下踏板即可。模锻锤的打击轻重和快慢可由锤头提升高度和踏板的压下量来控制。

2. 蒸汽—空气锤改造为液压锤

蒸汽—空气模锻锤示功效率极低，废气带走了大量的热能。其一次能源效率仅为1% ~2%；而用压缩空气传动的效率也只有3% ~5%。采用液压动力头将现有蒸汽—空气锤改造为液压锤是一个较好的解决方案，其最大的优点就是节能。液压传动与蒸汽传动相比，能耗仅为后者的4% ~12%；与压缩空气传动相比，能耗也只有16% ~50%。被改造后的有砧座液压锤，一般都能达到原锤的工作能力，但为了提高液压系统的效率和运动密封的寿命，打击速度和锤头行程有所降低，锤头重量将相应增加以保持原有的打击能量。

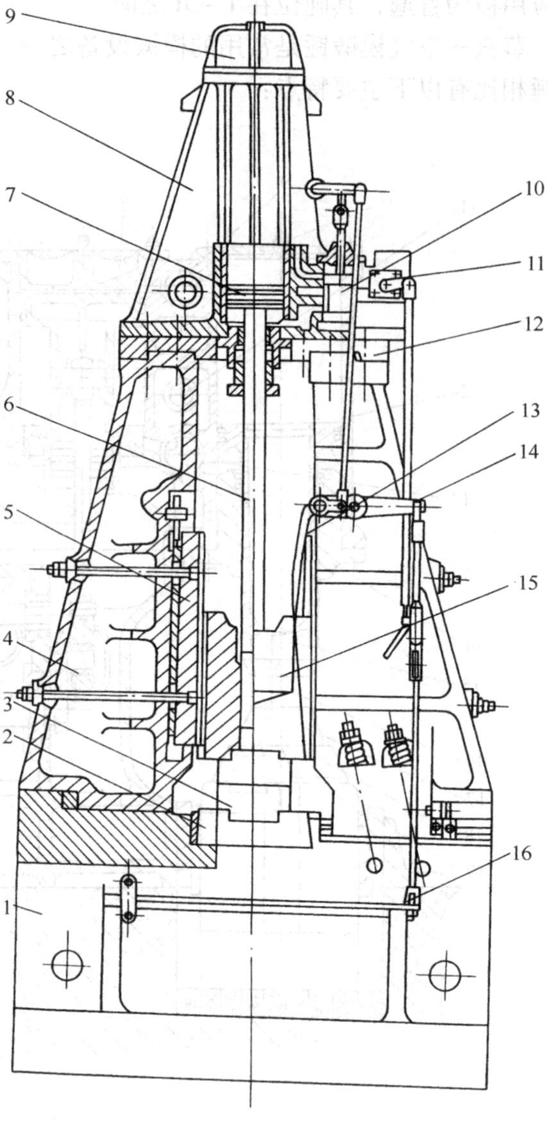

图7-11 蒸汽—空气模锻锤

1—砧座 2—模座 3—下模 4—立柱 5—导轨 6—锤杆 7—活塞 8—气缸 9—保险缸 10—滑阀 11—节气阀 12—气缸底板 13—曲杆 14—杠杆 15—锤头 16—踏板

我国采用液压动力头改造蒸汽—空气锤的技术已进入实用阶段，节能效果显著。除用于蒸汽—空气模锻锤外，还用于自由锻锤的改造。图7-12为以北京理工大学为主研制的单杆式泵—蓄能器传动气液锤液压动力头工作原理图。

其工作过程为：向下打击时，通过主操纵阀18换左位使快速放油阀10打开，主液缸6中的液体通过阀10泄入油箱4中，活塞11下部失去液压支持，上部气体的压力和落下部分的自重使锤头8加速向下进行锻击。回程时，阀18换右位使阀10关闭，来自泵3和蓄能器16的高压油经阀18和10进入主液缸6，活塞11使锤杆9带动锤头提升，并将主气缸14内的气体压缩蓄能。蓄能器16上的发讯装置17在蓄能器16充满液体后发出控制信号，通过先导卸荷阀15使液压泵卸荷运行。通过手动或脚踏操纵机构带动主操纵阀18。这种方法不但操纵省力，还可同时实现回程、打击、急停收锤和寸动调模等多种功能，非常接近原蒸汽—空气锤的操作习惯。

（三）对击模锻锤

对击模锻锤的工作特点是以活动的下锤头代替固定的砧座。按上、下锤头质量比或行程比分成两大类：上、下锤头行程相等的对击锤和下锤头小行程的对击锤。对击锤不需要很大的砧座，总重量仅为相同能力的有砧座模锻锤的1/2～1/3，基础体积仅为有砧座模锻锤的1/3～1/8。工作时地面振动小，厂房造价低。

目前广泛应用的是上、下锤头行程相等的对击模锻锤，其下锤头行程很大，工艺操作不便，适用于单模膛模锻，需在其他设备上预锻，生产率较低。对击模锻锤适用于中、小批量生产，是大型模锻的主要设备之一，对解决巨型模锻件是有利的。目前世界最大的气动对击锤的打击能量为1500kJ，用于生产航空航天和军工上大型模锻件。图7-13为液压联动式对击模锻锤。液压联动缸体13装在锤的下部。缸体内设有三个彼此连通的液压缸。中间缸中有柱塞12，通过短连杆8、缓冲垫7与下锤头相连；两个侧缸中有柱塞10，通过长连杆9、缓冲垫4与上锤头相连。连杆用球面支承在柱塞上，并留有侧向间隙，借以消除侧向作用力，减少密封的磨损。

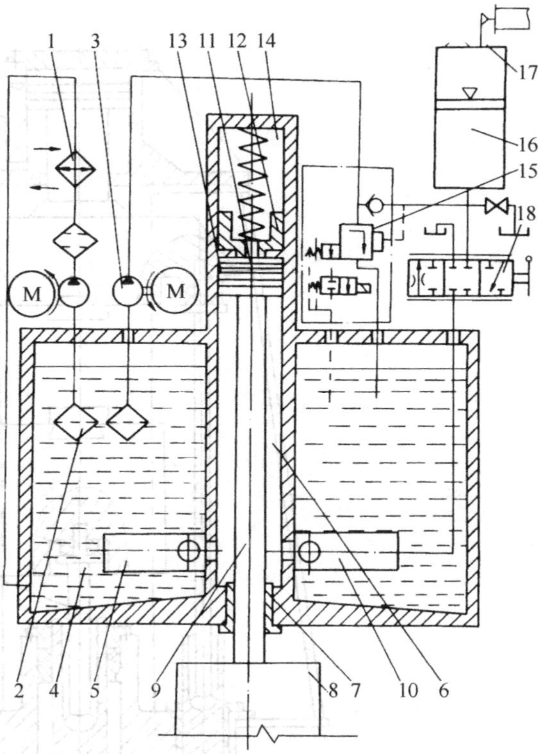

图7-12 液压动力头工作原理图

1—冷却器 2—过滤器 3—液压泵电机组 4—油箱 5—保险阀 6—主液缸 7—锤杆密封导套 8—锤头 9—锤杆 10—打击阀 11—活塞 12—减振活塞 13—活塞密封 14—气缸 15—卸荷阀 16—蓄能器 17—发讯器 18—主操纵阀

锤头向下运动时，侧柱塞下移，推动中间柱塞及下锤头向上运动，直至两锤头对击。若两侧柱塞面积之和等于中间柱塞的面积，则上、下锤头的行程和打击速度相等。为了减轻液压系统的冲击，在两侧缸底部装有弹簧补偿器14。这种结构比钢带联动可靠，主要用于大、中型对击模锻锤。目前最大规格达1000kJ。

（四）高速锤

高速锤是以打击速度命名的，常用的最大相对打击速度为18～20m/s。由于打击速度高，打击能量大，金属变形热效应高，大大提高了金属的塑性变形性能，适用于强度高、塑性低、锻造温度范围窄（如镍合金，钛合金，耐热钢，以及钼、钨、钽等金属）、形状复杂的金属零件的精锻。高速锤的重量仅为相同打击能量的有砧座模锻锤的1/10～1/20。工作时，锤头与框架对击，地面振动小，对锤的基础要求低，对厂房无特殊要求，造价低。其工作原理是气液驱动、机身微动的对击液压锤，分为悬挂式和快放油式两类。

图7-14所示为300kJ三梁二柱高速锤示意图。高压气缸与上梁相连，充入高压空气或高压氮气作为驱动力。动梁（上锤头）上部与锤杆连接，下部固定上模。动梁以两根立柱为导向。下梁上部固定下模，两旁有支承缸。支承缸中事先充入高压气体，与锤体全重相平衡，使锤体呈悬浮状态。回程缸固定在下梁。

高速锤用事先充入高压缸的高压氮气或压缩空气（高达140×10^5Pa）在极短的时间

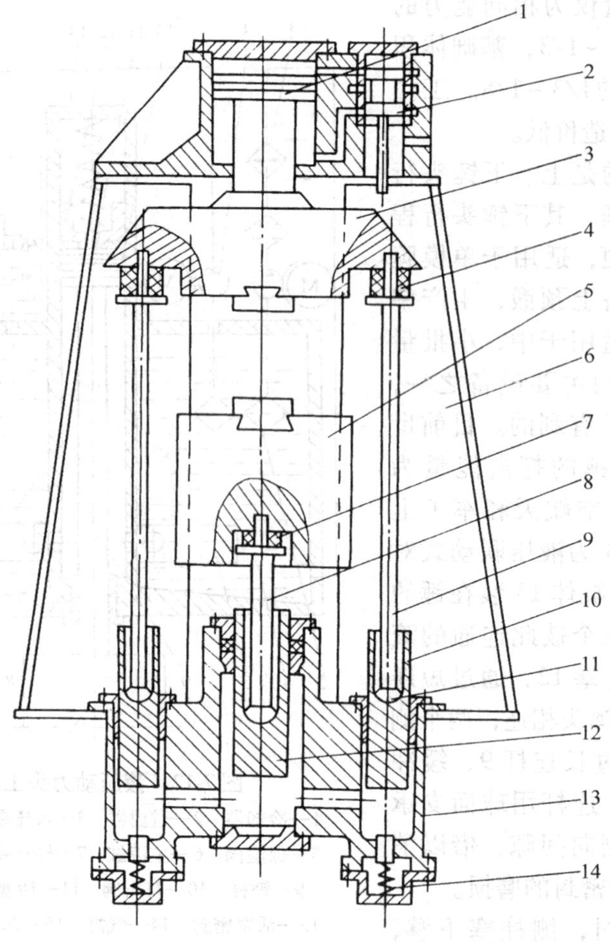

图 7-13　液压联动式蒸汽—空气对击模锻锤

1—活塞　2—滑阀　3—上锤头　4—缓冲垫　5—下锤头
6—立柱　7—缓冲垫　8—短连杆　9—长连杆　10—侧柱塞
11—球形面　12—柱塞　13—缸体　14—弹簧补偿器

内膨胀做功来驱动，然后用液压泵输出的高压油，通过回程缸把膨胀了的气体压回到原来的压力，完成储能。当高压气体驱动上锤头（动梁）向下运动的同时，也作用在高压缸的缸底，使整个锤身框架（下锤头）向上运动，所以高速锤也是对击锤，其上、下锤头行程与各自质量成正比，下锤头行程小。

三、锻锤的主要技术参数和使用

锻锤的规格通常以落下部分重量来表示，但它是限能性设备，其确切的性能参数应是打击能量。

度量锻锤的打击力，可以满足锻锤零件的强度校核、模具承压面的确定及正确选择和使用设备的需要。由于打击时间很短，打击力很大，相当于落下部分重量的几千倍至一万多倍。锻件的温度越低，变形量越小，打击力越大。锻造时不能以最大打击速度锻冷锻件或空击，因为会产生极大的打击力，这对模具和锻锤易损零件的寿命都有不利的影响。在

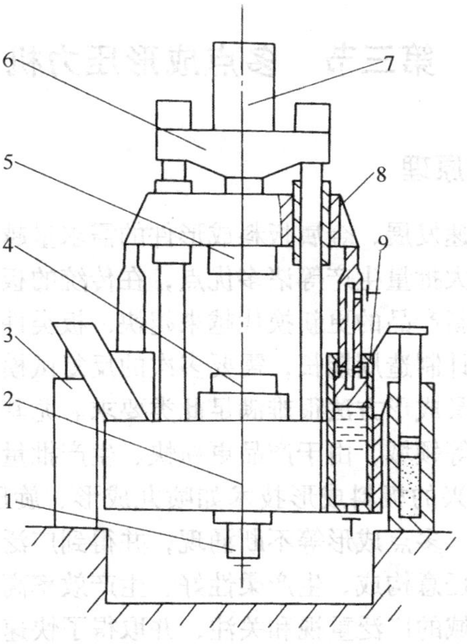

图 7-14　三梁二柱高速锤示意图

1—顶出缸　2—下梁　3—支承缸　4—下模　5—上模　6—上梁
7—高压缸　8—动梁　9—回程缸

每次开锤前应将锤杆预热至 120～150℃，锻模预热到 150～350℃。锻锤长时间不工作时，进气管闸门及节气阀应关闭，锤头处于下极限点。

一般认为，蒸汽—空气模锻锤的最大打击力（kN）与落下部分质量（t）的比值为 10000，实际上该比值随锤的吨位而变化，1～3t 模锻锤可取 13000～12000，5t 锤取 10000，10t、16t 锤取 8000。对自由锻锤，在计算零件强度时，可按落下部分每一吨重力等于 6000kN 考虑。但从工艺方面看，5t 自由锻锤相当于 50000kN 水压机。蒸汽—空气模锻锤技术参数见表 7-2。

表 7-2　蒸汽—空气模锻锤技术参数

落下部分质量/t		1	2	3	5	10	16
最大打击能量/kJ		25	50	75	125	250	400
锤头最大行程/mm		1200	1200	1250	1300	1400	1500
锻模最小闭合高度(不算燕尾)/mm		220	260	350	400	450	500
导轨间距/mm		500	600	700	750	1000	1200
锤头前后方向长度/mm		450	700	800	1000	1200	2000
模座前后方向长度/mm		700	900	1000	1200	1400	2110
每分钟打击次数		80	70	—	60	50	40
蒸汽	绝对压力（10^5Pa）	6～8	6～8	7～9	7～9	7～9	7～9
	允许温度/℃	—	200	200	200	200	200
砧座质量/t		20.25	40.0	51.4	112.55	235.53	325.85
总质量（不带砧座）/t		11.6	17.9	26.34	43.79	75.74	96.24
外形尺寸(前后×左右×地面上高)/mm×mm×mm		2380×1330×5051	2960×1670×5418	3260×1800×6035	2090×3700×6560	4400×2700×7460	4500×1500×7894

第三节 多点成形压力机

一、多点成形技术原理

随着现代制造业的飞速发展，金属板料成形件的需求量越来越大。模具成形以其适应性广、生产效率高、适合大批量生产等诸多优点，在传统的板料成形方法中一直处于主导地位。随着时代的发展，新产品的更新换代越来越快，板类件生产的多品种、小批量趋势越来越明显；而模具的设计制造周期长，需要多次的反复试模与修模，并且模具材料和加工成本都比较高，因此模具成形方法很难满足此类要求。尤其是对于船舶外板成形、航空航天制造、压力容器制造等领域，由于产品更新快、生产批量小等原因，这一现象表现得更为明显。近年来一些新兴的板料成形技术如喷丸成形、旋压成形、液压成形、电磁成形、激光成形、渐进成形、多点成形等不断涌现，并得到广泛的应用。尤其是多点成形技术，由于具有模具型面可任意构成、生产柔性好、生产效率高、应用适应面宽等独特的优点，受到了研究和生产领域的广泛重视和关注，并取得了快速的发展。

多点成形是将柔性成形技术和计算机技术结合为一体的先进成形技术。该技术利用多点成形装备的柔性与数字化制造特点，无需换模就可实现不同曲面的成形，从而实现无模、快速、低成本生产。

多点成形的基本原理是由一系列规则排列的基本体点阵代替整体式冲压模具，通过调整基本体单元高度形成所需要的成形面，实现板料的无模、快速、柔性化成形。图 7-15 所示为模具成形与多点成形的比较。在模具成形中，板件由模具的型面来成形；而多点成形则是由基本体单元的包络面（或称成形曲面）来完成。

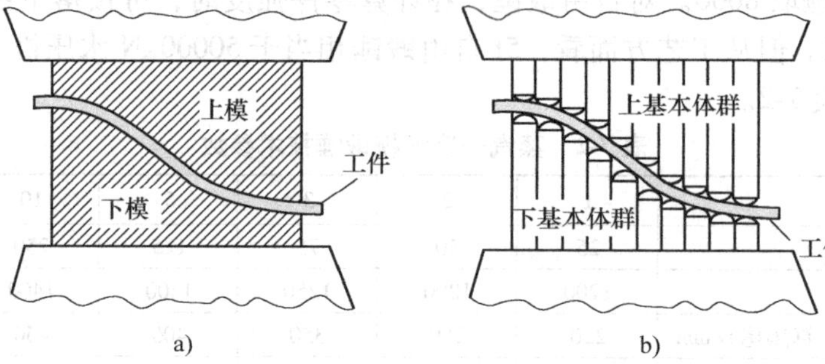

图 7-15 模具成形与多点成形比较

a）模具成形 b）多点成形

多点成形方法与传统模具成形方法的主要区别就是它具有“柔性”特点，即各基本体单元的高度可控可调。利用这个特点，既可以在成形前也可在成形过程中改变基本体的相对位移状态，从而不仅可以实现无模成形，还可以改变被成形件的变形路径及受力状态，达到不同的成形结果。多点成形设备的这种柔性加工特点，比传统模具成形能为工件提供更多的变形路径，从而能够实现如分段成形、多道成形、闭环成形等诸多特色加工工艺。

二、多点成形压力机

多点成形压力机是以计算机辅助设计、制造及测试（CAD/CAM/CAT）技术为一体的板料数字化快速成形新装备。以位置可调控的基本体群为核心，板类件的设计、规划、成形及测试都由计算机辅助完成，从而快速地实现三维曲面成形。

基本的无模多点成形设备是由三大部分组成，即CAD/CAM软件系统、计算机控制系统及多点成形主机。其中，多点成形主机是多点成形系统的核心。

1. CAD/CAM软件系统

由于多点成形技术发展时间不长，且多点成形时冲头（或基本体）与被加工板料间的接触条件和板料的变形条件复杂，用常规的冲压工艺理论还不能对变形过程进行准确预测和计算，往往需要通过有限元数值模拟的方法进行成形前的预分析，以确定基本体调形位置、压制载荷、预测回弹等，这对于准确控制成形过程、保证板件成形质量具有重要意义。另一方面，多点成形设备具有大量的可调冲头（基本体），每个基本体都需要在成形前准确调整到所需的位置，这些工作如果依靠手工完成需要占用大量的时间，也很难保证调形的位置准确程度，必须由计算机控制实现自动、快速的调整。同时，多点成形主要是对各种三维曲面进行成形，变形的效果、成形质量的评价、后续成形型面的调整计算等都需要在对多点成形后的板件进行快速、准确的检测和分析的基础上进行，这些工作也必须通过计算机来完成。因此，为了保证多点成形顺利进行，必须具有一套相应的软件系统来完成上述工作。

CAD/CAM软件系统的作用是根据成形件的目标形状进行几何造型及成形工艺计算，并通过计算机控制系统调整冲头（基本体）的高度位置，构造成形面，然后控制加载机构，成形出所需的零件。并可结合针对成形结果的测量技术，实现闭环成形，进一步提高产品精度。

在多点成形压力机中，采用计算机辅助技术，对于所需要成形的曲面，只需将已知的设计信息输入计算机，由程序按照曲面造型法自动生成曲面，计算加工点的坐标，并进行一系列的工艺计算与判断，就可以由计算机控制多点成形设备完成基本体位置的调整、工件的压制以及成形件形状测量和修整等工作。

图7-16所示为多点成形软件系统的组成与主要功能关系。

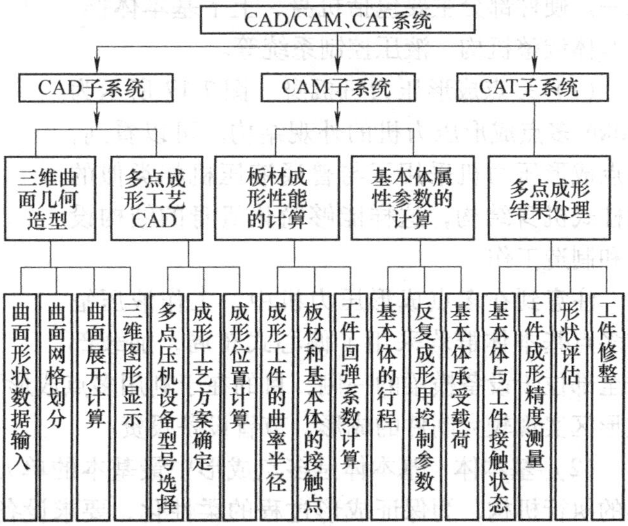

图7-16 多点成形软件系统的组成与功能

多点成形软件系统总体上可以分为CAD/CAM、CAT子系统。

（1）CAD子系统　CAD子系统按功能可以划分为三维曲面几何造型和多点成形工艺计算两个主要部分。

曲面几何造型部分的主要功

能是接受用户向计算机输入的关于工件（主要是板类件）的几何形状与工艺参数的信息；构造出工件表面的数学模型；生成曲面，以获取所需的几何信息，为进一步计算作好准备。

工艺计算部分的主要功能是利用曲面造型部分所构造出的工件表面几何模型，进行多点成形工艺的设计与计算。比如选择成形方法、确定成形面、决定变形路径、计算冲头压力和计算各冲头的位置和速度等。

（2）CAM 子系统　CAM 子系统主要是对 CAD 子系统传送来的数据进行仿真，并对成形过程进行多种检验，如检查冲头与工件的配合情况、冲头行程是否超出行程范围、接触点位置和不良接触情况等。

当数据检验合格后，计算机将根据成形数据自动编码控制指令，通过输入输出接口向压力机控制系统发出控制指令并接收反馈信息。控制系统根据收到的指令调整各基本体行程，以控制压力机成形工件，实现工件成形效果检测及闭环形状控制等。

（3）CAT 子系统　CAT 子系统主要是对成形板料进行几何测量，并将测量结果反馈给计算机控制系统从而进一步调整基本体群的构型，对成形效果进行回弹修整、补充成形、闭环成形等，以提高成形质量、获得无误差精密成形。

成形板材的几何形状与尺寸测量可以采用三坐标测量机离线测量，也能采用激光扫描测量、计算机视觉技术测量等方法进行在线测量，将测量所得的点云经过滤波、采样后进行曲面拟合，将此曲面与目标曲面进行比较，从而确定下一步的基本体群调整策略并对再次成形的结果进行预测。

2. 多点成形主机

多点成形设备的主机是实现多点成形的硬件核心，也是多点成形技术中最为关键的部分之一。硬件部分主要包括机身、上下基本体群、基本体调整机构、液压控制系统等。

（1）多点成形压力机机身　图 7-17 所示为 630kN 多点成形压力机的外观结构。可以看到，多点成形压力机采用了与普通液压机相类似的梁柱式机身结构，这样能够简化机身的结构设计和制造工作。

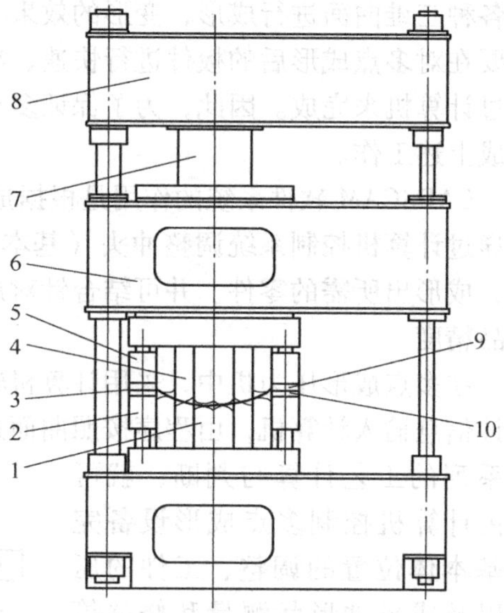

图 7-17　多点成形压力机外观结构

1—下基本体群　2—下压边缸　3—工件　4—上基本体群　5—上压边缸　6—活动横梁　7—柱塞　8—上横梁　9—上压边圈　10—下压边圈

注意到在多点成形压力机中，工作液压缸和多点基本体群均采用了偏心式布局，加载部分全部位于设备横梁的一侧，目的在于利用多点成形可以分区、分段成形，以较小的设备成形区实现较大制件的成形，节省设备投资。

（2）基本体　基本体是多点成形中最基本的单元，是构成成形型面并对板材加载成形的执行机构，为保证成形过程的柔性化，要求设备能自动、快速、准确地调整其基本体，形成所需的成形型面，并保证各基本体在成形过程中能保持各自的位置，同时，每成形完一种板件成形下一种板件前，要能够从上一次的构型中准确复原，消除因调形机构误差造成的误差累积。

1）基本体的结构。由于多点成形是用高度可调、规则排列的基本体端部所构成的包络面作为成形面进行成形的，为了便于加工和安装，采用了等间距、平行排列的基本体，各基本体之间紧密接触，相互导向并承担侧向力。

基本体的基本结构如图7-18所示。基本体主体是一个内部有螺纹、一端有球形头部的方形体，其内部装有一个长丝杆，旋入到支撑板的安装孔中。为了便于调整长丝杆的转动，丝杆外侧一端加工成方形端头。调整型面时，转动丝杆（丝杆在安装孔中的轴向位置固定），方形基本体就会沿丝杆的轴向移动，使端部球面的位置发生变化，构成所需的成形型面，这一过程称之为调形。

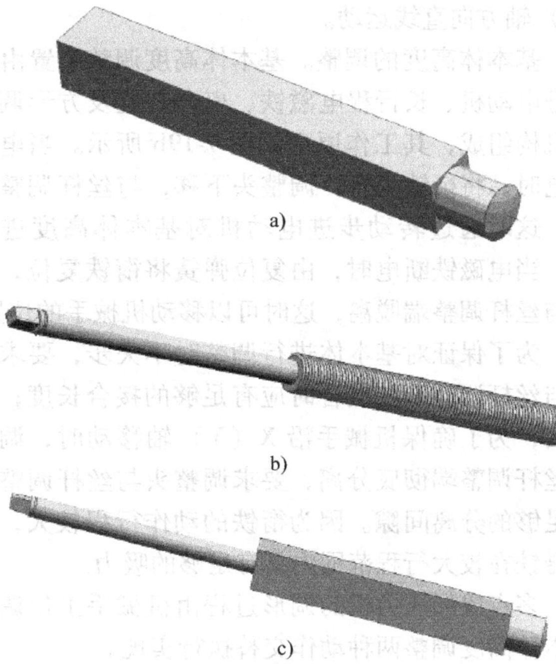

图7-18 基本体的结构

a）基本体方体 b）长丝杆 c）基本体装配件

2）基本体的调形方法。基本体群的调形过程是通过控制系统自动完成的。调形的速度、精度等技术指标直接影响多点成形设备的加工效率及成形件的质量，是衡量板材多点成形设备性能的重要指标。按调形的基本特征及基本体调整机构的工作原理不同，可将多点成形设备的调形方式分成串行调形（逐个调形）和并行调形（多基本体同步调形）。

图7-19给出了机械手串行调形的机构和工作原理图。

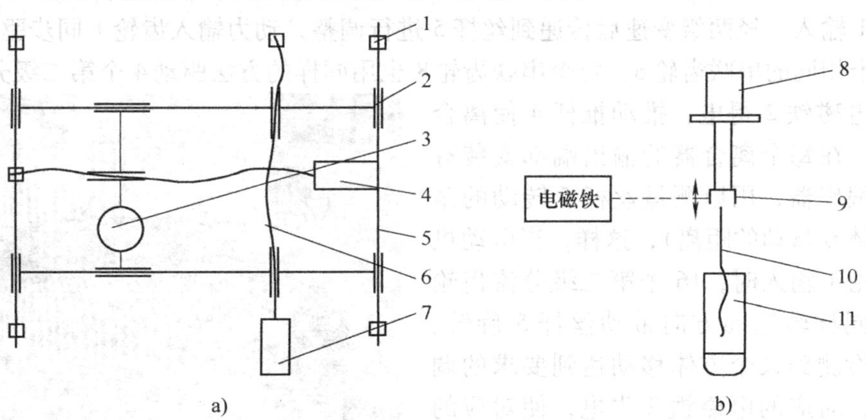

图7-19 串行调形的机构和工作原理图

a）串行调形方式的原理图 b）基本体高度调整装置示意图

1—滚动轴承 2—滑动轴承 3—高度调整装置 4—Y轴电动机 5—导杆 6—滚珠丝杠 7—X轴电动机 8—Z轴电动机 9—调整头 10—丝杆 11—方体

在串行调形方式中，采用一个能分别沿 X、Y 轴移动的机械手（高度调整装置 3）依次对基本体进行调整，机械手的工作原理如图 7-19a 所示。调形过程中机械手的主要动作及实现原理如下：

机械手沿 X（Y）轴方向直线运动。机械手驱动装置由步进电动机、丝杠（或滚珠丝杠）、运动副及导轨等机构组成，当 X（Y）轴电动机转动时，通过丝杠驱动机械手沿 X（Y）轴方向直线运动。

基本体高度的调整。基本体高度调整装置由 Z 轴步进电动机、长行程电磁铁、离合装置及方形调整头等机构组成，其工作原理如图 7-19b 所示。当电磁铁通电时，将衔铁吸合，调整头下移，与丝杆调整端接合，这时通过转动步进电动机对基本体高度进行调整；当电磁铁断电时，由复位弹簧将衔铁复位，调整头与丝杆调整端脱离，这时可以移动机械手的位置。

为了保证对基本体进行调整时不失步，要求调整头与丝杆调整端在接合时应有足够的接合长度；另一方面，为了确保机械手沿 X（Y）轴移动时，调整头与丝杆调整端彻底分离，要求调整头与丝杆调整端应有足够的分离间隙。因为衔铁的动作行程较大，要求电磁铁在较大行程范围内具有足够的吸力。

多点成形压力机的调形过程由机械手工位调整与基本体高度调整两种动作交替执行实现。

串行调形采用一个机械手即能实现对基本体的调整，但这种调整是逐个进行的，多点成形压力机中基本体数量一般都在数百个以上，显然，这种调整方式难以得到较高的调整效率。

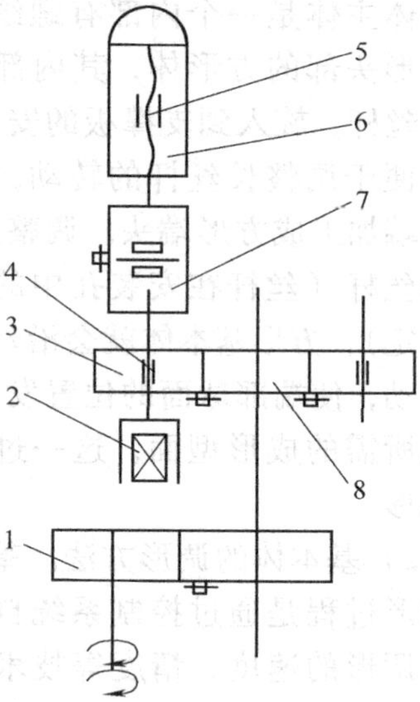

图 7-20　多轴齿轮式并行调形机构的工作原理图

1—动力输入齿轮　2—电磁铁　3—第二级分流齿轮　4—推杆　5—丝杆　6—方体　7—离合器　8—串联齿轮

图 7-20 给出了多轴齿轮式并行调形机构的工作原理：调形时，电动机的转动由动力输入齿轮 1 输入，经两级变速后传递到丝杆 5 进行调整，动力输入齿轮 1 同步驱动其四角布置的 4 个相同的串联齿轮 8，每个串联齿轮 8 也用同样的方法驱动 4 个第二级分流齿轮，同时，使电磁铁 2 得电，推动推杆 4 使离合器 7 啮合，在每个离合器的输出端都安装有一个简易编码器，用以测量丝杆 5 转动的角度（即方体 6 移动的距离），这样，当电动机动力经齿轮 1 输入时，16 个第二级分流齿轮被驱动以同样转速同方向带动丝杆 5 旋转。当编码器检测到某个方体移动达到要求的调整距离后，对应的电磁铁 2 失电，使对应的离合器脱开，该丝杆即停止转动，而其他丝杆仍在继续工作，直到所有基本体都调整到位。

图 7-21　多点成形压力机调形后的基本体群形状

显然，这种并行式调形结构仅用一台小型电动机即同时控制16个（4×4）基本体的调形动作，大幅度提高了基本体调形的速度和效率。

图7-21所示为多点成形压力机调形后的基本体群形状。

（3）液压系统　图7-22所示为630kN多点成形压力机的液压系统工作原理图。

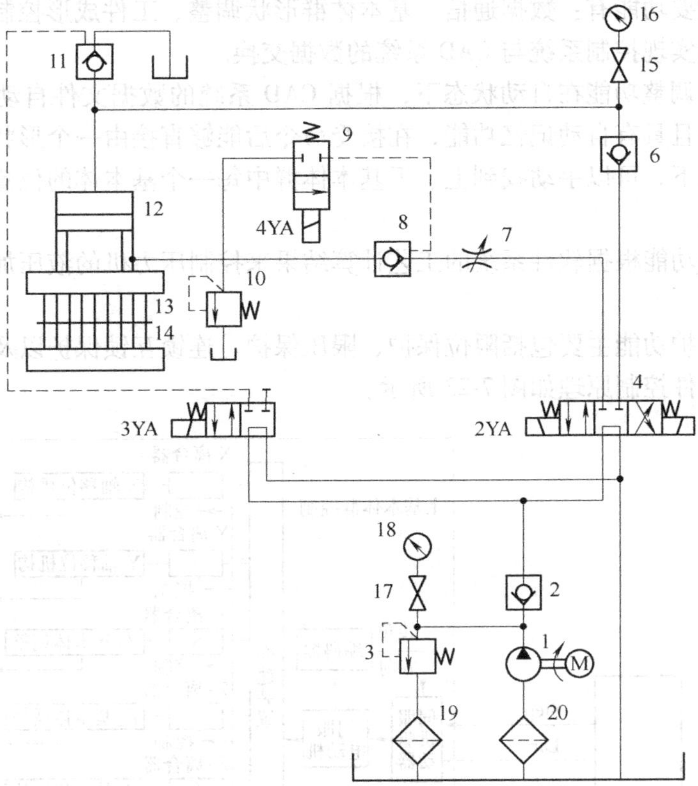

图7-22　630kN多点成形压力机液压系统工作原理图

1—液压泵电动机组　2、6—单向阀　3、10—溢流阀　4、5—电磁换向阀　7—节流阀　8—液控单向阀　9—二位二通电磁换向阀　11—充液阀　12—压制液压缸　13—上基本体群　14—下基本体群　15、17—截止阀　16、18—压力表　19、20—滤油器

这实际上就是一台单动液压机，其动作过程也与液压机的动作相似，与图3-15进行对比，可以得出该系统可以实现上基本体群空程下降、减速加压、回程、停止等动作。

成形过程如下：首先，借助计算机对成形件进行力学计算、可行性分析、几何造型、基本体调形等环节。上、下基本体群调形结束后，就可以起动多点成形压力机，一般为空载起动。换向阀4的右电磁铁1YA和换向阀5、9的电磁铁3YA、4YA给电，工作缸和上基本体群一起快速下落，下落速度靠节流阀7调节；当上基本体群下行到接近板料时，位移传感器发出信号，电气系统控制换向阀5的电磁铁3YA断电，工作缸和上基本体一起由快速转为慢速成形阶段，板材开始变形，逐渐靠近目标形状，直到最后压靠为止。换向阀4的左电磁铁2YA和换向阀5的电磁铁3YA给电，工作缸和上基本体一起快速回程，停止在工作缸上限为止，卸下成形件，一个工作循环结束。

由于该系统比较简单，这里就不再详细叙述其动作过程。

3. 计算机控制系统

板材多点成形设备的控制系统是集控制功能和CAD/CAM技术于一体的完整系统，是实现整个多点成形过程自动化的核心。其内容涵盖了板材多点成形工艺的各个步骤，可实现工件的几何参数与材料参数输入、目标形状三维造型、基本体群成形面形状调整、工艺过程设计与工艺参数优化、工件成形控制以及误差检测的全部过程。

控制系统的主要功能有：数据通信、基本体群形状调整、工件成形控制及保护等。

数据通信功能实现控制系统与CAD系统的数据交换。

基本体群形状调整功能在自动状态下，根据CAD系统的数据文件自动调整基本体群包络面的形状，并且具有自动记忆功能，在接受命令后能够直接由一个形状过渡到另一个形状；在手动状态下，可以手动找到上、下基本体群中每一个基本体的位置并进行高度调整。

工件成形控制功能根据软件系统的工艺计算结果来控制压力机的液压加载机构进行工件成形。

控制系统的保护功能主要包括限位保护、限压保护、连锁互锁保护以及限时保护等。

控制系统的硬件控制原理如图7-23所示。

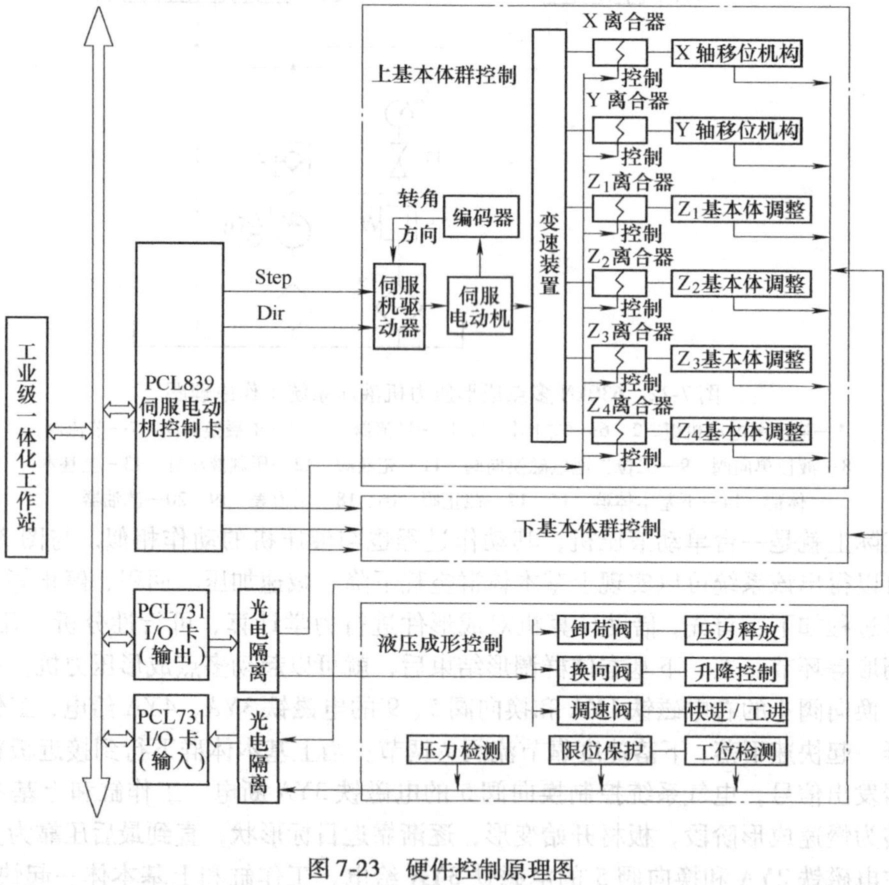

图7-23　硬件控制原理图

多点成形控制系统需要实现的基本功能包括上、下基本体群形状控制与液压成形控制。上、下基本体群控制部分的软、硬件结构相同。

主机选用工业级一体化工作站，支持PCI和ISA两种总线结构，其底板上设有多个

PCI 和 ISA 插座，可以很方便地进行功能扩展。控制系统主要组件包括：用于各检测量输入及控制输出的 PCL-731 48 位输入输出卡，用于控制上下伺服电动机的三轴伺服电动机控制卡，MDD083A1VE 伺服电动机驱动器及 MDM082A1 伺服电动机（含编码器），PWM 电磁铁控制驱动板及大行程电磁铁（8 路），上下机械手 X、Y 轴电磁离合器及其驱动电路，光电隔离板以及液压控制电路等。

控制系统计算机的输入、输出通道均采用光电隔离，以提高系统的抗干扰能力，增强系统的稳定性。

控制软件流程图如图 7-24 所示。

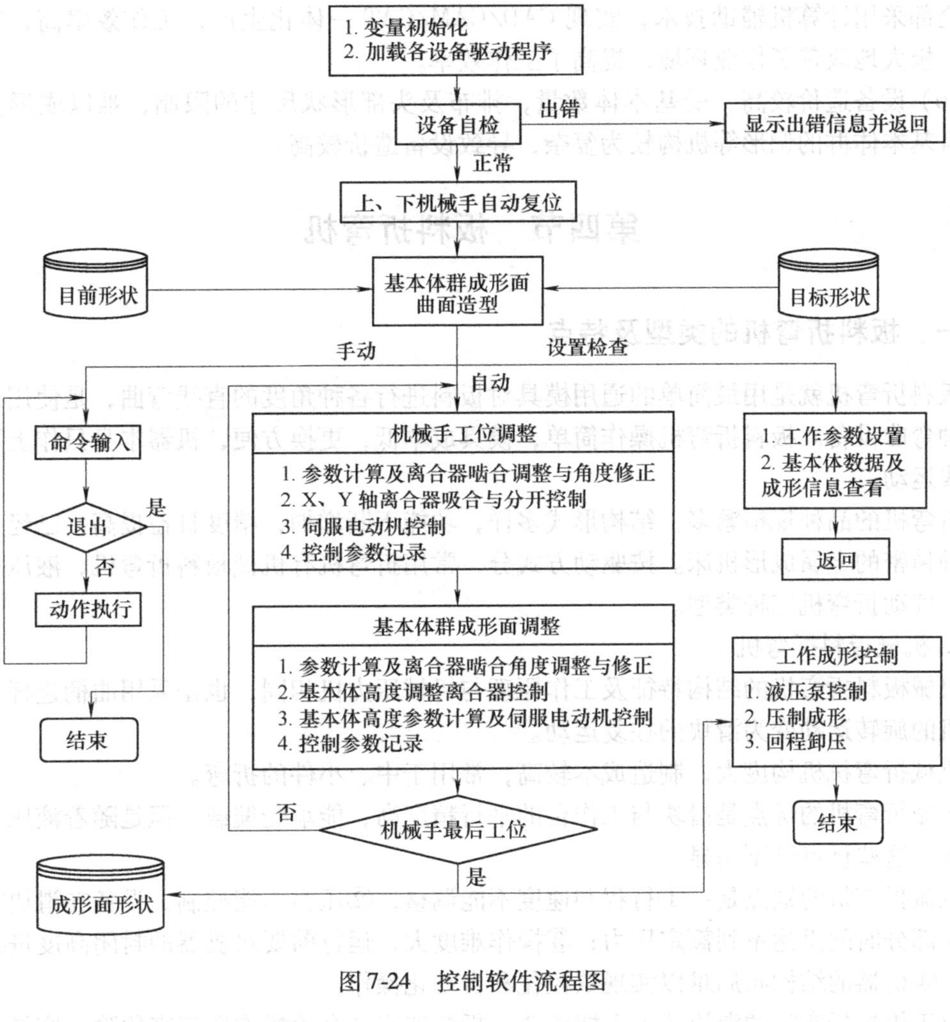

图 7-24　控制软件流程图

三、多点成形技术特点

多点成形技术经过多年的发展，已达到了实用化阶段，具有如下特点：

（1）实现快速成形　与模具成形相比，节省传统模具设计、制造、调试所需的人力、物力和财力，显著地缩短产品生产周期，降低成本，提高竞争力；与手工成形方法相比，成形产品的精度高、质量好，并且能显著提高生产效率。

（2）改善及优化变形路径　通过多次成形与多点压力机成形，改善了板料的变形路径和受力状态，实时控制变形曲面，提高了材料成形极限，实现板料无缺陷大变形、难加工材料的塑性变形，扩大了加工范围。

（3）实现精确成形　通过对板料回弹进行成形前的调形补偿，能够最大程度地减小回弹导致的成形误差；采用反复成形新技术，消除材料内部的残留应力，实现了小或无回弹成形，提高了成形精度。

（4）小设备成形大型件　采用分段多点成形技术，可以连续逐次成形超过设备工作台尺寸数倍甚至数十倍的大型工件。

（5）数字化快速成形　曲面造型、基本体调形计算、压力机成形、工件测试等整个过程全部采用计算机辅助技术，实现 CAD/CAM/CAT 一体化生产，工作效率高，劳动强度小，极大地改善了作业环境，提高了工作效率。

（6）设备造价较高　受基本体数量，排布及头部形状尺寸的限制，难以成形复杂曲面，且基本体群的调形等机构较为复杂，导致设备造价较高。

第四节　板料折弯机

一、板料折弯机的类型及特点

板料折弯机就是用最简单的通用模具对板料进行各种角度的直线弯曲，是使用最广泛的一种弯曲设备。板料折弯机操作简单，模具成本低，更换方便，机器本身只作上下往复的直线运动。

折弯机的品种规格繁多，结构形式多样，功能不断增加，精度日益提高，已经发展成为一种精密的金属成形机床。按驱动方式分，常用折弯机有机械板料折弯机、液压板料折弯机、气动折弯机三种类型。

1. 机械板料折弯机

机械板料折弯机的结构特征及工作原理与机械压力机相同，也是采用曲柄连杆机构将电动机的旋转运动变为滑块的往复运动。

机械折弯机机构庞大，制造成本较高，常用于中、小件的折弯。

机械折弯机的优点是滑块与工作台的平行精度高，能承受偏载。但是随着液压折弯机的发展，这些优点已不明显。

机械折弯机的缺点是：①行程和速度不能调整；②压力不能控制，设备在滑块行程周期的大部分时间里达不到额定压力；③操作难度大，运行前要对机器的封闭高度进行仔细调整；④机器的结构布局难以实现数控化和自动化操作。

由于机械折弯机的滑块速度不能调节，折弯速度高会给操作者带来危险，容易造成人身事故。折弯大的薄板时，板料会产生惯性弯曲，从而影响零件的形状和精度。随着液压技术和液压折弯机的迅速发展，液压折弯机已成为板料折弯设备的主流，机械折弯机正逐步退出折弯机械领域。

2. 液压板料折弯机

液压板料折弯机是采用液压直接驱动，液压系统能在整个行程中对板料施加全压力，过载能自动保护，且易实现自动控制。图 7-25 是一种液压板料折弯机。它设有上模 3、下

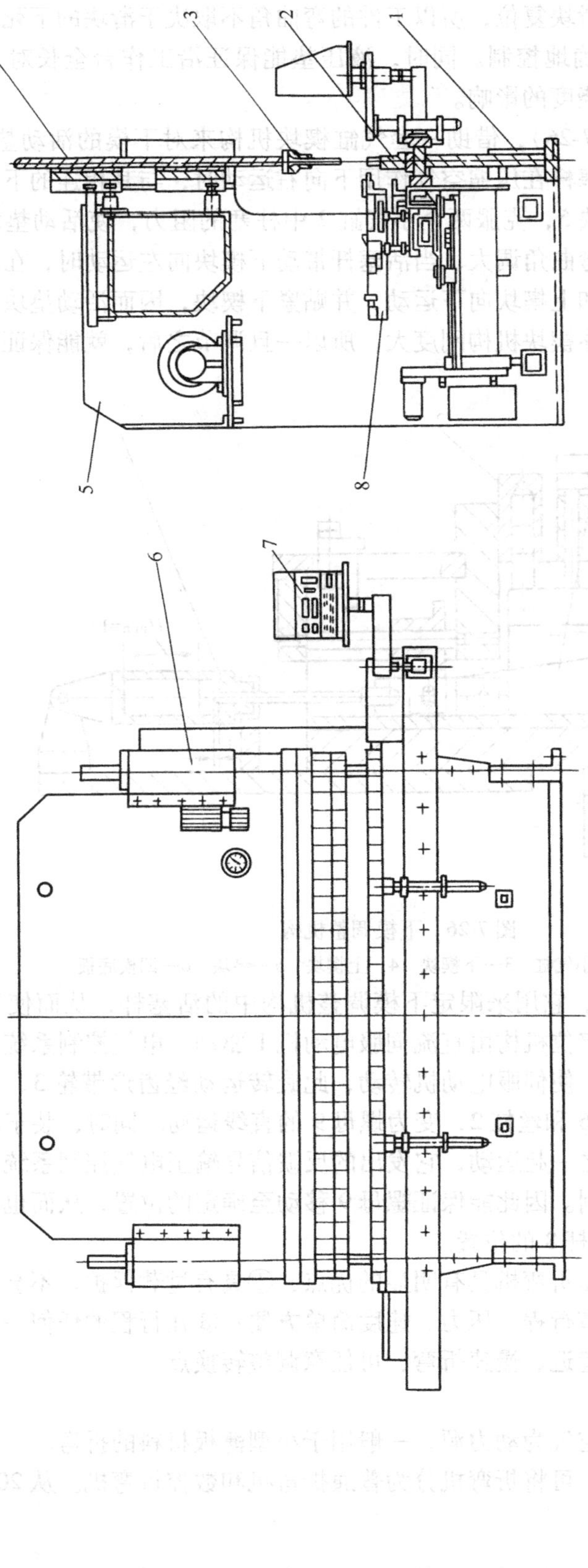

图 7-25　三点式液压板料折弯机

1—下横梁　2—下模　3—上模　4—滑块　5—左、右立柱　6—液压缸　7—控制柜　8—后挡料机构

模2和后挡料机构8。分成若干段的上模3经液压垫与滑块4相连。折弯板料时，液压垫内的油在压力作用下可挤出部分，上模相对滑块作少量的回缩运动；滑块回程时，液压系统向液压垫补油，上模相对滑块复位，所以工件的弯曲角不取决于滑块的下死点位置，因而也不必对滑块的行程作精确地控制。同时，液压垫能保证沿工作台全长对工件均匀加压，使其不受滑块及工作台挠度的影响。

在下模调整机构中（图7-26），借助一套气缸楔块机构来对下模的活动垫块5的上、下位置进行调节。当气缸活塞杆在压缩空气作用下向右运动时，与其相连的下楔块3也向右运动并推动上楔块4和垫块5，克服两个小气缸2中柱塞的阻力，使活动垫块5和凹模底板6向上移动，即将工件弯曲角调大；当活塞杆带动下楔块向左运动时，在小气缸中气压的作用下，柱塞推动垫块和上楔块向下运动，并贴紧下楔块，因而活动垫块下降，即将工件弯曲角度调小。由于上述楔块机构刚度大，所以一旦调节之后，就能保证工件的弯曲角度不变。

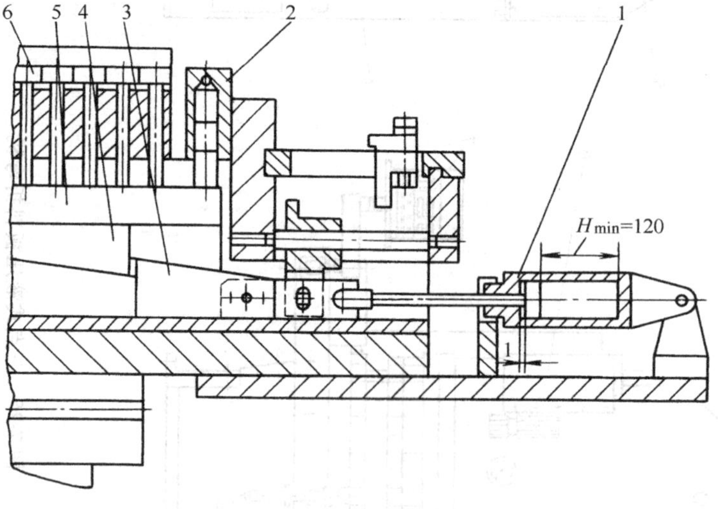

图7-26　下模调整机构

1—气缸　2—小气缸　3—下楔块　4—上楔块　5—垫块　6—凹模底板

图7-27是下模定位机构，它用来限定下模调整机构中的活塞杆，从而使下模中的活动垫块有准确的位置。这套定位机构由直流伺服电动机1驱动。电气控制系统按照所需的工件弯曲角，发出指令信号，使伺服电动机转动，此旋转运动经齿形带轮3、齿形传送带4、齿形带轮5、摩擦离合器6和丝杠2，变为螺母9的直线运动。同时，装于丝杠右端的检查元件——数码盘7也随之一起运动，它发出的反馈信号输至电气控制系统，与原输入信号进行比较，构成闭环控制。因此能保证螺母9移动至确定的位置，从而也就可限定撞块10和与之相连的气缸活塞杆8的位置。

与机械折弯机相比，液压折弯机具有明显的优点：①具有过载保护，不会损坏模具和机器；②容易实现数控，调节行程、压力、速度简单方便；③在行程的任何一点都可产生最大压力；④容易实现快速趋近、慢速折弯，可任意调整转换点。

3. 气动折弯机

气动折弯机，即用压缩空气为动力源，一般用于小型薄板材料的折弯。

按照是否装有数控系统，可将折弯机分为普通折弯机和数控折弯机。从20世纪80年

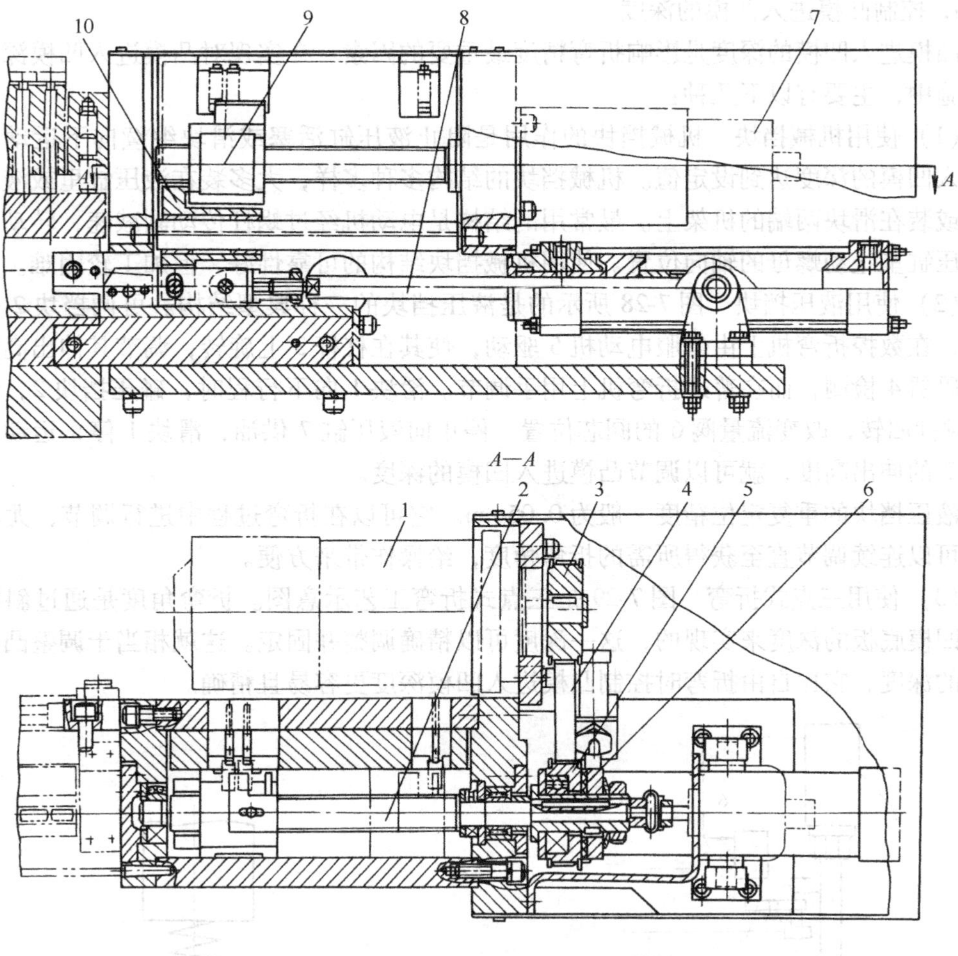

图 7-27 下模定位机构

1—伺服电动机 2—丝杠 3、5—齿形带轮 4—同步传送带

6—摩擦离合器 7—数码盘 8—活塞杆 9—螺母 10—撞块

代中期以来，折弯机向着数控方向迅速发展，发达国家各主要厂家的产品数控化率已达 70% ~95%。研究表明，板料折弯机采用数控后可节约调整时间 20% ~70%、板料操作时间 20% ~50%、工件检查时间 30% ~45%，减少劳动力 20% ~30%，缩短生产周期 20% ~75%，并提高了加工质量，减少了废料损失。

同普通折弯机相比，数控折弯机具有以下优点：①零件的折弯精度比普通折弯机高，而且整批零件的精度一致；②减少半成品的堆放面积和堆放时间，也相应减少了半成品的搬运堆放工作量；③数控折弯机一般都有折弯角度直接编程的功能，只要输入几个数据，经过一次试折和修正，即可完成调整工作，不需要技术熟练的工人。

二、提高折弯机折弯精度的措施

折弯精度是折弯机的最重要的一项性能指标。在自由折弯中，影响折弯精度的因素有凸模进入凹模的深度、板料厚度、力学性能、轧制方向，折弯机滑块和工作台的弹性变形等。

1. 控制凸模进入凹模的深度

凸模进入凹模的深度是影响折弯精度最重要的因素。在实现对凸模进入凹模深度的控制措施中，主要有以下几种：

（1）使用机械挡块　机械挡块的作用是阻止液压缸活塞或滑块继续向下运动，使凸模进入凹模的深度达到设定值。机械挡块的结构多种多样，大多装在液压缸里或液压缸上方，或装在滑块两端的机架上。最常用的结构是电动机经过蜗杆传动副减速，转动螺杆调节液压缸里止动螺母的轴向位置。使用机械挡块结构的可靠性好，但加工较困难。

（2）使用液压挡块　图 7-28 所示的是液压挡块的一种典型结构。可调挡块 2 是一个螺杆，在数控折弯机上由伺服电动机 5 驱动，使其在杠杆 3 上旋转，调节其伸出高度，并用编码器 4 检测，而在普通折弯机上用手调节。滑块 1 向下行程时，碰压挡块 2，使杠杆 3 逆时针回转，改变流量阀 6 的阀芯位置，停止向液压缸 7 供油，滑块 1 停止运动。改变螺杆 2 的伸出高度，就可以调节凸模进入凹模的深度。

液压挡块的重复定位精度一般为 0.05mm。它可以在折弯过程中进行调节，尤其在试折时可以连续调节直至获得所需的折弯角度，给操作带来方便。

（3）使用三点式折弯　图 7-29 是三点式折弯工艺示意图。折弯角度是通过斜楔机构调整凹模底板的深度来实现的，这一深度可以精确调整并固定。这就相当于调整凸模进入凹模的深度，它比自由折弯时控制凸模进入凹模深度更容易且精确。

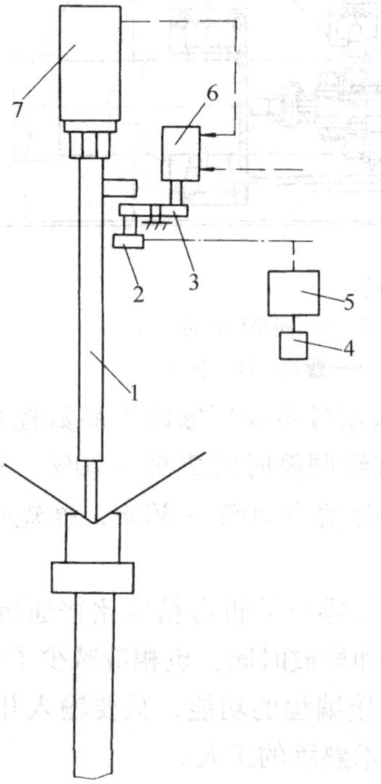

图 7-28　液压挡块

1—滑块　2—挡块　3—杠杆　4—编码器

5—伺服电动机　6—流量阀　7—液压缸

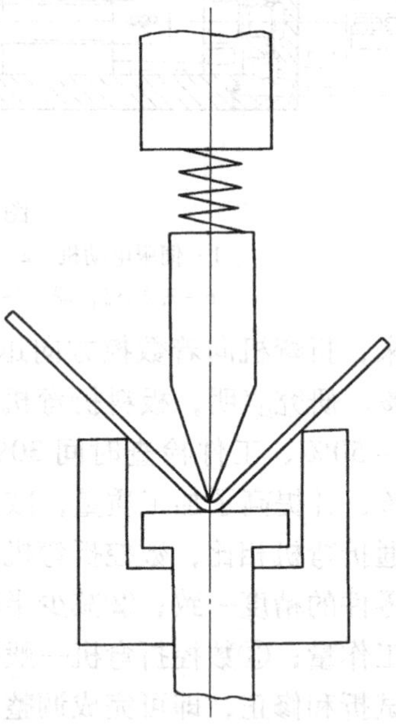

图 7-29　三点式折弯工艺示意图

这种折弯工艺的另一个重要优点是折弯时板料接触的三点都在板料的同一面，因此板料厚度的偏差对折弯角度基本上没有影响。再者，由于凸模顶端和凹模底板都接触板料，改变了板料弯曲区域的应力状态，中性层外侧由拉应力变为压应力，因此使回弹量大大减小。拉延性能不好的板料在自由折弯时外表面可能会产生裂纹，一般只能通过加大圆角半径来克服，而采用三点式折弯则不易产生裂纹。

另外，还可采用直线位移传感器——伺服阀（比例阀）闭环系统来控制凸模进入凹模的深度。

2. 补偿滑块和工作台的挠度变形

折弯时，折弯机滑块的中间部位产生向上的弹性变形，而工作台中间部位产生向下的弹性变形，造成凸模进入凹模的深度在全长上不一致，这是影响折弯精度的重要因素。因此近年来越来越多的折弯机采用了滑块和工作台的挠度补偿措施，大致有以下几种：

（1）工作台或滑块上布置辅助液压缸以产生反方向的挠度　图 7-30 是板料折弯机工作台上布置辅助液压缸的示意图。在前后下横梁 3 的两端各有一个枢轴 4，工作台 2 位于前后下横梁 3 之间，两端支承在枢轴 4 上。前后下横梁 3 与立柱等焊成整体床身。根据工作台长度的不同，下横梁 3 上布置有若干液压缸 1，其活塞杆顶在工作台 2 上。折弯时这些液压缸进油，对工作台产生向上的压力，使工作台产生向上的挠度，与滑块挠度方向一致。

（2）工作台中间凸起　将工作台工作平面加工成中间稍微凸起，可以补偿折弯时工作台产生的挠度。其中一种典型就是采用若干斜楔使工作台工作表面产生凸起。如图 7-31 是日本小松公司的斜楔式凸起机构，即在工作台上方和凹模垫板下方设有若干个前后方向可调的斜楔，凹模装在垫板 3 上，垫板 3 通过斜楔 2 支承在工作台 1 上。斜楔 2 与螺杆 4 和蜗杆传动装置 5、6 连接。蜗杆 6 旋转时，经过蜗轮 5 和螺杆 4 使斜楔 2 向左移动，垫板 3 向上凸起。工作台中央部分由于挠度大，斜楔的行程也大。两侧斜楔的行程逐渐减少。这些斜楔可通过伺服驱动分别调节，以获得必要的凸起。

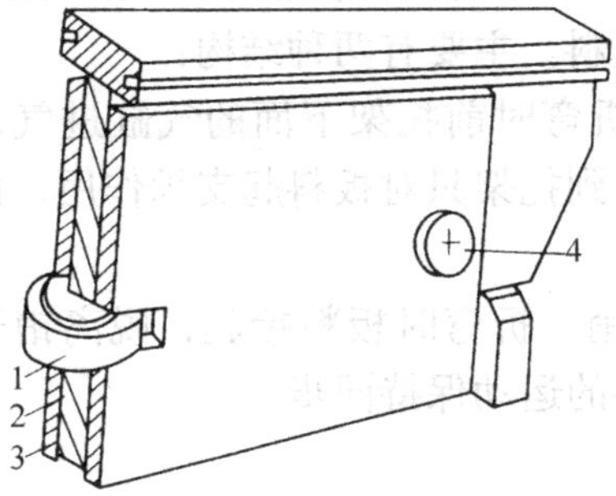

图 7-30　工作台上的辅助液压缸

1—液压缸　2—工作台

3—前后下横梁　4—枢轴

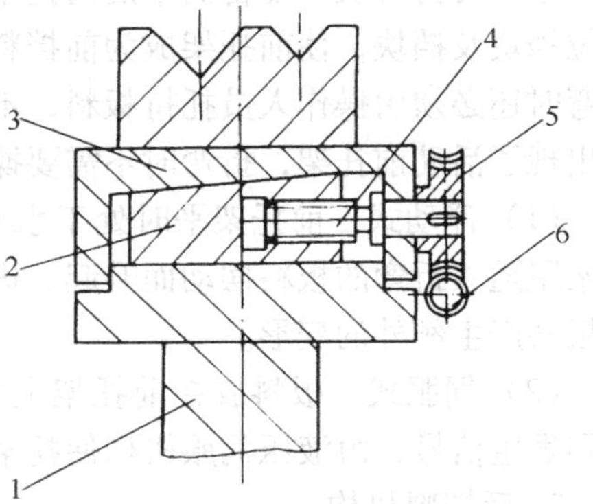

图 7-31　工作台凸起装置

1—工作台　2—斜楔　3—垫板

4—螺杆　5—蜗轮　6—蜗杆

另外，还可通过折弯机中液压缸的摆放位置，使滑块和工作台的挠度方向一致。

3. 模具微调

在滑块和工作台产生方向相反的挠度时，即使采取补偿措施也难以完全消除，导致模具在使用过程中会产生不均匀的磨损。模具微调的措施，能进一步补偿滑块和工作台的挠度，克服模具磨损的影响，有效地提高折弯的精度。

常见的模具微调方法多是对凸模进行微调，使凸模在全长上进入凹模的深度一致，主要有斜楔左右方向调整、斜楔前后方向调整、偏心轴调整等三种结构。另外，也有一些折弯机的凹模有斜楔微调机构，如三点式折弯的凹模就是采用斜楔进行调节。

4. 板料厚度自动测量

板料都存在一定的厚度偏差，当凸模进入凹模深度、凹模开口宽度等参数确定以后，板厚的变化将引起折弯角度的变化。因此实现板料厚度的自动测量，可以提高折弯角度的精度。

瑞典普尔玛克斯公司的产品上装有 Sensomatic 板厚传感器，有两个固定在凸模上的测头，测头与板料接触测得板厚输入 CNC 后修正滑块行程，改变凸模进入凹模的深度，从而减小角度误差。

5. 折弯角度自动测量和回弹补偿

即使同一牌号的板料，其力学性能也存在一些差别。因此，既使用同一副模具和同样的凸模进入凹模深度加工时，也会因为板料力学性能的差别而引起折弯角度的变化。在影响折弯角度的同时，力学性能的差别还影响其回弹率。因此折弯角度的自动测量和回弹率的自动测量与补偿也是提高折弯角度精度的重要措施。

三、板料折弯机附属机构

为改善板料折弯机的劳动条件，提高生产率及实现自动控制，在折弯机上还设有一些辅助机构，包括托料架、前后挡料机构、上下料机构等。

1. 前托架

早期的折弯机只配备简单的前托架，用来放置待折弯的板料。后来在前托架上增加了定位挡块及挡块，使前托架成为前挡料器。但这些前托架只是用来放置板料或兼作挡料，折弯时还必须由操作人员托持板料，不但劳动强度大，而且容易造成人身事故。因此近年来出现了活动前托架，折弯时不需要操作人员托持板料。主要有两种结构：

（1）浮动式　前托架平时处于水平位置，开始折弯时前托架下面的气缸进气，使前托架跟随被折弯的板料摆动而升起，进气的压力调节到托架只对板料起支承作用，而不会使板料产生额外的变形。

（2）伺服式　板料放在前托架上时，压住支承销。折弯时板料抬起，脱离销子，销子则发生信号，由液压伺服机构使托架升起，与板料的运动保持同步。

2. 后挡料机构

为保证折弯角中心线相对于板料的边缘有正确的位置，折弯机上一般都设有后挡料机构。图 7-32 是某型液压折弯机上采用的后挡料机构。此机构装在压力机的后部。操作者用手转动位于压力机左前方的手轮 1，与之相连的左丝杠 3 也作旋转运动；同时，借助链轮 2、链条 4 和链轮 6 的作用，又带动右丝杠 10，因此左、右螺母 11 以及导向块 12 沿导向杆 7 作前后直线运动，从而与其相连的左、右后挡料块 9 也随同一起运动。后挡料块上台阶面与压力机中心线间的距离等于板料边缘至弯曲角中心线的距离。折弯前，根据工件图的要求调定后挡料块的位置，并将板料的前边缘推靠后挡料块上台阶面，使其能在板料

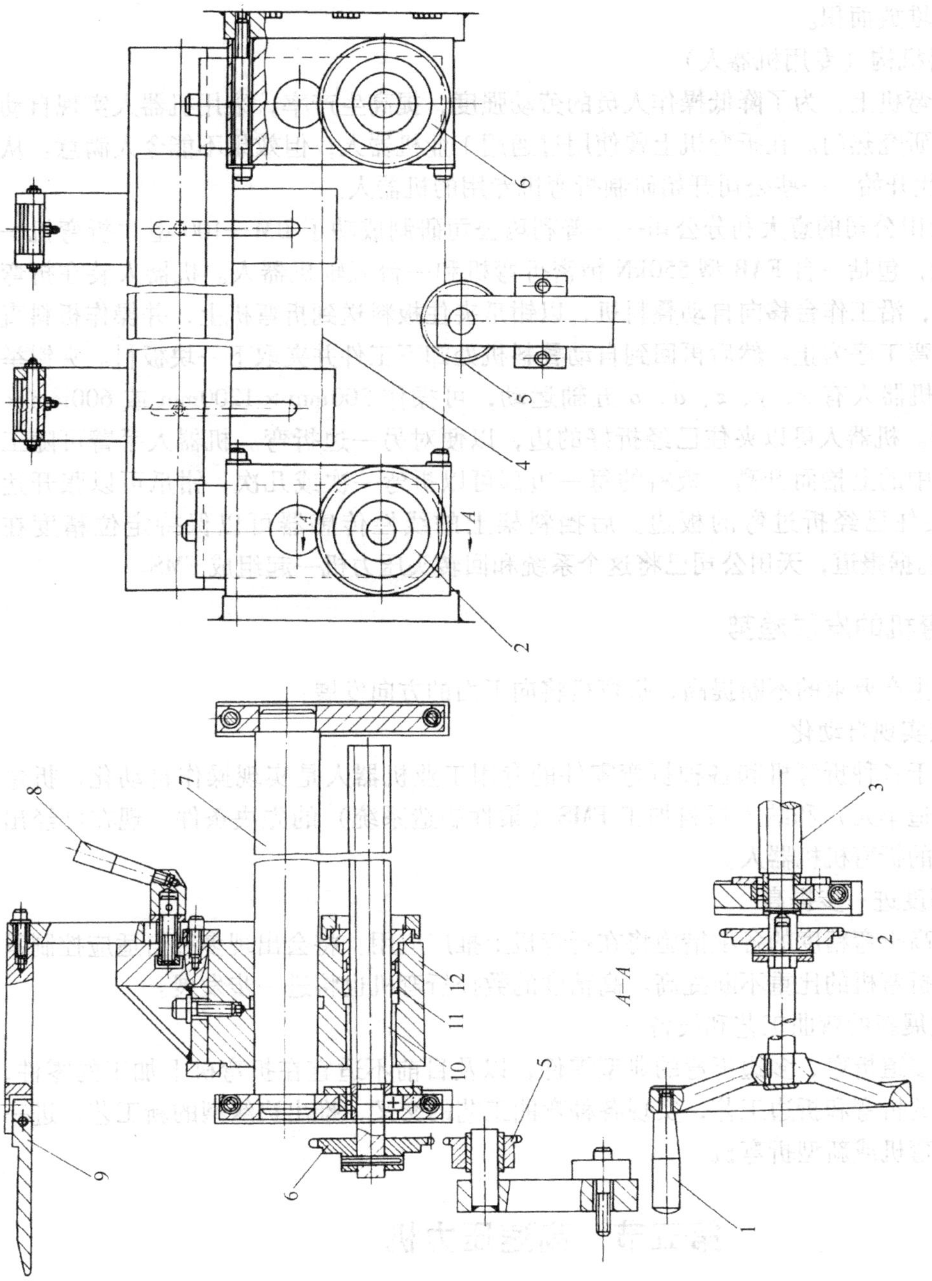

图 7-32 后挡料机构

1—手轮 2,5,6—链轮 3—左丝杠 4—链条 7—导向杆 8—手柄 9—后挡料块 10—右丝杠 11—螺母 12—导向块预定的位置上折弯。松开手柄 8，可调整后挡料块的高度及左、右位置。

随着数控技术的发展，数控后挡料机构也逐渐被应用。该挡料机构能有效提高挡料精度。当工件具有多个不同的弯曲角度时，能进行连续快速折弯，直到获得完全成形的工件，不必每折弯一个角度装卸一次板料或半成品，因而可以大大提高生产率，减轻劳动强度，节省车间堆放面积。

3. 上下料机构（专用机器人）

在数控折弯机上，为了降低操作人员的劳动强度，提高生产率，采用机器人实现自动上下料已成为研究热门。在折弯机上曾使用过通用工业机器人，但效果不能令人满意。从 20 世纪 80 年代开始，一些公司开始研制折弯机专用的机器人。

1988 年天田公司的意大利分公司——普利玛公司研制成功了 BM—100 型“折弯机—机器人”系统，包括一台 FAB 型 550kN 精密折弯机和一台五轴机器人。机器人装在折弯机的工作台上，沿工作台移向自动叠料机，以钳爪夹住板料送到折弯机上，并操作板料直到完成全部折弯工序为止。然后再回到自动叠料机处卸下工件并夹取下一块板料。夹钳举重力为 98N。机器人有 x、y、z、a、b 五轴运动，可操作 300mm × 1200mm 或 600mm × 600mm 的板料。机器人可以夹住已经折好的边，以便对另一边折弯。机器人手臂可随工件在折弯过程中的上抬而升高。板料的每一边都可以折弯一次或几次，钳爪可以张开达 76mm，以便夹住已经折过弯的板边。后挡料架上的线性传感器可以保持定位精度在 ±0.1mm 以内。据报道，天田公司已将这个系统和回转头压力机一起组成 FMS。

四、折弯机的发展趋势

随着工业生产要求的不断提高，折弯机将向下面的方向发展：

1. 操作上实现自动化

研制适用于各种折弯机和各种折弯零件的专用工业机器人是实现操作自动化、折弯 FMC（柔性制造单元）和纳入板料加工 FMS（柔性制造系统）的先决条件。现在已经出现了比较成功的折弯机机器人。

2. 折弯精度进一步提高

现有的提高折弯精度的各项措施将在折弯机上推广应用，将会出现多种自适应控制系统，使高精度折弯机的比重不断提高。高精度的数控折弯机也将进一步发展。

3. 不断发展新的弯曲工艺和设备

许多具有多道折弯、多边折弯的典型零件，以及目前不适宜在折弯机上加工的零件，要求突破现有的折弯和折边工艺，实现各种弯曲工艺的交叉，推出边缘型的新工艺，进一步发展专用折弯机或新型折弯机。

第五节　高速压力机

一、高速压力机的发展概况

1. 高速压力机的特点

随着工业的高速发展及大量冲压件的形状和尺寸不断趋于标准化、系列化，在高速压力机上进行级进冲压已成为加工大批量冲压件的发展方向，可以提高生产率和降低生产成本。

同普通压力机相比，高速压力机的结构有如下特点：

（1）高精度　高速压力机的精度分为动态精度和静态精度两部分。动态精度是指冲压过程中滑块相对工作台面在纵向、横向和垂直方向的位移。静态精度取决于制造精度。

（2）滑块行程次数高　普通压力机的滑块行程次数一般在200次/min以内，而高速压力机的滑块行程次数远高于200次/min，目前最高达到3000次/min以上。

（3）高刚度　高速压力机按连杆数目可分为单点、双点和四点等，按床身结构可分为开式、闭式和四柱式三种。就刚性而言，闭式双点为最佳结构。开式高速压力机刚性差，角变形大，模具寿命短，但操作方便，造价也比较低。

（4）运动件间的摩擦因数小　由于高速压力机运动速度高，若摩擦因数较大将会加快零件的磨损，产生大量热量，恶化机床的精度，降低其使用寿命。为此，要求摩擦因数尽量小。

（5）振动和噪声要小　由于高速压力机的滑块行程次数很高，如果回转部件和往复运动部件不能达到动态平衡要求，就会引起剧烈振动，轻者影响机床的精度和模具的寿命，重者使机床无法正常工作。

（6）制动性能要好　高速压力机的制动性能至关重要，不但可以保障人身安全，而且可以减少废品。

（7）检测和控制系统完备　采用PLC控制器和CNC技术对机床的电参数、气动元件和液压元件各参数进行检测和设定，从而控制机床的滑块行程次数、高低速运转时上下死点的制动角和位置、曲轴转角、封闭角度、离合制动器、气动平衡器、气液锁紧装置和间隔润滑等功能，保证高速精密压力机在受控状态下正常工作。一旦某个部位出现故障，整机就能自动停止工作，确保设备安全并避免废品产生。

（8）辅助机械配备齐全　高速压力机需要配备开卷校平机、送料机和废料剪切机等辅助机械才能实现自动化生产。

2. 高速压力机的发展趋势

二十世纪六七十年代以后，由于半导体和电子工业的迅速发展，大规模集成电路和电气元件、芯片等产品的大量需求，都有力地推动了高速精密压力机的发展。标志高速精密压力机技术水平的滑块行程次数已达到3000次/min，产品的结构、性能也出现了新的突破。

目前，高速压力机正向数控化和柔性自动化方向发展。由于CNC技术在高速压力机上的应用，冲压过程能自动完成上料、冲压、成品计数、自动更换成品箱、自动停机、自动更换另一种产品模具并进行重新生产。目前，冲压CIMS还处在起步发展阶段，各国都正在向这一方向努力。

我国制造的高速压力机是20世纪80年代开始从国外引进技术而发展起来的，目前，主要有上海第二锻压机床厂、厦门锻压机床有限公司等生产厂家。产品结构有开式和闭式，公称力为160～2000kN，滑块行程次数为100～800次/min。与国际先进水平相比，我国高速压力机的发展水平还存在不少差距。

二、高速压力机的结构组成

高速压力机按机身结构可分为开式、闭式和四柱式。按曲柄数目可分为单点和双点。

按传动类型可分为上传动和下传动。

图 7-33 为日本会田公司 AIDI—BRUDERER 型超高速精密自动压力机，其曲柄滑块结构如图 7-34 所示。

它采用了特殊连杆滑块导向结构，滑块不会因为温度上升膨胀而改变导向间隙，而且可防止在下死点位置时滑块的装模高度因温度升高而变动。压力机结构设计能保证传动系统在任意档转速时不会发生共振现象。压力机配有超精滚式送料机构。送料机在压力机连续运转的情况下可进行无级调速。压力机下部设有弹簧减振装置，运动部分采用了质量平衡机构，可吸收压力机的振动，压力机安装对基础无特殊要求。传动系统有良好的紧急制动特性，能可靠地保护模具。

1. 床身结构

高速压力机在工作时，床身部件要承受全部变形力，在此力的作用下，床身要发生弹性变形，会直接影响加工零件的质量。

按结构形式，高速压力机床身可分为整体框架结构和组合式（也称分离式）床身两种。整体框架结构又分为普通框架结构和预应力框架结构两种。整体框架式床身的铸造和加工都较复杂，因而在 1000kN 以上大型高速压力机上较少使用。但考虑到这种床身具有良好的抗振、吸振性能，因而在中小型高速压力机，特别是超高速压力机上使用得较多。

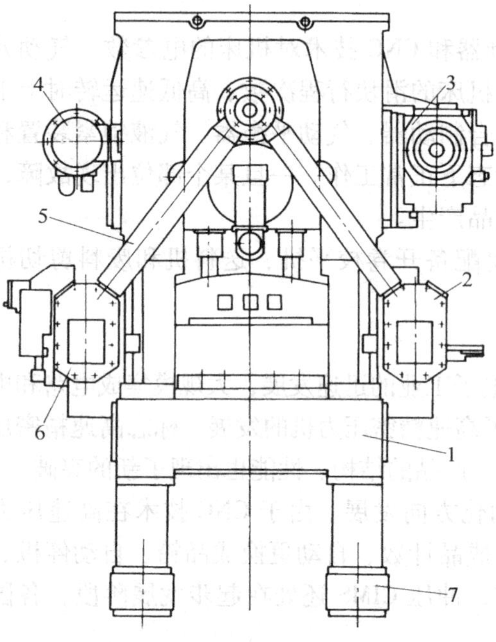

图 7-33　AIDI—BRUDERER 型高速压力机

1—机身　2—（右）辊式送料装置　3—变速电动机　4—储气筒　5—链传动　6—（左）辊式送料装置　7—减振器

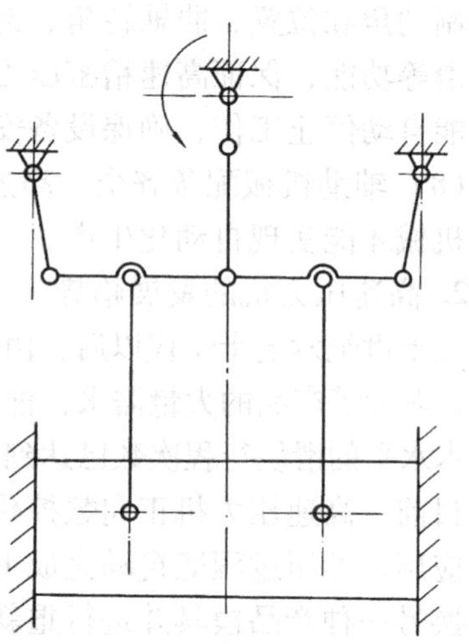

图 7-34　AIDI—BRUDERER 型高速压力机的曲柄滑块结构

组合式床身是应用最为普遍的床身结构，床身主要由横梁、左右立柱、工作台及底座组成。横梁、左右立柱和工作台通过四根拉紧螺栓拉紧构成一个整体。为了防止各部分之间相互错移和保证精确定位，上、下几部分用圆形或方形定位键进行定位。随着工艺及技术水平的不断提高，一些生产厂家直接利用在加工过程中加工出的定位台孔来定位，但这种定位方法对加工精度的要求特别高。拉斯特（RASTER）公司在压力机上采用了如图7-35所示的定位套定位方式，该方法简单，且定位精度、刚度都比较高。

2. 滑块导向装置

在高速压力机中，滑块导向装置中目前使用最多的是八面直角导向装置。因滑块在水平面内各个方向的位移均受到导轨的约束，使导向精度提高，而且滑块所产生的侧向力直接由导轨传递给床身，导向系统具有很高的刚度。

目前明显的趋势是用预应力滚动导轨逐步取代滑动导轨，其主要目的就是要把滑块在动态下的下死点水平位移控制在最小范围内，为硬质合金模具的使用和模具寿命的提高创造条件。同滑动导轨相比，使用滚动导轨后，滑块在前后、左右两个方向上的水平位移量比较小，其优点不言而喻。

在高速压力机上所使用的滚动导向装置可分为平面滚动导轨、柱式滚动导轨和静压导轨三类。

平面滚动导轨又有四面、六面及八面直角三种形式，其中八面直角预应力滚动导轨使用得最多,性能也最好。图7-36是一种以楔块调节导轨过盈量的八面直角预应力滚动导轨,滚动导轨为往复式,这种结构的导轨和床身之间为平面接触,接触面积大,导轨及床身系统的刚性好,是目前使用最为普遍的一种八面直角导向结构。

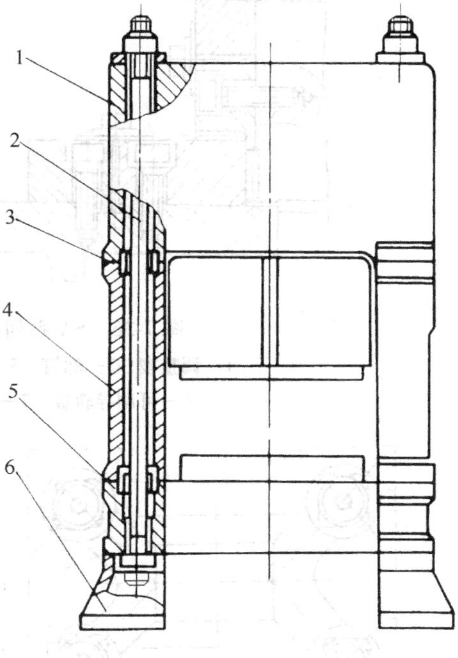

图7-35 组合式床身结构

1—上横梁 2—拉紧螺杆 3—定位套 4—立柱 5—工作台 6—底座

柱式滚动导向装置是高速压力机另一种最主要的导向方式，有两柱、三柱和四柱三种结构，其中使用最普遍的是四柱式导向结构。这种导向结构主要用于1000kN以下的高速压力机和超高速压力机上。由于圆柱面的加工易于达到较高的精度，导轨面间隙或过盈量的大小靠加工和导向元件本身精度来保证,安装、维修都很容易,不需要调整,结构也较平面滚动导轨简单。使用柱式导向时,在不减弱导轨刚度的前提条件下,应设法改进导轨在水平方向上的约束条件,使热膨胀产生的附加载荷从某一方向上释放。液力静压轴承就是一种理想的柱式导向结构。

图7-37是一种静压导向装置的结构原理，每个导柱上的静压轴承都开有两个相对布置的静压油腔，在与静压油腔成直角的方向上开有排油沟，导柱和静压轴承之间有可自由运动的微细间隙，在静压油腔进油口安装有调节阀，安装时应注意静压腔内油压的高低，它们对负荷大小反应很灵敏。静压轴承在静压腔油压范围内承受滑块横向载荷时有很高的刚度。

3. 传动系统

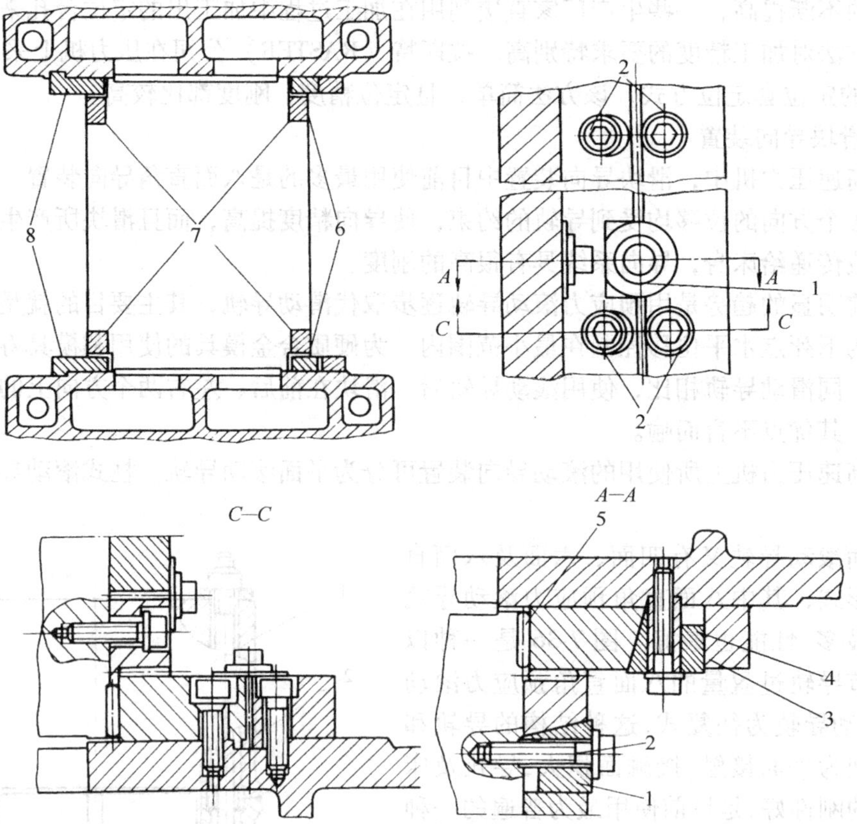

图 7-36　SA 系列高速压力机滑块导轨结构

1—调整楔　2—螺钉　3—导轨支承板　4—螺套　5—滚柱

6—可调导轨板　7—滑块导轨板　8—固定导轨板

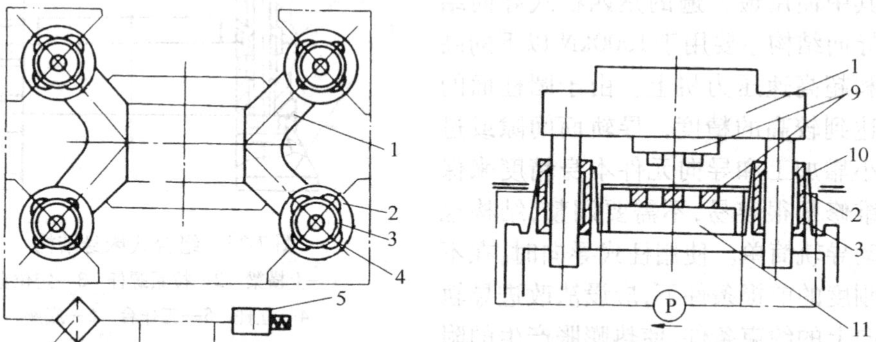

图 7-37　静压导向装置结构原理

1—滑块　2—调节阀　3—静压油腔　4—排油沟　5—压力开关

6—压力表　7—滤清器　8—变量泵　9—模具　10—静压轴承　11—模座

高速压力机按传动布置方式分为上传动和下传动两种。在高速压力机行程次数还不是很高时，下传动形式曾处于主导地位。同上传动相比，下传动高速压力机的体积要小得多，重心低，稳定性能好，传动系统水平分力也比较小，而且不会使润滑油滴到工件上，是理想的高速压力机传动形式。但下传动压力机的往复运动部分除连杆、滑块本身质量外，还增加了传动轴以下部分即横梁和导柱的质量，由于往复运动部件质量的增加，当提高压力机的行程次数时，往复部件质量所产生的巨大惯性力不仅使机床在地基上的安装出现问题，而且还严重影响机床的正常运转和滑块下死点的动态精度。高速压力机滑块行程次数的大幅度提高，不断推动着高速压力机向上传动的形式发展，并逐步占主导地位。

目前，传动系统普遍采用滚动轴承取代滑动轴承，曲轴用多点支承代替了双点支承结构，提高了高速压力机的刚度和运行平稳性，减少了高速压力机的总间隙和支承部位的发热量。

4. 操纵系统

高速压力机的操纵系统主要包含离合器、制动器。目前经常使用的是组合式摩擦离合

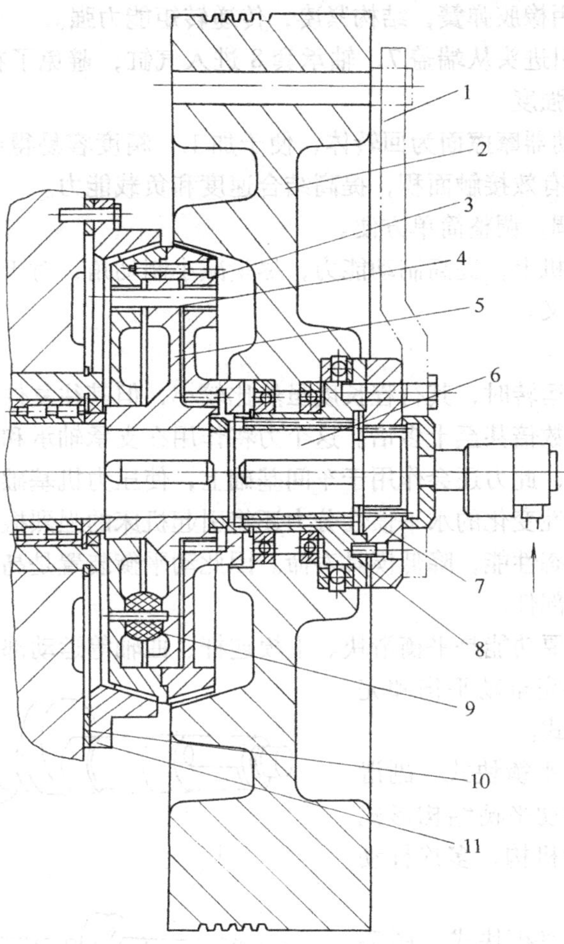

图 7-38 HR—SL 系列高速压力机离合器—制动器结构

1—盘车板 2—飞轮 3—气缸 4—滑销 5—活塞 6—曲轴 7—端盖 8—轴承套 9—橡胶弹簧 10—调整垫 11—制动锥套

器—制动器，按驱动形式可分为气动摩擦离合器—制动器和液压摩擦离合器—制动器两种；按摩擦面形状可分为盘式、浮动镶块式和圆锥式等多种；而按结构形式又可分为干式和湿式两种。其主要构造和普通压力机上的离合器—制动器是相同的，但因使用条件不同，又有一些特殊要求。

图7-38是一种组合式锥形摩擦离合器—制动器，刚性联锁，动作安全可靠，离合器主动部分为飞轮2，从动部分由端盖7、轴承套8、曲轴6、活塞5、滑销4、气缸3等组成，结合件是气缸3、飞轮2、制动锥套11。

气缸进气，气缸3向右移动，压缩橡胶弹簧9，气缸3左侧锥面与制动锥套11脱开，气缸3右侧锥面压向飞轮2上的锥面，离合器结合飞轮2带动从动部分旋转。气缸排气，在制动弹簧作用下，气缸3向左移动，离合器脱开，制动器制动，从动部分停止运转。这种离合器具有以下特点：

1）采用锥形摩擦面，气缸推力作用到锥面上，具有力的放大作用，在传递同样转矩的情况下，可以减小气缸直径，提高离合器结合速度。

2）零件少，采用橡胶弹簧，结构紧凑，传递转矩能力强。

3）压缩空气经引进头从端盖7、轴承套8进入气缸，避免了在曲轴上开轴向及径向进气孔，提高了曲轴强度。

4）离合器—制动器摩擦面为回转体，便于加工，精度容易得到保证，可以减小摩擦面之间的间隙，增加有效接触面积，提高结合速度和负载能力。

5）摩擦间隙可调，调整简单方便。

在高速精密压力机上，提高制动能力，尽量减小制动角，对于保护模具及防止机床损坏具有十分重要的意义。

5. 动平衡装置

高速压力机高速运转时，其行程长度虽然比较小，但其往复件质量所产生的惯性力仍然可达到滑块重量的数倍甚至十多倍。这个力将作用在支承轴承和滑块导轨上，如果在结构上不采取必要措施，此力还会作用于车间基础上，使压力机基础不稳，而回转部分由不平衡质量产生的周期性变化的水平惯性分力还将引起机床的强烈振动和摆动，严重影响压力机的正常运转和动态性能，降低模具寿命。因此动平衡装置是高速压力机，特别是超高速压力机必不可少的部件。

动平衡装置的主要功能是平衡滑块、上模连杆、曲轴等运动部件在高速运动过程中所产生的惯性力，有不完全动平衡和完全动平衡两种结构形式。

不完全动平衡有平衡块式、副滑块平衡机构等；完全动平衡结构形式包括多杆配重动平衡机构、多连杆动平衡机构等。

（1）平衡块式　平衡块式（图7-39）是一种最简单的不完全动平衡装置，平衡块用螺钉固定在曲轴偏心相反的方向上。这种动平衡结构只能平

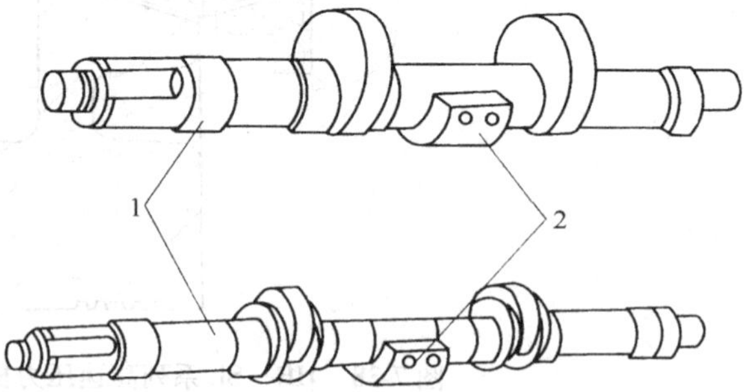

图7-39　平衡块式动平衡装置

1—曲轴　2—平衡块

衡偏心轴的不平衡质量所产生的惯性力，而不能平衡滑块、上模和连杆等运动部分所产生的惯性力。

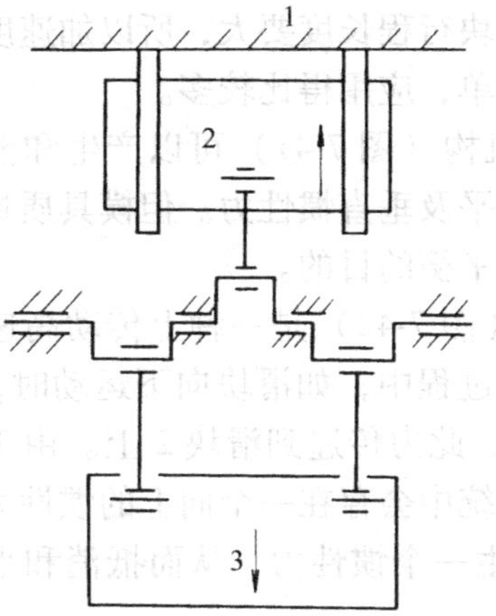

图 7-40　副滑块动平衡

1—上横梁　2—平衡块　3—滑块

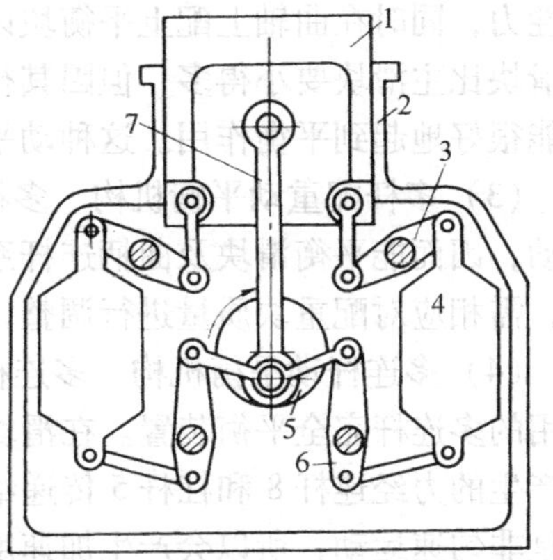

图 7-41　布鲁德列公司下传动高速压力机多杆配重动平衡机构

1—导向柱塞　2—箱体　3、6—杠杆　4—配重块　5—偏心轴　7—连杆

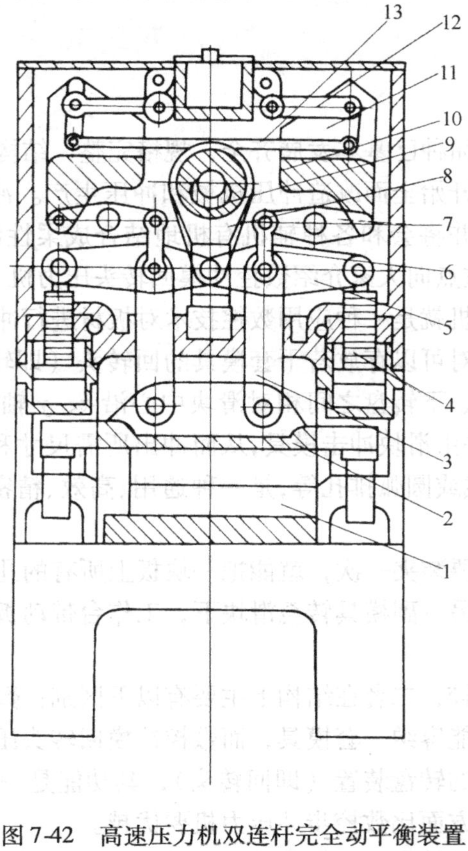

图 7-42　高速压力机双连杆完全动平衡装置

1—工作台　2—滑块　3、8—连杆　4—封闭高度调节螺杆　5、11—杠杆　6、12、13—导杆　7—平衡杆　9—偏心轴　10—平衡重块

（2）副滑块平衡机构　副滑块平衡机构是一种较理想的不完全动平衡机构（图7-40），其平衡原理是在主滑块对称的方向上增加一个平衡副滑块，以抵消主滑块所产生的惯性力，同时在曲轴上配上平衡块以取得更好的平衡效果。在这种动平衡装置中，虽然平衡滑块比主滑块要小得多，但因其行程长度比主滑块行程长度要大，所以加速度也大，因此能很好地起到平衡作用。这种动平衡装置比较简单，应用得比较多。

（3）多杆配重动平衡机构　多杆配重动平衡机构（图7-41）可以产生和滑块相反的运动，因而能平衡滑块及曲柄连杆系统所产生的水平及垂直惯性力。但模具质量发生变化时，需相应对配重块质量进行调整，以取得完全动平衡的目的。

（4）多连杆动平衡机构　多连杆动平衡机构（图7-42）是一种上传动高速压力机所采用的多连杆完全平衡装置。在滑块上下往复运动过程中，如滑块向下运动时，偏心轴9所产生的力经连杆8和杠杆5传递给连杆3，然后，此力传递到滑块2上。由于这些运动都是非匀速运动，所以会产生加速度，于是在该系统中会存在一个向上的惯性力。同时平衡重块10经过导杆6和平衡杆7向上运动，也产生一个惯性力，从而抵消和平衡滑块所产生的惯性力。

以上几种完全动平衡装置是比较复杂的，目前主要应用在超高速压力机上。

第六节　数控冲模回转头压力机

一、概述

国内外常规压力机的品种已基本发展齐全，规格完整，结构成熟。自20世纪80年代中期以来，数控技术已经开始全面改造冲压机械和冲压生产。冲压机械正向高度自动化、人工智能化的方向发展，并将会和各种辅机有机地结合成柔性制造单元（FMC）或柔性制造系统（FMS）。下面重点向大家介绍数控冲模回转头压力机。

数控冲模回转头压力机就是一种应用数控技术对板材进行冲孔和步冲的设备，在设备滑块与工作台之间，有一对可以存放若干套模具的回转头（即转盘），把待加工的板材夹持在夹钳上，使板材在上、下转盘之间相对滑块中心沿 x、y 轴方向移动定位。按规定的程序选择所需要的模具，并由滑块冲击模具，从而冲出所需尺寸和形状的孔来，这些孔可以是圆孔、方孔、异形孔、直线或圆弧排孔等，是一种通用、高效、精密的锻压机械，也是板材加工中的主要设备。

在回转头压力机上只要装夹一次，就能把一块板上所有的孔全部冲完。当一种孔冲好后需要换模时，回转头把另一副模具转至滑块下，工作台带动板材移至需要位置，就可冲另一种孔。

与数控步冲压力机比较，二者在结构上主要有以下区别：数控步冲压力机的滑块与工作台之间在垂直方向上只能容纳一套模具，而数控冲模回转头压力机的滑块与工作台之间有一个能安装若干套模具的转盘装置（即回转头），其功能是一个既可贮存模具又能自动换模的模具库，故在换模方面比数控步冲压力机要优越。

世界上生产数控冲模回转头压力机的主要厂商大约有十余家，例如日本的Amada和Murata、德国的Behrens、美国的Strippit公司等。大多数厂商的产品都采用开式机身，只有少数厂商的产品是采用闭式机身。

二、工作原理

图7-43为冲模回转头压力机的工作原理图。主电动机通过V带传动带动飞轮转动，再通过离合器—制动器和偏心轴，使滑块上下往复运动，冲击上转盘上所选定的凸模，即上模对板材进行冲孔。上、下转盘上配置有若干副模具，这些模具在转盘上多圈布置或单圈布置。有些机器配置有自动分度模具，它使装夹在滑块上的模具具有旋转功能。依靠转模机构可以使模具在0°~359.99°的范围内同步旋转，精度可达到0.01°。其余模具按直径大小和形状不同分为若干组，图7-44为其模具配置情况。上、下转盘由直流或交流伺服电动机驱动，经过齿形带传动或链传动，两转盘同时同向旋转，以选择所需模位。为使上、下转盘定位准确，在转盘侧面设有锥形定位套，由气缸推动锥形销插入定位套内。板料的移动可由活动拖架（*Y*轴方向）和滑动夹钳（*X*轴方向）来完成，*X*轴方向和*Y*轴方向的运动由交流或直流伺服电动机、滚珠丝杠副等驱动而实现，机器的所有动作均是按照预先编好的程序来执行。

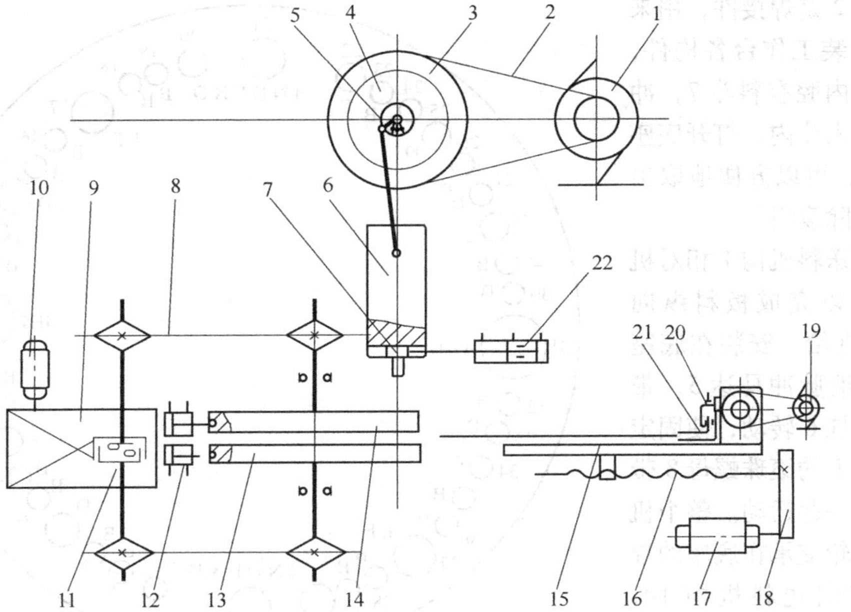

图7-43 冲模回转头压力机的工作原理图

1—电动机 2—V带 3—飞轮 4—离合器—制动器 5—偏心轴 6—滑块 7—打击器 8—链传动 9—转盘减速器 10—转盘伺服电动机 11—转盘离合器 12—转盘定位气缸 13—下转盘 14—上转盘 15—移动工作台 16—滚珠丝杠副 17—Y轴伺服电动机 18—齿形带 19—X轴伺服电动机 20—夹钳气缸 21—夹钳 22—气缸

三、主要结构

1. 机身

冲模回转头压力机的机身多为钢板焊接结构，可分为开式（即“C”形机身）和闭式

（即“O”形机身）两种。闭式机身的优点是机身的刚性好，弹性变形小，在工作过程中对模具有利。冲模回转头压力机多采用开式的“C”形机身，并将装有夹钳的横梁放置在机身喉口的内侧，这种布置方式结构紧凑，减少了设备的占地面积，但是这种结构形式的机身会使喉口的深度增大，容易产生角刚度变形。为了减小开式机身的变形，就必须采取一些加强机身刚度和抗扭强度的措施，比如在设计阶段，用有限元法分析机身受载后的应力和变形情况，并结合优化设计来确定床身的最佳外形，在薄弱处局部增加厚的加强板，使机身在工作过程中的变形最小。也有一些公司为了解决机身的弹性变形，把安装在模具的上、下两个转盘装在副机架上，副机架只起支承和导向作用，而压力机传动机构和工作机构装在主机架上。工作时冲孔力由外机架承受。主机架在受力状态下变形，但对副机架无影响，上、下模具能精确对准，因而可提高模具寿命和冲孔精度。

2. 工作台

工作台为焊接结构，它由本体（是机身的一部分）、活动拖架（即活动工作台）和滑动夹钳等几部分组成。活动拖架（Y 轴）通过安装在本体上的伺服电动机、滚珠丝杠副来驱动。活动拖架由安装在直线导轨上的四个直线滚珠丝杠副来驱动。图 7-45 所示为一种工作台结构。

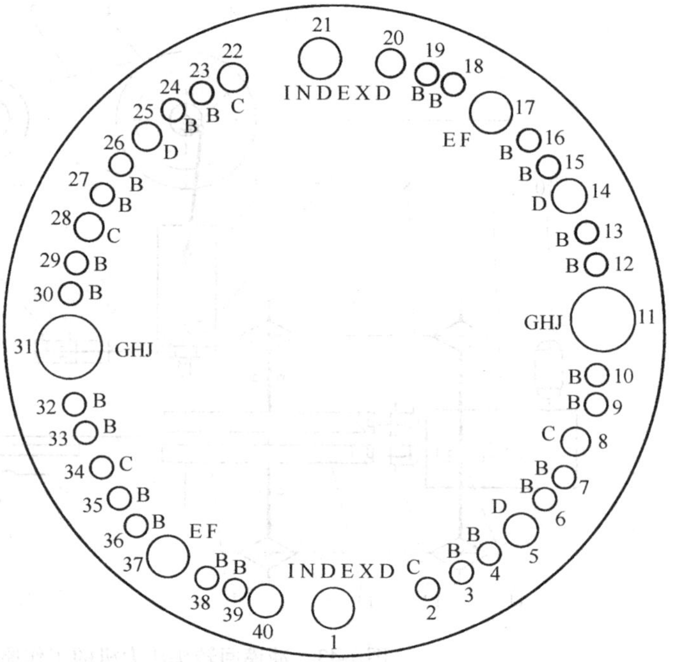

图 7-44　回转头压力机的模具配置

底座 2 是焊接件，用来支承和安装工作台各构件，在底座的内腔有料斗 7，冲孔废料落入斗内，打开底座上的门 9，可以方便地取出料斗，排除废料。

纵向送料机构 1 相对机身运动，以完成板料纵向（*Y* 向）进给。安装在底座 2 上的电液脉冲马达 5，带动滚珠丝杠 6 转动，使固定在台面 4 上的滚珠螺母 8 带动台面 4 一起运动。整个机构通过滚轮支承在底座的导轨上。横向送料机构 10，借助装在 T 形槽内的夹钳将板料夹紧，使板料能在横向（*X* 向）进给，*X* 向与 *Y* 向互成 90°，横向进料机构 10 通过四个滚轮支承在滑座的两根导轨上，并用 8 个滚轮导向。在底座及滑座上装有纵、横向度量尺，以观察、检查送料机构移动距离。

滚珠丝杠与滚珠螺母传动结构如图 7-46 所示。滚珠螺母 2 通过键 4 与固定套 3 连接，当滚珠丝杠 5 转动时，滚珠螺母便与跟工作台移动部分连接的固定套一起作轴向移动。

3. 传动系统

传动系统如图 7-47 所示，主电动机 10 通过带轮和蜗轮蜗杆，带动曲轴、连杆、肘杆

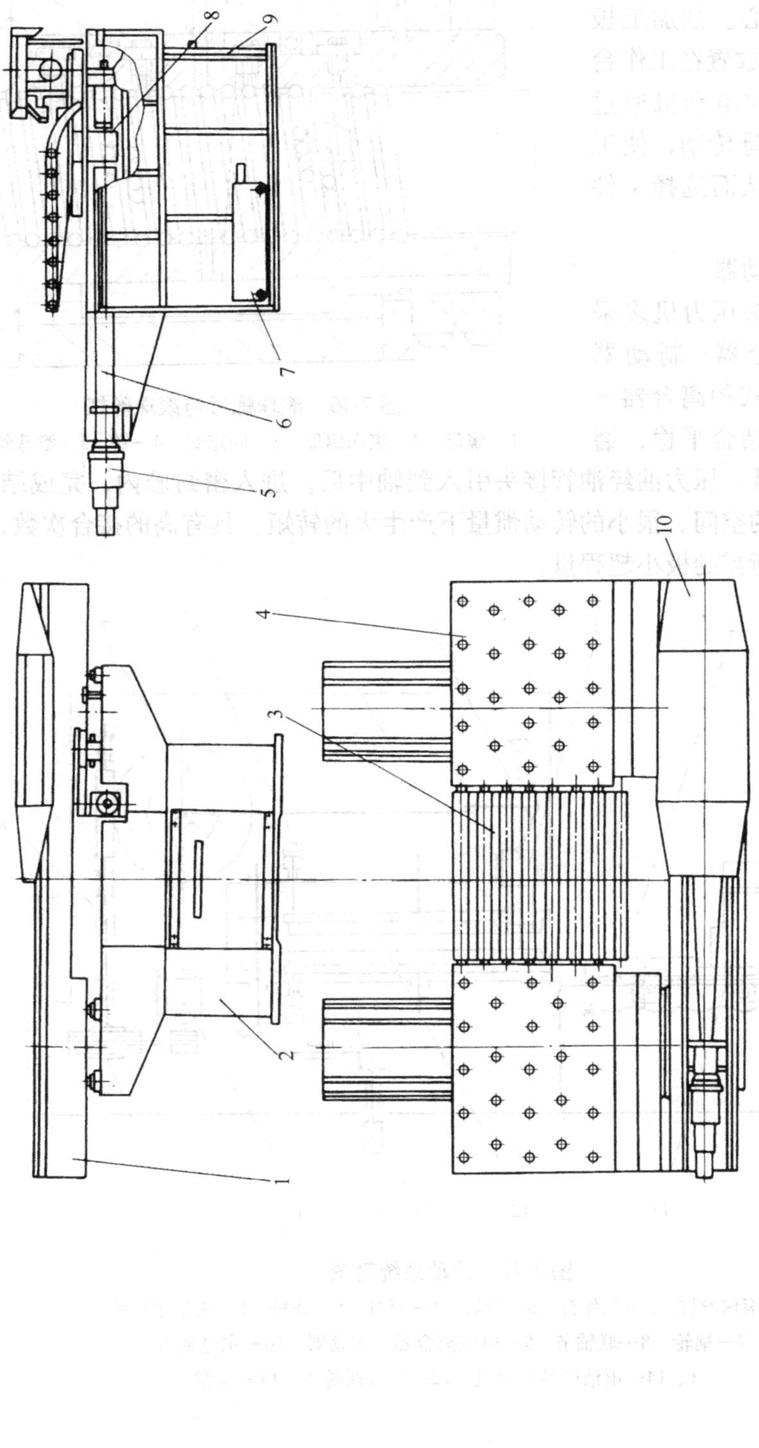

图 7-45　工作台

1—纵向送料机构　2—底座　3—活动工作台　4—台面　5—电液脉冲马达　6—滚珠丝杠　7—料斗　8—滚珠螺母　9—门　10—横向送料机构

动作，使滑块3作上下往复运动，进行冲裁。冲模回转头12支承和悬挂在床身上，电液脉冲电动机11通过两级锥齿轮和一级正齿轮的传动，使上、下转盘同步回转，以选择模具，并用液动定位销6使转盘最终定位，以保持上、下模同心。被加工板料用夹钳13夹紧，放置在工作台2上。两个电液脉冲电动机通过滚珠丝杠和滚珠螺母传动，使工作台纵横向送进，从而选择工件冲孔的坐标。

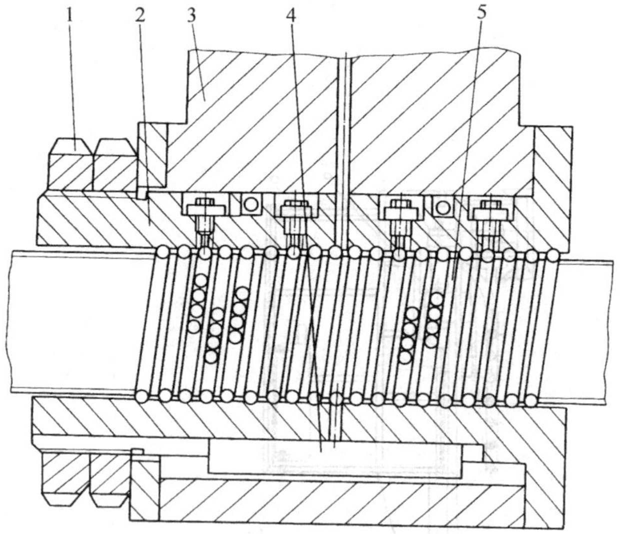

图7-46　滚珠螺母与滚珠丝杠

1—螺母　2—滚珠螺母　3—固定套　4—键　5—滚珠丝杠

4. 离合器—制动器

数控冲模回转头压力机多采用组合式液压离合器—制动器(图7-48)，这种形式的离合器—制动器工作可靠，结合平稳，磨损小，结合时噪声低。压力油经油管接头引入到轴中后，进入密封腔内，完成结合动作。这种结构能在较小的空间、很小的转动惯量下产生大的转矩，具有高的接合次数，制动角度小，可满足滑块所需的极小超程量。

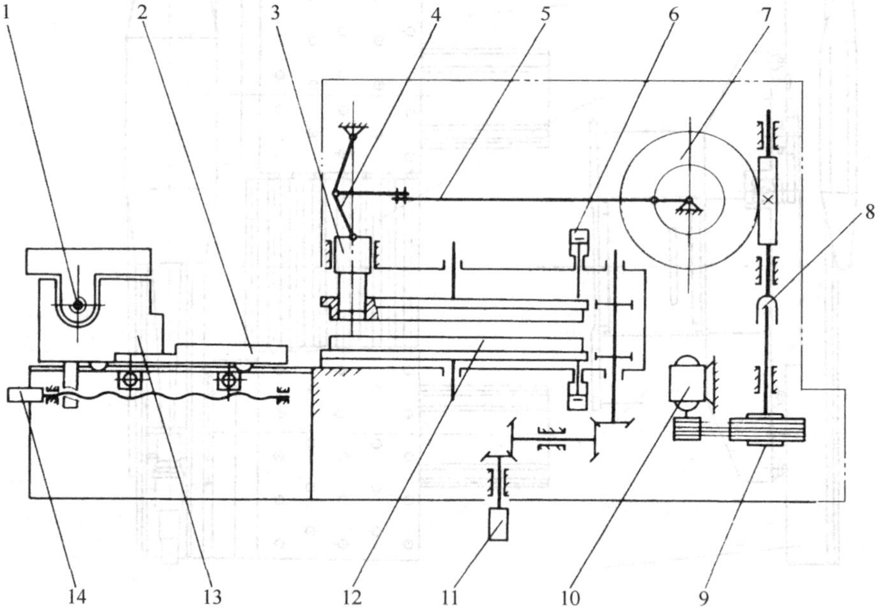

图7-47　传动系统简图

1—滚珠丝杠　2—工作台　3—滑块　4—肘杆　5—连杆　6—液动定位销

7—蜗轮　8—联轴节　9—电磁离合器—制动器　10—主电动机

11、14—电液脉冲电动机　12—冲模回转头　13—夹钳

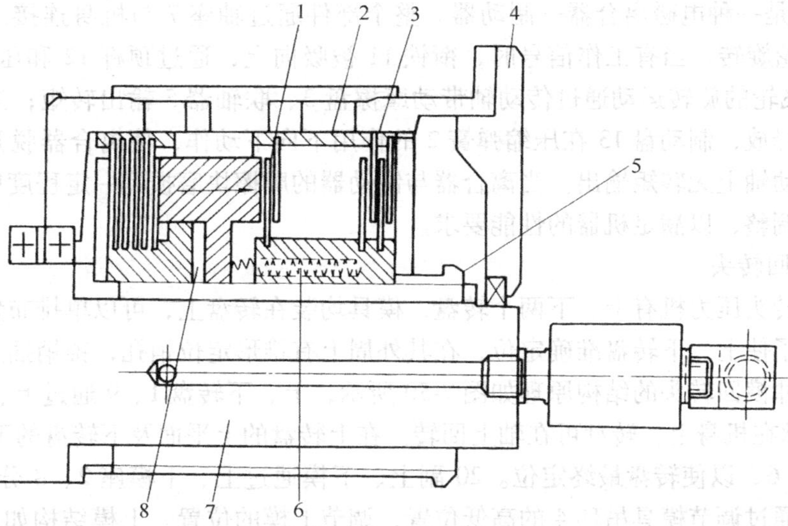

图 7-48　液压离合器—制动器

1—盘　2—托架　3—摩擦盘　4—圆盘　5—键　6—弹簧　7—曲轴　8—液压缸

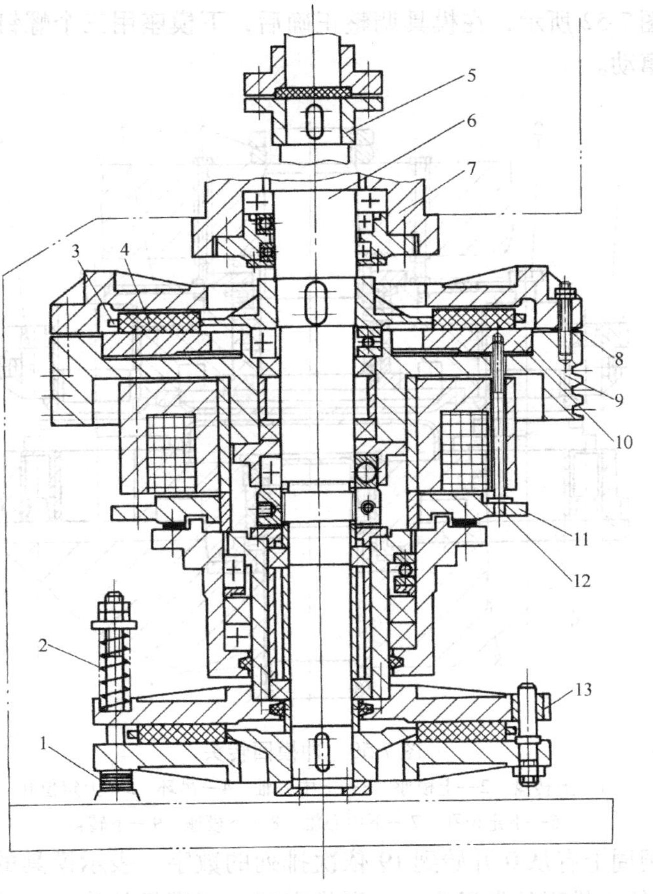

图 7-49　电磁离合器—制动器

1、8—调整垫片　2—弹簧　3—摩擦盘　4—摩擦片　5—联轴器　6—传动轴
7—轴座　9—飞轮　10—压板　11—衔铁　12—顶杆　13—制动盘

图7-49是一种电磁离合器—制动器。整个部件通过轴座7与机身连接。电动机通过V带带动飞轮旋转。当有工作信号时，衔铁11被吸向上，通过顶杆12和压板10压紧摩擦片4，使飞轮的旋转运动通过传动轴带动摩擦盘3、联轴器5输出转矩；当无工作信号时，衔铁被释放，制动盘13在压缩弹簧2的作用下向下动作，使离合器脱开，制动器制动，因此传动轴上无转矩输出。当离合器与制动器的摩擦块磨损到一定程度后，可通过调整垫片重新调整，以满足机器的性能要求。

5. 冲模回转头

冲模回转头压力机有上、下两个转盘，模具均装在转盘上，可以单排布置，也可以三排布置。为了使上、下转盘准确定位，在其外周上有锥形定位销孔，锥销插入就可以保证定位准确。冲模回转头的结构原理如图7-50所示，上、下转盘1、9通过上、下中心轴3、7悬架和支承在机身上，转盘可在轴上回转。在上转盘的上平面及下转盘的下平面各有20个定位孔5、6，以使转盘最终定位。20副上、下模通过上、下模座2、8分别安装在上、下转盘上，通过调节模具吊环4的高低位置，调节上模的位置。上模结构如图7-51所示。图7-51a为非圆形冲头，冲头1用螺钉与上模座2固紧，并采用方槽定位。对于直径小于8mm的圆形冲头，则增加过渡套3，如图7-51b所示。上模通过T形头与滑块T形槽连接。下模结构如图7-52所示，在模具调整正确后，下模座用三个螺钉紧固，并用压板压紧，以防止向上窜动。

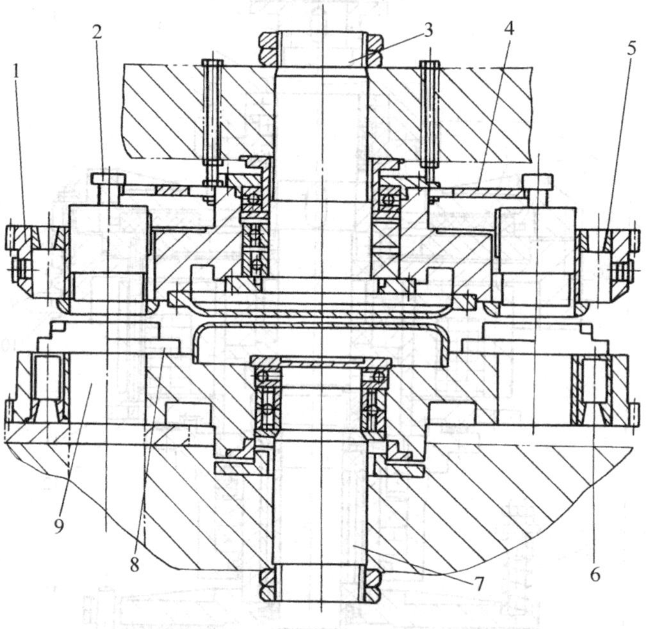

图7-50　冲模回转头

1—上转盘　2—上模座　3—上中心轴　4—吊环　5—上定位孔

6—下定位孔　7—下中心轴　8—下模座　9—下转盘

在上转盘的圆周上有从0开始到19依次排列的数字，表示模具的编号。下转盘的圆周表面上有20个依次排列的发讯头，分别代表某一副模具的编号，借助电气部分读出装置的配合，可以自动选择模具。发讯头的位置正确与否，决定了定位销能否正确插入定位孔内。

定位销的结构如图 7-53 所示，液压缸 5 固定在机身上，通过螺钉 7 的调节，可以调整定位销的中心位置，使与转盘上的定位销孔中心对准。图中位置为非定位状态。定位时油液经过通道 4 进入缸内，通道 3 回油。定位销定位及退出动作的完成，由两个无触头行程开关 1 发出信号，使压力机滑块下冲或转盘转动。定位销 6 与缸体端部的相对运动部分，用 O 形及 U 形圈 2 密封。

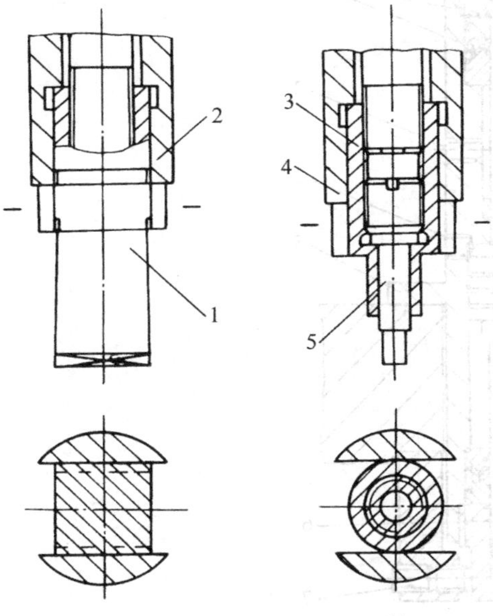

a)　　b)

图 7-51　上模结构

a）非圆冲头　b）圆冲头

1、5—冲头　2、4—上模座　3—过渡套

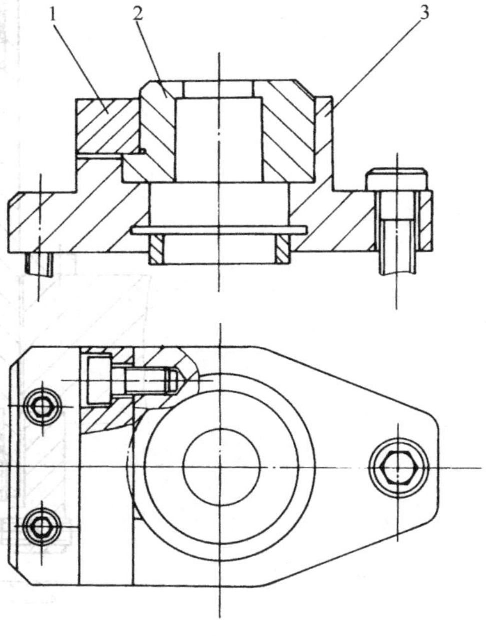

图 7-52　下模结构

1—压板　2—下模　3—下模座

6. 转模机构

转模机构即模具分度机构，是用来使转盘上某些模具沿本身轴线旋转的机构。其转动是这样实现的：由伺服电动机带动主动轴，并通过同步齿形带、气缸上的齿形带轮和连接副下部的锥齿轮转动分度模具的传动蜗杆，通过蜗轮—蜗杆机构带动分度模具转动。在不分度时，要保证模具分度为零。如果正在工作过程中，机器出于某种报警而停机时，应保证使分度模具置于零位。

使用转模机构后会带来如下优点：①可以冲切复杂形状的板件；②可减少模具，因而可降低模具费用；③可缩短加工时间。

7. 肘杆传动机构

图 7-54 所示为曲柄—连杆—肘杆传动机构的结构及其工作原理图，这种形式的结构对深喉口的机床较为有利。整个部件通过两根圆销 11 与机身连接。飞轮的旋转运动经离合器、联轴器传给蜗轮，而蜗轮端面上有牙嵌离合器 4，离合器的另一半与曲轴 6 以键连接，因此蜗轮可带动曲轴 6、连杆 3、肘杆 1 运动，并使滑块 12 产生上下往复运动。连杆由两部分组成，在连接部分有超载保险装置，当超载时，齿形部分首先破坏，随之螺钉 2 被拉断。

为了便于调整模具，通过转动手轮 10 使螺杆产生轴向位移，并由顶杆 7 使牙嵌离合

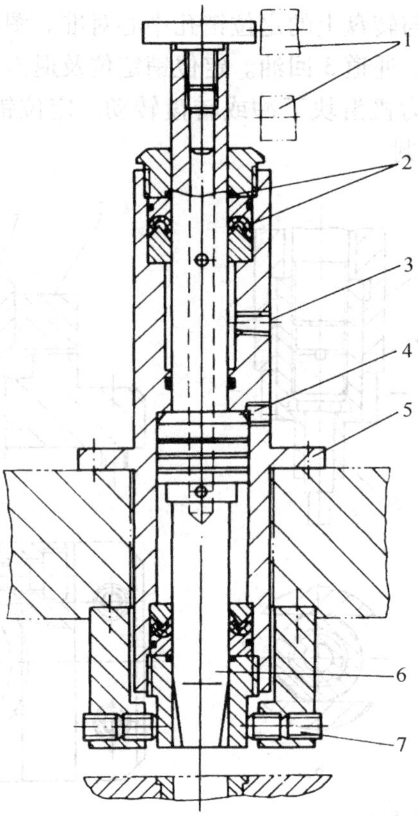

图 7-53　定位销结构

1—无触头行程开关　2—密封圈　3、4—通道

5—液压缸　6—定位销　7—螺钉

器脱开，再转动手轮便可使曲轴连杆—滑块动作。调整完毕后将手轮倒旋即可。

在曲轴上装有发讯块 9，与无触点行程开关 8 及电气部分配合，以控制滑块的单次行程且使其准确停在上死点处。

蜗轮箱内注满润滑油以供各运动环节的润滑。

8. 夹钳

夹钳安装在工作台的横向滑座上，视被加工板料的长短可在滑座上调整其安装位置。其结构简图如图 7-55 所示。扳动手柄 3，上钳体 1 便绕轴 2 回转，以便夹紧及松开板料。调整螺钉 4 便可改变被夹紧板料的厚度。

9. 数控系统

数控系统原理如图 7-56 所示。五单位穿孔纸带由光电输入机读出，读出信号通过译码器译成数码和各坐标、方向等指令，并分别输入到指令寄存器和数码译码器中。寄存的指令包括方向指令和坐标指令。方向指令是指正向或反向，通过它控制环形分配器和功放部分，使脉冲电动机正转或反转。坐标指令是指 X、Y、Z 坐标，这一指令打开 X、Y 减法计数器和 Z 寄存器的输入门，然后通过数码译码器将坐标数码输入到 X、Y 坐标减法计数器或 Z 寄存器中，并由数码管显示。X、Y 坐标显示均为瞬时位置与原点距离，Z 坐标显示为瞬时模具号码。各坐标的慢速起动、高速趋近及慢速定位，由变频控制器来实现。

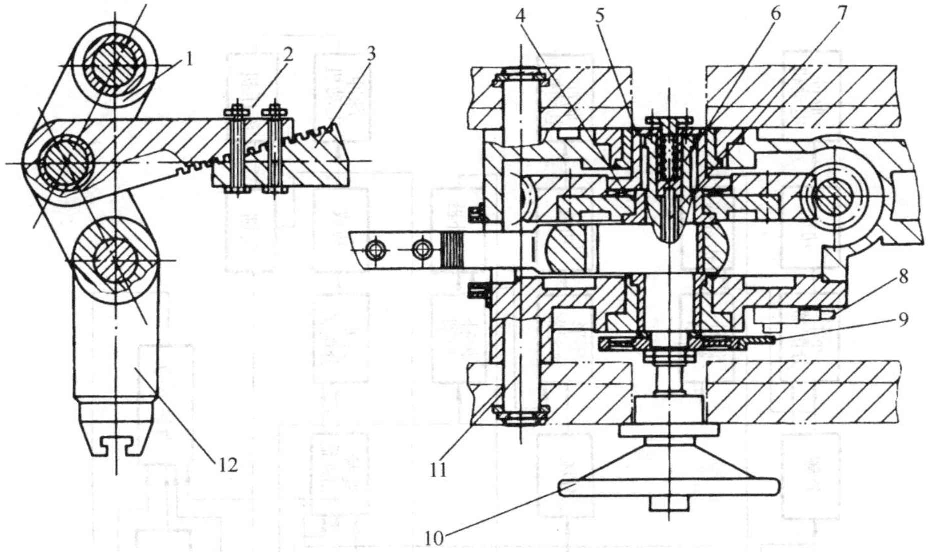

图 7-54 肘杆传动机构

1—肘杆 2—螺钉 3—连杆 4—牙嵌离合器 5—离合器的一端 6—曲轴 7—顶杆 8—行程开关 9—发讯块 10—手轮 11—圆销 12—滑块

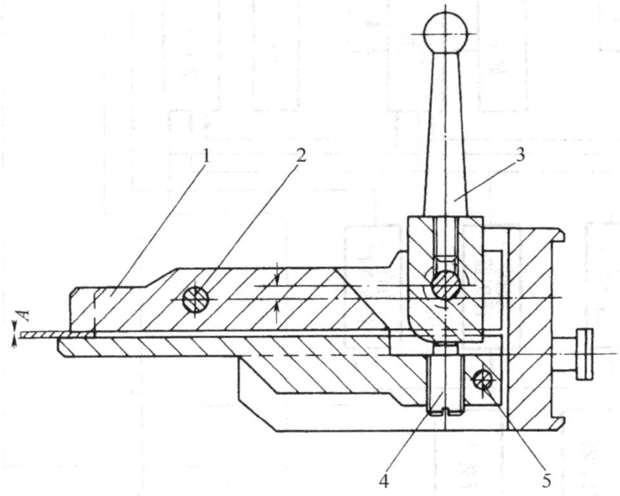

图 7-55 夹钳

1—上钳体 2—轴 3—手柄 4—螺钉 5—轴

X、Y 坐标亦设有遗补判别及遗补器，以进行传动齿轮正反向运动间隙等的补偿。Z 坐标设有反馈装置和比较器，当反馈信号与 Z 寄存器寄存的模具号码比较器上一致时，发出脉冲电动机停机信号和定位销定位信号。当 X、Y 坐标显示为 0，Z 坐标显示为选用的模具号码，定位销动作完毕后，发出滑块下冲信号，这一加工程序便完毕。当滑块冲孔完毕并回程到一定位置时，发出光电输入机再起动信号，下一程序便输入，系统进入又一工作循环。

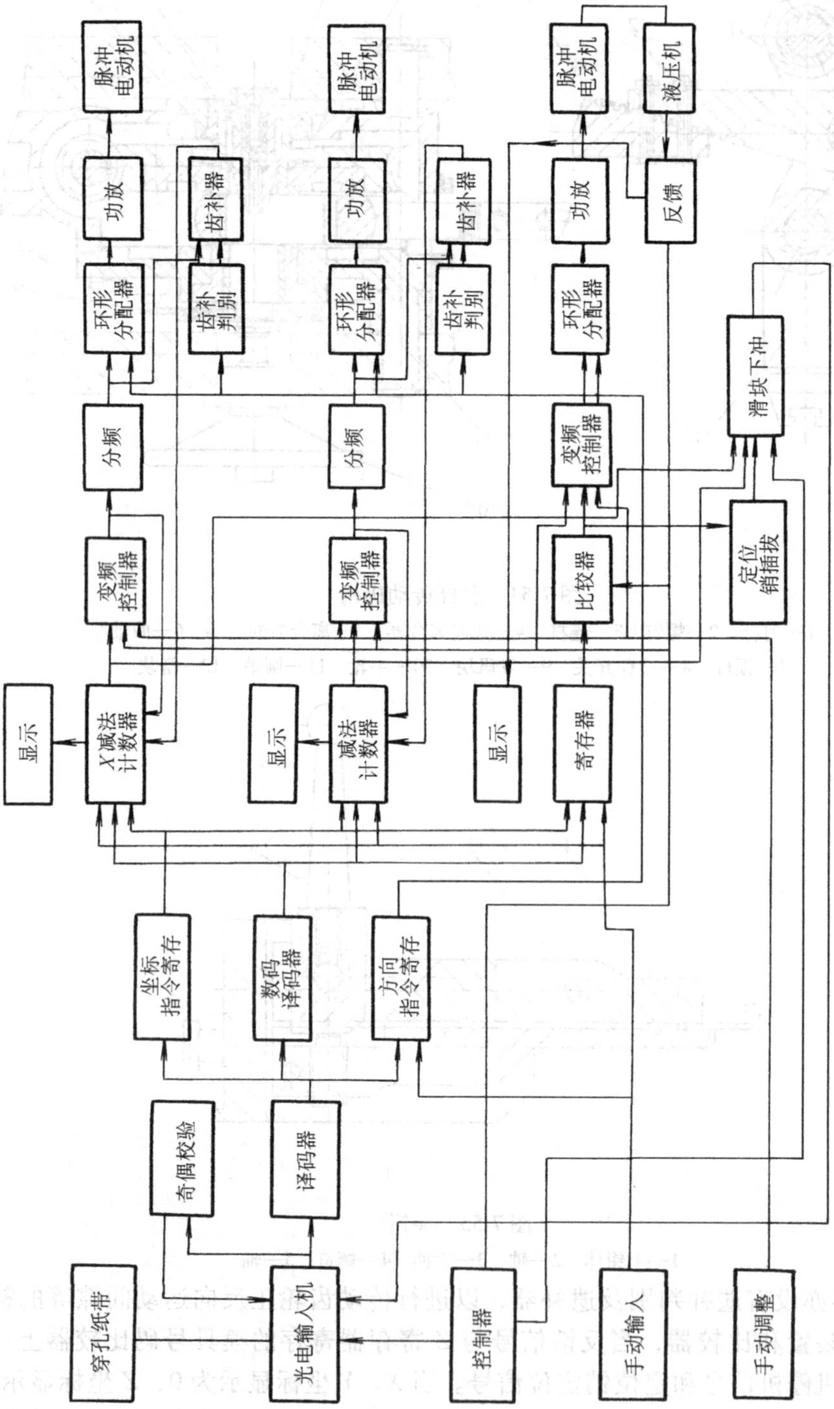

图 7-56 数控系统原理方框图

思 考 题

7-1　螺旋压力机的特性有哪些？

7-2　离合器式高能螺旋压力机与惯性螺旋压力机相比有什么特点？

7-3　为什么锻锤锻造时不能以最大打击速度锻冷锻件或空击？

7-4　为什么要对蒸汽—空气锤进行换头改造？

7-5　多点成形最基本的技术特点是什么？与常规模具成形相比，有何优点？

7-6　多点压力机调形需要注意什么问题？

7-7　按驱动方式，板料折弯机有几种结构形式？各有何特点？

7-8　请简述高速压力机的组成。

7-9　请简述数控回转头压力机的工作原理及主要结构组成。

7-10　冲模回转头压力机与数控步冲压力机各有何特点？

参考文献

[1] Paul Kenneth Wright. 21世纪制造［M］. 北京：清华大学出版社，2002.

[2] 赵呈林. 锻压设备［M］. 西安：西北工业大学出版社，1987.

[3] 中国机械电子工业年鉴编委会. 中国机械电子工业年鉴（机械卷）［M］. 北京：机械工业出版社，1991.

[4] 王红岩. 认清形势，调整结构，促进锻压机械行业的发展［J］. 锻压机械，1991（5）：5-11.

[5] 黄才元，宋志强. 中国锻压机床的现在和未来［J］. CMET锻压装备与制造技术，2006，42（2）：12-17.

[6] 许政仓. 我国塑料机械制造工业概况与前景［J］. 中国塑料，2002，16（2）：1-6.

[7] 宋四全. 金属板材成形设备行业的现状和发展［J］. 机械工人，2005（5）：70-73.

[8] 林在生. 中国注塑机的现状及海天发展前景［J］. 塑料制造，2007（7）：48-49.

[9] 徐刚，鲁洁，黄才元. 金属成形（锻压）机床的发展趋势［J］. 锻压机械，2005，40（3）：8-12.

[10] 王春生. 第九届中国国际机床展览会（CTMT2005）锻压机械展品评述［J］. CMET锻压装备与制造技术，2005，40（3）：13-20.

[11] 席俊杰. 浅析我国机床数控化改造［J］. 机电一体化，2002（4）：14-16.

[12] 侍慕超. 90年代初国内外锻压机械的发展概况［J］. 锻压机械，1996（3）：3-5.

[13] 王春生. 世纪之初的锻压机械新面貌［J］. 锻压机械，2001（4）：1-4.

[14] 王卫卫. 金属与塑料成形设备［M］. 北京：机械工业出版社，1996.

[15] 孙凤勤. 冲压与塑压设备［M］. 北京：机械工业出版社，1997.

[16] 阎亚林. 冲压与塑压成型设备［M］. 西安：西安交通大学出版社，1999.

[17] 夏巨谌. 塑性成形工艺与设备［M］. 北京：机械工业出版社，2001.

[18] 夏伟，李黎明，冯全保，等. 冲压设计中压力机选型［J］. 锻造与冲压，2009（7）：41-45.

[19] 吕言，周建国，阮澍. 最新伺服压力机的开发以及今后的动向［J］. CMET锻压装备与制造技术，2006，42（1）：11-14.

[20] 莫健华，郑加坤，古閑伸裕，等. 伺服压力机的发展现状及其应用［J］. CMET锻压装备与制造技术，2007，44（5）：19-22.

[21] 孙友松，周先辉，黎勉，等. 交流伺服压力机及其应用［J］. 机械工人（热加工），2008（1-2）：93-98.

[22] 李振石，阮卫平，李建平. 新型闭式双点伺服压力机的研发［J］. CMET锻压装备与制造技术，2008，46（2）：33-35.

[23] 闵建成，闫长海，祁长洲，等. 伺服压力机的特点与应用［J］. 金属加工（热加工），2010（23）：6-10.

[24] 张小萍. 锻压生产过程自动控制［M］. 北京：机械工业出版社，1998.

[25] 俞新陆，杨津光. 液压机的结构与控制［M］. 北京：机械工业出版社，1989.

[26] 丁树模. 液压传动［M］. 北京：机械工业出版社，1999.

[27] 王广怀. 液压技术应用［M］. 哈尔滨：哈尔滨工业大学出版社，2001.

[28] 陆望龙. 实用液压机械故障排除与修理大全［M］. 长沙：湖南科学技术出版社，2002.

[29] 樊自田. 材料成形装备及自动化［M］. 北京：机械工业出版社，2006.

[30] 杨卫民，杨高品，丁玉梅. 塑料挤出加工新技术［M］. 北京：化学工业出版社，2006.

[31] 周殿明．塑料挤出机及制品生产故障与排除［M］．北京：中国轻工业出版社，2002.
[32] 范有发．冲压与塑压成型设备［M］．北京：机械工业出版社，2001.
[33] 陈世煌．塑料成型机械［M］．北京：化学工业出版社，2006.
[34] 约翰纳伯 F. 注射成型机使用指南［M］．吴宏武，翟金平，麻向军，译．北京：化学工业出版社，2004.
[35] 王兴天．注塑技术与注塑机［M］．北京：化学工业出版社，2005.
[36] 厄普顿 B，等．压力铸造［M］．北京：机械工业出版社，1988.
[37] 杨裕国．压铸工艺与模具设计［M］．北京：机械工业出版社，2002.
[38] 周文中．新型真空压铸装置［J］．轻合金加工技术，1996，24（7）：14-15.
[39] 顾金声，崔越男．如何选用压铸机［J］．铸造技术，2008，29（3）：303-306.
[40] 李培武．塑性成形设备［M］．北京：机械工业出版社，1995.
[41] 中国机械工程学会锻压学会．锻压手册：第三卷锻压车间设备［M］．北京：机械工业出版社，2002.
[42] 中国机械工程学会锻压学会．锻压手册：第二卷 冲压［M］．北京：机械工业出版社，2002.
[43] 隋振，李明哲，蔡中义，等．多点成形控制系统总体设计及其关键技术［J］．吉林大学学报：工学版，2002，32（4）：20-25.
[44] 隋振，陈建军，李明哲．板材多点成形专用 CAD/CAM 软件［J］．机械工人（冷加工），2003（6）：81-82.
[45] 付文智．多点成形设备及其调形用关键零部件研究［D］．长春：吉林大学，2004.
[46] 黄晓燕．多点成形压力机多轴齿轮传动调形系统的动力学仿真［D］．长春：吉林大学，2005.
[47] 袁延章．多点成形设备调形机构的虚拟样机研究［D］．长春：吉林大学，2006.
[48] 付文智，李明哲，李东成．630kN 薄板多点成形压力机研究［J］．重型机械，2002（14）：26-28.
[49] 段来根．多工位级进模与冲压自动化［M］．北京：机械工业出版社，2001.
[50] 欧圣雅．冷冲压与塑料成型机械［M］．北京：机械工业出版社，2000.
[51] 陈嘉真．塑料成型工艺及模具设计［M］．北京：机械工业出版社，1995.